碳中和城市与绿色智慧建筑系列教材
住房和城乡建设部"十四五"规划教材
教育部高等学校建筑类专业教学指导委员会规划推荐教材

丛书主编　王建国

建筑策划与后评估

Architectural Programming and
Post-occupancy Evaluation

庄惟敏　编著

中国建筑工业出版社

图书在版编目（CIP）数据

建筑策划与后评估 = Architectural Programming and Post-occupancy Evaluation / 庄惟敏编著. 北京：中国建筑工业出版社，2024.10.--（碳中和城市与绿色智慧建筑系列教材 / 王建国主编）（住房和城乡建设部"十四五"规划教材）（教育部高等学校建筑类专业教学指导委员会规划推荐教材）.-- ISBN 978-7-112-30435-6

Ⅰ. TU72

中国国家版本馆 CIP 数据核字第 2024YT6480 号

为了更好地支持相应课程的教学，我们向采用本书作为教材的教师提供课件，有需要者可与出版社联系。
建工书院：https://edu.cabplink.com
邮箱：jckj@cabp.com.cn　电话：（010）58337285

策　　划：陈　桦　柏铭泽
责任编辑：柏铭泽　陈　桦
责任校对：芦欣甜

碳中和城市与绿色智慧建筑系列教材
住房和城乡建设部"十四五"规划教材
教育部高等学校建筑类专业教学指导委员会规划推荐教材
丛书主编　王建国

建筑策划与后评估
Architectural Programming and Post-occupancy Evaluation
庄惟敏　编著

*

中国建筑工业出版社出版、发行（北京海淀三里河路9号）
各地新华书店、建筑书店经销
北京海视强森图文设计有限公司制版
北京中科印刷有限公司印刷

*

开本：787毫米×1092毫米　1/16　印张：23$\frac{3}{4}$　字数：448千字
2025年1月第一版　2025年1月第一次印刷
定价：69.00元（赠教师课件）
ISBN 978-7-112-30435-6
（43774）

版权所有　翻印必究
如有内容及印装质量问题，请与本社读者服务中心联系
电话：（010）58337283　QQ：2885381756
（地址：北京海淀三里河路9号中国建筑工业出版社604室　邮政编码：100037）

《碳中和城市与绿色智慧建筑系列教材》
编审委员会

编审委员会主任：王建国
编审委员会副主任：刘加平　庄惟敏
丛　书　主　编：王建国
丛　书　副　主　编：张　彤　陈　桦　鲍　莉
编审委员会委员（按姓氏拼音排序）：

　　　　　　　　曹世杰　陈　天　成玉宁　戴慎志　冯德成　葛　坚
　　　　　　　　韩冬青　韩昀松　何国青　侯士通　黄祖坚　吉万旺
　　　　　　　　李　飚　李丛笑　李德智　刘　京　罗智星　毛志兵
　　　　　　　　孙　澄　孙金桥　王　静　韦　强　吴　刚　徐小东
　　　　　　　　杨　虹　杨　柳　袁竞峰　张　宏　张林锋　赵敬源
　　　　　　　　赵　康　周志刚　庄少庞

《建筑策划与后评估》
编写委员会

编写委员会委员（按照编写的章节顺序）：

庄惟敏　梁思思　张　维　苗志坚　刘佳凝　屈　张
韩　默　耿　阳　黄蔚欣　黄也桐　贾　园　党雨田

《碳中和城市与绿色智慧建筑系列教材》
总序

建筑是全球三大能源消费领域（工业、交通、建筑）之一。建筑从设计、建材、运输、建造到运维全生命周期过程中所涉及的"碳足迹"及其能源消耗是建筑领域碳排放的主要来源，也是城市和建筑碳达峰、碳中和的主要方面。城市和建筑"双碳"目标实现及相关研究由 2030 年的"碳达峰"和 2060 年的"碳中和"两个时间节点约束而成，由"绿色、节能、环保"和"低碳、近零碳、零碳"相互交织、动态耦合的多途径减碳递进与碳中和递归的建筑科学迭代进阶是当下主流的建筑类学科前沿科学研究领域。

本系列教材主要聚焦建筑类学科专业在国家"双碳"目标实施行动中的前沿科技探索、知识体系进阶和教学教案变革的重大战略需求，同时满足教育部碳中和新兴领域系列教材的规划布局和"高阶性、创新性、挑战度"的编写要求。

自第一次工业革命开始至今，人类社会正在经历一个巨量碳排放的时期，碳排放导致的全球气候变暖引发一系列自然灾害和生态失衡等环境问题。早在 20 世纪末，全球社会就意识到了碳排放引发的气候变化对人居环境所造成的巨大影响。联合国政府间气候变化专门委员会（IPCC）自 1990 年始发布五年一次的气候变化报告，相关应对气候变化的《京都议定书》(1997) 和《巴黎气候协定》(2015) 先后签订。《巴黎气候协定》希望 2100 年全球气温总的温升幅度控制在 1.5℃，极值不超过 2℃。但是，按照现在全球碳排放的情况，那 2100 年全球温升预期是 2.1~3.5℃，所以，必须减碳。

2020 年 9 月 22 日，国家主席习近平在第七十五届联合国大会一般性辩论上向国际社会郑重承诺，中国将力争在 2030 年前达到二氧化碳排放峰值，努力争取在 2060 年前实现碳中和。自此，"双碳"目标开始成为我国生态文明建设的首要抓手。党的二十大报告中提出，"积极稳妥推进碳达峰碳中和，立足我国能源资源禀赋，坚持先立后破，有计划分步骤实施碳达峰行动，深入推进能源革命……"，传递了党中央对我国碳达峰碳中和的最新战略部署。

国务院印发的《2030 年前碳达峰行动方案》提出，将碳达峰贯穿于经济社会发展全过程和各方面，重点实施"碳达峰十大行动"。在"双碳"目标战略时间表的控制下，建筑领域作为三大能源消费领域（工业、交通、建筑）之一，尽早实现碳中和对于"双碳"目标战略路径的整体实现具有重要意义。

为贯彻落实国家"双碳"目标任务和要求，东南大学联合中国建筑出版传媒有限公司，于 2021 年至 2022 年承担了教育部高等教育司新兴领域教材研究与实践项目，就"碳中和城市与绿色智慧建筑"教材建设开展了研究，初步架构了该领域的知识体系，提出了教材体系建设的全新框架和编写思路等成果。2023年3月，教育部办公厅发布《关于组织开展战略性新兴领域"十四五"高等教育教材体系建设工作的通知》（以下简称《通知》），《通知》中明确提出，要充分发挥"新兴领域教材体系建设研究与实践"项目成果作用，以《战略性新兴领域规划教材体系建议目录》为基础，开展专业核心教材建设，并同步开展核心课程、重点实践项目、高水平教学团队建设工作。课题组与教材建设团队代表于2023年4月8日在东南大学召开系列教材的编写启动会议，系列教材主编、中国工程院院士、东南大学建筑学院教授王建国发表系列教材整体编写指导意见；中国工程院院士、西安建筑科技大学教授刘加平和中国工程院院士、清华大学教授庄惟敏分享分册编写成果。编写团队由3位院士领衔，8所高校和3家企业的80余位团队成员参与。

2023年4月，课题团队向教育部正式提交了战略性新兴领域"碳中和城市与绿色智慧建筑系列教材"建设方案，回应国家和社会发展实施碳达峰碳中和战略的重大需求。2023年11月，由东南大学王建国院士牵头的未来产业（碳中和）板块教材建设团队获批教育部战略性新兴领域"十四五"高等教育教材体系建设团队，建议建设系列教材16种，后考虑跨学科和知识体系完整性增加到20种。

本系列教材锚定国家"双碳"目标，面对建筑类学科绿色低碳知识体系更新、迭代、演进的全球趋势，立足前沿引领、知识重构、教研融合、探索开拓的编写定位和思路。教材内容包含了碳中和概念和技术、绿色城市设计、低碳建筑前策划后评估、绿色低碳建筑设计、绿色智慧建筑、国土空间生态资源规划、生态城区与绿色建筑、城镇建筑生态性能改造、城市建筑智慧运维、建筑碳排放计算、建筑性能智能化集成，以及健康人居环境等多个专业方向。

教材编写主要立足于以下几点原则：一是根据教育部碳中和新兴领域系列教材的规划布局和"高阶性、创新性、挑战度"的编写要求，立足建筑类专业本科生高年级和研究生整体培养目标，在原有课程知识课堂教授和实验教学基础上，专门突出了碳中和新兴领域学科前沿最新内容；二是注意建筑类专业中"双碳"目标导向的知识体系建构、教授及其与已有建筑类相关课程内容的差异性和相关性；三是突出基本原理讲授，合理安排理论、方法、实验和案例分析的内容;四是强调理论联系实际,强调实践案例和翔实的示范作业介绍。总体力求高瞻远瞩、科学合理、可教可学、简明实用。

本系列教材使用场景主要为高等学校建筑类专业及相关专业的碳中和新兴学科知识传授、课程建设和教研学产融合的实践教学。适用专业主要包括建筑学、城乡规划、风景园林、土木工程、建筑材料、建筑设备,以及城市管理、城市经济、城市地理等。系列教材既可以作为教学主干课使用,也可以作为上述相关专业的教学参考书。

本教材编写工作由国内一流高校和企业的院士、专家学者和教授完成,他们在相关绿色低碳研究、教学和实践方面取得的先期领先成果,是本系列教材得以顺利编写完成的重要保证。作为新兴领域教材的补缺,本系列教材很多内容属于全球和国家双碳研究和实施行动中比较前沿且正在探索的内容,尚处于知识进阶的活跃变动期。因此,系列教材的知识结构和内容安排、知识领域覆盖、全书统稿要求等虽经编写组反复讨论确定,并且在较多学术和教学研讨会上交流,吸收同行专家意见和建议,但编写组水平毕竟有限,编写时间也比较紧,不当之处甚或错误在所难免,望读者给予意见反馈并及时指正,以使本教材有机会在重印时加以纠正。

感谢所有为本系列教材前期研究、编写工作、评议工作、教案提供、课程作业作出贡献的同志,以及参考文献作者,特别感谢中国建筑出版传媒有限公司的大力支持,没有大家的共同努力,本系列教材在任务重、要求高、时间紧的情况下按期完成是不可能的。

是为序。

王建国

丛书主编、东南大学建筑学院教授、中国工程院院士

前言

随着人工智能时代的到来,人类社会的技术创新呈现指数级迭代增长。建筑学的核心理论与技术的更迭已突破了"摩尔定律"的一般周期性规律和传统线性发展模式,呈现出颠覆性演进特征,建筑学的范式正上演着一场"数字革命"。这种颠覆性变革不仅改变了工具理性的操作界面,更引发了建筑学知识谱系的重构——从本体论层面的学科认知论基础到方法论层面的实践范式,都面临着科学和哲学维度的深层质询。不以我们意志为转移,建筑学正经历着从"经验学科"向"实证科学"的认知论转变。传统设计方法论中难以量化的"黑箱"思维,在机器学习的数据挖掘和参数化模拟中逐渐显影为可验证的算法模型;工匠传统的隐性知识通过数字孪生技术转化为可追溯、可复现的建造数据流。当空间生成逻辑可被分解为参数化决策树,当包含了人主观感受在内的建筑性能参数借助于 AI 技术实现了大数据预测时,建筑学的认知图谱与技术体系将随之发生改变。

工业时代之前的那种将理论与工法相融会、固守人文与科技并举的经典建筑学连同那个时代的传统建筑师们,正被因知识膨胀且快速迭代的时代导向一种逐渐被人们遗忘的境地。建筑学也因其技术内核及学术边界变得越来越模糊,使建筑设计也有被异化为纯粹的形而上的艺术创作的趋势。在这一背景下,研究建筑设计基本逻辑和依据的建筑策划似乎是一个"非建筑"问题,许多创作型的建筑师们对此鲜有关注。然而,我们不会忘记,20 世纪初当建筑学发展挣脱了古典时期神权叙事与王权秩序主导的形而上建构体系,转向以人本主义为根基的现代主义范式时,在两次世界大战战后重建及欧洲城市化进程中,那些强调理论囿于实践,注重创作思想与技术实证相结合的伟大的建筑师们曾坚实地推动了城市、乡村与建筑人工环境的发展,我们看到了其中建筑策划经典思想的闪现。但今天我们也同样看到,建筑空间生成的逻辑已悄然发生了范式革命,尽管行为与空间的映射关系虽仍构成现代建筑的基本语法,但在应对当代城市—建筑这一复杂巨系统时,传统工具已显式微,当多维需求、价值碰撞、目标冲突等非线性要素渗透空间建构全过程时,曾经作为建筑空间生成经典工具的二维"气泡图"模式,已难以承载城市与建筑复杂巨系统的解码功能。这种认知困境昭示着建筑学正经历着深刻的范式转型:从机械还原论向系统整体论、从线性因果论向网状交互论的认知跃迁。

维特鲁威在《建筑十书》中曾将建筑的原则概括为"坚固、适用、美观"。我国在经历了从新中国成立之初的建筑方针"适用、经济、在可能的条件下注意美观",到后来的"适用、经济、美观",直到 2016 年,中共中央、国务院文件《关于进一步加强城市规划建设管理工作的若干意见》(国务院公报〔2016 年〕第 7 号)中提出"适用、经济、绿色、美观"。建筑空间形态的塑造始终承载着物质功能与精神价值的双重使命。在经典建筑学理论体系中,空间形态的建构作为学科本体论的核心命题,始终占据着理论研究的中心地位。但正如上文所述,建筑学正因其技术内核及学术边界变得越来越模糊,而使得建筑设计出现被异化为纯粹的形而上的艺术创作的趋势,当代建筑实践呈现出形态表现泛化的倾向。然而,从建筑创作的本质逻辑审视,真正具有突破性的形态创新必须建立在系统性的功能整合与创新性的技术支撑之上。这种深层创作机制在建筑史演进中不断得到印证:从维特鲁威"三原则"到芝加哥学派的"功能主义"宣言,从高技派的结构表现到参数化设计的数字建构,每一次形态革命的突破都伴随着功能组织模式与技术应用体系的范式转换。功能逻辑与技术体系的协同建构不应被简单视作设计流程的限定,而应升华为贯穿创作全程的伦理准则。在当代建筑实践中,这种基于理性与感性平衡的理念,实质上构成了设计的创新哲学。唯有当功能需求得到系统性满足、技术体系实现创造性整合时,建筑师方能突破物质束缚进入纯粹的形态创造境界。

建筑学教育的根本任务,永远是培养和规训能够从事设计实践的合格的建筑师。所以在建筑学范式演进中,澄清其科学内核,扼守设计科学性的底线逻辑,探究指向科学营建的方法论,就应该被理解为是对建筑学科学属性的回答。

任何学科体系的成熟必然伴随着方法论的体系化建设。作为连接理论与实践的认知桥梁,建筑设计方法论本质上是对建筑知识生产范式的系统性研究,其核心命题在于探索如何将建筑学原理转化为具有可操作性的设计策略。这一方法论建构须以夯实功能技术基础为出发点,进而形成具有中国特色的建筑设计底层范式。值得注意的是,"如何开始一个好设计"作为经典方法论命题,自 1959 年威廉·佩纳与威廉·考迪尔在《建筑实录》发表的《建筑分析——一个好设计的开始》始,即开启了现代建筑策划理论的先河。两位学者后续整合形成的"Problem Seeking"理论体系,通过构建系统化的前期决策分析框架,将建筑策划(Programming)确立为衔接项目定位与空间设计的关键方法论。

将经典的建筑策划理论与使用后评估相结合,其理论体系的建构不仅对当代建筑学本体内核的重构有重要意义,更对中国当下建筑设计方法论的建立有极其重要的现实意义。一直以来,我国基建程序在项目立项与建筑设计之间存在的逻辑断层:一方面,立项阶段缺乏基于全生命周期评估的设计依据论证;另一方面,运营阶段又缺失使用后评估(POE)机制,导致无法形成完整的效益反馈链条。这种"两头缺失"的现状,严重制约着建筑设计水平的提升,亟需构建覆盖建筑全生命周期的"前策划—后评估"的理论方法与闭环管理体系。本教材所论述的在我国现行建设流程中增设建筑策划与使用后评估两大核心环节，通过科学决策机制提升建筑设计质量，实现公共利益与技术创新的有机统一，正是解决当前建设程序存在的立项与设计环节脱节、运维反馈机制缺失等结构性缺陷，所导致的建筑功能合理性不足、运维成本高企等问题的频现。建立"前策划—后评估"闭环流程，可有效衔接规划决策、设计建造与运营维护全过程，形成持续优化的良性循环机制。建筑策划作为立项与设计的衔接枢纽，采用"问题导向＋数据驱动"的决策模式，通过多维度实态调查建立项目数据库，运用数据分析、模糊决策、BIM模拟验证等技术手段，为设计提供科学依据。该环节重点解决功能配置、空间效率、技术选型，乃至使用者主观感受与空间形态的映射等关键问题，确保设计方案符合全生命周期价值最优原则。

建筑策划与后评估体系的科学建构非但不会限制建筑创作的自由度，反而通过建立系统性技术框架为建筑师提供了创新赋能平台。该体系以"技术托底"机制筑牢功能合理性与结构安全性的基准线，使建筑师得以在空间美学塑造、人文环境营造及可持续性设计等创新维度实现突破性探索。值得注意的是，我国已通过立法程序将建筑策划与后评估正式纳入基本建设程序的法定环节，同步构建了覆盖全生命周期的行业技术标准与专业认证体系。这种制度创新既体现了对国际建筑理论的本土化转译，更彰显出中国建筑学科发展的范式突破——通过构建根植于本土实践的方法论体系，不仅为提升建筑品质提供了科学路径，更是实现建筑业低碳转型、推动高质量发展的重要制度保障，为我国建筑行业参与全球可持续建设话语体系建构奠定了理论基础。

《建筑策划导论》自2000年出版至今已逾25年。2014年由科学出版社出版的《建筑学名词》一书也已将建筑策划列为建筑学专有名词。建筑策划的概念、理论、方法不仅为业界所接受，而且近几年建筑策划的实践及建筑师将建筑策划与建筑设计结合开展的项目研究也日益增多，极大地完善和丰富了建筑策划的学科体系和知识库。但我们也必须看到，建筑策划的理论研究和实践在中国开展得并不理想，许多建筑师仍在传统的运行模式中机械地按照业主所拟定的设计任务书进行设计，缺乏科学性与逻辑性。这都直接或间接地导致了我们的建筑经济效益、环境效益和社会效益低下。同时，因缺乏建筑策划与后评估造成"出错题"而带来的建筑短命、过早拆除的现象甚至超过建造质量问题，它已经变成当今造成社会资源巨大浪费且不可持续发展的关键性问题。更深层的危机在于，这种"重形态、轻策划"的行业现状正持续消解建筑学的本体价值。当建筑设计被简化为视觉造型的具象化工具，建筑师降维为空间形式的绘图技师时，建筑学科的社会责任与技术理性便面临空心化危机。在此背景下，重提建筑策划与设计创新的协同发展，不仅关乎学科本体的价值重构，更是实现建筑业高质量发展的重要突破口。

建筑策划在一些发达国家已有法律可循。法律规定，政府投资的公共建筑，如养老院、学校、医院等，在规划设计之前必须要进行建筑策划研究，设计任务书必须要经过政府主管部门认可的建筑策划研究机构的审查，后续承担这类项目设计任务的建筑师要求具备相应的建筑策划的专业知识。实际上，建筑策划原本就应该归属于建筑师的职业范畴，国际建筑师协会（International Union of Architects，UIA）的章程里有明确规定，建筑师要为业主提供全方位的服务，其中就包含有建筑策划与使用后评估的任务。建筑策划作为国际化职业建筑师的基本业务领域之一，其理论已成为建筑学理论的基本组成部分，多学科融合的建筑策划方法也将成为当今职业建筑师的基本技能。

对照9年前《建筑策划与设计》教材中的建筑策划框架，其理论核心和原理没有变化，但是方法及实践随着相关学科技术的发展和建筑实践的开展又有了一定的丰富。经过25年的积累，重新梳理和界定建筑策划的概念和原理，并结合人工智能、大数据、模糊决策、智慧建造等跨学科的研究，对建筑策划的操作程序和方法进一步进行论述和引介。本书不是简单地再版《建筑策划与设计》，而是一次研究的升级。它集合了众多学者的贡献（见本书编委会名单及致谢），在建筑策划与使用后评估的大框架下，结合作者自身的研究和实践，对其进行系统地编纂、梳理，形成这本教材。

这本教材的意义在于，使建筑学的教育从一开始就告诉学生建筑实践活动要基于建筑全生命周期，建筑设计一定是包含从前期策划到使用后评估的全过程的概念逻辑。它旨在完善建筑师的知识结构，使建筑师的职责更加明确；同时，也使我们城市建设的决策者和开发商们能够了解和熟悉如何理性、科学地推进我国的城镇化建设，避免"一个错误的开始"，使我们的城市与建筑具有更强的生命力，使我们的人居环境更能体现绿色与人文关怀。

半个多世纪前，建筑策划与后评估的倡导者们以"用最少的钱，盖最好的房子"作为建筑师的职业追求和职业精神的体现，教会了我们建筑策划与后评估的基本技能和方法，那么今天我们在"双碳"目标可持续发展的道路上，在人工智能、大数据、互联网、模糊决策等相关科学领域发展成果的基础上，推进的对建筑策划与后评估理论、方法和实践的研究将是对建筑师核心业务、技能和方法的体系性的拓展，是对建筑师职业概念和职业使命的升级，更是对建筑学理论体系和方法论的贡献。

感谢本教材审核专家王建国院士的指导！

清华大学建筑学院教授、中国工程院院士

"建筑策划与后评估"课程知识模块关系图

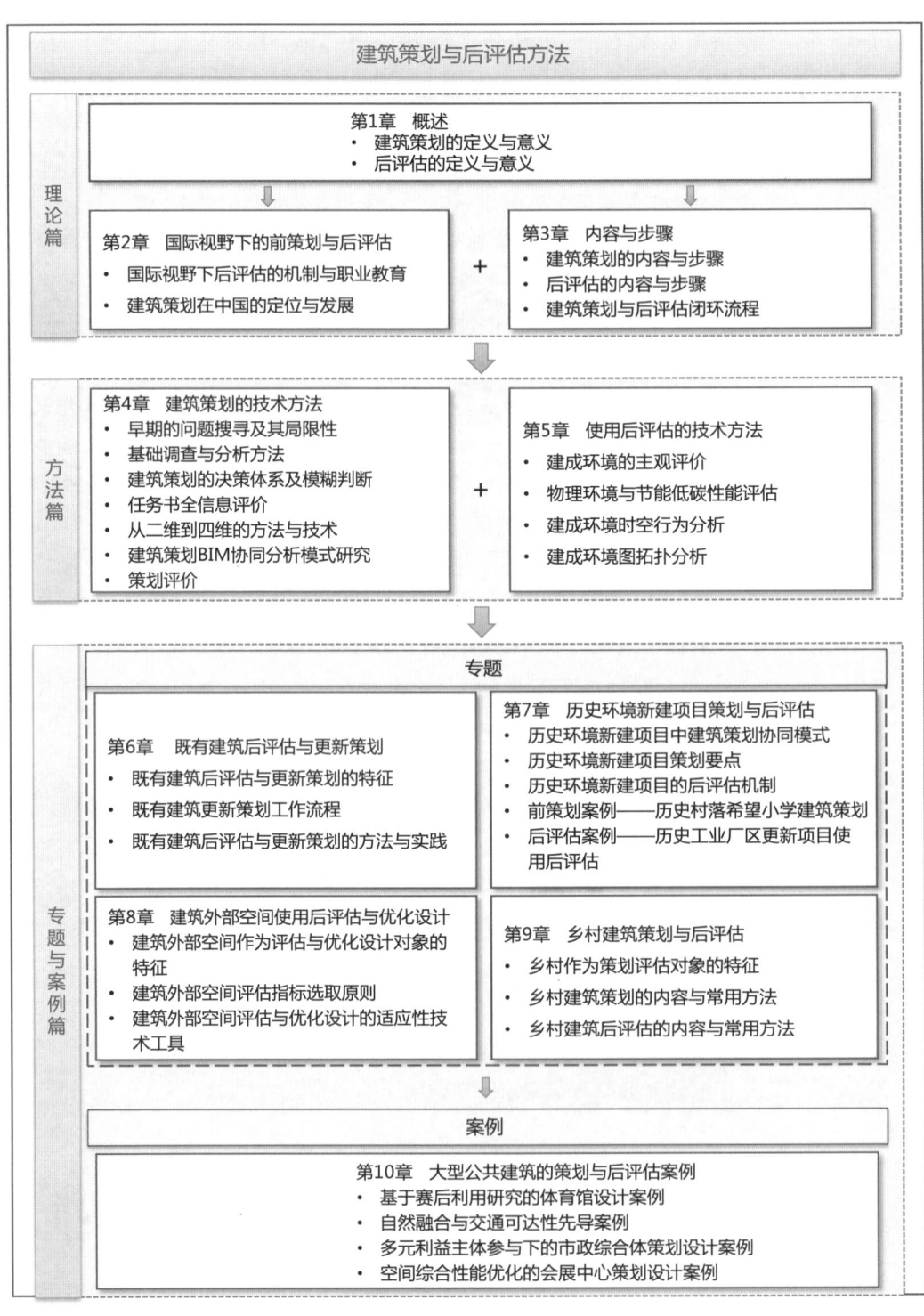

目录

理论篇

第1章
概　述 1

1.1　建筑策划的定义与意义 2
1.2　后评估的定义与意义 22

第2章
国际视野下的前策划与后评估 33

2.1　国际视野下后评估的机制与
　　 职业教育 34
2.2　建筑策划在中国的定位与发展 41

第3章
内容与步骤 56

3.1　建筑策划的内容与步骤 57
3.2　后评估的内容与步骤 116
3.3　建筑策划与后评估闭环流程 131

方法篇

第4章
建筑策划的技术方法 134

4.1　早期的问题搜寻及其局限性 135
4.2　基础调查与分析方法 138

4.3	建筑策划的决策体系及模糊判断 ... 154		7.5	后评估案例——历史工业厂区更新项目使用后评估 ... 277
4.4	任务书全信息评价 ... 163			
4.5	从二维到四维的方法与技术 ... 179			
4.6	建筑策划 BIM 协同分析模式研究 ... 186			**第 8 章**
4.7	策划评价 ... 190			**建筑外部空间使用后评估与优化设计 ... 282**

第 5 章
使用后评估的技术方法 ... 192

5.1	建成环境的主观评价 ... 193		8.1	建筑外部空间作为评估与优化设计对象的特征 ... 283
5.2	物理环境与节能低碳性能评估 ... 202		8.2	建筑外部空间评估指标选取原则 ... 286
5.3	建成环境时空行为分析 ... 219		8.3	建筑外部空间评估与优化设计的适应性技术工具 ... 289
5.4	建成环境图拓扑分析 ... 227			

专题与案例篇

第 9 章
乡村建筑策划与后评估 ... 297

9.1	乡村作为策划评估对象的特征 ... 298
9.2	乡村建筑策划的内容与常用方法 ... 303
9.3	乡村建筑后评估的内容与常用方法 ... 316

第 6 章
既有建筑后评估与更新策划 ... 234

6.1	既有建筑后评估与更新策划的特征 ... 235
6.2	既有建筑更新策划工作流程 ... 240
6.3	既有建筑后评估与更新策划的方法与实践 ... 246

第 10 章
大型公共建筑的策划与后评估案例 ... 324

10.1	基于赛后利用研究的体育馆设计案例 ... 325
10.2	自然融合与交通可达性先导案例 ... 339
10.3	多元利益主体参与下的市政综合体策划设计案例 ... 344
10.4	空间综合性能优化的会展中心策划设计案例 ... 354

第 7 章
历史环境新建项目策划与后评估 ... 259

7.1	历史环境新建项目中建筑策划协同模式 ... 260
7.2	历史环境新建项目策划要点 ... 264
7.3	历史环境新建项目的后评估机制 ... 267
7.4	前策划案例——历史村落希望小学建筑策划 ... 271

致谢 ... 363

第1章 概述

理论篇

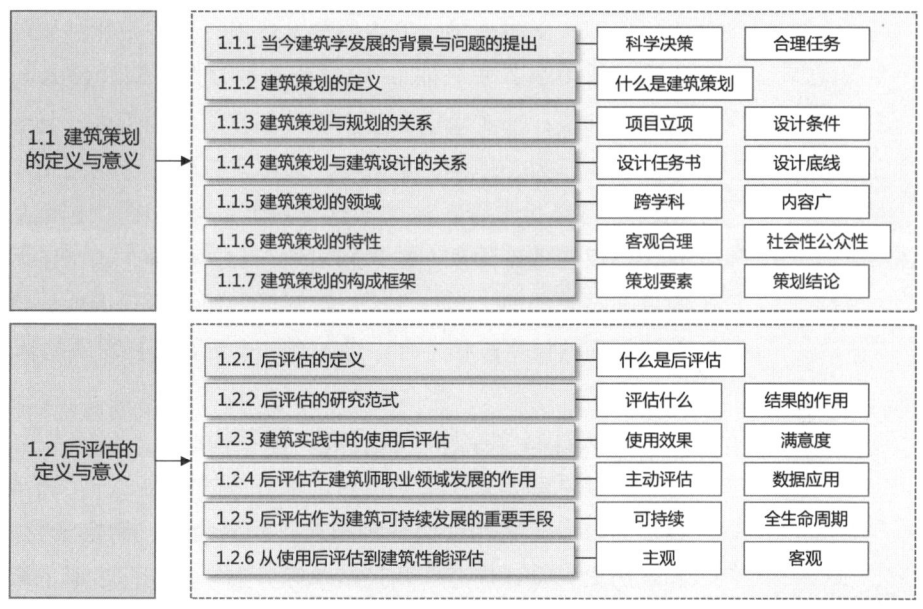

第1章 知识框架图

1.1 建筑策划的定义与意义

1.1.1 当今建筑学发展的背景与问题的提出

1. 建筑学发展的简要回顾

原始人类最早栖身于洞穴。《韩非子·五蠹》中有记载："上古之世，人民少而禽兽众，人民不胜禽兽虫蛇，有圣人作，构木为巢，以避群害。"随着农业的发展，人类开始定居，以土石草木等天然材料建造简易房屋。这是人类最早把自然环境改造成为适于居住的人工环境的所谓的建筑活动。人们在这种有意识地创造环境的活动中，积累知识，总结经验，不断创新，逐步形成了建筑学这门学科。建筑学与人类同时产生，同时发展，它诞生于人类为生存而改造自然的创作活动中，更为人类改造自然而服务。

"建筑学是研究建筑物及其环境的科学。它旨在总结人类建筑活动的经验，以指导建筑设计创作，进行形体环境的创造。它既包括营造活动中的技术、原理，又包含时代风格的艺术体现，是艺术和技术的系统知识"（《中国大百科全书》建筑分册）。随着社会的发展，科学技术的日新月异，城镇化进程的加快，建筑学也前所未有地拓宽着它的领域。社会学、环境学、城市学、环境行为心理学、生态学、人体工效学、市场经济学、系统工程学、数据科学等都逐步渗入建筑学这个古老的学科中。传统的建筑学正发生着变化，不仅在理论体系上越来越多地与自然科学、人文艺术学相融合，而且在方法与技术层面，与信息论、运筹学、统计学等近代科学方法，以及当代计算机等高科技手段相结合，进入了一个更新与再发展的新时期。

2. 人居科学架构下的建筑学体系构成

建筑活动是人类文明发展的最重要的活动之一。古典的建筑学是以建筑设计为核心，将其作为一种技艺，积累经验，制定法式。它包括建筑构造、建筑历史、设计规范、建筑技术等分支，是一门古老的综合学科。建筑科学从我们的祖先有意识地进行简单的营造开始，逐渐积累经验和师徒传承，发展到今天已经形成了由工学学科门类下的建筑（0851）、城乡规划（0853）和风景园林（0862）三个专业学位，以及包含建筑科学、工程技术等组成的系统科学。

传统建筑学科的研究对象包括建筑物、建筑群、室内家具设计，以及城市村镇和风景园林的规划设计。随着建筑学科的发展，城乡规划学和风景园林学逐步从建筑学中分化出来，成为相对独立的学科。

现代城乡规划学科是以城乡建成环境为研究对象，以城乡土地利用和城市物质空间规划为学科核心，结合城乡发展政策、城乡规划理论、城乡建设管理等社会性问题所形成的综合研究内容。研究对象包括：对城乡规划区域发展、社会经济宏观层面的研究；对城乡规划设计理论、方法和技术问题的研究；对城乡规划的管理、法规、政策体系等层面的研究。20世纪中叶以来，以城市问题为导向的研究成为全球关注的焦点，社会、经济、政治、生态环境等交叉学科理论与思想大量涌入城市规划领域，促进了城市问题和城市发展研究的繁荣，并出现了诸如城市社会学、城市经济学、城市生态学、城市地理学、城市管理学等交叉学科。这些新兴学科的诞生促进了城乡规划学科研究领域与范畴的不断延伸和拓展。1999年在国际建筑师协会（UIA）第20届大会上，吴良镛院士做了大会主旨报告，提出"人居环境科学"的思想，建筑学、城乡规划和风景园林学成为人类营建理想聚居环境的系统科学体系。

正如前文所述，与城乡规划学和风景园林学共同构成了综合性的人居环境科学领域。今天的建筑学被定义为研究建筑物及其环境的学科，也是关于建筑设计艺术与技术结合的学科。它包括建筑设计、建筑历史、建筑技术、城市设计、室内设计和建筑遗产保护等方向，旨在总结人类建筑活动的经验，研究人类建筑活动的规律和方法，创造适合人类生活需求及审美要求的物质形态和空间环境。建筑学是集社会、技术和艺术等多重属性于一体的综合性学科。建筑学与力学、光学、声学等自然科学领域，水工、热工、电工等技术工程领域，美学、社会学、心理学、历史学、经济学、法律等人文学科领域有着紧密的联系。其中建筑设计及其理论是其学科的核心，它主要研究建筑设计的基本原理和理论、客观规律和创造性构思，建筑设计的技能、手法和表现。理论方面包括建筑设计原理、建筑空间理论、建筑形态理论、建筑批评、绿色建筑、建筑经济、职业建筑师业务实践等。设计方法方面包括建筑设计过程研究、建筑策划与项目可行性研究、计算机在建筑设计中的应用研究等。显然，在这个学科架构里，建筑策划是属于设计方法论方向的。

社会的进步和科学技术的发展促进了学科的交叉与融合，以及思维方式的外向化和多元化。现代建筑科学在人居科学理论的大框架内，已经发展到了可与任何近代学科相互关联、相互借鉴和相互融合的地步，形成了一个完全开放的、全新的、系统的体系。作为研究建筑设计依据和方法的建筑策划，在理论层面，它丰富和补充了建筑学的理论体系；在实践层面，它又是建筑设计方法学的一个核心部分，因此，其位置与学科属性也得以明确地界定（图1-1）。

3. 建筑策划——问题的提出

正如前文所述，人类社会的发展、城镇化的加剧，使建筑学发生着巨变，在人居环境科学的大学科群架构下，建筑师们已经开始重新认识建筑学的内涵和外延了。

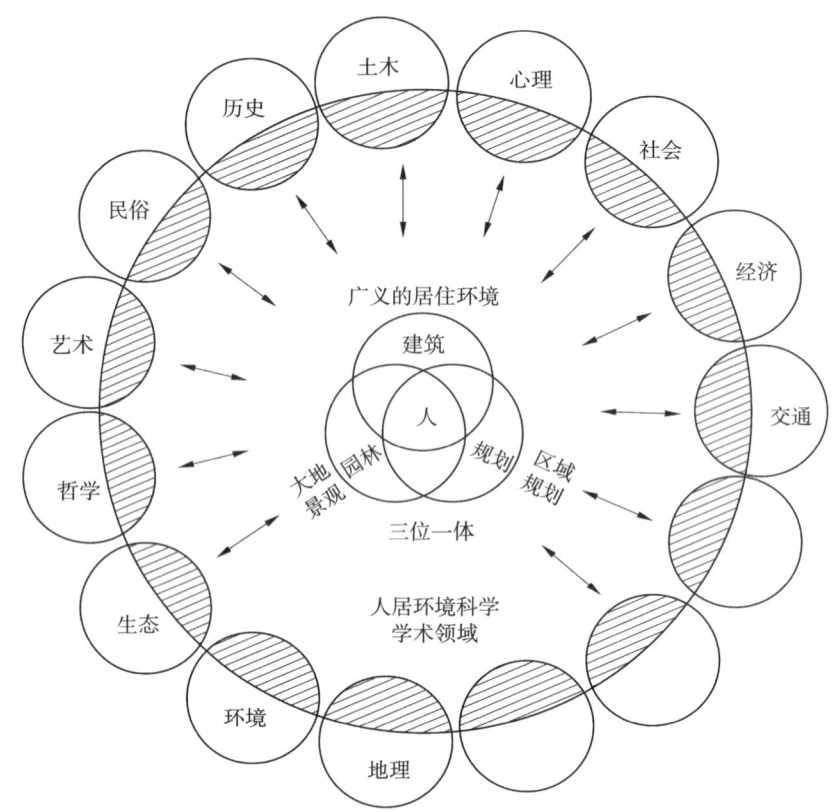

图 1-1 开放的人居环境科学创造系统示意——人居环境科学的学术框架
（图片来源：引自吴良镛.人居环境科学导论[M].北京：中国建筑工业出版社，2001：10.）

传统的建筑学是以建筑设计为核心，把建筑设计作为一种技艺，总结设计经验，探讨设计规律，与其他自然学科相比是一门技术稳定、相对保守的综合学科。从学科性质来看，现代建筑学几乎是一门无所不包的交叉学科，世界近 70 年来科学技术专业化与综合化的发展趋势，促进了建筑学思维方式的外向化和多元化，在学科的深度和广度两方面都大大地前进了，已远远不再局限于"盖房子"这样一个较为原始的概念。

现代社会的一大特征是更加强调人的因素的重要性，更加讲求科学性和逻辑性。早在 1981 年，国际建筑师协会第 14 届大会发出的建筑师"华沙宣言"中就强调：人是环境的核心，要"认识到人类—建筑—环境三者之间有密切的相关性，认识到建筑师和规划师在形成人类环境的过程中的历史责任"。这可归结为对近代建筑的功能主义和形式主义的反省，要求对传统、地域、装饰等进行再评价。的确，人类生活被高度发达的技术所支撑，在强调追求经济合理性的同时，要求寻回失落的、丰富的人类生活的期望也日益高涨。尤其是在现代建筑由"现代主义"向"后现代主义"的变化过程中，建筑师们开始有了创造新文化的责任感。近代建筑史上的这些变化，迫使我们反思：以往对设计及其限制条件的分析认知方法和规划设计建设程序是否还能适应时代的要求。

在这样的背景下，以往盲目地依照业主任务书进行建筑设计的模式需要变革。建筑师的工作不是简单地逐项满足任务书的要求，而是包含了从任务书的调查制定到项目使用后评估反馈的全过程。建筑师不仅仅是设计任务的解题人，更是题目的命题人，科学合理的设计条件调查认知与设计任务书设置是成功建筑项目的第一步，也是建筑师职业实践的开始。

考察一下我国近年来的建筑建设流程，不难发现，规划师们在研究城市规模、人口构成、政治、地理、经济环境因素等方面逐渐拓宽了自己的视野和职能范围。在总体规划、区域规划及城市设计等方面做了大量的工作，从构想、论证到模型、图纸，已基本上形成了一套科学的程序。可是，作为建筑师，在建设项目依总体规划立项，确定规模、性质等环节却不如规划师们那样能够积极地参与其中。我国以往的设计任务书的研究和制定一直是建设业主的职权范围，即多是由投资方按照已有的资料，加上专家的个人经验而拟就的，而作为实际设计工作承担者的建筑师则几乎不参与这一设计的前期研究工作，往往是在立项以后，建筑师收到一份由业主制定的设计任务书及规划设计条件，于是在没有对设计条件与问题界定有足够的认知时就按"书"设计，不过问其他了。

由城市区域规划到单体建筑的设计，以及从立项到具体设计实施，这个过程中没有根据总体规划对建筑本身的规模、性质、容量、风格等影响设计和使用的诸因素作深入的调查研究、归纳分析，从而得出定性定量的结论和数据这样一个环节，因此，往往造成建筑师的盲目设计，或者变成业主、设计者主观意念的强加。这显然是与现时代强调人的因素、强调科学性、尊重物质间的信息交流、相互制约、相辅相成的时代脉搏相悖的。建筑师如此"照章"设计，往往陷入疲于应付一日三改的设计任务书而不得其要领，被动地"照章"设计势必造成建筑在使用及其他方面的不尽如人意。由总体规划到具体设计的实施，其中缺少的这个环节正是建筑师进行设计所必需的科学的依据。

从信息社会的角度来看，业主单方面抑或几个专家所制定的建筑设计条件及拟定的任务书是缺乏科学性的，它缺少系统的思想，不能与时代、环境进行通畅的交流，没有逻辑的反馈，其设计结果也难免出现种种失误。

在我国飞速发展的城镇化背景下，由于讲求建设速度、畸形的政绩观和对经济的盲目追逐，我国大部分的城市建设项目鲜有策划过程，建筑师一度成为开发商的绘图机器。从而导致国内城市的许多建成项目在一开始的建筑设计任务书拟定中就存在着不科学、不逻辑、没有调研、缺乏分析，甚至长官意志和主观臆断等问题，更有甚者将建设项目作为政绩的表现，在设计任务下达时一味追求吸引眼球的假大空，由此造成了近年来城市大拆大建的普遍现象。根据统计，我国每年的老旧建筑拆除量已达到新增建筑量的40%，其中大量的建筑、道路、桥梁还远未达到使用寿命的限制，带来了巨大的浪费。一些建成的酒店、体育场、广场和办公楼，因其功能不合理、使用问题等非质量因素，建成不到10年即被拆除。根据中国建筑科学研究院有限公司预测，建筑的过早拆除将导致中国每年碳排放量的增加，同时还将导致巨大的资源浪费，仅在"十二五"期间我国每年因房屋过早拆除而造成的损失可达千亿元。

目前我国建筑设计的这种状况，给我们提出了一个亟待解决的问题：建筑设计的依据到底是什么？以及这个设计依据如何产生？其科学性、逻辑性如何？建筑师的职能范围到底应该有多大？这一建筑设计领域里的指导性理论和方法的研究工作正是当今我国建筑界和建筑师们面临的新课题，也正是建筑学理论中的一个"断层"。

一方面，建筑师们单单依据仅凭个人经验和资料而制定的缺乏科学性、逻辑性、系统性的设计任务书，设计出的作品始终落后于时代，甚至不能满足人们的全面需要，这不能不说是我国在建筑设计方面的一点遗憾。要填平这一断层，需要寻找一座连接的桥梁，以科学逻辑的方法认知业主的各种合理需要和边界条件，形成恰当的设计原则并付诸实践。

另一方面，随着建筑学领域的拓展，建筑学的体系框架发生了变化，这使得建筑师有必要对建筑学所包含的一些分支理论进行再认识。举例来说，建筑美学可算是建筑学体系中的一个古老分支。从《建筑十书》《建筑模式语言》《建筑形式美的原则》到今天建筑学的教科书，古典的比例、尺度、色彩等美学原则一直左右着老一辈和新一代建筑师对建筑的评判标准，至今它仍是我们许多专家在对国优、省优和部优建筑进行评判时不得不提的一个关键点。从前如若某位专家或口头或撰文，以连篇累牍的美学原则来评价一幢建筑是如何如何美或如何如何丑，只要他的美学原则引用得无误，众同僚都会颔首称是，一致曰正确。可是就在传统建筑学被拓展，建筑师被更广博的知识和技术所武装，人类要求在改造生存环境时站得更高、看得更远的今天，一定会有不止一位建筑师站出来大声提出异议：我们以前一直公认为美的建筑，放在人居环境这样一个大范围中，从资源评价、景观评价、生态环境分析、全生命周期的绿色建筑等方面来评判，它还能是一个优秀的建筑吗？单纯以传统建筑美学来评价的原则是否应当更新？或许将来某一天我们回过头来用当代的美学原则检验当初的结论会得到一个完全相反的结果。

这不是耸人听闻，更不是哗众取宠，因为就在建筑师仍不舍得抛弃旧观念、不情愿接受新观念的同时，我们的近邻——经济学家们、地理学家们、人口学家们和生态学家们已经在做着本应属于我们建筑师的研究工作了。他们运用GIS系统、资源评价、生态分析等对一些建筑师来讲还很陌生的理论和方法，切切实实地对人居环境进行了全新的研究和评价，使建筑学的内涵得以扩大，使建筑学的研究方法得以更新。他们的成果是显著的，是有说服力的，是科学而进步的，我们没有理由不赞成他们。当然，最关键的是我们没有理由不修正我们的思想，不去跟上时代的步伐。建筑美学评论只是一个例子，它告诉我们时代的要求、学科的发展是必然的趋势，建立完整的建筑理论体系及现代方法论的评价体系是当代建筑师的历史使命。

由此我们可以看到，信息时代和学科发展融合给我们提出了更多的问题。建筑师科学的设计依据应该是什么呢？又应如何得到呢？建筑师如何在建筑设计过程中准确认知并界定问题、寻找解决方法呢？应按照什么标准对建筑方案和建成环境进行评估？建筑如何适应使用者的需求并代表公众的要求？这就引出了"建筑策划"的概念，建筑策划理论和方法可以给出上述问题的答案。建筑策划理论和方法的引入正是建筑师在这一大趋势下所作的思考和努力。

4. 建筑策划概念的引出及明确化

如前所述，提出"建筑策划"这一概念是有其历史、时代及科学意义的。建筑事业的发展，使城乡规划和风景园林各自成为一门独立的学科，从建筑学中分化出来，从而有了更广阔的发展前景（图1-2、图1-3）。

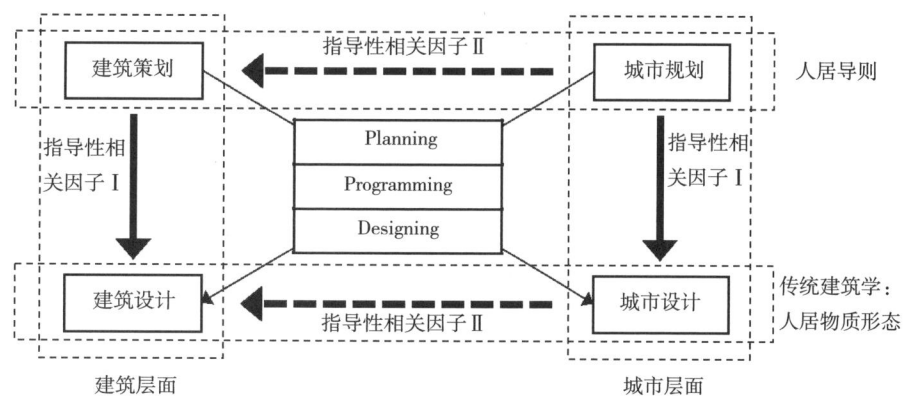

图1-2 城市规划、建筑策划与建筑设计、城市设计的相关模式[①]

---

① 图片来自作者自绘。本书中的图片如无特殊说明，均来自作者自绘，以及作者所指导研究生的论文或研究成果。

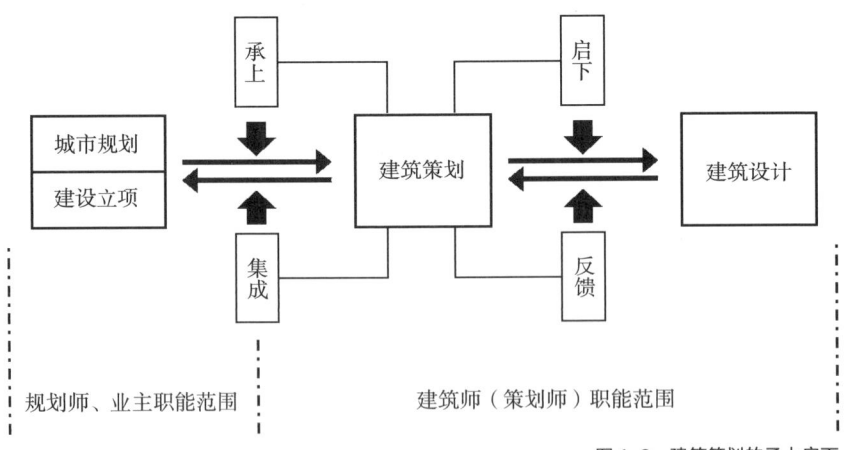

图 1-3 建筑策划的承上启下

1.1.2 建筑策划的定义

"策划"通常被认为是为完成某一任务或为达到预期的目标而对所采取的方法、途径、程序等进行周密、逻辑的考虑而拟出具体的文字与图纸的方案计划。

一般我们所说的"策划"是一个广义的概念，通常有投资策划、商业策划等，而且这一概念正逐渐被其他领域所接受。建筑策划在建设项目的目标设定阶段，或曰项目的总体规划阶段进行。其后为了最有效地实现这一目标，对其方法、手段、过程和关键点进行探求，从而得出定性、定量的结果，并在指导建筑设计的过程中不断反馈，这一研究过程就是"建筑策划"。

建筑策划（Architectural Programming）特指在建筑学领域内建筑师根据总体规划的目标设定，从建筑学的学科角度出发，不仅依赖于经验和规范，更以实态调查为基础，运用计算机等近现代科技手段对研究目标进行客观的分析，最终定量地得出实现既定目标所应遵循的方法及程序的研究工作。它为建筑设计能够最充分地实现总体规划的目标，保证项目在设计完成之后具有较高的经济效益、环境效益和社会效益而提供科学的依据。简言之，建筑策划就是将建筑学的理论研究与近现代科技手段相结合，为总体规划立项之后的建筑设计提供科学而逻辑的设计依据。

进行一项建筑策划通常有三个要素：第一，要有明确、具体的目标，即依据总体规划而设定的建设项目；第二，要有对手段和结论进行客观评价的可能性；第三，要有对程序和过程进行预测的可能性。其中建设立项是建筑策划的出发点。达到目标的手段和过程都是由建设目标决定的，而且通过目标来进行评价。研究和选择实现立项目标的手段是建筑策划的中心内容，对手段的功力和效率预先进行评定分析则至关重要。为了对手段进行评价分析，建设项目实施的程序预测是必要的，而正确的预测又始于对客观现象的认识，即相关信息的收集和调查是关键。对现象变化过程和运动过程的认识及对操作手段的效果的预测是不可或缺的。如果不能进行预测，也就不可能有真正的建筑策划的产生。

建筑策划的概念是以"合理性"作为判断的基准的。它从古代没落的经验和迷信中跳出来，以对事物客观、合理的判断为依据，这正是当今信息社会日益流行的思想。这样说来，建筑策划这个以合理性为轴心，以发展的进步思想为基础的命题，的确是近代随着发展需要而产生和明确的概念。

1.1.3 建筑策划与规划的关系

正如前面所述，建筑策划是建筑学的一部分，准确地讲它是建筑学中建筑设计方法论的核心内容之一。一般认为，传统建筑的创作进程是首先由城市规划师进行总体规划，业主投资方根据这一总体规划确立建设项目并上报主管部门立项，建筑师按照业主的设计委托书进行设计，然后由施工单位进行建设施工，最后付诸使用（图1-4）。

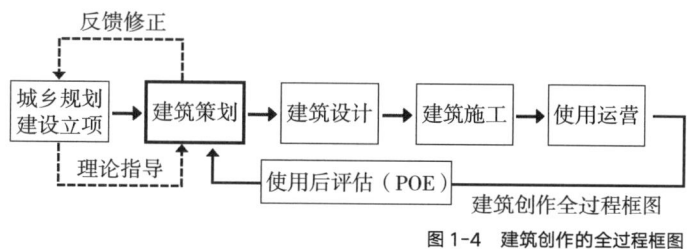

图1-4 建筑创作的全过程框图

现代城市规划自从勒·柯布西耶等人开始针对工业革命以后的巴黎城市的改造提出了现代城市规划的基本原则"明日城市"的设想，从彻底否定和批判了文艺复兴和巴洛克时代的城市规划的原则开始，到1956年国际现代建筑协会（以下简称CIAM）结束，形成了目前被奉为权威的现代城市规划理论。但1956年CIAM解散以后，对现代城市规划原则的批判开始多了起来。从路易·康、查尔斯·詹克斯等人的TEAM X 新运动提出城市流动性、生长与变化性等新城市规划原则对CIAM进行修正，以及当时日本的以黑川纪章为中心的强调传统、发展、文化地域性的"新陈代谢"理论，使东西方乃至世界范围内城市规划的运动出现新的潮流。这种新潮流在后来的后现代城市规划中达到高潮。

后现代城市规划原理，在强调从CIAM继承城市的功能性和合理性的同时，批判和修正了CIAM将城市功能过分纯粹化、分离化的做法，强调传统和历史的引入不只有形象简单的重复，强调城市必要的合理的高密度及区域之间的联系，强调街道在规划中的地位及民众参与和听询规划研究的必要性。这些观点已构成了城市规划的新的动向和潮流，并已得到全世界范围的共识。其中强调区域的联系、强调对街道的研究，以及强调民众的参与和听询，也正是与现代建筑策划理论不谋而合的。

建筑策划的理论基点就是源于对实态的调查分析，民众参与听询及对使用者的调查是建筑策划不可缺少的运行环节。还有建筑策划对项目的论证、规模性质及社会环境等的研究分析也使得建筑策划的研究对象大大超出了建筑单体本身，扩大到了街道、区域和社会。建筑策划的理论起点和方法论的形成与城市规划的新潮流达成了一种默契，从中我们可以悟出，生态环境的研究同样也已成为建筑策划的中心课题。

总体规划是由国家和地方权力机构从全局出发，考虑经济、政治、地理、人文、社会等宏观因素，依靠规划师制定的。而投资活动则是由业主单方面进行的，建筑师只是在规划立项的基础上，接受了任务委托书后进行具体设计，而施工单位则只是按设计图纸进行施工。从字面上来看这是一个单向的流程，但事实上建筑师的工作既属于建设投资方的工作范畴，又属于建筑施工方的工作范畴，其工作立场是多元的。

为明确建筑师这种多重职责，我们可以将总体规划立项与建筑设计从中剪开，插入一个独立的环节，这就是建筑策划。建筑创作的全过程可表示为图1-4。这一过程是与建筑规模的扩大化、建筑技术的高科技化和社会结构的复杂化等近代科技发展特征相适应的。总体规划立项是对建筑设计的条件进行宏观的、概念上的确定，但对设计的细节不加以具体的限制，是一项指导建设规模、建设内容，以及建设周期等的指令性工作。但随着社会生活的变更和丰富，设计条件的确定工作逐渐变成了一项异常繁杂的、多元的、多向性的系统工程。于是，自成一体、专门研究这一复杂多向的设计依据问题的建筑策划理论就应运而生了。

建筑策划是介于总体规划立项（城乡规划）和建筑设计之间的一个环节，其承上启下的性质决定了其研究领域的双向渗透性（图1-5）。它向上渗透于宏观的总体规划立项环节，研究社会、环境、经济等宏观因素与设计项目的关系，分析设计项目在社会环境中的层次、地位、社会环境对项目品质的要求，分析项目对环境的积极和消极影响，进行经济损益的计算，确定并修正项目的规模，确定项目的基调，把握项目的性质。它向下渗透到建筑设计环节，研究景观、朝向、空间组成等建筑相关因素，分析设计项目的特征，并依据实态调查的分析结果确定设计的内容及可行空间的尺寸大小。

建筑策划不同于总体规划。总体规划是根据城市和区域各项发展建设的综合布局方案，规划空间范围，论证城市发展依据，进行城市用地选择、道

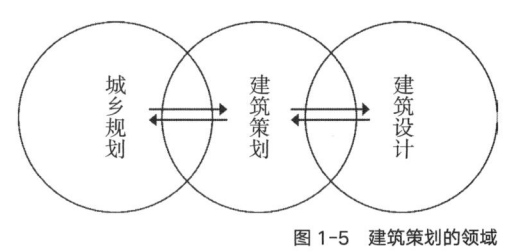

图 1-5 建筑策划的领域

路划分、功能分区、建设项目的确定等。它规定城市和区域的性质，如政治行政性、商业经济性、文教科技性等，但对具体建设项目的性质不作过细的规定。总体规划确定城市、区域、聚落的位置选择，如沿海、靠山等。它规定城市中心的位置、重要建筑的红线范围，进行交通的划分和组织，但不规定建设项目的具体朝向和平面形式。建筑策划则受制于总体规划，也是总体规划在建筑项目上的落实。在总体规划所设定的红线范围内，依据总体规划确定的目标，对其社会环境、人文环境和物质环境进行实态调查，对其经济效益进行分析评价，根据用地区域的功能性质划分，确定项目的性质、品质和级别。同样内容的建设项目因地域定位和特性的不同而呈现出截然不同的性质，如同样是旅馆，在商业旅游区，它偏重商业性，而在历史文化保护区则更偏重文化性和历史性。因此，从城市规划的角度来讲，建筑策划是在城市总体规划的指导下对建设项目自身进行的包括社会、环境、经济、功能等因素在内的策划研究。

1.1.4 建筑策划与建筑设计的关系

建筑策划不同于狭义的建筑设计。狭义的建筑设计是根据设计任务书逐项将任务书中各部分内容通过合理的平面布局和空间上的组合在图纸上表示出来，以供项目施工的使用。建筑师在建筑设计中一般只关心空间、功能、形式、色彩、体形等具象的设计内容，而不关心设计任务书的制定。设计任务书经业主拟定之后，除非特别需要，建筑师一般不再对其可行性进行分析研究，照章设计直至满足设计任务书的全部要求。建筑策划则是在建筑设计进行空间、功能、形式、体形等内容的图面研究之前或进程当中对其设计内容、规模性质、定位、空间尺寸的可行性，亦即对设计任务书的内容和要求进行调查研究和数理分析，从而修正项目立项的内容。简言之，建筑策划工作的实质就是科学地制定设计任务书，研究设计任务书的合理性，以指导设计的研究工作。

建筑策划与建筑设计的关系是分离还是一个有机整体，从建筑策划被提出之初起，经历了学者的争论，几经发展和演变。在美国，20世纪50年代，CRS 试图命名建筑策划过程为"建筑分析"，后来成为美国建筑策划先驱的威廉·M. 佩纳（William M. Pena）将这种"问题搜寻"的过程与随后设计师们"解决问题"的过程进行比较研究后指出，对于建筑师的日常工作，设计团队每天都要进行"策划"研究。[①]佩纳认为策划和设计是两个截然不同的分离的过程。两者有不同的分工：策划者定义问题，设计师解决问题。[②]随着使用后评估（Post Occupancy Evaluation，POE）的意义逐渐被业界接受，20世纪80年代中期，佩纳和史蒂文·A. 帕歇尔（Steven A. Parshall）撰写了《作为策划回访分析的使用后评估》，将设计前期的策划和建筑投入使用后的评估建立起了联系。1992年，沙诺夫（Henry Sanoff）提出了在设计过程中将策划、评价、参与集成（Integrating）的思路。[③]

第二代建筑策划大师罗伯特·G. 赫什伯格（Robert G. Hershberger）认为："建筑策划是对一个客户机构设施使用者及周边社区内在相互关联的价值、目标、事实、需求全面而系统的评价。一个构思良好的策划将引导高品质的设计。"由于在工程实践中大多数的中小型建筑事务所也不大可能将策划与设计完全分离，建筑策划、建筑设计、使用后评估结合的全过程建筑策划设计的思潮逐渐成为主流。至此，建筑策划与建筑设计的关系，由最初的互相分离、先策划后设计的关系，演变为相互咬合、各有侧重同时互相融合的关系。

今天，我们通常所说的建筑设计是一个广义的概念（图1-6），它实际上包括建筑设计的前期研究即建筑策划理论，建筑师在实际工作中总是对前期的设计条件有着或多或少的考虑。广义的设计概念应有三个阶段（图1-7）：

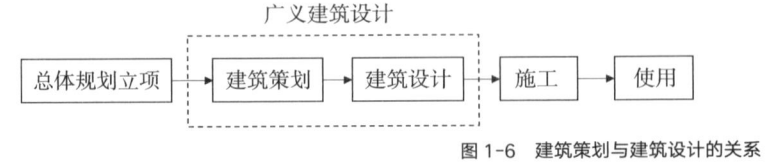

图 1-6　建筑策划与建筑设计的关系

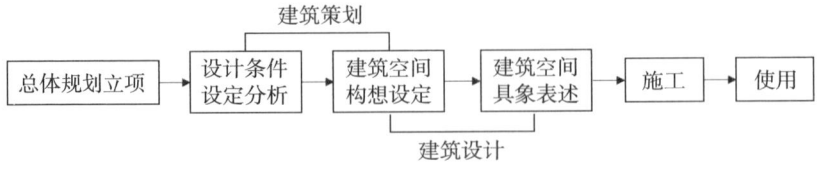

图 1-7　建筑策划与建筑设计的内容组成关系

---

① JONATHAN K, PHILIP L. The CRS Team and the Business of Architecture[M]. College Station: Texas A & M University Press, 2002: 45.
② PENA W M, PARSHALL S A. Problem Seeking[M]. New York: John Wiley & Sons Inc., 2001: 20.
③ HENRY S. Integrating Programming, Evaluation and Participation in Design: A Theory Z Approach[Z]. Avebury, Aldershot, England, 1992.

①设计条件的设定分析阶段；

②建筑空间的构想设定阶段；

③建筑空间的具象表述阶段。

但从建立建筑策划理论的观点出发，前两个阶段又属于建筑策划的范畴，而且建筑策划通过第二阶段与建筑设计连通（图1-8）。

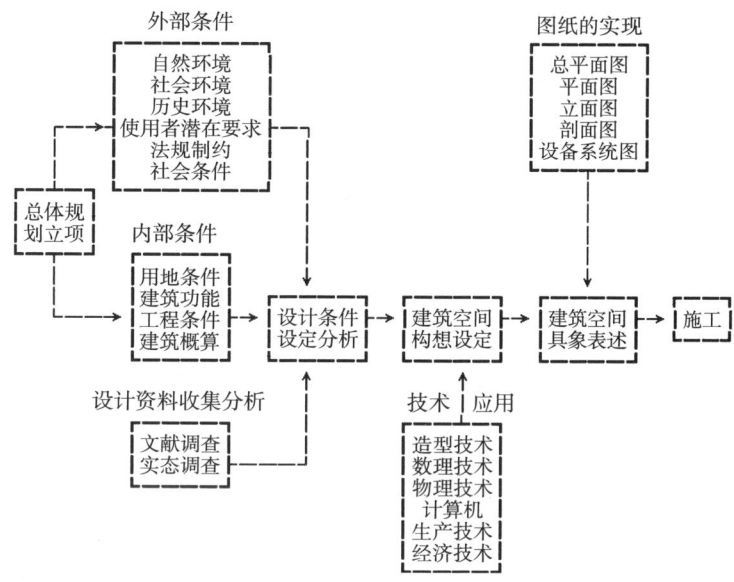

图1-8 广义建筑设计的过程

由于现代社会分工精细化的趋势，建筑策划理论的建立已成为必然。建筑设计的概念也由原来囊括所有前期工作的广义概念变成为由建筑策划取代其前期工作单纯的建筑设计概念。

现代的建筑设计全部由建筑师一人承担的情形已不多见了。建筑设计业已成为一个由多方面专业人员组成的系统组织。设计内容的精细化、专业化使日渐复杂的设计工作又呈现出分项、简洁、深刻的趋势，建筑师及各专业工程师们在自己的业务分野内进行着越来越专业的研究工作。现代建筑创作程序要求建筑师在进行建筑设计之前，首先要进行建筑策划的研究，所以建筑师的职能范围已由单纯的建筑设计扩展到了设计的前期工作（图1-9）。

建筑策划的后期工作，如空间构想、组合方式的研究、空间要素的把握，以及材料设备的考察确定等是与建筑设计的前期工作如初步方案的设计总平面图，平面图、立面图、剖面图概要，设备系统图等紧密结合在一起的。它们共同为设计阶段进一步完成实施设计作准备。这里就给我们提出了这样一个问题，就建设项目的建筑策划结论如何引入到设计中，或怎样在设计中进行落实。

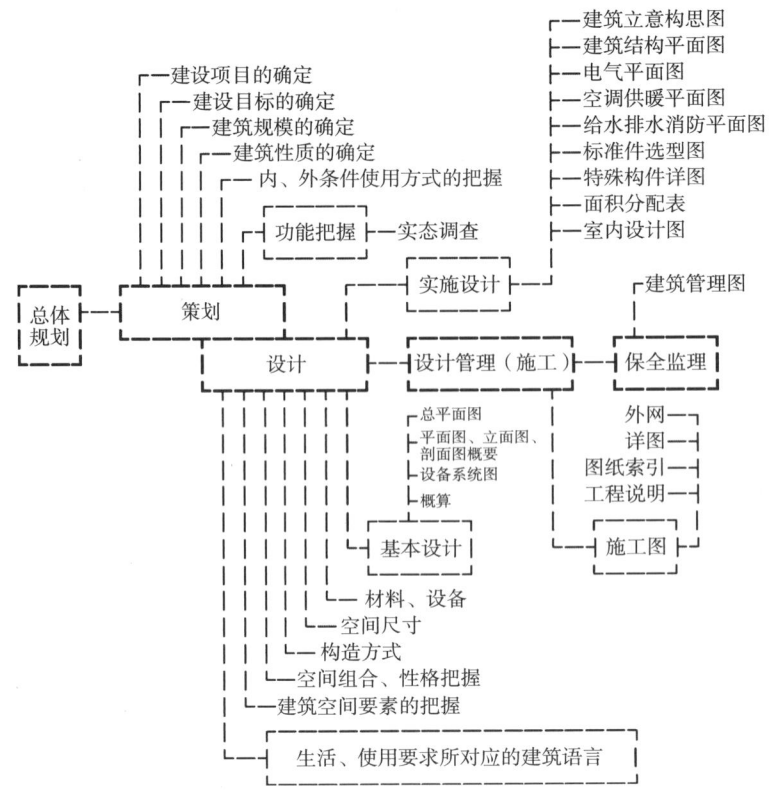

图 1-9 建筑创作各阶段相关示意图

建筑策划中，空间构想的现实性可以保证构想的空间形态在设计中得以实现，并且以最大的限度与现实生活和使用贴近。这是由建筑策划的研究方式的客观性和逻辑性所决定的。在策划阶段的这种细致考虑外部和内部条件、模拟建设项目的使用性质，并对构想不断进行反馈预测评价的逻辑思维方法，就印证了在设计阶段的空间构成的现实性和可靠性。

如前所述，建筑策划是研究建设项目的设计依据的。它的结论规定或论证了项目的设计规模、性质、内容和大小尺寸，它为设计制定出了空间的模式和空间的组合概念。因此可以说建筑策划是建筑创作中建立"骨骼系统"的工作。

而建筑设计则是将策划中的空间概念和模式以建筑语言加以丰富充实，并表现在图纸上，绘制出项目的具体空间形态和造型。所以又可以认为建筑设计是建筑创作中填补"肌肉"的工作。

以"骨骼"和"肌肉"的关系来形容和说明建筑策划和建筑设计的关系是恰当而直观的。

"骨骼"的建立，最重要的是对各种要求、条件的全面把握并将其转变为空间概念。而设计阶段填补"肌肉"的工作，其最重要的就是将"骨骼"中抽象的空间概念和模式具象化，直至绘出完整的空间图形。这一从

"骨骼"到"肌肉"的过程可以简述为：由问题搜寻（Problem Seeking）到问题解决（Problem Solving Process）再到形态发现的过程（Form Finding Process）。其中建筑策划阶段是"问题搜寻和问题解决的过程"，而设计阶段则是"形态发现的过程"。

但建筑策划与建筑设计的不可分割的前后关系，并不意味着建筑策划的研究成果只是建筑设计的前提条件，它在项目的决策、实施等阶段也占有极其重要的地位。因策划结论的不同，同样项目的设计思想、空间内容可以完全不同，更有导致项目完成之后引发区域内建筑、环境中人类使用方式、价值观念、经济模式的变更，以及新文化创造的可能性。这一点也恰恰是建筑策划的社会责任。

骨骼和肌肉的关系是不言而喻的。只要骨骼的成长科学而严谨，那么未来肌体则不会先天不足。但生活的常识告诉我们，一个完美肌体的长成不是在先完成骨骼之后再开始形成肌肉的。建筑策划与设计也是同样的道理。在现实中，建筑师进行建筑策划时，头脑中已在不断地反映出与策划的抽象结论相对应的具象的设计形象，这一点可以从图1-7中看出。建筑设计的基本设计实际上是在策划进行的同时配合进行的。但此时出现的设计图纸只是为了展现策划的构想和模式、检验策划的结论和空间构想的现实性，所以我们又可把它称为"概念设计方案"。尽管它不是正式的建筑设计，但它具有建筑设计的一切特性，并可以得出建筑设计的一般结论，即具象的空间形态。但严格地讲它不是建筑设计，而是横跨策划和设计之间的一个过渡环节。但就是这个环节，正是我们将建筑策划的抽象概念和结论付诸建筑实施设计（初步设计、扩大初步设计及施工图设计）的关键一步。

从建筑策划与设计的关系来看，建筑师最好同时是建筑策划师，因为两阶段工作的相关性为建筑师连续进行策划和设计创造了特别便利和直接的条件。建筑策划的依据使得业主和建筑师在实施设计阶段无需担心任务书的一日三改，无需再花费较多的精力去研究和考察建筑在功能、使用、内容设置上的问题，而避免实施阶段的设计返工和延误周期甚至造成社会、环境、经济效益的低下。

现实中，在愈发分工精细、强调专业化的现代社会中，建筑策划与建筑设计分期分对象进行的现象多有存在。这一点在西方和日本等一些建筑活动高度商业化的国家中更加明显。这就要求建筑师对建筑策划和设计都能有一个全面完整的了解，从原理、方法到实践全面地掌握，这样才能在分阶段做建筑策划和设计时进行相关的考虑，避免两者的割裂而产生错误的决策。这一点或许是建筑策划给当代建筑师带来的新的任务。

建筑策划的研究在了解和探究了建筑策划与建筑设计之后，只是一个开始，需要我们研究的还很多，诸如建筑策划与建筑商品化、建筑策划与空间论、建筑策划与近代计算机技术等。这些内容我们将在后面的章节里加以论述。

1.1.5 建筑策划的领域

前面两节已经论述了建筑策划向上联系总体规划,向下联系建筑设计,因此我们可以把总体规划、建设立项与建筑策划之间的研究建筑、环境、人的课题作为建筑策划的第一领域,而把建筑策划与建筑设计之间的研究功能和空间组合方法的课题作为第二领域(图1-10)。

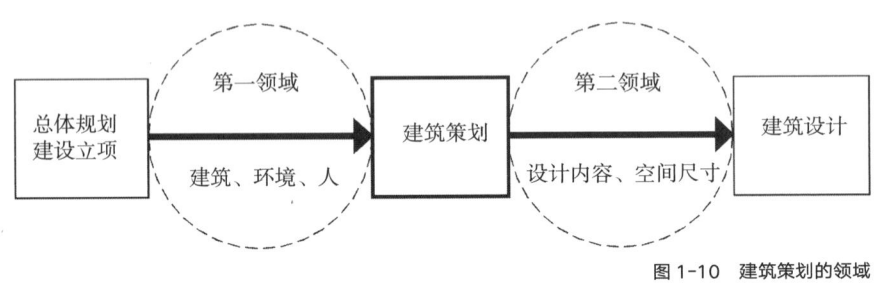

图1-10 建筑策划的领域

把人与建筑、环境的关系作为研究对象是建筑策划的一个基本出发点,也是建筑策划的第一领域。人类的要求与建筑、环境的内容相对应,从对既存的建筑的调查评价分析中寻求出某些定量的规律,这是建筑策划的一个基本方法,其内涵外延极其广阔。例如建筑和人类心理的相互关系及影响、生理的相互关系及影响、精神的相互关系及影响,以及社会机能等,其中包括城市景观协调的要求、经济技术的制约因素、施工建设费用及条件限定因素等。人类要求的多样性、时代和社会发展的连续性意味着建筑策划的第一领域将持续扩展下去(图1-11)。

建筑策划的第二领域研究建筑设计的依据、空间、环境的设计基准,它包括以下几个部分:①建设目标的确定;②对建设目标的构想;③对构想

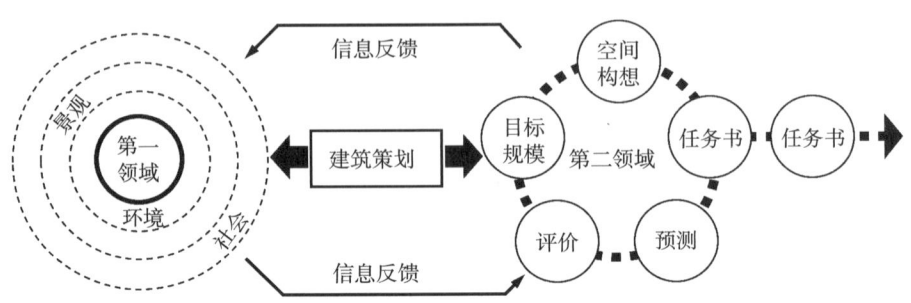

图1-11 建筑策划领域的相关图式

结果、使用效益的预测；④对目标相关的物理、心理量，以及要素进行定量、定性的评价；⑤设计任务书的拟定。

建筑策划目标的明确要与第一领域建立信息反馈关系。由第一领域的分析结果考察设计目标的可行性，同时第二领域中设定的目标又是第一领域中研究的课题和依据。实际上，第二领域中设计目标的设定问题不过是第一领域中人与社会对建设目标要求的另一种说法。目标确定不只是一个书面上文件化的过程，而是研究"目标是什么""为何以此为目标"的过程。

接下来是对建设目标的构想。即既定建设目标与人们使用要求相对应，在充分满足和完成各使用功能的前提下，对所需的设施、空间的规模进行设定工作。它要求建筑师把人们的使用要求建筑化地转换成建筑语言，并用建筑的语言加以定性地描述。其研究的方法从直观的设想到理性的推论并非一个唯一的答案。这种构想不仅是存在于观念中的建筑形制，其意义的体现必须通过物质性载体来实现。

对构想的结果进行预测是对构想可行性的最好检验。在这里，建筑师可以凭借自身的经验，依建筑的模式模拟建筑的使用过程，并以此对构想的结果进行预测。随着相关学科研究与应用技术的发展，预测的方法也已经从经验模拟的感性化阶段，向基于空间句法、模糊决策和大数据分析，以及虚拟现实等更加逻辑化、理性化的预测方向发展。

基于预测的结果，接下来就可以进行目标相关物理量、心理量的评价了。按照预测模拟的建设目标的构想，进行多方位的综合评价。显然，由于建设目标的不同，项目性质、使用的侧重点不同，各相关量的评价标准和尺度也都各种各样。多元多因子的变量分析评价法可使其得到较满意的解决。具体的评价分析方法我们将在后面章节中加以论述。

这样，由目标设定→构想→预测→评价，建设项目的各项前提准备就基本完成了。将这一过程用建筑语言加以描述，进行文字化、定量化，就可以得出建设项目的设计任务书。设计任务书经过标准化处理就可以成为下一步建筑设计的依据了。

至此，建筑策划的领域已相当明确，其成果的有效性，影响着下一步设计工作的开展。由第一领域到第二领域，建筑策划受总体规划的指导，接受总体规划的思想，并为达成项目既定的目标整理准备条件，确定设计内涵，构想建筑的具体模式，进而对其实现的手段进行策略上的判定和探讨。归纳起来可以有以下五个内容：①对建设目标的明确；②对建设项目外部条件的把握；③对建设项目内部条件的把握；④建设项目具体的构想和表现；⑤建设项目运作方法和程序的研究。

在这里"目标设定"一点，如前所述与第一领域建立信息反馈关系，它原本属于总体规划立项范畴，而具体的建筑造型等又是属于设计的范畴。这种再三地将建筑策划如此划分，也正体现了其研究领域的双向渗透性和与建设程序的前后阶段的因果反馈关系。

一般来讲，对建设项目的目标确定，总体规划是决定性的、指导性的，但对目标的规模、性质等内在因素的研究，建筑策划则很关键。实际上，这种总体规划和建筑策划对项目目标的研究其分界却不是截然的，并不总是由总体规划开始再到建筑策划的单向流程。通过建筑策划的实现条件和手段，依据预测评价的定性和定量的结果，不断反馈修正总体规划的情况并不少见。

建筑策划和设计的关系似乎也是如此，对于建筑策划来说要决定建筑的性质、性格、规模、利用方式、建设周期、建设程序、预算从而拟定建筑设计任务书，如果没有具体的建筑构想和方案决定上述条件是困难的。这种探讨性的方案设计也就是我们通常所说的"概念设计"。但同时我们要清楚，建筑策划的概念设计应属于建筑策划的范畴而不是建设项目的正式设计，它只是建筑策划的一部分，建筑师只是依据这种探讨性的设计方案来为建筑策划的其他内容提供参考。但毕竟这一环节具有了建筑设计的某些特性，因此我们认为建筑策划与建筑设计的分界也非截然。

既然如此，建筑策划与前期的总体规划立项和后期的建筑设计阶段之间建立信息反馈程序就变得异常重要，而且建筑策划的内容中也应包含这些环节。

1.1.6 建筑策划的特性

建筑策划的特性是由其研究对象的特殊性所决定的。大致可归纳为以下几点：①建筑策划的物质性；②建筑策划的个别性；③建筑策划的综合性；④建筑策划价值观的多样性。

建筑策划的实质是对"建筑"这个物质实体及相关因素的研究，因而其物质性是建筑策划的一大特色。B.赛维在20世纪中期提出的"建筑——空间"论可以说并不古老，它摆脱了样式主义的桎梏，把建筑的核心视为生活的物质空间，使建筑在物质空间方面的美学观念得到了很大的发展。

社会、地域一经确定，人们的活动一经进行，作为空间、时间积累物和人类活动载体的建筑就完全是一个活生生的客观存在了。如前所述，建筑策划总是以合理性、客观性为轴心，以建筑的空间和实体的创作过程为首要点，其任务之一就是对未来目标的空间环境与建筑形象进行构想，以各种图式、表格和文字的形式表现出来。这些图式、表格和文字在现实中或在以后目标的实现中与既存的真实建筑空间相对照，它们是对建筑空间的抽象。抽象模式是对实态空间的一种逻辑的描述方式，建筑的全部层面可由若干个抽

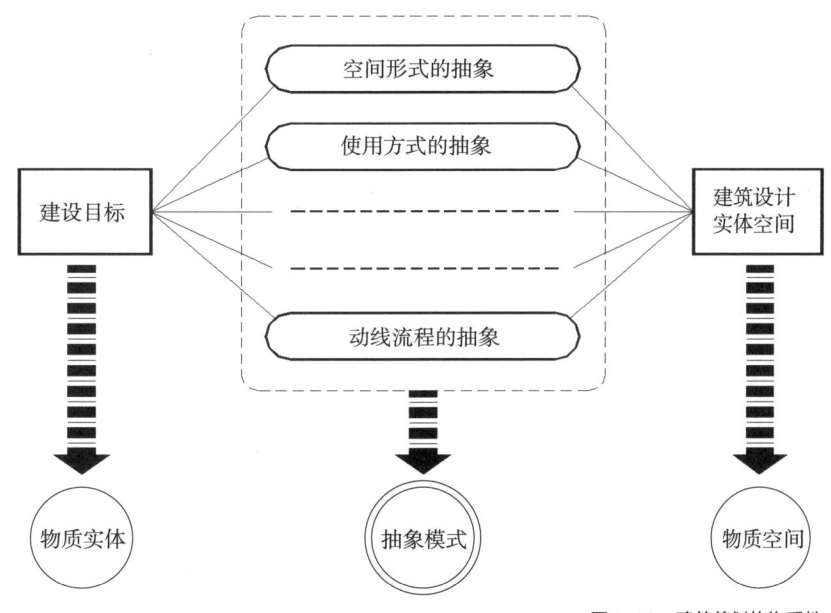

图 1-12 建筑策划的物质性

象模式来组合表示，通过对这些模式的推敲和分析，最终可以综合出建筑实体空间的全息模型。这一过程是由建设目标这一物质实体开始，以建筑策划结论——设计任务书以对具体建筑设计实体空间要求这一最终所要实现的物质空间为结束，全过程始终离不开空间、形体这一物质概念（图 1-12）。

建筑策划的另一个特征是个别性。这是由建筑生产及产品的性质所决定的。由于地域、业主和使用者的不同，即使是由国家投资统一兴建的居住区，业主和建筑师及使用者们也挖空心思地使它们各自显出不同的面貌。很显然，不同于汽车、电视，建筑是不希望产生别无二致的雷同作品的。因此建筑策划也就非做不可，而不可借用。这种建筑创作行为的单一性也就决定了建筑策划的个别性。

但我们同时也要看到，建筑生产又是一种大规模的社会化生产。同类建筑的生产又可以从个性中总结出共性。建筑策划的抽象将建筑中的共性提取加以综合，使其具有普遍的指导意义。

建筑策划的最大特征就是它的综合性。建筑策划是以达成目标为轴心，而现实中目标单一性的场合是很少的。与一个建筑相关的人，其立场各有不同，对这个建筑的期待也就各异。此外，建筑的社会环境、时代要求、物质条件及人文因素的影响都单独构成了对建筑的制约条件。建筑策划就是要将这些制约条件集合在一起，扬主抑次，加以综合，以求达到一个新的平衡。这里所谓的综合是要求建筑师通过建筑策划使各相关因素在整体构成中各自占有正确的位置，也就是对于各个要素进行个别的评价，评价的方法不同，则综合的方法也就有可能不同。

西方社会第二次世界大战前建筑的行为多一半是投资的行为，投资者的立场即为建筑设计的立场（当时还没有提出建筑策划的概念）。那时的设计者即建筑师是站在业主的立场上的，无疑是业主的代言人，那时的建设思想多是反映业主个人的价值观。20世纪50年代末以来，建筑界开始了一场市民参与设计的革命。以居住者、使用者的立场为理论出发点，建筑策划的价值观某种程度上反映了民众的价值观。随着西方市场经济的膨胀，资本成为社会中的主角。而在现代高技术发展下所进行的建筑策划研究，其新技术、新装备的引进，以及与新兴学科的融汇，则使建筑策划价值观带有更浓的资本和商品的气息。

20世纪70年代以后，经历了建筑界思想变动和混乱时期，伴随着价值观的多样化和复杂化，以单一图式来描述社会价值观已实不可能。即便是站在民众的立场上，那么民众对何为好、何为坏的观点也是各异的。因此对建筑策划的形体构想结果也会大相径庭，趋于多样化。

在如此立场分歧、价值观迥异的今天，建筑策划则应更重视本地区社会经济文化中建筑的共性，立足国情展望未来，这也是现代建筑策划论所应持有的立场。

针对建筑策划的特点及其面临的现状，当今国际上对建筑策划的发展有以下三个指向。

第一，建筑策划决策遵循客观化、合理化的指向。建筑策划越来越摆脱了对业主和设计者个人经验的依赖，通过实态调查对现象加以认识，把握问题重点。这种基于实态调查的设计方法论，完全都是以客观化、合理化的立意为出发点的，并且对构想的评价、预测也是围绕这一主导思想进行的。在这一研究指向下，越来越多的技术方法和策划理论得以应用，例如结合数理统计的实态调查结果分析、结合决策理论和计算机应用的模糊决策，以及定量评估等。

第二，继续强调人是策划主体的指向。实态调查是源于建筑环境中使用者的活动与建筑空间的对应关系的，从家庭生活到社会生活，全部的生活方式与空间环境的关系都是建筑策划研究的内容，离开人和人类活动，建筑就失去了意义，建筑策划也就失去了真实的内容。这是强调在策划中对环境——行为的理论与研究方法的运用。近年来，随着计算机技术的进步，通过电子设备等仪器对个体行为的海量记录调查结合大数据的思维和信息挖掘方法，使得建筑策划在对人的关注上有了更科学高效的技术手段，建筑策划逐渐从传统的小范围调查、传统统计分析转向大量数据挖掘、模糊分析和多种信息的综合。

第三，以求获得社会性、公众性的指向。建设目标的实现越来越不只是一个单纯孤立的事件了。建筑策划要求建设目标在社会实践中，强调该目标的实现对社会的影响与效益、社会的意义，以及在社会中的角色。同时，建筑策划也更重视地域、规模、文化对建设目标的影响。建筑主体——使用者对建筑策划的介入越来越法定化。那种凭借投资资本积累大小各唱各的调的时代已被"研究社会弱势群体"连带社区居民运动的趋势所取代。针对纷繁的公众意识,越来越多的研究者也加入社区居民运动的行列中。力求多样性的价值观为公共性、合理性所概括和包含。但是,哲学原理告诉我们,存在即是差异,偏爱多样性是人类的天性,解决矛盾是建筑策划永恒的使命。

1.1.7 建筑策划的构成框架

根据建筑策划所涉及的领域及内容,我们可以得出其构成框架。如图 1-13 所示,建筑策划的构成框架可由两个"节点"分解成四个过程。其一是信息吸收过程,它是将总体规划、投资状况、规划条件等进行全面的收

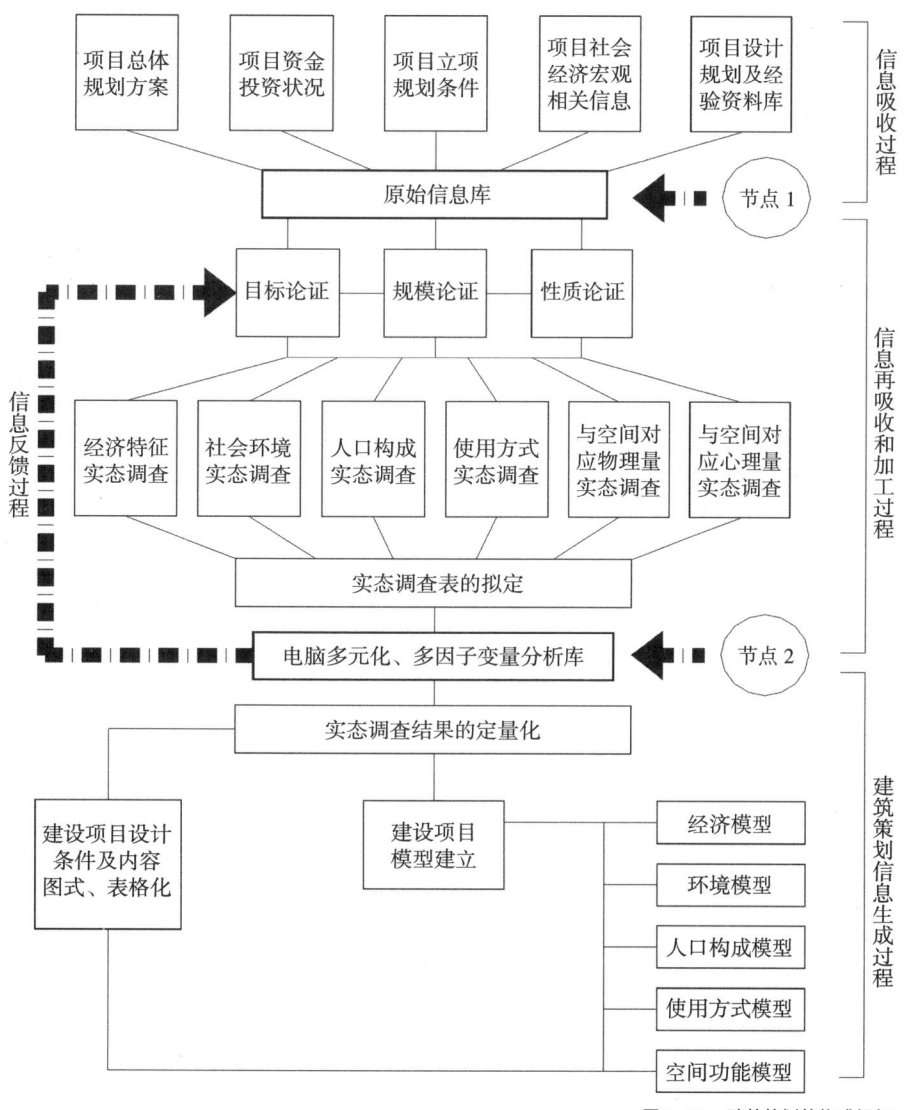

图 1-13 建筑策划的构成框架

集，存入原始信息库。通过对原始信息的初级论证，初步确定项目的规模、性质。其二，在既定的目标及规模性质下，进行全方位的实态调查，拟定调查表，将调查结果用电脑进行多因子变量分析，并将结果定量化，这是信息再吸收和加工过程。其三，将调查结果反馈到前级的初级论证阶段，对目标的规模、性质进行修正，这是信息反馈过程。其四，定量地分析结果，将建设项目建立起模型，并将设计条件和内容图式、表格化，产生出完整的、合乎逻辑的设计任务书，这是最终阶段——建筑策划信息生成过程。框架中的两个节点是至关重要的，它们是建筑策划逻辑性的体现。第一节点是原始信息库的建立，以此作为建筑策划的物质理论依据。第二节点是电脑多元化、多因子变量分析库的建立，以此作为建筑策划的科学技术依据。以这两个节点联系起来的建筑策划的框架是合乎逻辑、全面而科学的。

在这个框架中，第一过程可以说是业主理念的过程，而第二过程则是使用者理念的过程。现代建筑策划的特点也就是站在使用者立场上的以使用者理念为主导的建筑创作过程（图1-14）。对这一点，框架中第二阶段所占的分量即是最好的体现。

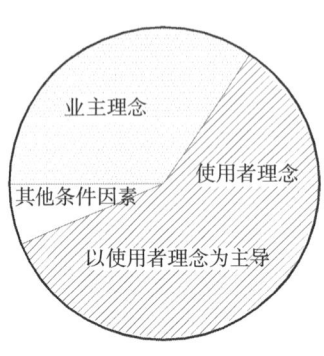

图1-14 建筑策划的理念依据

1.2 后评估的定义与意义

1.2.1 后评估的定义

在过去的30多年里，我国经历了快速的城镇化发展过程。2016年我国城镇化率达到57.35%，城镇常住人口达到7.9亿人。在快速的建设进程中，政府投入了大量的社会资源和经济资源，但建筑质量和使用后状况却差强人意。大量建筑因其功能不合理、使用问题等非质量因素而拆除，造成巨大的社会资源和空间资源浪费，带给生态环境和公众利益巨大威胁。据新华社报道，我国每年老旧建筑拆除量已达到新增建筑量的40%，远未到使用寿命限制的道路、桥梁、大楼被拆除的现象也比比皆是。

究其原因，有三个方面：第一方面是对城市建成环境性能及行为认知不足；第二方面是缺乏及时有效的预测方法和工具，以提前预评估出设计方案的有效性和可行性；第三方面是缺乏系统的建筑及城市建成环境使用后评估体系。面对"量"大而快速的建筑设计市场，我们急需在建筑设计的"质"上做好把关工作，这样才能做到"量质并存"的可持续发展。

近年来，国家政府部门从自上而下的角度，对提升建筑设计水平和加强设计管理均提出了明确的要求。2014年7月住房和城乡建设部发布的《住房城乡建设部关于推进建筑业发展和改革的若干意见》(建市〔2014〕92号)指出："提升建筑设计水平。坚持以人为本、安全集约、生态环保、传承创新的理念，……探索研究大型公共建筑设计后评估制度。"2016年2月中共中央、国务院印发的《关于进一步加强城市规划建设管理工作的若干意见》(国务院公报〔2016年〕第7号)中提出："加强建筑设计管理。按照'适用、经济、绿色、美观'的建筑方针，突出建筑使用功能以及节能、节水、节地、节材和环保，防止片面追求建筑外观形象。强化公共建筑和超限高层建筑设计管理，建立大型公共建筑工程后评估制度。"从建筑设计的角度来看，使用后评估在中国的定位正在于此。

城市规划立项、建筑设计、建筑施工这种工作程序的建立，在特定时期完成了特定的使命，有其意义所在。但是今天，我们在这个工作程序中加入了建筑策划和后评估，构成了建筑策划研究的核心，以此应对新的形势、解决新的问题。

对于后评估，沃尔夫冈·普莱策(Wolfgang Preiser)从建筑性能角度给出的定义是：在建筑建成和使用一段时间后，对建筑性能进行的系统、严格的评估过程。[1]这个过程包括系统的数据收集、分析，以及将结果与明确的建成环境性能标准进行比较。克莱尔·库珀·马库斯(Clare Cooper Marcus)及卡罗琳·弗朗西斯(Carolyn Francis)认为使用后评估是"从使用者的角度出发，对经过设计并正被使用的设施进行系统评价的研究"。[2] A.弗里德曼(A. Friedman)等从人的心理角度对建筑后评估的定义是：对于建成环境是否满足并支持了人们明确的或潜在的需求的评估。[3]而满足人们的使用需求，从功能的角度来说，也正是建筑设计的意义所在。英国皇家建筑师学会(Royal Institute of British Architects, RIBA)从建筑师的工作角度给后评估的定义是：建筑在使用过程中，对建筑设计进行的系统研究，从而为建筑师提供设计的反馈信息，同时也提供给建筑管理者和使用者一个好的建筑的标准。此外，还有在使用后评估概念的基础上发展出的建筑性能评估(Building Performance Evaluation, BPE)，其定义为：以人类行为和需求为出发点，对于建筑物的设计与性能之间关系的研究，从而确定建筑物是否满足使用者的需求，并会对使用者带来何种影响。[4]

---

[1] PREISER W F E, HARVEY Z R, WHITE T E. Post-Occupancy Evaluation[M]. New York: Van Nostrand Reinhold Company, 1988: 3.

[2] MARCUS C C, FRANCIS C. People Places: Design Guidlines for Urban Open Space[M]. 2nd. New York: John Wiley & Sons. Inc, 1997.

[3] FRIEDMAN A, ZIMRING C, ZUBE E. Environmental Design Evaluation[M]. New York: Plenum Press, 1978.

[4] MALLORY H S, PREISER W F E, WATSON C. Enhancing Building Performance[M]. London: Wiley-Blackwell, 2012.

后评估是建筑设计全生命周期中重要的一环，是对建成环境的反馈和对建设标准的前馈，是人本主义思想和人文主义关怀在新时代的体现，推动了建筑学科时间维度上的完整性和人居环境科学群的学科交叉融合，对建筑效益的最大化、资源的有效利用和社会公平起到了重要的作用。此外，后评估作为一个建筑学概念的提出，标志着建筑师业务实践范围的进一步扩大，建筑师开始系统地对建成环境的绩效评估进行研究与实践。

随着国务院的意见中对于大型公共建筑工程后评估工作的强调，前面提到的新时期建筑设计工作流程得以实现。回顾建筑创造的全过程，从总体规划建设立项，到建筑设计之间，我们需要有一个"建筑策划"环节对任务书和设计要求进行较为清晰的界定，而在投入运营一段时间后，我们需要"使用后评估"环节对其使用后的状况进行跟进和分析，并为下一步的策划提供反馈（图1-15）。因此，有必要构建"前策划—后评估"这一闭环，通过不断反馈和改进实现建筑发展的良性循环。前策划与后评估将随着后续相关法律与行业规范的出台，进一步明确其在基本建设工作中的作用与意义。这意味着中国的建筑设计工作流程随着社会发展的需要及自身的演进，开始进入一个策划、设计、施工、运营和后评估并重的时代。

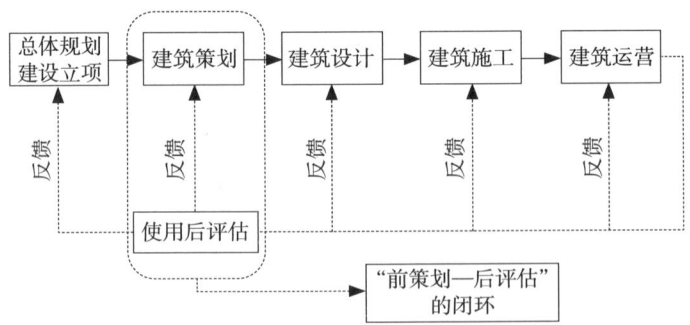

图 1-15　建筑创作全过程及"前策划—后评估"闭环

1.2.2　后评估的研究范式

对于后评估，吉布森（Gibson）认为，这种从性能角度对于建筑物的评价，与以往那些仅仅建立在哲学、风格和美学基础上的评价形成了鲜明的对比。[①] 这种对于建筑性能的关注起始于人与建筑之间的关系，研究建成环境如何影响人的行为与认知，所以，最早进入后评估研究领域的是环境心理学，并在此基础上得以发展。因此，后评估是一个检验建筑功能与效果的诊

---

① GIBSON E J. Working with the Performance Approach in Building[R]. Rotterdam, Netherlands: CIB Report Publication 64, 1982.

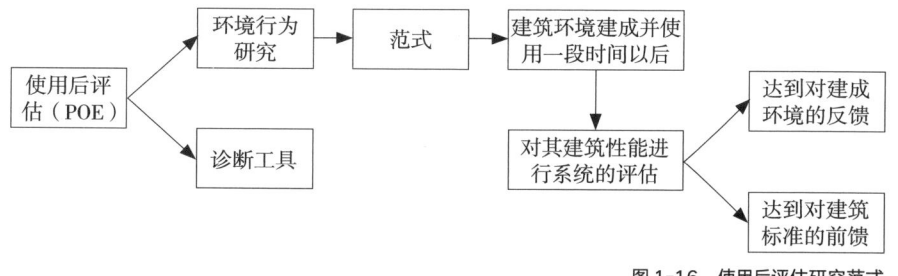

图 1-16 使用后评估研究范式

断工具,而在其背后则是一种基于环境行为学的研究范式。这个范式中的前提是建筑环境建成并经过一段时间的使用,研究的具体过程和实证部分是对建筑性能进行系统的评估,研究的目的是形成对建成环境的反馈,同时作为对建筑标准的一个前馈(图 1-16)。

如图 1-17 所示,后评估的短期价值主要体现在经验反馈方面。包括对机构中的问题进行识别和解决;对建筑使用者利益负责的积极的机构管理;提高对空间的利用和对建筑性能的反馈;通过积极参与评估过程以改善建筑使用者的态度;理解由于预算削减而带来的性能的变化;明智的决策及对设计方案更好地理解。中期价值集中体现在对同类型建筑的效能评价方面。包括调查公共建筑固有的适应一定时间内组织结构变化成长的能力,包括设施的改建和再利用;节省建造过程及建筑全生命周期的投资;以及调查建筑师和业主对于建筑性能应负的责任。在长期价值层面,使用后评估的价值主要体现在标准优化方面。包括但不限于长期提高和改善同类型公共建筑的建筑性能;更新设计资料库、设计标准和指导规范;通过量化评估来加强对建筑性能的衡量。

此外,后评估工作也可以按照其侧重分为三种类型:第一种是描述式的后评估,目的是对建筑成败的快速评价,为建筑师和使用者提供改进依据,研究的范围不广、深度不深,目的在于揭示建筑的主要问题;第二种是

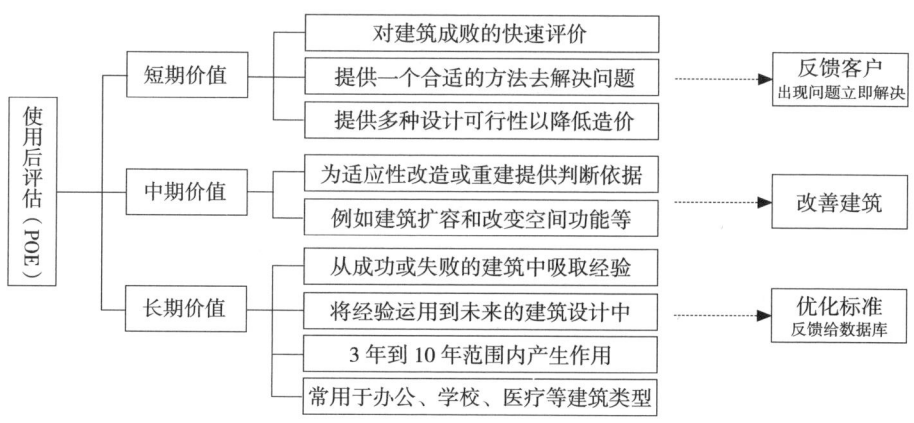

图 1-17 后评估的三种价值

调查式后评估，是对建筑性能的细节评价，为建筑师和使用者提供更具体的改进依据，研究的范围较广、深度较深；第三种是诊断式后评估，是对建筑性能的全面评价，为建筑师、使用者提供所有问题的分析和建议，为改进现存标准提供数据、理论支持，研究的范围最广、深度最深，是一个长期评价行动。[①]

当前城市发展已进入了信息和新技术革命时代。多源数据平台和大数据分析的方法为建筑策划和使用后评估中对空间及其他相关信息的认知、关联及规律发掘提供了重要的手段。相比于传统使用后评估问卷法的随机样本，大数据能够获得更加完整全面的数据（例如特定使用人群的特征、需求和使用规律），通过增加数据量从而提高了分析的准确性，能够发现抽样分析无法实现的更加客观的关联发现，帮助建筑师更加准确地了解和把握空间与建筑和环境的演变机制，以提高设计的价值和效率。

1.2.3 建筑实践中的使用后评估

回顾后评估在建筑实践中的发展，其萌芽诞生于 20 世纪初期，当时的动机是探寻建筑设计对于经济的促进作用，比如作为生产和工作场所的建筑对于劳动生产率的影响。例如 1927 年在芝加哥附近的西部电力公司，斯诺进行了光环境与生产率关系的研究，研究结果证明空间的确会影响到人们的认知和行为。

在建筑设计领域，后评估真正的蓬勃发展时期是第二次世界大战以后，大量快速的建设使欧洲国家开始思考建成环境的问题。英国皇家建筑师学会认为，一系列失败建设的原因是缺少对已完成项目成败的"科学研究"。因此，在 1965 年的建筑师手册《工作计划》中提出，一个完整建筑项目的最后阶段是"反馈阶段"。但是，由于动机、意愿和取费等一系列原因，使这个"反馈阶段"没有列入职业建筑师的工作范围，也没有受到设计业与建造业的重视，取而代之的是环境行为的研究。因此，最初的后评估研究更偏向于社会学与心理学，这也是后评估起源于环境行为学的原因。

19 世纪 60 年代的社会文化背景是后评估的实践和理论快速发展的推动力之一。如同 19 世纪 60 年代的美国人权运动所显示的，公众参与是 19 世纪 60 年代社会运动的关键词，各种社会决策过程中利益相关方的参与成为关注的焦点，其中就有作为社会构建物的城市与建筑。在城市规划领域，为了建立更为公平民主的规划决策过程，改变弱势群体作为利益相关方长期被忽视的状况，先后出现了交互式规划理论（Transactive Planning）、

---

① 汪晓霞. 建筑后评估及其操作模式探究 [J]. 城市建筑，2009（7）：16-19.

倡导式规划理论（Advocacy Planning），以及交往规划理论（Communicative Planning），其主旨都是将那些排除在规划过程之外的群体吸纳进来，或者为其代言，建立平等对话，从而使得规划行为在更大程度上考虑社会各阶层和群体的利益。

在建筑设计领域，人们也开始意识到一直存在着的一个沉默的大多数，那就是建筑落成后具体的使用者。长期以来，建筑设计主要是建立在甲方和建筑师之间的共识之上的行为，而实际上一个建筑项目的甲方常常并非其最终的使用者，因此并不能充分表达建筑实际使用者的需求。于是，在20世纪60年代的社会背景下，建筑设计中也出现了对形式和技术因素的绝对主导地位的反思，开始将目光投向具体的使用者。在社会学者、规划师和建筑师的共同努力下，建筑设计被看作是一个社会过程，倾听所有利益相关方的需求和愿望，尤其是那些在建筑里生活和工作的人。于是，对于建筑落成后的使用情况开展系统性研究的呼声越来越高。

在美国，1963年由绍尔（Schorr）对低收入者生活实质环境的调查研究中，清楚地显示出集合住宅的问题实际上是政治、经济、社会和建筑等多方面因素共同作用的结果，其研究成果最后促使美国政府成立了住房及城市发展部（Department of Housing and Urban Development，HUD）。1966年，奥斯蒙德（Osmond）等人对精神病院和监狱等特种建筑开展了使用后调研，这些工作着重调查评估这些特种建筑对特殊使用者的健康、安全和心理的影响，并为今后改进同类建筑设计提供依据。同一时期，纽曼（Newman）对100多幢集合住宅进行了调查研究，发现了集合住宅区里的犯罪原因与集合住宅的建筑造型、规划布局、建筑配置和交通安排有密切的联系，其研究结果不但直接影响到美国政府对集合住宅的政策制定，更促使政府对各地许多既有的公共集合住宅进行改建和更新，该报告中的某些结论甚至直接成为政府住宅的建设依据。纽曼的工作不但使民众认识到了后评估的功效，也使许多人开始重视后评估的价值和影响力。[①]

1968年"环境设计研究协会"（Environmental Design Research Association，EDRA）成立，其成员包括建筑师、规划师、设备工程师、室内设计师、心理学家、社会学家、人类学家和地学家等。1969年在英国首次召开了建筑心理学研讨会。1975年美国成立了通用设施管理机构（Facilities Management Institute，FMI），开始对办公建筑的性能开展可测量指标的研究。自20世纪60—80年代，美国已对学生公寓、医院、住宅公寓、办公建筑、学校建筑、军队营房等建筑广泛地开展使用后评价研究，发展出一套关于数据收集、分析技术、主客观评价指标、评价模型及设计导则等方法体系，包括调研、

---

① 汪晓霞. 建筑后评估及其操作模式探究[J]. 城市建筑，2009（7）：16-19.

访谈、系统观察、行为地图、档案资料分析和图像记录等一整套开展后评估的技术手段。

至此，后评估积累了大量的经验与数据，形成了相应的机构和组织，逐步进入公众视野，成为大学和研究机构的研究对象，为使用后评估成为一个专门的知识体系奠定了基础。

1.2.4 后评估在建筑师职业领域发展的作用

在国际建筑师协会理事会发布的《实践领域协定推荐导则》里面，明确了建筑师提供的专业核心服务的范围及过程。在规定的七项专业核心服务中，涉及评估和质量控制的工作，目前基本上都是中国建筑师职责之外的，包括使用后评估（POE）、计划施工成本评估、工程造价评估、审核质量控制、使用后检查等方面（图1-18）。

```
1. 项目管理                3. 施工成本控制            6. 合同管理
 ·项目小组的成立和管理       ·施工成本预算              ·施工管理支持
 ·进度计划和控制            ·计划施工成本评估          ·解释设计意图，审核质量控制
 ·项目成本控制              ·工程造价评估              ·现场施工观察、检查和报告
 ·业主审批处理              ·施工阶段成本控制          ·变更通知单和现场通知单
 ·政府审批程序
 ·咨询师和工程师协调        4. 设计                   7. 维护和运行规划
 ·使用后评估（POE）          ·要求和条件确认            ·物业管理支持
                           ·施工文件设计和制作        ·建筑物维护支持
2. 调研和策划               ·设计展示，供业主审批      ·使用后检查
 ·场地分析
 ·目标和条件确定            5. 采购
 ·概念规划                  ·施工采购选择
                           ·处理施工采购流程
                           ·协助签署施工合同
```

图1-18 国际建筑师协会理事会发布的《实践领域协定推荐导则》

从中国建筑师的职业发展角度来讲，建筑设计要走向国际化，中国建筑师要走出国门或与国外建筑师合作，就必须开展评估领域的工作与服务。美国建筑师学会（American Institute of Architects，AIA）有专门的官方文件明确规定了建筑师进行使用后评估的内容，包括五个详细的具体步骤：①进入最初数据收集工作；②本项后评估业务的设计和研究；③收集数据；④分析数据；⑤陈述情况。由此可以看到，通过美国建筑师学会对具体工作设定的规范和要求，后评估工作在美国建筑设计业中已经法律化。

从社会经济机制的运转规律来看，不论是将建筑设计看作是一种服务，还是将建筑物作为一种特殊的不动产产品，后评估所带来的服务与使用反馈，都是不可或缺的，而也正是以往的建筑设计工作中被忽视的。以往关于

建筑或建筑设计的评论基本都是从美学角度出发，鲜有涉及建筑具体的使用性能与效率，建筑如同一种缺失了用户反馈的商品，这与今日发达的商品经济中各行业对于用户体验越来越多的强调背道而驰。随着中国社会经济的发展，建筑业自身的成熟与进步，都要求建筑师职业将对于建筑与设计在使用后的反馈正式纳入到工作视野之中，成为职业与行业发展的推手。

1.2.5 后评估作为建筑可持续发展的重要手段

后评估所代表的一种不同于以往的建筑观，其核心是注重建筑的功能效果、关注人与建筑之间的关系。以往以设计美学为原则的建筑观通常将建筑外化为一个审美客体，考察客体对于主体形成的审美经验，从考察角度和主客关系上都有很大的局限性。而后评估所代表的建筑观将人与建筑之间的关系都纳入到一个更为宏观全面的环境系统中予以考察，这种观点是与一种新的以环境为出发点的世界观的兴起紧密相连的。20世纪下半叶，可持续发展逐渐成为全球社会经济发展中的一个重要原则。发达国家早在20世纪60年代就开始探索生态建筑学，并开始进行环境评价，关注于建筑的可持续发展问题和与自然生态、环保等问题的关系。

随着能源危机和环境资源问题的加剧，面对环境的绿色生态可持续发展的大挑战，自20世纪80年代起，西方发达国家开始更加关注绿色建筑。在美国成立绿色建筑协会（U.S. Green Building Council，USGBC）之后，有关绿色建筑与建筑环境评价的方法和标准体系也纷纷推出。如英国建筑研究院（Building Research Establishment，BRE）于1990年推出的"建筑环境评价方法（Building Research Establishment Environmental Assessment Method，BREEAM）"，美国绿色建筑协会于1993年推出的"LEED绿色建筑等级体系"；1996年由加拿大、美国、英国、法国等14个国家参加的"GBC绿色建筑挑战"。还有德国的生态导则LNB及ECO-PRO，澳大利亚的建筑环境评价体系NABERS，挪威的ECO Profile，荷兰的ECO Quantum，法国的ESCALE、EQUER，日本的《环境共生住宅A-Z》等。这些评价体系对建筑是否节能、环保的性能标准给出了系统的分析与评估方法，并设计了各类图表及电脑软件，便于设计者或使用者评估。这个趋势从20世纪末和21世纪初一直到现在，在全球范围内掀起了一股新的推动建筑发展的力量。

所有的这些绿色建筑的标准，我们都可以从前策划—后评估的角度予以理解。它们在建筑设计之前起着辅助建筑策划的作用，帮助建筑师确立设计的目标和指导原则，并协助建筑师选择合适的技术手段以达成这些目标和原则。而在建筑落成之后，它们又成为检验实际效果的标准，指导对于建筑实际性能进行后评估工作。目前，我国已有了对于绿色建筑标准的各种研究，但是还没有将其纳入更为完整的建筑设计工作链条之中,对于其中蕴含的前策划与后评估工作的性质和作用还不能完全理解,并做到有目的地开展和运用。

在大部分建筑师还是把自己的工作重点放在外观、造型等方面的时候,一个新的设计工作步骤的建立、前策划后评估机制的引入,将有助于我们摆脱仅以审美评价建筑的观念,取而代之的是一种更为全面的建筑观,将建筑所蕴含的社会、经济和环境关系纳入到建筑设计与评价体系之中。从这个角度看,国外对于绿色建筑后评估层面的研究,以及向建筑设计前端和后端的延伸,对于我国有很大启发。

1.2.6 从使用后评估到建筑性能评估

建筑性能评估(Building Performance Evaluation,BPE)是对使用后评估在建筑生命周期各个环节上的拓展和发展。使用后评估关注的主要是使用者对于建筑物性能的体验和感受,它在时间顺序上关注的仅仅只是建筑投入使用之后的性能的各个方面,而之后发展的 BPE 则是在此基础上将对建筑的评价和反馈扩大到了建筑全生命周期各环节的各个方面。这意味着评估的对象不再仅仅是落成的建筑物和设施本身,同样还有之前的各个环节中的组织因素、政治因素、经济因素,以及社会因素等。可以说,以过程为导向的评估是建筑性能评估的发展来源,同时也是其主要理论框架。[1]

普莱策教授在《建筑性能评估的整体框架》一书中指出,建筑性能评估的框架包括对建筑全生命周期中六个主要阶段的评估,分别是城市规划(设计)、建筑策划、建筑设计、建造施工、投入使用、建筑再利用(图 1-19)。[2] 虽然六个环节评价方法各不相同,但均结合了各个环节的职责和特色,分别从操作者和使用者的角度对建筑设施、使用者满意度,以及环境可持续发展等方面进行比较和分析。

当前,随着可持续发展理念的深入人心,世界上各个国家开始重视对绿色生态这一特定方面的分析和评价,并在使用后评估和建筑性能评估的基础上,深化发展了一系列绿色建筑生态评价体系和标准,主要关注建筑投入使用后在能源、技术、环境影响等方面的量化指标,并以此对当前绿色建筑的发展起到极大的影响。

可以看出,随着专业化分工的越来越细,人们已经难以从一个综合的体系上对建筑性能和全生命周期的种种环节进行全盘评价。而目前,对建筑策

---

[1] SCHERMER B. Post-Occupancy Evaluation and Organizational Learning[R]. Philadelphia:33rd Annual Conference of EDRA,2002.
[2] 沃尔夫冈·普莱策. 建筑性能评价 [M]. 汪晓霞,杨小东,译. 北京:机械工业出版社,2008.

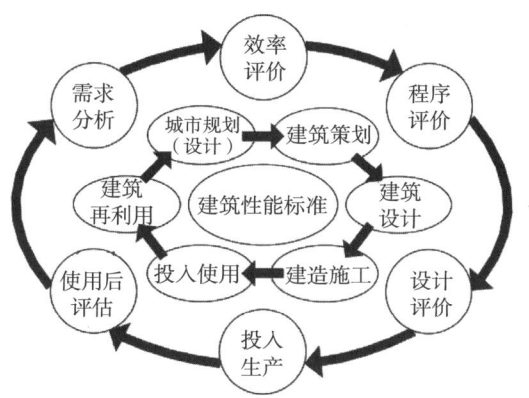

图 1-19 建筑性能评估过程模型
（图片来源：译自《Assessing Building Performance》）

划这一重要的先遣环节进行预测评价，则是一个日益重要的专门领域。

建筑性能评估的目标是改善建筑性能，包括建筑设施及建筑环境的可持续发展。它关注的是对建筑全生命周期中的各个阶段进行的分别的评估，使得反馈的过程更加具有针对性。建筑的全生命周期的六个阶段是一个循环的信息流和物质流的过程。在这个过程中，各个环节紧密联系且互相影响。相比起使用后评估而言，建筑性能评估将建筑预期的标准的内容进行了细化，并对应到生命周期的各个环节之中进行前后的比较。

第一阶段是战略性规划的效率评价。这个环节中的效率评价主要关注部门管理者的预期同实际使用者的反馈之间的比较；第二阶段是策划程序评价，要求建筑策划需要建立在来自战略性规划阶段的前馈，和来自过去已使用的项目和设施的评价的基础上，只有被设计者接受的策划，才能够实现其目的；第三阶段为设计评价，这也是在前两个阶段之后，设计师真正给出解决方案的阶段，这一环节的设计评价强调的是各方利益群体的互动，其中包括设计师、客户、使用者、评价团队、管理方和建设方等，建筑设计师需要寻求能够满足各方要求的设计构思；第四阶段是建造过程的评价，这是保证建筑质量的重要环节，主要参照其他建筑物和已有的评估标准，评价试运行的具体性能；第五阶段即建筑的使用后评估，这一环节为建筑物的反馈和对今后建筑过程的指导积累了重要的经验和资料；第六阶段即再利用环节的市场需求评估，关注的是寻求建筑改造和再利用中的重要性能及相关信息。

上述六个环节评价方法各不相同，但具有共通的意义和目的，即均结合了各个环节的职责和特色，分别从操作者和使用者的角度对建筑设施、使用者满意度及环境可持续发展等方面进行比较分析，进而对建筑全过程的各个环节进行有效的指导。

目前，我国尚未形成完整系统的建筑全生命周期过程评价。对公共建筑的评估工作主要集中在绿色建筑性能评估、建筑工程评估、专项性能评估（如消防、交通、环境影响等），以及对建成建筑的检查评估修复工程等。这些环节各自独立，并未形成共同的完整的评估体系。建立"前策划—后评估"的闭环，一方面，有利于专业人员在建筑设计的各个环节树立共同的基于性能和使用者需求的价值导向，从而更有效地指导建筑设计及其施工建设；另一方面，能够促使管理者不仅关注建筑性能的技术维护，更关注对使用者满意度和需求的考虑，进而转向对公共建筑可持续发展的综合考虑。

思考题与练习题

1. 请思考，建筑策划的目标是什么，其承上启下的作用是怎样体现的？
2. 请思考，后评估的作用是什么，后评估怎样为建筑策划提供支撑？两者是怎样衔接的？

主要参考文献

[1] 庄惟敏. 建筑策划导论 [M]. 北京：中国水利水电出版社，2001.
[2] 庄惟敏，张维，梁思思. 建筑策划与后评估 [M]. 北京：中国建筑工业出版社，2018.

第 2 章 国际视野下的前策划与后评估

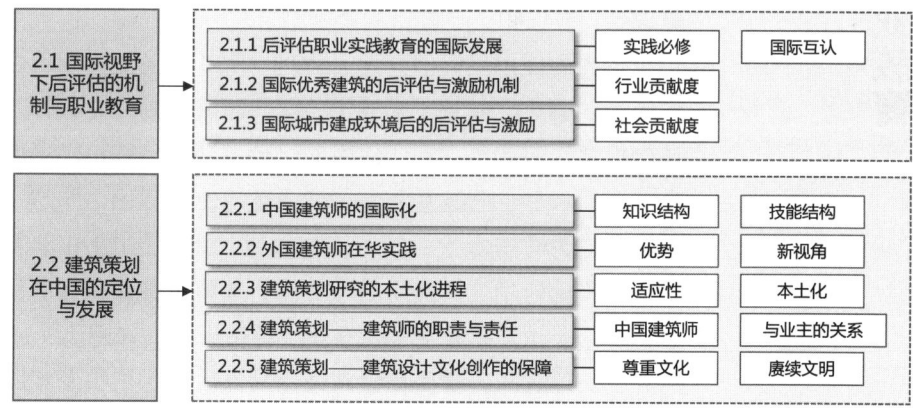

第 2 章 知识框架图

2.1 国际视野下后评估的机制与职业教育

2.1.1 后评估职业实践教育的国际发展

后评估所属的项目评估领域是一个宽泛的概念，涉及投资评估、项目绩效评估、性能评估、环境影响评估、社会效益评估、空间环境评估、使用者评估、安全评估、交通评估等。所有的评估都是为了通过信息和问题反馈，辅助改进下一步的决策。在评估学范畴内，建筑空间环境的使用后评估只是其中的一个部分，但却涉及环境心理和行为、物理性能、空间表征、社会和经济效益、环境影响等多个方面。全球各个国家和地区纷纷开展了众多建筑后评估的研究、实践和实务工作，并在学院教育及执业人员培训和再教育方面做出了各种有益的探索。

从广义上来看，使用后评估可以是对经济投资、项目绩效、空间性能、能源效率、用户需求、管理过程等各个方面的评估。但落实到城市建成环境和建筑物上，则需要和城市规划及建筑设计课程紧密相关。很多国家纷纷在规划和建筑的教学培养体系中纳入了后评估方法学的课程，并在研究阶段注重理论、方法和实际应用的紧密结合。

巴西的使用后评估开始于20世纪70年代圣保罗科技研究所的跨学科工作人员的引进，旨在对社会性住宅展开评估。1984年，圣保罗大学建筑与城市规划学院首次将后评估引入研究生课程，开设了"使用后评估设计方法学"课程。至今已经发展为"建成环境使用后评估"这一专门课程，由巴西学者和作为客座教授的国际专家共同授课。自1990年以来，圣保罗大学建筑与城市规划学院将使用后评估作为本科选修课，目的是培养后评估实践领域的专业人才，并激发学生对于后评估研究的兴趣。2005年，巴西联邦政府的工程、建筑和农学委员会将使用后评估引入建筑师实践领域，自此巴西的本科建筑学课程培养体系正式将使用后评估纳入其中。在研究生教育阶段，圣保罗大学建筑与城市规划学院提供了更加广泛的对于使用后评估的理论教学，还包括了对不同类型建筑物使用后评估的案例教学。此举引发了对使用后评估更加深入的理论研讨和对最新评估工具的研究。此外，圣保罗大学还通过对建筑设计、建造和建筑运营维护领域的教师的培训，鼓励尽可能多的多学科交叉小组展开后评估领域的研究。与此同时，公私合作制也引入使用后评估的研究，先后涉及高层办公楼、卫生设施、学校建筑、住宅建筑，以及地铁站等类型。这些使用后评估研究团队都由高等院校与政府教育部门合作成立，有效促进了理论研究与政府决策之间的结合。

在德国，建筑与土木工程学科由来已久，但使用后评估作为建设项目管理在2000年纳入学科建设体系。这是由于德国建筑行业在20世纪90年代得到进一步发展的结果。德国建筑行业关注的是整个生命周期，因此使用后评估是被纳入了建筑性能评估的整体闭环之中进行操作。在课程中，学生需要了解建筑全生命周期各个阶段各自独立却又相互依存的关系。因此，建筑策划、初期设计、建造和长期入住之后的测评都十分重要。

德国关于建设项目管理和使用后评估的教学采用的是实践经验、文献和案例教学相结合的方式。在建筑绩效评估流程模型之中，课程采用了分阶段教学法。比如在德国比勒菲尔德应用科技大学的建筑与工程学院，首先使用瑞士制药公司的案例"战略规划—效能评估"介绍战略规划的评估和决策环节；进而，在"设施策划—程序审查"则介绍了建筑策划和方法的重要性，并着重探讨了建筑策划决策与相关性能标准制定之间的关系；第三阶段"设计—设计审查"采用了德国一所高中改建的案例，充分纳入了师生的研讨和参与，达成对高中改建的共识；第四阶段采用了德国建筑师彼得·哈默（Peter Hubner）的工作，以一所学校在实际的试运行和运作中，如何纳入学生的参与和反馈来讨论"施工—调试"的过程；第五阶段则是"入住使用—使用后评估"阶段，在这一阶段中，课程着重介绍了评估建筑物的各种方法和工具，学生同时还可通过采用"职业调查"方法对大学校园进行调查，掌握方法的实际应用；第六阶段"改造和回收—市场需求分析"则以德国柏林会议中心为例，着重探讨这一德国柏林地标建筑在国际商会低效运作之后，新的改建和回收策略的决策与分析过程。通过一系列讲座和练习，学生对建筑生命周期和内部审查闭环的各个阶段都有了更深入的了解，也理解了用户参与和信息反馈对提高用户满意度调查和建筑物接受度的影响。在此理论基础之上，学生可以有选择地展开对建筑全生命周期的各个阶段的深入研究，尤其是第二阶段"设施策划—程序审查"和第五阶段"入住使用——使用后评估"，形成了有效的前后反馈和验证机制。

进一步的"入住使用——使用后评估"阶段是建筑生命周期的终点，也是最长的一个调查阶段。在这个过程中，要求学生积极参与，完成设计作业是最后的考核指标。首先，学生被要求选择城市建成环境的一些小品、家具和公共场所进行调查，进而组成2~3人的团队选定具体城市地点进行案例研究，以进行使用后评估方法的练习。其次，学生将自主选择建筑物，有针对性地采用使用后评估程序展开综合调查。一方面，学生被要求充分了解入住之后用户的实际利益和诉求，另一方面，学生通过和预先设定的性能标准进行比较，获得对建筑物实际性能和运营效率的反馈。

很显然，虽然建筑性能评估的各个阶段闭环属于项目管理的重要组成部分，建筑生命周期相关的行业也远不只是建筑师的工作，还纳入了很多其他专业人士，如设施经理、项目经理、施工团队、建造投资方等各个团体。但是，基于建筑学的研究重点，以及建筑行业工作的特殊性，建筑师这一专业人才责无旁贷地需要担负起领导整个建筑项目全生命周期和业绩评估的工作。他们既具有管理和建筑背景，也需要拓展在环境行为和心理学、公共管理学等方面的知识和技能。总而言之，对于使用后评估和建筑性能评估的教学，需要贯穿学生的整个课程培养体系，并不断渗透在各个方面。

总体而言，使用后评估是一种重要的思维范式，有助于激发未来建筑师的文化和环境反应能力，并锻炼发现问题和寻求解决之道的批判精神。以建筑环境作为教育媒介，学生可以更深入地了解人和人之间的关系，以及空间与可持续设计因素之间的关系，进而避免传统教学实践中重空间、轻使用的一些问题。因此，使用后评估作为一种探究式学习，注重第一手资料的获取和识别。这也是对传统教学实践过于偏向于二手资料和知识传授的一个良好补充。引入对实际建筑的探究式学习将锻炼学生建立对现有动态环境的观测行为，进而解释它们的概念和理论及由此产生的学习成果之间的联系。在使用后评估中，学生可以通过图纸了解建筑师的意图，但更有效的是见到建筑师本人，通过交谈了解设计意图和过程中出现的问题，采访建筑物的物业管理团队。通过实际调查，学生们将现场研究的结果提供给管理负责人和建筑师，并向建筑师提供反馈意见，使他们更加了解设计未来建筑物的居民经验，并帮助设施经理对当前建筑进行适当的调整。实际项目研究对建筑教育、专业实践和社会科学研究都产生了影响。通过向实验室提供数据和文献综述，使用和评估的研究成果超越了课堂范围，从而向学生展示了实践中社会和文化研究的价值。

2.1.2 国际优秀建筑的后评估与激励机制

美国建筑师学会（American Institute of Architects，以下简称 AIA）认识到建筑学在其宽广的实践领域所取得的成就，为评价这些建筑实践的质量从而建立了一套优秀的标准体系，使得所有建筑师的实践都能通过这一标准体系进行评价，并且向公众宣传建筑实践的范畴和价值。美国建筑师学会从 1969 年就开始颁发美国建筑师学会 25 年奖（以下简称 AIA25 年奖），引导社会重视其前期建筑策划，重视可持续设计和节省能源，重视建筑经历 25~35 年后还能保持好的状态并且基本功能完整。相比之下，我国的建筑使用后评价推广至今仍较为滞后，其中一个重要原因是我国建筑学的业界和学界仍较为缺乏有效的建筑使用后评价引导机制。本节借助分析此类经历了 40 多年的老牌奖项，能给我国提供若干参考和启示。

AIA25 年奖申报资格有如下几点主要要求，首先是时间方面，该奖承认建筑设计具有持久性的意义。奖项将授予那些建成并经历 25~35 年时间考验、对民众生活和建筑学均作出有意义贡献的建筑。同时在建筑师资格方面要求这个项目需由一位美国注册的建筑师进行设计。其次，AIA25 年奖具有开放性，任何一个美国建筑师学会成员、团体成员，或者 AIA 知识社区都可以提名一个 AIA25 年奖的项目。这个奖项对所有类别的建筑项目开放。提名的项目可以是单体建筑，或者一组建筑构成的单个项目。

AIA25 年奖要求提名项目必须实质上建成并保持好的状态，明确提名的项目应该仍按照初始的建筑策划进行运行。当建筑的初始内容没有本质改变的时候改变其用途也是可以允许的，并在提名项目资格中强调项目必须具备卓越的功能。项目须杰出地执行最初的建筑策划，并按今天的标准有创造性方面的表现。AIA25 年奖要求建筑和场地需要一并考察，当前内容的任何改动应该被评审所关注。

值得说明的是，AIA25 年奖要求建筑师提交准确而完整的所有参与者名单，包括而不限于作为整体团队一部分的工程师、室内设计师、规划师和策划师等（根据 AIA 的政策只能写公司名字而不允许写个人），同样也包括客户、所有者和一位现场参访联系人。AIA25 年奖还要求所有报奖的建筑师签署一份版权协议，授权 AIA 使用相关资料信息。AIA25 年奖近年来强烈推荐报奖项目要实现美国建筑师学会《可持续建筑实践立场声明》（*AIA Sustainable Architectural Practice Position Statement*）和美国建筑师学会《2030 承诺》（*AIA 2030 Commitment*）减少能源消耗的目标，前者号召在区域基准上减少最少 60% 的能源消耗。

建筑师提交的项目信息除了包括项目名称、地址、竣工时间，对建筑和场址作简要描述（如果在中间层有转变的话也需要简要列出）外，还需要描述可持续设计策略和创新，包括合适的朝向、负责任的土地利用、遮阳措施、自然通风等。最后建筑师需要提供一份小于 10MB 和 26 页的文件。其中至少有 4 张是说明项目在最初使用时的状态照片。另外，至少有 2 张是当前项目的使用状态照片。还需要说明项目最初状态场址和楼层平面，如果有变动还需要变动后的场址和楼层平面以协助评审作出判断。

从 1969 年首次颁奖至 2016 年的近 50 年间，共有 46 个项目获得 AIA25 年奖（1970 年除外）。按建筑类型划分为办公楼、学校、教堂、图书馆、博物馆、美术馆、纪念碑、市场、机场航站楼及地铁站等类别。如果按建筑所属的地域划分，则在 2000 年以前的获奖项目的建设地点都在美国，而 2000 年后在沙特阿拉伯、西班牙、英国等国家和地区获得 AIA25 年奖的项目越来越多。这一方面反映了 20、30 年前美国建筑设计国际输出的状态，另一方面，这类跨国设计的项目获得 AIA25 年奖某种程度上也成为 AIA 会员和企业的背书，有利于美国建筑师在国际业务方面的拓展。

这些获奖项目在获奖时都已经历了 25~35 年的时间考验，而且对美国人的生活和建筑学也贡献了积极的意义。比如坐落在华盛顿的美国国家美术馆东馆，就是著名建筑师贝聿铭的代表作之一。当时的美国总统吉米·卡特是这样评价这个获得 AIA 金奖的项目的："这座建筑物不仅是美国首都华盛顿和谐而周全的一部分，而且是公众生活与艺术之间日益增强联系的艺术象征。"纽约的西格拉姆大厦作为密斯·凡·德·罗在现代主义发展时期的代表作，不仅完美地表达了"少就是多"的讲究技术精美的倾向，其讲究的结构逻辑表现、精美细致的材质和工艺也影响了几代建筑师在摩天楼上的审美，更重要的是，这座优雅的建筑直到获奖时都一直在高效地运行使用。罗伯特·文丘里的母亲住宅，不仅是后现代主义的代表之一，至今在橡树山上的房子仍有人持续使用，并富有浓郁的生活气息，是一座有生命力的建筑。

如果将视野再扩大一些，会发现获奖的不仅有博物馆、办公楼和住宅等类别，近年更有和美国人日常生活息息相关但以往不太容易获奖的类型，如基础设施类的项目，对这些动态我们应给予更多的关注和重视。以前建筑学的教育主要关注建筑在空间设计的手法技能，而很少涉及建筑的使用和运营，很少讨论人在里面的体验和感受。而美国业界和学界则十分关心这些，并会重点讨论如何在设计过程中平衡和协调各方面的因素。比如华盛顿杜勒斯国际机场航站楼，我们的关注点还在于埃罗·沙里宁的设计如何巧妙，向外倾斜的柱子在自重和屋顶荷载下形成悬链状，而很少讨论它每年的客流量及各种交通高效组织和运行维护。再如华盛顿大都市地铁换乘站，当我们把目光仍关注在地铁站台上方中世纪样式的拱形混凝土，强调其纪念性并和华盛顿庄重的风格相协调，却很少谈及哈里·维斯的"大社会"自由主义，以及这是全美国仅次于纽约的第二大地铁系统（按日均乘客量计算）。这些建筑的影响是极其深远的，试问有多少人能去体验这些建筑师的作品？

除了美国建筑师学会全国范围的表彰，美国各地的地方建筑师分会也设置地方分会的25年奖，对当地使用良好的建筑进行表彰。以休斯敦琼斯表演艺术中心（Jesse H. Jones Hall For Performing Arts）为例，它是休斯敦交响乐团的驻场剧场，剧场包括可以容纳2911人的楼座。该建筑的策划和设计都由CRS事务所完成，1966年建成，1967年获得AIA大奖。近50年来中心只做了两次整修，第一次于1993年为满足美国残疾人法案进行改造，第二次则是因2001年热带风暴带来的损害而进行的改造。从这个角度，可以说是该建筑的使用运营几乎完美地契合了最初策划和设计任务书的要求。至今，该中心每年仍有近40万听众会来此参加各类活动，是当地最富有活力的艺术中心之一，历经风雨多年的考验而依旧生机勃勃。1993年该建筑获得美国AIA休斯敦分会颁发的25年奖，1994年获得得克萨斯州建筑师联合会颁发的25年奖。

通过对美国AIA25年奖的分析，结合我国的实际情况，可对政府和相关行业组织提出以下几点经验借鉴：

首先，通过政府相关部门和行业组织制定相关标准，对所有国有投资的项目在运行一定年限后进行建筑使用后评价，并将评价的结论向公众公示。

引入第三方的力量把使用后评价结论和当初项目立项及设计任务书进行比对分析，归纳经验总结教训，为后续类似项目的立项和设计任务书的制定提供科学而逻辑的依据。

其次，在高校的建筑学教育和职业教育增加对建筑使用后评价的关注。在建筑学高等教育中强化建筑使用后评价及对设计方案预评价，在学科团队建设中加强建筑策划和建筑使用后评价的研究。在执业资格考试方面增加建筑使用后评价的考点，在职业继续教育方面增加建筑使用后评价的培训。

最后，通过主管学会和协会设立类似于AIA25年奖的奖项。表彰一批优秀的设计作品和建筑师，引导建筑使用后评价的推进。这样的奖项设置在当前中国快速发展和大量新建筑质量普遍不高的大背景下，更显得紧迫和必要。让社会认识到建筑设计不仅仅需要一个好的创意，更是高水平的建筑策划和高质量的工程设计的综合；引导社会关注建筑全生命周期内的可持续发展，鼓励建筑长期运行保持较高的性能水平。

2.1.3 国际城市建成环境后的后评估与激励

城市建成环境不仅是建筑物及其室内，还包括了城市的公共环境及居民的社区。美国规划协会（American Planning Association，APA）自2007年起对美国的公共场所进行评奖，称之为"Great Places"（以下称为APA最佳场所奖），旨在表彰提升城市空间价值、增进城市生活街区活力、倡导更好的城市空间设计。

APA最佳场所奖分为三大类：公共空间（Public Spaces）、街道（Streets）和街区（Neighborhoods）。其中，公共空间要求使用了10年及以上，它可以是邻里、市中心、特定地区、滨水区或其他区域中的部分公共领域，有助于社会交往和地域属性的创建。比如广场、市镇中心、公园、市集、购物商场的公共区域、公共绿地、码头、会议中心的特定区域、公共建筑围合的场所、大厅、集合广场、私人建筑中的公共区域等。街道不仅是道路本身，还要求包括整个立体视觉走廊，含公共领域，以及它与周边空间使用的关系。从步行慢道空间到作为交通干道的道路，不同类型的街道均有资格申请，但是每一个街道都应该有一个可定义的起始点，特别是重点应该放在"街"甚过于"道"，也就是服务和考虑所有用户的街道，而不仅仅是机动车辆通行的场所。街区可以是通过规划生成的，也可以是更有机地自发生成的结果。不同类型的街区均有资格申请，如市区、城市、郊区、城镇、小村庄等。但任何一类社区都需要标出明确的边界，并且也要求必须是建成10年及以上的社区才可以申请。

可以看出，APA最佳场所奖申报资格有以下几方面。首先，除了街道外，公共空间和社区都要求建成10年以上，而街道则由于两侧建筑和公共领域的不断调整，难以界定具体的时间，但至少也要建成较长的时间。其次，要求所有被提名的公共空间具有明确的边界。公共广场自不必说，街道要有明确的起始点，社区也要有明确的规划边界，或是可被识别的边界感。最后，三类公共场所不论何种具体类型和属性，都要有丰富的人群活动。除了在地理、人口、居民、规划参与、可持续建筑和场地（城市、郊区、乡村）等一系列重要因素之外，APA最佳场所奖还提供了详细的评选导则供提名者参考，评选导则并非"必备特质"，但是却代表了最佳城市空间的设计的重要原则。

从2007年到2016年的10年间，APA最佳场所奖共评选出261个"最佳场所"，涵盖了美国51个州的188个城市，包括80个最佳公共空间、91个最佳街道和90个最佳街区。在获奖作品中，既有如芝加哥千禧年公园（Millennium Park，2015年最佳公共空间）、波士顿后湾区（Back Bay，2010年最佳街区）、纽约中央公园（Central Park，2008年最佳公共空间）、第五大道（Fifth Avenue，2012年最佳街道）等久负盛名的经典城市空间，也有像费城里滕豪斯广场（Rittenhouse Square，2010年最佳公共空间）这样专属于本地居民每日都会去闲暇消遣的广场和基韦斯特杜瓦尔大街（Duval Street，2012年最佳街道）那样年均接待200余万名游客的景点类大街。

从评选标准和获奖作品中可以看出，城市空间良好品质具有丰富多元的特质，各具特色。但是，几乎所有的作品都展示了高品质的城市空间和社会生活，以及对历史文化或自然生态的关注。丰富而优秀的公共空间组成了整个城市的独特特质。比如，费城的7处获奖公共场所中，社会山（Society Hill）和栗树山（Chestnut Hill）是两大截然不同的高品质街区：前者位于旧城历史文化遗产区，具有浓厚的历史人文特色；后者位于费城郊区，是风光秀丽、环境品质极高、拥有多处建筑大师名作的高档社区；百老汇街（Broad Street）和本富兰克林公园大道（Ben Franklin Parkway）相比，前者知名度不高，却是城市核心区最具活力热闹的节日大街；而后者是全美最具纪念碑式的宏伟大道之一，沿街挂满了全球各国国旗，也是城市规划历史中城市美化运动的经典范例；至于三个公共空间，里滕豪斯广场是城市中心的生活街区，费尔蒙特公园（Fairmount Park）是城市棕地修复的景观公园，而雷丁火车站商场（Reading Terminal Market）则是废弃工业设施再利用和城市更新的典范。

每年的10月是全美社区规划月，奖项也在此时颁布。作为空间使用后评估的奖励机制，最佳场所奖的颁布，对于政府而言，是通过规划设计业界权威的认可，制定空间设计指南，更好地督促城市建设；而对于地方政府而言，美国的各州各市之所以积极踊跃地提名申请最佳场所，是因为获得的奖牌归于地方部门，他们或将其铭刻在公共场所的标志上，或刻于地上，甚至借助

APA 为此设计的一系列服装和工业衍生产品，用于奖项和名声的宣传与推广。

良好的反馈和评选机制最终目的是促进城市空间的改良和未来的设计。美国规划师协会在总结了过去 10 年间的最佳场所案例后，总结出供业主和设计师参考的设计指南。需要指出的是，指南并非一成不变，随着新的案例使用后评估所发现的经验，设计导则和指南也在不断地更新和调整。比如，在最佳公共空间、街道和街区的评选标准之初，空间形态和环境品质占据了最主要的内容，但是近年来，可持续发展、绿色基础设施的应用，以及生物多样性的保护等，都逐渐成为设计中极其重要的考量环节。

2.2 建筑策划在中国的定位与发展

2.2.1 中国建筑师的国际化

第一个国际建筑师的非政府组织——国际现代建筑协会（以下简称 CIAM）是 1928 年在瑞士成立的。CIAM 最具影响力的事件是在 1933 年的 CIAM 第四次会议上通过了《雅典宪章》，标志着现代主义建筑在国际建筑界的统治地位。15 年后的 1948 年，通过联合国教科文组织（United Nations Educational, Scientific and Cultural Organization, UNESCO）的协调，国际建筑师协会（以下简称 UIA）在瑞士洛桑成立了。不同于以建筑师个人为会员的 CIAM，UIA 是以国家和地区为成员组织。当时有 27 个国家的建筑师组织的代表参加。20 世纪 50 年代的现代主义大辩论我们记忆犹新，它导致了 1959 年荷兰鹿特丹的 CIAM 第 11 次会议上 CIAM 的解散。由于 UIA 坚持各成员间相互了解、彼此尊重的原则，所以并未受当时 CIAM 解散的影响，持续发展到今天，已经成为最具影响力的国际建筑师组织。中国于 1955 年参加了在荷兰海牙召开的第四届世界建筑师大会，正式加入了国际建筑师协会。

曾几何时，建筑师从作为帝王君主的御用工匠，到具有系统专业知识的独立执业者，建筑师的这个职业称号已经随着建筑的发展走到今天，成为一个改善人类聚居环境的伟大角色。

人类进入 21 世纪，全球化的趋势使得原本很少走出国门的建筑师们越来越多地打开了面向世界的窗户。20 世纪后半叶先是欧洲和北美洲，他们开始了互相的跨国设计，而后是北美洲和南美洲。然而，建筑师走出国门并不那么顺利，西方国家的建筑师在亚洲的大部分国家就碰到了很多矛盾，而亚洲的建筑师走向西方更是难而又难。国家制度的差异、地方贸易保护主义，以及不同的民族文化和宗教等成为建筑师迈出国门的一个很高的门槛。加上因政治体制及价值观念的差异，导致的国家之间的隔阂也妨碍了建筑实践的全球化发展。

然而，新世纪的确是一个需要想象力的时代。全球化使得已经上演了百年的现代主义建筑大戏巡演到了世界各个角落，各国建筑师们在世界的大舞台上竞相登场。在过去的很多年中，所有通过竞标与竞争成长起来的建筑师事务所抑或是设计企业无一不受到不同国家制度、习惯、规范等问题的困扰。尽管存在文化背景的差异与占有国际事务话语权的多寡，使得各国建筑师在这个大舞台上所扮演的角色呈现出明显的主次差异，但毋庸置疑，多元化、多极化已经成为世界建筑文化的主流，建筑师的跨国业务必将形成。在跨国建筑服务贸易迅速增长的今天，我们无法避免地要面对和解决跨国设计实践的问题，这道门槛总是要跨过去的。

近几年来，随着全球建筑师职业实践的广泛开展，UIA 职业实践导则和国际认同标准有了一些新的补充和发展，国际建筑师协会职业实践委员会（以下简称 UIA-PPC）已经将《UIA 建筑实践的职业主义推荐国际标准认同书》更新为 17 项政策 14 项推荐导则。委员会的工作更是扩大到了对职业建筑师个人操行、道德准则和社会地位及利益的规范和宣传上来。俨然已经成为全球职业建筑师从事建筑设计实践活动的最权威、最专业、最具指导性的行业组织。国际建筑师协会推荐的建筑师职业实践的政策与推荐导则已成为国际上跨国建筑服务的基本文件。

虽然我国出台了《中华人民共和国注册建筑师条例》等一系列法律和规定，但对相关政策的持续发展的研究和国际化的业务开展仍显得相对滞后。在外国建筑师手持 UIA 职业实践国际标准蜂拥而入的时候，我们的建筑师却显得愈发的茫然，不知如何与国外建筑师在业务合作中平等对话，不了解相应的国际标准和推荐导则要领，政府也没有相应指导性文件来要求本土建筑师去掌握和熟悉这些政策和导则。特别是对 UIA 规定的建筑师核心职业范围内关于在设计前期与建筑策划、项目管理、分包发包流程、使用后评估等业务内容缺乏了解与实际操作经验，尤其对其中法律关键点知之甚少。所以当建筑市场开放以后，地方文化的延续、外来文化的侵入、民族产业的持续发展、本土建筑师的创作权、执业中的法律权益等问题就都一下子摆到了面前。

全球化让我们必须了解国际规则。第一，在全国范围内对注册建筑师进行《UIA 建筑实践的职业主义推荐国际标准认同书》及政策推荐导则的普及教育，作为我国建筑师参与国际和国内建筑职业实践的参考标准；第二，积极参与国际事务，有组织有计划地参与《UIA 建筑实践的职业主义推荐国际标准认同书》及政策推荐导则的制定和修订工作，在相关国际政策的制定方面发出我们的声音，尽量避免不利于我国经济和建筑职业实践发展的条款；第三，自上而下地要求高校调整建筑学教学大纲，补充和加强高校建筑学教育中职业实践部分特别是执业方式、职业道德和项目全程管理的法律方面知识的授课内容，确定明确的教学目标，完善学生职业实践实习的必修及选修内容；第四，提高职业建筑师的外语水平，加强专业外语的训练；第五，尽快学习并熟悉 UIA 关于职业实践网站的检索，建筑情报信息机构应定期将相关重要信息译成中文，发布公告；第六，尽快补充 UIA 关于职业实践网站中关于中国全国注册中心、中国建筑学会及中国建筑职业实践的有关信息数据，并建立一个维护更新的平台，以加强与国际社会的平等沟通和资源共享；第七，住房和城乡建设部、注册中心、建筑学会等相关部门应共同研究，向 UIA 提供中国建筑师职业实践的相关法律文件和合同文本，研究 UIA-PPC 推荐国际标准中是否有与中国相关法律文件相矛盾之处，并探讨如何解决。

国际化的趋势已经将中国建筑师推上了国际大舞台，不管我们是否愿意，我们最终都会被国际化。面对国际规则我们都必须给出回应。特别是在中国建筑师迎接跨国合作时使我们能够有清醒的头脑、足够的自信和充分的依据，与其他国家的建筑师一道站立在一个平等的平台上。这是我国建筑业发展必须面对的，是我国当代建筑师必须经历的，是中国建筑师在职业实践中创作建筑精品的保障，当然这也更是我国建筑师走向世界的起点。

在一般情况下，美国建筑界中称单一的建筑设计事务所为"Architecture" Firm 简称 A，同样道理 Engineer，E 即代表工程，即我们所说的结构、设备等，而 A+E 就是指包括建筑设计、结构、设备机电在内的综合性的建筑工程设计事务所。在西方，建筑事务所一般规模较小，建筑师完成方案后会转交给另一个结构设计事务所及设备机电事务所，进行结构方案的设计和设备系统的设计，当然也有同时协作设计的情况。这一过程可以通过电脑联网、图文传真、有线传输等现代通信手段解决。合同分别签订，责、权、利明确无误。

A+E 模式有其特定的环境和条件。在美国作为四大自由职业者之一的建筑师有一定的相对独立性，且行业竞争相当激烈。A+E 模式需要较雄厚的技术、经济实力才能在快速多变的市场中有较强的储备力量，而不至因一两个项目的失败而使公司倒闭。而单一的 A 事务所则正符合了"船小好调头"的原则，机动、快速、灵活以提高竞争力。两种模式并存、互补，形成了一个较为稳定的建筑设计市场。

我国的综合设计院模式是计划经济下的产物。大的有上千人，小的也近百人，包括建筑、结构、水、暖、电、概算等全工种。这种模式在国家计划经济时期曾起到了主力军的作用，但随市场经济的浪潮涌来，这种集团军的模式受到动摇。机构庞大，缺乏竞争机制，各专业责任划分不清，责、权、利不明，降低了工作效率和经济效益。市场迫使着这类大型综合设计院的业务向另一种形式转变，亦即设计总承包，综合大院也因此发生了内部结构性的变化。原本只是照章设计的组织架构，随着设计总承包业务的拓展，开始涉足前期和建筑策划，以及后期的施工运营和使用后评估。

随着设计市场的开放，集体、股份制及私有制的事务所纷纷诞生，更给建筑市场带来了朝气。注册建筑师制度的推广和执行，已经使中国建筑师能像国外建筑师一样"挂牌"设计。注册建筑的认证、考试和继续教育都参照了国际建筑业的标准和原则，这正是中国建筑师国际化的条件之一，至少它使中国建筑师在项目面前可以与外国建筑师一样进行平等的竞争。在对近10年的建筑市场分析表明，中国建筑师的国际化已经取得明显的成果，中国建筑师在国际上频频获奖，尤其是一大批改革开放之初出国留学回来的中青年建筑师，他们由于接受西方的建筑教育体系的培养，并在国外事务所参与过实践，对国际职业建筑师的核心业务和基本技能都有比较深入的了解，加上和国内现状的结合，更是受到国际的认可和关注。这无疑为中国建筑师全方位地参与国际建筑事务打下了良好的基础。

在中国建筑师的国际化的进程中，有两件事情是非常重要的，一是中国建筑师知识结构和眼界的拓展；二是政府与行业管理部门对建筑师执业范围的明确界定和法律保障。

2.2.2 外国建筑师在华实践

20世纪随着中国改革开放，建筑市场打开国门，在中国建筑业界乃至全社会频频出现了一个词汇——"外国建筑师的实验场"。很多人抱怨，外国建筑师涌入中国的建筑市场，在一些开发商甚至官员的纵容下将中国当作实验场。尽管社会的话语焦点会随时代变化，建筑设计的所谓永恒主题不可能存在，但我们仍不能漠视我们几十年前秉承大师所提出的"适用、经济、美观"的原则及其提法的逻辑意义对我们今天的影响。

中国加入世界贸易组织（The World Trade Organization，WTO）之后，使全球的建筑师发现了中国这样一块大蛋糕，蜂拥而至的淘金者，无疑也给中国的建筑市场带来了空前的繁荣和激烈的竞争。从国家级的工程到私人投资的房地产项目，无论大小，几乎都来了一场国际竞赛。一年之中大中型以上竞赛项目不下几十个，使得若干国外事务所在竞赛圈子里都"混了个脸熟"，他们以不变应万变，往往是短时间内征战南北，纵横东西。几个"首席"主创，同时把握若干投标项目，下面有一群国人作了由方案深化到后期制作的后援，连外国建筑师也感叹："中国的创作环境真好！我真愿意在中国参加设计竞赛。"

国人希求得到好东西的急迫态度的确也反映了前几十年我们建筑创作的空虚和贫乏。所以当我们面对一个又一个国际招标时，我们恨不得从一次方案竞赛中得到我们曾经缺失的所有东西，甚至于将发掘、继承和延展民族精神的祈盼也寄托在外国人的身上，乃至外国人也很快掌握了国人的心理，于是方案中频频出现"中国龙""中国结""凤凰""荷花"之类的象形比喻。似乎这也成了外国人参加中国投标竞赛必须采用的手法，并屡试不爽，每每都打动我们决策者的心。这种简单浮浅图示式的建筑创作，无疑造成中国当今建筑创作语汇的误用和理念的低下。如此这般"轻松"的创作环境当然外国人趋之若鹜。每每在竞赛之后看到因"一条龙""一只凤"的构图而博得青睐一举中标的情景，国人建筑师无不扼腕叹息："我们在当今中国的建筑创作中正面临失语的困境"。这也正是我们建设项目缺乏建筑策划带来的苦果。如果以历史的观点来检点建筑的要义，形式的问题并非最主要的，或者说对形式问题的讨论至少是应该在研究建筑的使用功能的基础之上。无论是维特鲁威在建筑十书中谈及的"坚固、适用、美观"，还是普利茨克建筑奖"坚固、适用、愉悦"的宗旨，其实都表明了，建筑最本质的要义，那就是首先要满足功能的需要，而后才是形式问题的讨论。所以，中国城市改革开放之初西方建筑师的抢滩之战，由于我们的盲从，在一开始就将调子搞偏了。

其根本的原因是我们的业主开发商及决策者们，面对豁然开放的市场，对自己的产品定位心里没有底，同时缺乏对建筑策划及建筑设计的评价体系，他们需借洋人的名气来张扬自己的品牌，更有甚者直接拿来某洋人龙飞凤舞的几张草图，让中国建筑师去发展深化，最终在楼书上大字书写上"某某国际大师倾心奉献，鼎力打造"之类的字样，一时间价位飙升，如此创作机制下的中国建筑，也就对"坚固、适用、美观"的逻辑原则不管不顾了。然而，如此的景象在西方城市并非多见，因为他们深知，满足业主实用功能的要求是建筑师职业生涯中最基本的原则，而业主是绝不会为一个华而不实的所谓的作品买单的。其中建筑策划的研究和一些近乎苛刻的设计任务书的审查制度形成了西方国家城市建设和建筑设计的一种常态和法律规定。

建筑如若涉及肩负解决社会、环境、经济等方面的制约和社会问题的责任时，建筑就不仅仅是一个个人的作品了，设计活动本身也带有了更多的职业和社会责任。改革开放之初国人建筑师往往会陷入两难的困境，一方面想作关乎社会、人类、文化的大项目，但迫于竞赛比选的某些令人沮丧的现状和风险，知难而退；另一方面既苦于没人来请自己，又怕跟定一个发展商有沦为御用建筑师之虞，而踌躇不前。在这种严酷的环境驱使下，"坚固、适用、美观"的原则、设计尊重社会、人文和历史、讲求社会效益、环境效益和经济效益的大前提显然被市场的压力所冲淡。为了在激烈的竞争中搏上位，抓人眼球的形式演绎成为建筑师最重要的谋生手段。显然，在这种情绪的引导下,我们在不知不觉当中已经忽略掉了建筑最本质的要义,那就是它为人所使用的功能意义,建筑变成了一种财富和雄心的象征。那么自然,强调建筑设计理性和逻辑的建筑策划也就更没有人去触碰和关注了。事实上,在西方国家,建筑策划的提出与兴起是伴随着第二次世界大战以后的大规模城市兴建而出现的。"用最少的钱,盖最好的房子"其实就是当时西方大规模城市兴建中的一个口号,只不过这个口号后来被美国建筑师威廉·M. 佩纳和他的同事们演进成为建筑策划理论体系。遗憾的是在过去的几十年中,中国的高速城镇化发展都将这一点忽略了。

随着中国进一步改革开放,中国建筑设计行业的多元化进程迈入了一个新时期,大型综合型设计企业与私人设计事务所并行,已经形成一种常态。然而事实上,建筑市场的竞争并不平衡和公平,这归根到底是建筑师的职业化问题,因为国际上公认的注册建筑师无论是大型设计公司还是几个合伙人的小事务所,其设计业务中包含的服务内容和表现出来的专业标准应该是一致的,为业主实现具有经济效益、环境效益和社会效益,满足使用功能并彰显文化和人文关怀的建筑设计作品,即追求和实现建筑的"坚固、适用、美观"的基本要义是不变的。而我们在急速发展的城镇化建设中,将建筑的形式扭曲成财富或权力的象征,一味地放大形式的力量,恰恰是阉割了建筑最本质的要义。建筑策划理论的核心使命正是使建筑师通过既定的程序和方法来实现这一基本要义。

2.2.3 建筑策划研究的本土化进程

建筑策划作为建筑学下的一个分支,在中国本土的系统研究始于20世纪90年代初。更早的研究包括周若祁、俞文青、姚国华等人从建筑经济、建设管理角度的研究,那时主要是引介日本学者对建筑计画[①]的研究成果,或是对施工计划管理及其体制的论述与研究。《试论建筑计划及其研究》(西安建筑科技大学学报(自然科学版),周若祁,1987)将建筑计划概念定义为"为实现建筑而进行的空间计划",通过对人的行为和意识与建筑空间关系的研究,对建筑的目标进行阐述,比较并选择可选方案直至决策。《对建筑计划管理体制中若干问题的探讨》(建筑经济研究,俞文青,1983)则是从经济学的角度对特定时期的建筑设计和生产过程的管理问题进行了探讨,更多地侧重于施工计划中的管理体制改革。《日本的建筑计划管理》(建筑经济,姚国华,1986)则从市场经济与经济管理的角度介绍了日本的建筑计划(画)作为经济手段对社会和国家的影响与作用。建筑计画最初来源于

---

① 日本的"建筑计画"与今天中国的"建筑计划"含义基本相同,下同。

日本，1941年日本建筑师西山卯三发表的《建筑计画的方法论》(《建築計画の方法論》)开启了日本后来的建筑计画研究之路，其后随着研究领域的逐步深入，建筑计画形成了以调查研究为主要工作方法，以关注环境问题和环境行为为主要研究方向的研究领域。其主要的研究对象是人的生活、行为、心理与建筑空间环境的相互关系。《建筑计划学的研究方法》（建筑学报，邹广天，1998）对建筑计画的调查与分析方法进行了介绍，其中的诸多方法例如认知地图、环境行为模拟等在环境行为学领域的研究方面有了一定的深度。

建筑计画起源于日本的建筑学研究，属于建筑设计理论及其方法论的范畴，其产生有特殊的历史背景，之后逐渐走向与环境行为学相结合。今天我们说的建筑计画通常是特指产生于20世纪并延续至今的日本建筑学研究领域的建筑计画研究，与我国及欧美国家的建筑策划研究并不完全相同。建筑策划是对建筑设计条件和问题的探寻与界定，通过分析得出设计的目标与方法。2014年由全国科学技术名词审定委员会编著的《建筑学名词2014》中对建筑策划进行了明确的解释，"建筑策划（Architectural Programming）是特指在建筑学领域内建筑师根据总体规划的目标设定，从建筑学的学科角度出发，不仅依赖于经验和规范，更以实态调查为基础，通过运用计算机等近现代科技手段对研究目标进行客观的分析，最终定量地得出实现既定目标所应遵循的方法及程序的研究工作"。早期我国学者将日本的建筑计画引入并进行了相关的研究工作，虽与今天所说的建筑策划研究有所差异，但对后来建筑策划的本土化研究具有一定的借鉴作用。

1991年以庄惟敏的博士论文《建筑策划论——设计方法学的探讨》为开端，对我国建筑设计领域中由规划立项到设计的模式进行探讨，针对社会效益、经济效益和环境效益提出的挑战并借鉴国外的建筑策划发展，将"建筑策划"的概念引入，对中国传统的建筑创作过程中规划立项与建筑师照章设计之间的断层进行研究和论述。论文提出将建筑师的职能扩大到对社会、环境和其他学科的研究，并阐述了建筑策划的基本问题、原理和策划方法论，这是建筑策划研究本土化的开始。1992年发表于《建筑学报》的文章《建筑策划论——设计方法学的探讨》（庄惟敏、李道增，1992）进一步将建筑策划的概念和基本研究问题引入，推动了建筑策划研究的本土化进程。2000年随着我国学者对建筑策划核心理论研究的第一部学术专著《建筑策划导论》（中国水利水电出版社，庄惟敏，2000）的出版，建筑策划的本土化研究进入快速发展阶段。《建筑策划导论》一书结合研究实例和中国当代建筑业的现状，系统全面地阐述了建筑策划的概念、在建筑学科体系及现代科学体系中的位置，以及策划的原理、方法和应用。建筑策划逐渐得到了国内业界的重视，近年来越来越多的学者和学生致力于建筑策划理论的研究，清华大学、同济大学、哈尔滨工业大学等学校先后开设了建筑策划课程，各大设计院也相继建立了相应的工程咨询与建筑策划部门，一些大型建设项目在实施过程中也进行了前期的建筑策划研究工作，但是相比之下，建筑策划的本土化进程仍处于萌芽阶段。

由于建筑策划的研究在我国起步较晚，虽然建筑策划的思想在建筑师的工作中或多或少有所体现，但建筑策划概念相对来说还是一个新事物。长期以来，我国学者对于建筑策划的理论探讨主要是通过高校的研究团队，指导研究生就建筑策划为主题进行的硕士、博士论文研究工作。从2000年到2014年中国知网以建筑策划为主题检索到的461篇文献（已排除重复和不相关文献）中，硕士和博士学位论文共有126篇，超过文献总数的四分之一，另有大量的期刊文献来自高校研究生论文工作中的成果。

在2000年到2007年早期的建筑策划研究中，相当一部分的学位论文主要是以《建筑策划导论》为依托，把建筑策划理论应用于某种特定类型的建筑实践中，试图提炼总结出该特定类别建筑的策划和设计程序模式。这类研究文献占到近4/5，比较典型的有《高层写字楼空间组成建筑策划研究》（硕士论文，郑凌，2002，庄惟敏指导），是在建筑策划理论框架的指导下通过整合建筑学、房地产学和统计学的知识对国内高层写字楼空间组成进行的研究，成为高层写字楼各空间内容、规模及相互关系的设计与决策依据。《现代城市旅馆主要功能空间面积指标体系研究》（硕士论文，邓洁，2003，李艾芳、吴观张指导）是对旅馆建筑策划的重要数据依据——功能空间面积指标进行研究，通过对国内外城市旅馆各功能空间的调查研究，兼顾经济性和舒适度的原则提出旅馆的面积参数。《我国房地产开发的建筑策划程序研究》（硕士论文，常征，2004，庄惟敏指导）则针对我国房地产开发过程中的建筑策划程序进行研究，阐述了房地产开发过程的建筑策划方法和操作程序。《商品住宅建筑策划方法研究——以资源配置理论为基础》（博士论文，叶晓燕，2004，胡绍学指导）引入经济学资源配置理论，结合国内商品住宅市场调查及策划现状，构建起以整体优化和综合效益为目标的商品住宅建筑策划科学方法的研究框架。另有少部分文献将国外的建筑策划理论和方法引入并进行了评论和反思，对建筑策划的核心理论有所涉及。例如，《对当代建筑策划方法论的研析与思考》（博士论文，韩静，2005，胡绍学指导）对西方建筑策划方法进行了比较系统的对比研究和讨论，形成了建筑策划方法论的理论平台。《赫什伯格与建筑策划——对第二代建筑策划方法论的评析研究》（硕士论文，张阳，2006，庄惟敏指导）将建筑策划大师赫什伯格的建筑策划思想、理论、方法和实例与第一代建筑策划理论进行对比研究，并探讨了其理论在中国的适用性。《建筑策划中的预评价与使用后评估的研究》（硕士论文，梁思思，2006，庄惟敏指导）提出建筑策划中的预评价，依建筑的模式预测模拟建筑的使用过程并评价其投入使用后的结果而进行反馈修正。《建筑策划与问题界定——美国建筑策划与中国现状分析》（硕士论文，李群，2006，郑时龄指导）是对美国建筑策划的历史、概念、思维模式与程序的简要梳理。

2007年以后的建筑策划研究，更多包含的是建筑策划核心理论的研究和策划方法论的研究。典型的研究成果有《中国建筑策划操作体系及其相关案例研究》（博士论文，张维，2008，庄惟敏指导），提出建筑策划操作体系的概念，将原本分散的机构支持、教育机制、自评机制、协作网络等建筑策划子系统整合起来成为功能完善的操作系统，搭建了建筑策划从理论到实践的连接，对我国具体国情下的建筑策划发展和实践具有指导意义。《从建筑策划的空间预测与评价到空间构想的系统方法研究》（博士论文，苏实，2011，庄惟敏指导）通过空间预测与空间评价以及构想空间系统模型的方法进行建筑策划研究，提出了构想空间的基本系统理论模型。《公共体育建筑策划研究》（博士论文，林昆，2011，孙一民指导）是基于大量实践案例得到的公共体育建筑策划和决策的研究成果。除此之外，建筑使用后评估的研究——《温故而知新——使用后评价POE方法简介》（建筑学报，韩静、胡绍学，2006）、《建筑性能化评估：建筑全生命周期及环境可持续发展的保障——〈建筑性能评估〉评价》（建筑师，梁思思、庄惟敏，2007），公众参与的研究——《设计竞赛与公众参与——解读美国世贸中心重建的设计过程》（世界建筑，阎晋波、庄惟敏，2013），建筑策划教育的研究——《中美建筑策划教育的比较分析》（新建筑，张维、庄惟敏，2008）、《通过建筑策划系列课程构建建筑师职业化教育平台》（全国建筑教育学术研讨会论文集，苗志坚、庄惟敏，2011）及建筑策划与城市化的研究领域都有一定的发展与突破。

以清华大学建筑学院、清华建筑设计研究院为基地的研究团队在建筑策划领域有较多的研究成果。自1991年至2015年12月以来，清华大学研究团队在建筑策划领域发表博硕士学位论文25篇，期刊论文41篇，内容涵盖建筑策划的各个方面，其中包含了清华科技园写字楼建筑策划研究、2008年北京奥运会柔道跆拳道馆建筑策划研究等建筑策划实践案例、建筑策划的模糊决策等，已经形成了涵盖建筑策划概念、目标与空间构想、建筑策划操作体系与程序、建筑策划的基本方法、建筑策划评估与决策、建筑策划教育等完整的建筑策划理论与方法体系。

哈尔滨工业大学的邹广天将我国学者蔡文于1983年提出的一门原创性横断学科可拓学引入建筑计划。可拓学以形式化的模型，探讨事物拓展的可能性及开拓创新的规律与方法，主要用于解决矛盾问题，也可以用于解决创新问题。可拓学方法论的基本特征是形式化、模型化特征；可拓展、可收敛特征；可转换、可传导特征；整体性、综合性特征。可拓学是一种创新思维模式和思维科学，邹广天将其与建筑设计过程中建筑师应对不断提出的问题与矛盾点而寻求创新的设计解答之间建立起联系，以可拓学的思维和方法应用于建筑设计创新实践和创新理论与方法，实际上是将可拓学、策划学与建筑策划相交叉，针对建筑设计方法，开展可拓学及可拓策划理论的应用研究。在可拓学理论和方法的指导下，研究如何运用拓展分析和共轭分析进行建筑设计分析，使建筑设计分析方法更加科学和完善。《建筑设计创新与可拓思维模式》（哈尔滨工业大学学报，邹广天，2006）、《可拓建筑策划的基本理论与应用方法研究》（博士论文，连菲，2010，邹广天指导）都是可拓学在建筑学领域的应用与研究成果。

华南理工大学的孙一民在基于大量体育建筑设计研究实践的基础上提出"体育建筑策划"的相关概念并展开课题研究，其研究是建筑策划理论在体育建筑领域的应用与延伸，促进了体育建筑早期决策的科学性，并对公共体育建筑的规模、功能空间、运营及比赛场馆的赛后利用具有指导意义。其研究成果包括《体育场馆适应性研究——北京工业大学体育馆》（建筑学报，孙一民，2008）、《重大体育赛事与新城建设发展——广州亚运村建设研究》（建筑学报，孙一民、王璐，2009）、《体育建筑——期待科学理性的回归》（城市建筑，孙一民，2008）等。

中国中元国际工程有限公司的曹亮功也是我国最早研究建筑策划的学者之一。《城市规划与建筑设计的市场特性》（建筑学报，曹亮功，1992）在中国建筑设计与城市规划从计划经济时代转向市场经济的特殊时期，探讨了规模、需求、功能、政策等多个方面的设计与规划策略。曹亮功自1994年起结合设计院具体的建筑策划项目实践，对建筑策划在建筑设计项目中的应用进行了案例介绍和研究，包括建筑策划在科技园区规划设计中的应用、在旧住宅区更新改造中的应用等，其研究成果包括《建筑策划综述及其案例》（华中建筑，曹亮功，2004）等。

在建筑策划的实践与研究中，商业地产咨询公司进行了大量的建筑策划项目并积累了经验。北京伟业联合房地产顾问有限公司（以下简称伟业顾问）是中国本土的一家房地产服务机构，设有独立的建筑策划中心。由于商业地产公司的身份，伟业顾问所进行的建筑策划实践更多地偏重面向地产投资商提供以经济策划和技术策划为核心的综合咨询服务，不仅包含可行性研究，还包括市场定位、区域规划和概念设计。其建筑策划团队参与到项目各个方案阶段的工作中，形成了沟通、调研、构思、深化和跟进反馈的建筑策划全过程。此外，还有诸如华高莱斯国际地产顾问（北京）有限公司等诸多服务于地产商业咨询的建筑策划公司，这些建筑策划团队与市场密切接轨，是建筑策划研究在建筑实践中应用的重要力量，为建筑策划的理论应用积累了大量的实践经验。

最近几年，在数据理论和计算机技术发展背景之下，建筑策划的研究呈现出多元化发展趋势，并越来越多地涉及利用数据收集和统计进行分析、预测和决策。清华大学建筑设计研究院有限公司运算化设计国际研究中心（IRCCD）的常锵团队将大数据与建筑策划结合应用于城乡发展战略策划研究和城乡空间信息研究，提出了数据科学辅助设计（Data Science Aided Design，DSAD）的概念，是一种将信息学与系统论应用在设计相关领域的方法及配套工具系统。通过信息的获取和数据化过程构建知识与信息图谱（Info-Graph System，IGS）进行空间环境与社会结构知识的建立和应用过程。北京交通大学建筑与艺术学院的盛强团队将空间句法与环境行为学结合，指导学生对城市空间中人的行为进行实地调研和数据收集，通过数据分析形成建筑设计的依据和建筑策划的成果继而指导数据化设计；《大型复杂项目建筑策划"群决策"的计算机数据分析方法研究》（建筑学报，涂慧君、陈卓，2015）探索了建筑策划群决策计算机数据分析方法，通过建立发现大型复杂项目问题的相关信息矩阵，基于网络平台和计算机辅助决策在建筑策划的决策过程中引入多方面有关群体的主动参与，以取代传统的建筑师辅助业主的单一决策方式。此外，杨滔和李全宇将数据分析与城市空间策划相结合，将建筑策划的领域也由最初的狭义建筑领域扩充到城市策划领域，基于数据分析进行城市设计的流程也由传统的调研——分析——设计转变为观测——体验——预测——创新——评估。通过调研和数据收集，建立起包含建筑、空间和网络的城市策划理论模型，对其几何拓扑关系等特征进行定量分析，在这个过程中，通过科技手段的海量数据收集、统计与定量分析替代了传统的感性走访调研，使得城市空间的设计和规划更加科学理性。建筑策划的发展过程体现出现代科学研究的跨学科交叉融合特征。2014年中国建筑学会建筑策划专业委员会成立，也表明了我国建筑策划的研究已经在业界形成了一个共识，并进入了一个良性发展的时代。

值得注意的是，虽然建筑策划在中国的本土化经过20余年的发展已经有了初步的成果，但是相比于欧美发达国家的成熟的建筑策划体系，我国的建筑策划尚有诸多不足，尤其是建筑策划在职业建筑师业务实践、相关政策与法规、公众参与与策划工具研究领域还有很大的空缺。

2.2.4 建筑策划——建筑师的职责与责任

通常提到建筑创作，建筑师都宁愿将其成果表述为作品，形象比喻为"凝固的音乐"，而不大愿意称其为产品。然而，在建筑高度市场化的今天，建筑创作的成果产品化是不可避免的。首先，建筑师是为市场在进行创作，有明确的消费群体，其次，建筑成果兼具使用、买卖的功能，所以其商品属性也无法回避。与维特鲁威的"坚固、适用、美观"不同，中国在大建设之初提出的是"实用、经济、在可能的条件下美观"，在当时国力不甚富裕的大背景下如此界定建筑方针也有其成立的道理。随着商品社会的到来，建筑不以人的意志为转移地成为商品，建筑师的设计和建筑师创造出来的作品，首先成为社会的产品。既然是产品，关注其适用、经济及美观，且依首先适用，其次是经济，再次，赏心悦目的前后逻辑关系进行创作也就顺理成章了。但遗憾的是，建筑师对建筑产品的属性要么重视不足，要么就有意回避，究其原因，与国内发展商和个别决策者的价值导向不无关系。

"适用、经济、美观"不是简单的设计原则或设计重点的前后排序，它代表了一种态度，表征了一个国情。时代发展到今天，谁也没有权力苛求所有建筑师一定照此逻辑顺序进行建筑的创作，但它却是对建筑师创作态度的明示，应将它上升到一种思想的高度。这种原则，尤其与当今全球倡导保护生态环境，节省资源，创造可持续发展的人居环境的大潮流相吻合。如此说来，依照适用、经济、美观这一思想进行建筑创作也是对社会的一种负责任。

无论是维特鲁威的"坚固、适用、美观"还是中国的"适用、经济、美观"，这一设计原则的讨论必将阐发对建筑师社会责任和职业核心内涵的探讨，使这一命题更具有建筑师这一职业的历史和社会的意义。正如前面所说，作为建筑师的基本要求，UIA已经在《UIA建筑实践的职业主义推荐国际标准认同书》中将建筑师的业务内容和职责界定得相当清晰，从中我们不难发现，通过建筑策划的研究，以达到建筑设计的理性逻辑，确保建筑的坚固和功能适用是建筑师最基本的职责和专业任务，其中建筑策划是保证建筑师在遵循项目合理的前提下能够充分发挥创造力的一项业务环节。

建筑师肩负着创造人类生存空间，延续和发展人类文明，进而创造人类新文化的使命，社会也常常将一个建筑赋予诸多含义。当建筑被赋予过多的含义时，创作主体往往会忽略它最本质的东西——空间的使用功能，这也是建筑作为产品的最基本的内涵，失去它，建筑就失去了存在的意义。但众所周知，建筑学的核心问题是如何在满足坚固、适用和经济的同时，还能有美妙的形式的创作和文化的呈现，而不仅仅是使用功能的满足。建筑策划理论框架恰恰可以通过程序的方式保证建筑师实现这一创作目标。

一般情况下，美国规划管理部门的职责是按规划条款审查建设项目的合法性，并不对建筑的外观等艺术处理提出疑义。他们认为规划设计的有关条款是国家保证城市环境的最低要求，是法律性的。而外观和造型则是建筑师聪明才智的发挥和体现，是建筑师抑或是建设者的事情，是自我的。城市建设主管部门的执行者，各司其职，体现国家法律的严肃性和权威性；而建筑师则通过法规制约下的自身的创意，体现其对城市环境的理解，体现艺术创造的理念，从中彰显个人的创作魅力。所以建筑师对自己的作品是很在意的，是不敢信手乱来的。这里的一个保障机制就是国外普遍存在的设计任务书的审查机制。在美国、英国等西方国家,以及日本都有政府主管部门对政府投资项目或公益性项目审查设计任务书的法律条文,以保证在设计依据上不出现问题。这不是干预建筑师的创作,反而是保障建筑师的创作空间不要受到外行的业主或领导的干预。而中国当下还没有这种法律保障,如果我们建筑师再缺乏建筑策划的知识和觉悟,那么创作的风险是相当大的。

当我们去欧洲自助旅行,你或许很容易遇到寄宿小客栈的老板娘向你如数家珍地介绍她的建筑。她对建筑的热爱、理解及专业的程度往往会令你大吃一惊。这就是为什么欧洲的城市保护和发展得那么好的重要原因之一。全社会的人都明白什么样的城市环境和建筑空间能反映和映射民族的文化及历史,全民族的建筑审美意识都达到了一个相对较高的水准,再加上一些"全民公决"的法律程序,民众把关,其城市环境和建筑就不怕被某几个人败坏到哪里去了。所以建筑作为文化之一也需要普及和民众化,这也是城市建设者和管理者的责任。城市建设的民众参与恰恰是第二代建筑策划大师美国建筑师赫什伯格于 20 世纪所提出的。这一原则也成为建筑策划理论体系中最重要的原则之一。

2.2.5　建筑策划——建筑设计文化创作的保障

随着温饱问题的解决,人类社会由物质文明向精神文明的进发成为必然。对建筑创作中文化的讨论也就变得不可避免。比如,当下的中国建筑创作正被人批评为向文化荒芜方向滑去。"……这么快地摧毁历史,却又创造不出新的历史,一个个毫无个性的建筑,一个个毫无个性的城市。诚然,是新的城市,是新的建筑,但缺乏的是文化的灵魂。"

建筑师作为人类文明世界中高尚职业人群的一部分,正愈来愈标榜为人类文化的创造者和卫道士。对建筑师及其作品,"没有文化"的指责是当今建筑师所最不可承受的批评语。无论你设计什么,功能配置如何,空间组织怎样,倘若被归为"没文化"一类,那么一定就是你的作品"没理念""不深刻"和"缺乏修养"。

幸运的是,在中国建筑发展这样一个重要的时代,我们有一批被称为实验性的建筑师破土而出,他们对城市空间和建筑空间重新进行诠释,执着地进行着建筑新文化的建构。无疑在改革开放的大环境下,他们的产生和发扬光大的理由是充分的。他们的确向世界打开了一扇中国现代建筑创作面向世界的窗口。作为走向世界的中国建筑,他们是不可或缺的。但我们也必须看到,建筑的历史不仅仅是记录实验的历史。这不由使我们重新反思和审视建筑的最本原的东西是什么?

现时的建筑创作往往给建筑师带来更多的功能与空间以外的负荷。信息社会，建筑已成为传媒的一部分。作为大众媒介的建筑，业主或建筑师希冀以建筑形象彰显文化理念，进而张扬个性，这已变成一种时尚或潮流。大凡创作似乎不谈理念，不提文化就被视为低能儿。建筑师的创作过程也由最基本的空间功能的研究，异化为所谓文化理念的发掘和加载的过程。建筑的创作过程因之变得怪异和有那么点儿癫狂。在现代旅馆中以"福、禄、寿"造型表现中国传统文化，在建筑造型中以龙形构图体现中华民族精神，如此等等。建筑师也在其中异化为诗人、哲学家，甚至画家、书法家、雕塑家和时装设计师。建筑方案的阐述和解析的过程也更像是一场哲学的讲演或散文诗歌的朗诵。

很显然，建筑师在这样一个大舞台上，都竞相扮演着自己的角色。在诸如此类的表演中，他们自然而然地淡忘了自己作为一名建筑师的最基本也是最重要的任务，那就是实现建筑作为人类活动于其中和使用于其中的功能。泛意识形态论的思潮正令人担忧地蔓延开来，其后果则是导致产生大量所谓文化理念至上的躯壳下的一堆非功能化空间组合的垃圾。

随着建筑学的发展，建筑的内涵和外延变得愈来愈宽泛。建筑被赋予了愈来愈多的含义。因此相关的建筑师的责任也变得愈来愈大，既要创造人类新文化，肩负人类传统文化的复兴和继承，又要通过城市、建筑和环境的营造创造人类新生活，彰显和传播地域和民族文化，如此等等，建筑师真的变成了救世主，成为推动人类文明发展的主角，其肩上的包袱不胜其重。事实上，建筑也罢，建筑师也罢，当被赋予了过多的含义和责任时，必将导致其承载力所不能及，因之而导致虚假，这就是"建筑的失语"。

纵观历史，建筑创作的精髓显然不是源自形而上的文化或理念的释意。勒·柯布西耶在《走向新建筑》一书中说过，建筑与各种"风格"无关。密斯也说过，"……形式不是我们的目标，而是我们工作的结果……我们的任务是把建筑活动从美学的投机中解放出来"。

在建筑创作中避免泛意识形态的趋向，与其教导建筑师和业主提高个人觉悟和修养，不如通过一种程序化的控制和操作来规避这种创作中的误区。建筑策划就为这种程序化提供了工具和方法。

对社会来讲，建筑师只是一个实实在在的设计房子和建造房子的职业，文化固然重要，理念固然重要，但作为一个社会的角色，为社会提供产品，要想在设计作品的文化创意上步入一个自由王国，那么就应该使自己首先进入一个建筑设计理性依据研究的必然王国，去关注和研究从人类行为模式出发的空间组合，研究人在建筑中使用的实态，科学定量地分析各部分的比例和定位，进而得出理性的设计依据，也只有在这一基础之上，建筑师才能无顾忌地在这个建筑创作里去自由地思考文化这个命题。这也正是建筑策划对建筑师的基本任务，它是建筑师实现文化创作的保障。

思考题与练习题

1. 请自行查阅国际建筑策划相关文献、规范、指南,并比较之间的异同。

2. 请自行选取某一国家建筑策划相关内容和特征进行描述,并讨论对我国建筑策划的意义和启发。

主要参考文献

[1] PENA W M,PARSHALL S A. Problem Seeking[M]. New York:John Wiley & Sons. Inc.,2001.
[2] 罗伯特·G. 赫什伯格. 建筑策划与前期管理 [M]. 汪芳,李天骄,译. 北京:中国建筑工业出版社,2005.
[3] 张维. 中国建筑策划操作体系及其相关案例研究 [D]. 北京:清华大学,2008.

第 3 章 内容与步骤

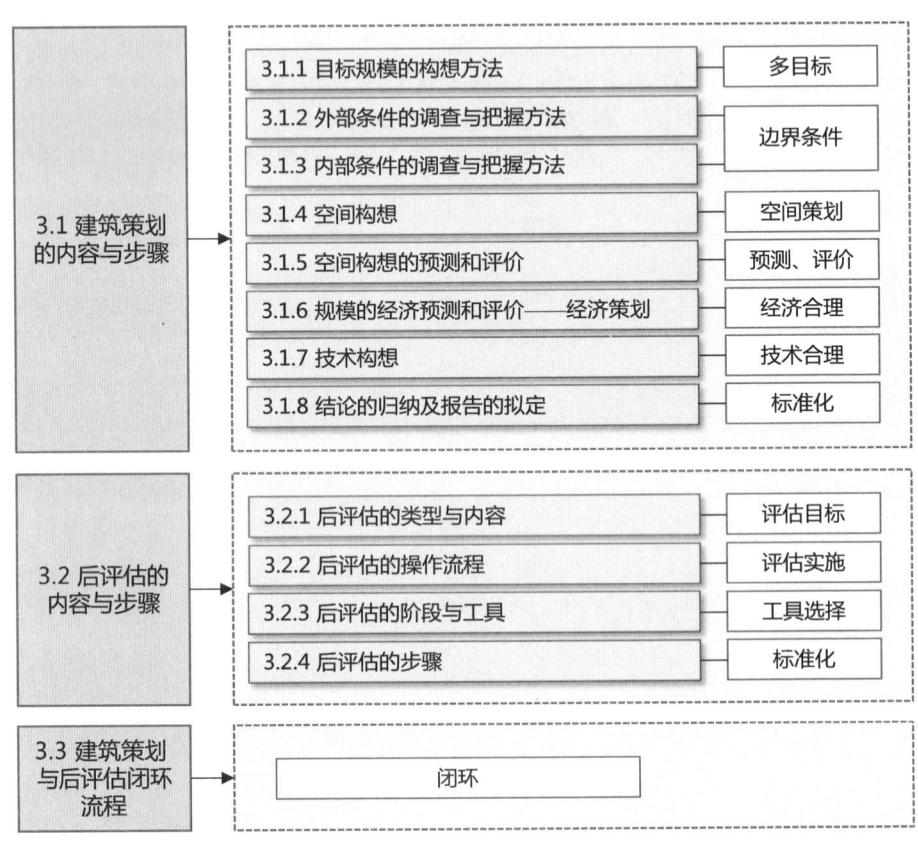

第 3 章 知识框架图

3.1 建筑策划的内容与步骤

3.1.1 目标规模的构想方法

建筑策划第一步的任务就是确定目标、构想（或是印证）目标的规模大小。建设目标通常可分为两大类，一类是生产性、商业性建设项目如工厂、旅馆等；另一类是非生产性、非商业性建设项目如学校、文化纪念性建筑等，在这里我们称之为一般性建设项目。生产性和商业性建设项目经济效益对规模有直接的影响，此类建筑的规模确定主要是由经济因素决定的，这一点我们将在本章第 3.1.6 节中进行论述。这里我们首先讨论一般性建设项目规模构想的方法。

目标规模的构想有两个含义，一是以满足使用为前提；二是避免不切合实际的浪费与虚设。它一般包括以下两个过程：

①求得预定使用的数量；
②求得使用者单位数量所对应的规模。

这两个过程又可具体化为：

①抽象单位元法求得单位尺寸；
②使用方式的考察（静态方式、动态方式），求得最大负荷周期和最大负荷人数及空间特征；
③项目在社会环境中的运转荷载的考察。

所谓"抽象单位元法"，是指以建筑的使用者个体为判断基数，提取与之对应的相关空间、设施、设备等单位量的方法，以求得建筑面积的单位规模、设备的单位个数，以及各种相关量的单位尺寸。通常，抽象单位元可以通过对既有建筑的调查、实例分析、使用后评估，以及遵循国际、国内设计规范或依靠建筑专家的经验，结合新建筑的使用概念和具体特征来完成单位元的构想。

最常见的单位元的构想结果通常是以人均用地数量、人均用地面积、人均单位尺寸等来表示的，或者是用建筑空间相关的单位指标如每间客房的面积、每座面积等来表示。例如，进行小区规划时，单位元法要求先求得人均用地数量、人均绿化面积、人均建筑面积等；而在研究公共建筑策划时，则通常要首先根据该建筑的使用对象的人数及公共建筑的使用性质来确定人均使用面积，诸如，走廊的人均宽度、大厅或前厅的人均面积、楼梯梯段的人均宽度，以及疏散口的人均宽度等。在室内空间的建筑策划中，单位元法则要求考虑室内空间人均使用的最佳尺度，如图书馆空间出纳台和阅览室座椅的人均宽度，医疗及旅客站候车、候机大厅座椅的人均宽度等。所有这些与建筑有关的人均单位尺寸的获得及对这些尺寸的印证就是单位元法的基本内容（图 3-1、图 3-2）。

上述这些内容通常可以由建筑设计资料集、规范或是通过建筑师的经验而获得。但我们应当清楚地认识到，以往这些数据大多来自建成环境的建筑

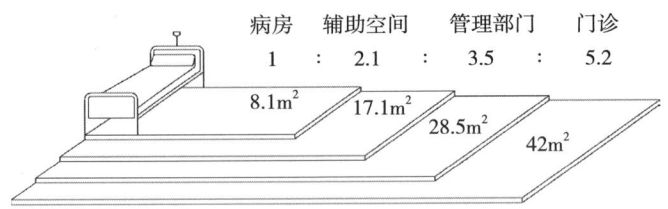

图 3-1 单位元法示例（医院以病床为单位元基本量）
（图片来源：参考日本建筑学会《建筑计画》第 165 页资料改绘）

建筑类型	基本量
电影院	0.5 座席/人
食堂	（0.9~1.2~2.0）餐位/人，厨房 1/3 餐厅面积
中小学校	普通教室（1.5~1.8）/人，校舍面积（5~7）/人
公共浴室	浴室（1.2~2.4）/人，更衣室 3/4 浴室面积
公共图书馆	阅览室（1.5~2~3）/人，书库（200~250）册/m²
青年旅行社	寝室（2~3）/人，总面积（7~10~12）/人
寄宿舍	寝室（2~3）/人
事务所	办公室（5~8）/人，总面积（10~11~13）/人
住宅	寝室（5~8）/人，总面积（10~15~20）/人
综合医院	单人间 6.3/人，两人间以上（6~10~15）/人，总面积（30~45）/人
旅馆	标准间（16~26）/人，平均（19~21）/人
停车场	（11~17~25）/辆，总面积（30~35）/辆

图 3-2 各类建筑的单位元基本量表
（图片来源：参考日本建筑学会《建筑计画》第 165 页资料改绘）

空间，其建筑空间的形式及使用方式，现在看来不免显得陈旧且满足不了现代生活方式发展的要求，所以建筑策划方法论中的一个主要任务也就是在现代生活方式的指导下对单位元法所取得的数据进行新的探讨和研究。

这就为我们引出了规模构想的第二步"使用方式考察法"。使用方式考察法的研究通过两个要素来进行，一是对"使用时间—人数要素"的考察；二是对"使用空间要素"的考察。

使用时间—人数要素的考察是指研究目标空间所对应的使用者的使用时间及人数，它的基本方法是对同一时间内使用者人数及使用时间的分类和描述。社会活动及生活方式的变化使人们对建筑的使用方式也发生了很大变化。不同年龄、性别、职业的使用者对同一建筑的使用有不同的时间段需求。随着建筑创作日益民主化，这种将使用者、使用时间进行细致划分研究的要求将愈来愈高。在对使用方式的考察中，"建筑的同时使用人数"的概念有必要澄清一下。使用者对建筑的使用是有其周期性的，这个周期依建筑的不同类型及目的而不同。所谓"建筑同时使用人数"就是指在这个使用周期内,同时使用同一建筑的人数。一般说来,同一建筑有若干不同使用周期,不同使用周期的使用特性是不同的。例如,城市艺术中心大致可分为三个使用周期,一是平日作为市民文化艺术活动的场所,活动多在白天进行,其特征是使用者使用时间的零散性和不定时性,以及使用者构成的多向性,可包括一般市民如儿童、中青年、老年人,以及职工。二是艺术中心平日晚间的固定性文艺、电影的演出,其使用特征是集中性、定时性的,且使用者构成是多向性的。三是节假日有组织的文艺汇演及庆典仪式活动,其使用特征是完全集中性、定时性的,使用者多为有组织、单一性的。从图3-3中可以看出,这类建筑以第三个使用周期为最大负荷周期。最大负荷周期中的使用者人数及使用方式,就构成了决定该建筑规模的要素之一。所以使用时间要素的考察简言之就是寻求目标空间的最大负荷周期的研究。

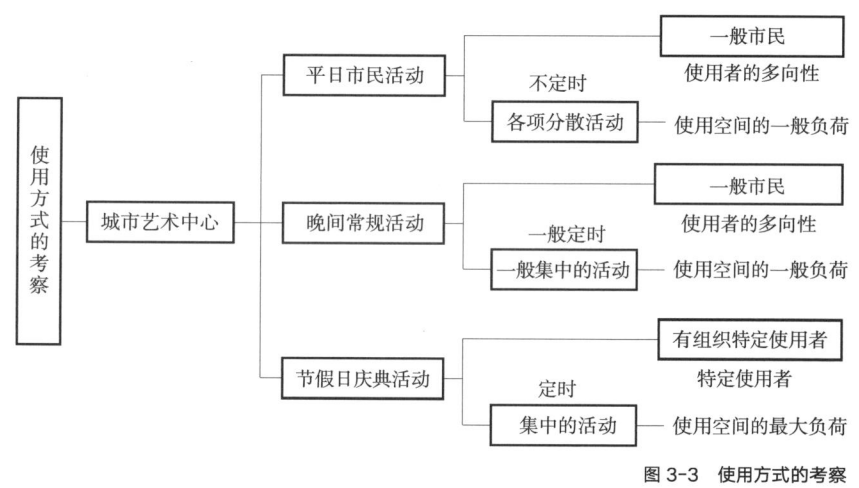

图3-3 使用方式的考察

最大负荷周期,一般可以通过对目标空间使用者构成及使用时间的调查列表比较得出。可以通过采访同类建筑的经营管理者,再听询投资建设者的运营设想,以及使用者的民意测验,经过列表、比较、归纳即可判断出该目标空间的最大负荷周期。

最大负荷周期确定以后,我们可以得出目标空间的最大负荷人数,以此人数值与前述单位元基本量相乘,即可得到目标空间的各项最大理论参数。将这一参数结合行为科学原理和社会环境特定要求,即可确定出项目的规模。这里所说的与行为科学相结合是指运用行为科学的原理,对既得参数进行检验和修正;而对社会环境要求的考虑则是指建筑功能要求之外的社会环境条件的研究和分析。只有结合这两点才能保证项目规模确定的准确性和科学性(图3-4)。

在根据建筑使用时间—人数要素确定了最大理论参数之后,下一步就是进行使用空间与使用者活动要素的考察。空间要素是指根据行为科学的

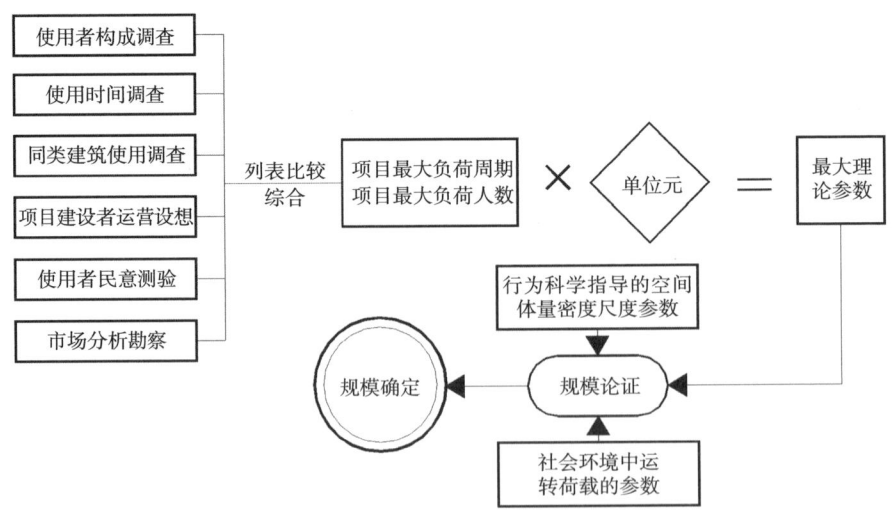

图 3-4　项目规模确定程序的关系框图

原理，从人类对使用空间的物理、心理要求出发，对空间的规模加以设定的各项参考要素。空间要素的考察与前述单位元法有相似之处，都是既依据以往的理论原理，又考察新空间的使用特征。所不同的是单位元法只是研究使用者单位数量所需的空间活动范围及尺寸大小，而空间使用方式的考察中空间要素的研究则还要对使用者的行为方式、特征、动线轨迹，以及与相邻空间的关系等进行研究。空间要素的研究又可分为静态研究和动态研究。

静态研究是指确定目标空间大小、高低尺寸、面积容积等物理参数，通过运用行为科学的原理对空间体量、尺度、建筑与街道的距离、建筑与周围环境的影响等方面因素进行研究，以确定空间的最佳物理参数。动态研究是指通过对目标空间中使用者活动流线、轨迹的研究，来分析使用者在目标空间中由内到外的行为模式，求得最佳的空间组合比例及环境空间使用量上的分配比，以此来确定目标空间的规模大小。

当建设项目的单位尺寸（单位元基本量）、最大负荷周期及最大负荷人数，以及目标空间体量、尺度、运营方式等参量获得以后，就要进行第三步考察项目在社会环境中运转荷载的参数。

项目的运转荷载主要指建筑物使用和运营过程中的上下水源、水量的利用，燃气的利用，电力、电话和通信设施的利用，网络系统资源的利用，消防及楼宇自控资源的利用，以及进出基地的交通量和基地内建筑的配套设施的使用荷载。通常项目运转荷载的考证及参数的设定是属于城市规划、市政设计范畴的，但这一点与项目规模的设定有极其密切的联系，这也反映出建筑策划与城市规划和城市设计之间的紧密联系。作为进行项目建筑策划的建筑师应当对这些条件有较深入的调查。在城市规划部门的配合下，取得这些重要的参量，并依据这些参量结合已取得的最大负荷理论参数及空间体量、尺度等参数，综合考虑后确定出建设项目的规模（图3-4）。

但是，我们必须清楚，这一规模是初步指导性的理论参数，它只是为了进行下面各研究步骤而拟定的。很显然，目标规模还与经济损益、未来发展等因素有关。而对规模的经济预测、项目成长的构想都是在初步确定了规模以后对照这一规模大小而进行的。换言之就是，先拟就一个定量的目标，为以后各环节的分析研究和反馈修正提供一个比较和修正的参考标准。尽管这不是最终的结果，但它却是建筑策划的开端，这种拟定——考察——反馈——修正的过程程序，也正反映了建筑策划程序的开放性和逻辑性。

在项目规模确定的同时，项目性质的论证也在同时进行。一个建设项目是"商业性的还是文化性的"就是最常见的项目性质的论证问题，因为，同一类建筑因性质不同，其内容和空间组成、风格造型将大相径庭。例如，同样一个文化中心项目，在沿海经济特区和在历史文化名城其因两地地域特征不同，项目的性质也大不相同。沿海经济特区的开放政策往往更加注重经济效益。因此，建在那里的文化中心无疑受总体环境气氛的影响，通常经济效益的权重较大。它的设计内容、空间形式、风格造型等均以此为目标。但在一座历史文化名城情况或许就大不相同。由于历史文化名城的特性，使这一项目要求它的文化性为第一位，自然它的设计、造型、空间内容等应更多地从文化性这个角度出发，显然最终后者的设计结果与前者不同。这就是建设项目在规模确定的同时要论证的一个重要内容——项目的性质。

通常项目的性质的确定多是由建设投资者和城市规划师一起制定的。建筑师在建筑策划中只是对既定的建设项目的性质进行论证和调整（或是在未定性质时，提出性质论证的参考），其论证方法可以运用SD法（Semantic Differential，以下简称SD法）、模拟法，以及建筑策划的其他相关方法，对城市环境进行调查、模拟，以推断出建设项目的性质参量。但往往为方便起见，建筑师多直接引用城市总体策划和开发发展规划的有关文件，再通过必要的调查分析来验证其性质。但无论采取何种方式，建设项目的性质同规模一样，是决定建筑策划下步各个环节的关键，是建筑策划为建筑设计制定设计依据不可缺少的前提之一。所以建筑师在进行建筑策划时一定要首先考虑这两点。至于项目的用途和目的，一般在规划立项时已作了规定。而作为建筑策划的任务，这两点在前面规模和性质的论证和确定的研究中已然包含其中了。也就是说，在既定用途和目的下的项目规模和性质如果可行，则项目的目的和用途一定是成立的。反之，如果项目在既定用途和目的下的规模和性质不可行，则项目的用途也应重新加以论证修改。这一点必须引起建筑师的注意。

项目规模、性质确定以后，下一步就是对内外部条件进行调查研究分析了，以反馈修正目标的规模、性质等，同时也为下一步空间构想作准备。

3.1.2 外部条件的调查与把握方法

建筑策划的外部条件主要包括地理条件、地域条件、社会条件、人文条件、景观与生态条件、技术条件、经济条件、工业化标准化条件，以及城市总体规划、详细规划和城市设计中所提出各种规划设计条件和现有的基础设施、地质资料直至该地区的有关历史文献资料等。对这些条件的调查和把握是对前步所确定的项目规模及性质的印证和修改的客观依据，也为下一步把握内部条件提供方向和范围。为了便于方法的理解，我们首先对各条件的内涵加以解释，以掌握这些条件的纹理脉络。

（1）地理条件，我们所讲的地理条件是指特别与建筑设计、建筑施工、建筑运营有关的地理条件。它包括项目用地的地理位置，是内地还是沿海、南方还是北方；用地的地理特征，地形是山区还是平原；用地所处区域的地理气候，年平均、最高与最低温度、风向、日照、雨季、风季、降水量、地下水位深度、霜冻期及地震等。

（2）地域条件，是指用地所处城市的行政区域的性质、行政区域的划分级别、等级及与周围行政区的关系。还有用地的性质划分，在城市规划的区域划分中是属于哪种性质用地，如行政办公、商业、文化娱乐、住宅、工厂企业等不同的用地性质。

（3）社会条件，是指用地周围的社会生活环境的状况、城市配套设施的现状、各社会组成的比例分配、社会治安状况及社会秩序的现状。

（4）人文条件，是指用地区域内或附近人口构成的特征，所聚集人群的性质是属于科技文教类还是商业娱乐类，甚至涉外、旅游类等。人口文化素质的比例现状，年龄构成段划分、职业构成等。还有城市及用地附近的历史文化背景。有哪些传统习俗，曾发生哪些重要的历史事件，该地区有哪些需珍视和保留的特色等。

（5）景观与生态条件，是指用地本身在城市中的景观效应、用地周边的生态环境、生态特征，以及景观资源和景观特征。如哪一方位的景观对市民最具吸引力，附近有哪些景观值得保留，规划中有无景观走廊穿过，城市设计对景观提出哪些要求及建筑在城市中应充当什么角色；用地周边有没有生态保护区，有没有湿地、森林、泉水、需保留的植被和自然地貌，有没有生物物种资源等。

（6）技术条件，是指用地范围内大型现代技术机械的使用水平，周围道路状况、交通状况，一般技术手段的使用及效益，城市基础设施近期和远期的配备状况等。

（7）经济条件，是指建设项目的总投资有多少，投资的各分配比例是多少，城市土地价值如何实现，此项目的建设对地区的经济发展有无促进和带头作用，以及用地区域内公共资金的状况、经济结构的基本模式、用地规划后的经济合理性及经济效益等。

工业化标准化条件，是指用地与周围建筑材料加工厂及构件厂的关系，标准化生产的条件，大型建筑材料的生产能力，以及大型建筑构件的运输能力与吊装能力等。

此外还有城市各类规划和城市设计的文献资料，包括对用地的性质、等级、使用意向、未来发展等方面的书面文件，以及业主投资者的主观设想，经有关上级主管部门正式批准的立项计划任务书，还有各种设计规范资料集等。建筑策划的外部相关条件可概括为如图3-5所示的相关网络图。

这些外部条件中，有一些是明显属于客观资料型的条件，如地理条件、地域条件、规划设计条件和有关设计规范资料集等，以及特殊要求的项目。它们多是属于其相对应部门和单位的特别研究的范畴。如国土规划局、经济地理研究所，城市开发研究所、规划局以至政府有关部门。这些部门的研究成果文件，即构成相对应的建筑策划的外部条件的资料文件。对于这些文件和资料，建筑策划可以直接进行引用，而无需再行调查和研究。我们将这些资料称为既存资料，由这些资料掌握的条件称为直接条件。

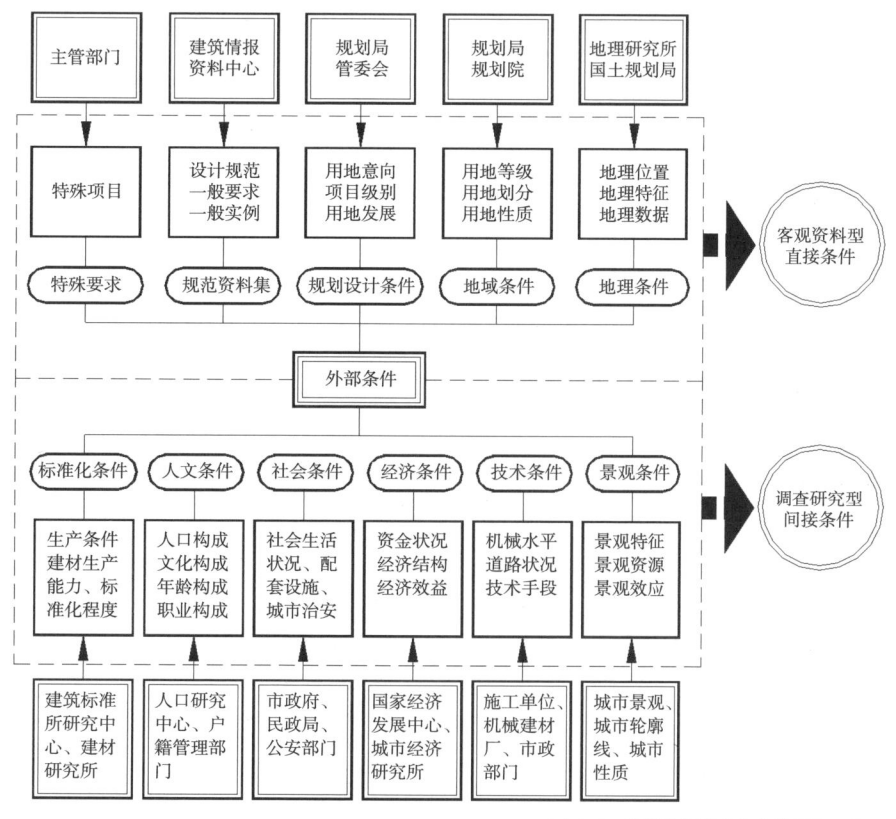

图3-5 建筑策划外部条件的相关网络图
（图片来源：引自庄惟敏《建筑策划与设计》）

除直接条件之外，余下的就是间接条件了。如景观与生态条件、人文条件、社会条件等。它们没有直接或明确的资料来源，需要建筑师去进行调查研究和分析把握。下面我们就来谈谈这些间接条件获得的方法。

考察这些间接条件，我们可以将它们分为客观条件和主观条件。客观条件即客观存在的、有普遍认同性的物质现实；主观条件即通过对主观心理判断的调查分析而获得的条件。客观条件通常可以通过建筑师直接地进行实地采访，拍摄照片、幻灯片、录像，汇集有关资料而获得。如在人文条件中，人口构成、职业构成等可以通过对当地户籍管理部门的采访而获得。而景观特征的资料则可以通过拍摄的照片、幻灯、录像来获得并加以反映。调查的结果可以用表格图示方式表达出来，也可以建立模型。

主观条件则不同于客观条件，它须通过对不同被验者的心理的调查而综合获得。如对社会条件的调查、生活状况、安乐度的反应、对社会治安的心理反应等，以及景观效应的心理反应都要通过对社会成员的心理量的调查分析获得。这一调查可以简单地通过民意测验，直接以问答形式获得调查结果，也可以通过模拟法（物理模拟、理论模拟）对项目外部条件进行模拟，建立相应的模型，分析、掌握其条件特征（图 3-6）。如在对景观条件的把握时，可以对用地及周围环境进行物理模拟，制作环境模型，按比例绘出周围主要建筑的高度、体量，以及周围的山脉、河流、湖泊等，再在模型上进行

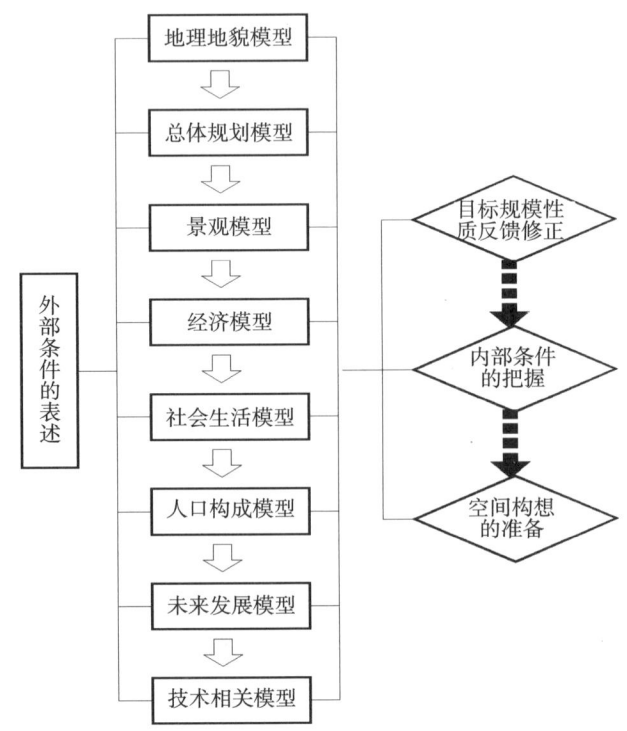

图 3-6 建筑策划外部条件表述

分析。在对未来发展条件的把握研究上，可以建立起城市用地发展模型、经济开发模型，在模型上进行理论的演绎和论证。

此外，心理主观条件的把握也可以运用 SD 法。建筑师对调查对象拟定出操作概念，即描述形容词，定出评价尺度，对被验者进行心理测定。将测定结果进行多因子变量分析，得到不同因子轴的因子得点图表，以此绘出调查对象的图像及演变趋势，从而把握主观条件，并保证调查分析结果的科学性和逻辑性。

建筑策划外部条件的把握是一个复杂的多方位、多渠道、多手段的综合过程。对它进行单一的表述或简单方法的限定，显然是不明智的。我们这里只能论述其涉及的范围、主要内容和相关的部门，以及提出几种方法，推荐几个模式。具体的外部条件的把握方法可以借鉴本书第 4 章"建筑策划的技术方法"，选取其中适宜的方法，还需在实际项目的研究中根据具体情况巧妙完善地加以运用，在此不再赘述。

外部条件调查和把握的一个主要职能还在于它具有对项目规模、性质、用途、目的等的反馈修正及论证的作用。以外部条件的调查结果及建立的模式去衡量和验证前面所确定的项目的规模、性质、用途和目的，看其在定性方面是否可行，在定量方面是否恰当和精确，这一环节是建筑策划程序中不可缺少的。当外部条件的分析结果的反馈信息发出后，建筑策划的总程序即从项目规模性质构想开始再一次重新进行。如此反复重复，直到规模和性质达到最佳、最实际为止，而后继续向下执行程序。这种前环节指导后环节，后环节又不断反馈修正前环节的逻辑运行特征正是建筑策划方法论的科学化的标志。外部条件的系统是一个开放的系统。随着社会的发展和科学进步，这一系统的内涵将越来越大，建筑师也应学会不断扩大对外部条件的信息交流，力求更全面地加以把握。

3.1.3 内部条件的调查与把握方法

建筑策划的内部条件，主要是指建设项目自身的条件。它包括建筑的功能要求，使用者的条件、使用方式，建设者的设计要求、管理条件、设备条件，基地内的地质、水、电、气，排污、交通、绿化等条件。内部条件中，以建筑的功能条件、使用者的要求条件，以及使用者的使用方式为最重要的因素。

这些条件和要求的获得方法大约可分为三种，第一种是直接由使用者听取，第二种是由代理人听取，第三种是通过预测的方法而获得。公共建筑和住宅大体上多采用第一和第三种方法，即对不特定的多数使用者的要求的听询和预测。

对于不特定的多数使用者要求的预测,要调查使用者的人口学的特征——年龄、家庭构成、职业、收入状况、居住行为特征、使用频率等,特别是要了解使用者对建筑的使用方式。

与建筑有关的人类活动,从单体到群体其各种各样的活动是非常广泛的。从公用电话亭、卫生间的利用到事务所、大学、展览中心的活动等,与建筑相关的人类的活动都是在建筑空间中进行的。人们在建筑空间中交往、交流、进行物品的交换,其活动的基本类型是由人与人的关系所决定的。尽管有各种各样的活动、各种各样的建筑空间,但在其中的人类活动不外乎只有两种,即人与人的活动和人与物的活动。如在电话亭中打电话的活动就是人与物的活动,而在商店里购物的活动则是人与人及物的活动。

在人与人相关活动为主的建筑空间中,使用者是一个使用集团,它包括空间内的使用者和空间外的外来使用者。而使用者又可分为服务者和被服务者。例如,商店的使用者是顾客和店员及经营者三类人。空间内的使用者是店员和经营者,而外来的使用者是顾客。如果将店员为经管者的工作和为顾客的工作都广义地称为服务的话,那么建筑空间的活动,又可分为对外来者的服务和内部使用者相互间的服务。但是在众多的建筑中住宅是个例外。住宅内所进行的生活、活动不存在服务与被服务问题,这是由人类固有的家族形式所决定的。服务者和被服务者的关系是空间构成的基本因素,也表现出对其造型的影响。人与设备的活动形式,也可以把设备对人的关系模仿为人对人的关系。

对使用者的分类和特性的研究是把握建筑策划内部条件的关键。它决定空间主体的使用方式和空间的基本构成。通常的建筑空间的使用者的特征可以部分地概括为表3-1。

建筑空间的使用者与使用特征　　　　　　表3-1

建筑	被服务的使用者	参与服务的使用者	使用特征
办公室	来访者	职员、管理者	有组织的活动
市政厅	来访者(个人团体)	公务员、向导、管理者	各种目的、随机的
商店	顾客	售货员、推销员、经理	随机的
教堂	教徒	主教、牧师、管理者	有组织、团体的
餐厅	顾客	厨师、服务员、经理	随机、定时的
中小学校	学生、家长	教师、职员、厨师	有组织、团体的
综合医院	院内外患者、家属	医生、护士、管理者	二十四小时、随机的
旅馆	旅客、来访者	服务员、经理、厨师	二十四小时、日常服务
大学	学生、研究者	教师、学长、职员	研究、授课、学习
少年之家	儿童、收容者家属	教师、管理者、厨师	日常服务、授课
美术馆	观众、听众	讲解员、职员、管理者	有组织、随机的

续表

建筑	被服务的使用者	参与服务的使用者	使用特征
图书馆	读者、听众	管理员、出纳员、职员	有组织、随机的
旅客站	旅客	售票员、服务员、职员	二十四小时、日常服务

（表格来源：参考日本建筑学会《建筑计画》表 3-10 改绘）

　　根据不同空间不同使用者的使用特征，其空间的构成特征显然不同。一方面，与固定性、经常性活动有关的承载空间，要求具有一定的物理不变性及耐用性，即保证在经常不变的单一形式的活动中不会造成影响使用的问题。另一方面，根据使用的渐进变化特性，空间形式的调整也要加以考虑。如在居住建筑中，家庭成员的成长、活动范围的变化、居住空间的改变和调整是必须加以考虑的。

　　在建筑策划的内部条件中，对建筑空间功能的把握是另一项重要任务。即要求考察建筑的用途，以及在此用途下的建筑空间中的活动性、经济性和文化性等。

　　建筑的用途是多种多样的。住宅是为了居住而用的，商店是为了出售商品而用的，医院是为了治疗疾病而用的，等等。建筑空间为实现这些目的，必须结合以下这三个空间的条件进行考虑。

　　①满足空间的功能条件；
　　②满足空间的心理感观条件；
　　③满足空间的文化条件。

　　条件 1 是构成满足空间中人类活动的要素，是形成建筑物的基本条件。如工厂的空间是为了提供人们在其中进行物质生产活动的。条件 2 是使空间具一定的心理舒适度的要求。如与休息、谈话、吃饭等有关的空间。条件 1 和条件 2 通常要求同时满足。例如餐厅中，用餐活动的功能要求与用餐时的环境气氛的心理感观两者相适应，并同时满足是很重要的。条件 2 还与空间中活动的效率有关。条件 3 是空间的文化要求，是关于社会形成的传统、习惯等文化模式的要求条件，以此来决定行为方式和空间形式。文化条件多在举行集体仪式的空间中如教堂、会堂内表现得比较充分，而在如旅客车站、医院等使用功能较强的空间中由于使用功能的比重大大超出了文化的要求往往被人所忽略。然而空间的文化因素是在所有空间中都存在的，是不容忽视的客观因素。正如 E. 霍尔的关于"民族固有的空间感觉"的观点，认为尽管建筑有各种各样，但都潜在有不被人们意识到的文化条件。特别是在现代建筑已有了较长历史的今天，人们已开始对各种各样的文化条件的确定进行思考，已不只局限于功能和心理感观的条件，而对传统、地域的交叉点也开始关心起来了。这种研究建筑文化条件的课题，也逐渐变得热门起来了，特别是在建筑策划领域当中，正如日本建筑计画研究家服部岑生所说："现代的建筑创作已从以往继承了功能的合理方面，而自后现代以后，又担当起了另一方面的任务，即创造和丰富新文化。"

在内部条件的把握中，对建筑内部空间中的活动的把握需要我们对活动的特征进行调查和分析。把握空间中活动的特征是把握建筑策划内部条件的重要内容。

居住小区、住宅的设计多为标准设计。由于标准设计的准则是建筑师们想象的居住生活的平均要求条件，所以生活实际往往与之有偏差。其他建筑也如此，标准设计带来某些不适宜的情形变得多了起来。因此，考虑与建筑空间场所相关的活动主体的个性特征就变得至关重要了。

与普遍的条件相适应是必要的。标准设计可以节约工程造价，但往往使建筑失去个性，使用者自由创造空间的机会也会被剥夺。回顾人类社会生活的发展，可以说我们的生活已变得更加丰富多彩，对使用者的活动已不再能够平均化地得出一个普遍适应的标准来了。而需考虑各种各样类型的分布，必须创造不同类型和具有个性差异的建筑空间的时代已经到来。

在如图 3-7 所示内部条件的相关因素中，空间经济性的条件应加以重视。现代建筑不是从来就重视经济问题的。由于设计的民主化，使用者介入设计越来越多，对建筑物提出进行各种各样的改进和满足各种需求的要求也越来越多。可是对经济性的考虑又使业主对大量性建造的建筑期望尽量

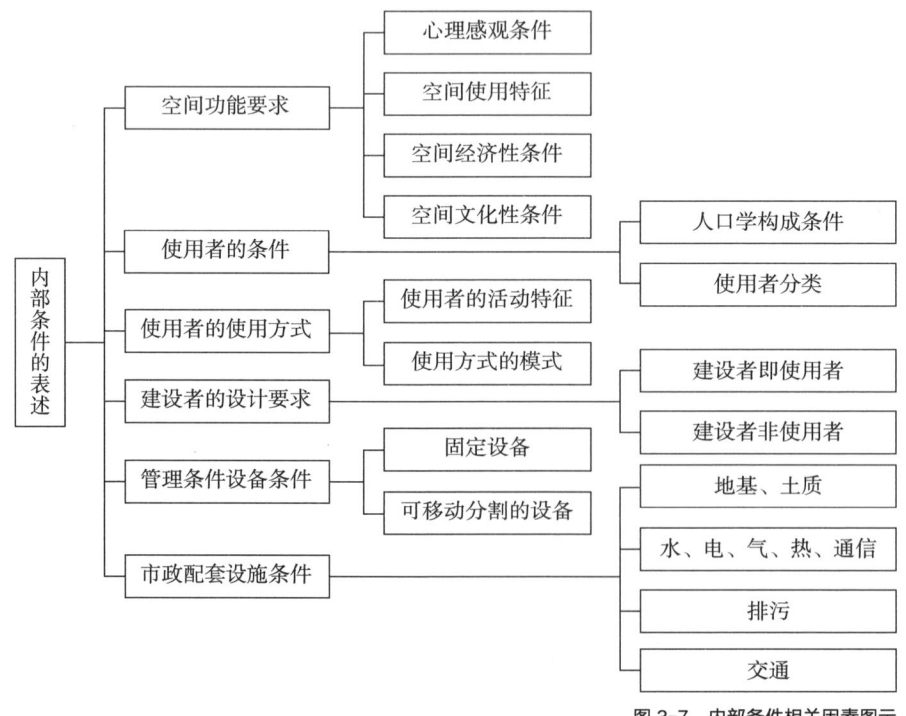

图 3-7 内部条件相关因素图示

统一。尽量标准化可以提高建筑空间的经济效益,但协调这两者间的矛盾仍是建筑策划的重要任务之一。

空间的内部条件的经济性是与空间的使用效率有关的。对于空间经济性的把握方法,可以通过以下几点来解决。

① 调查空间的使用方式;
② 调查与此使用方式相对应的使用效率;
③ 比较不同使用方式下的空间特征;
④ 调查空间内部的运行费用;
⑤ 分析空间内部活动外移的可行性;
⑥ 调查与内部空间相关的外部运行费用;
⑦ 比较内部和外部运行费用的大小;
⑧ 建立空间"外部化"和"专门化"的概念。

以公共图书馆为例,对于居民区的公共图书馆使用效率低下的状况进行调查,可以发现常规图书馆的标准化设计中大阅览室的空间组合造成的读者使用模式的固定化,使空间使用效率低下。其原因是阅览室内读者的长时间滞留,单位时间内个人占有图书量增加,造成图书周转及借阅效率低下。为了提高利用率,在公共图书馆的建设中,使用者要求事先进行建筑策划。建筑策划的研究以原使用方式的调查为切入点,设想新的使用模式和影响新模式的空间组合,以最终提高建筑的使用效率。如在密集服务区分建小型分馆,而分馆的特征主要是以借阅出纳空间为中心,舍弃原馆的大规模阅览空间。考察新的使用空间中的使用效率,可以发现,以完善的出纳中心高效率地向外借阅,使读者借得图书后可以在图书馆以外的空间场所(如家中)进行阅读,避免了原阅览空间的超负荷运转和周转率下降的状况。同时提高了投资分配的合理性,可以使分馆的藏书量大大增加,改变了以往要想扩大藏书量就必须扩大馆面积的被动局面。这无疑是提高建设项目的经济效益。这种将阅览室面积缩小,把原图书馆的部分活动内容转移到外部的做法,是有其可行性的,且得到了社会的认可和赞同。通常这种内部活动的外移,可使内部空间的造价、运行费用大大降低。那么外移后,相关的外部运行费用如何呢?这就要求我们对外部运行费用进行调查,并对内、外部运行费用进行比较。

一般说来,建筑空间中特定行为、设备和物件是否可以外移化,外移化的费用和因外移化而压缩的内部空间及节约的费用是否平衡是我们需要比较的关键(表3-2)。

如果比较结果是平衡的话,且在提高使用率的前提下,通过建筑策划的改进是有效的。反之则是无效的。有效的情况下就要求建筑策划在空间构想时一并考虑这种"外移化"的空间,以重新构想出与原传统模式不同的空间

空间活动经济性的比较		表 3-2
内部空间使用的费用 内部装备使用的费用 其他维持管理的费用 内部人与物件的自我消耗费用	比较	外部设施使用的费用 外部运行服务的费用 交通、通信的费用 外移后获得时空自由度的转化价值

组合。如果无效，则建筑策划还须再一次对其内部条件进行更深入的分析，从其他途径研究内部空间功能外移化的可行性，以及其使用特征和使用效率，为下一步建筑策划的空间构想准备条件。

建筑策划的内部条件除了建筑的功能要求、使用者条件、使用方式、设计要求之外，就是项目具体的物质条件了，即设备条件、地质条件、用地内水、电、气、排污、交通等。通常这些条件是直接由建设单位以书面报告的形式提供的。建筑师在进行建筑策划时，依据这些条件进行考察和论证，作为下一步建筑空间构想的依据。

至于对内部空间使用方式和使用者要求条件的把握，如果认为直接由业主、使用者提供的条件不甚完善和客观的话，则有必要运用 SD 法和模拟法进行空间行为方式的物理量、心理量的调查和分析。首先按照确定的空间目标，拟定出操作概念——空间（或使用方式等）的描述语言，设定出评价尺度，制成调查表，对各组成成分的使用者进行调查，而后用多因子变量分析法进行分析，得出目标空间使用方式的因子表述图像，推断出其使用方式的特征，加以把握。同样，以模拟法为例，可以通过缩比尺模型，物理模拟目标空间的使用方式及使用者要求。亦可通过数学理论模拟，用公式和图像来表述空间的内部条件。

直接由建设单位、使用者、经营者获得内部条件，或是由建筑师本人通过 SD 法或模拟法以多因子变量分析而获得内部条件，其宗旨都是为了对目标空间进行全面客观的把握，所以通常，建筑师可以分段、分类、分目标地选择不同的方法，以求用高效经济的手段来完成空间构想前的这一准备工作。

如果说对外部条件的把握是为了使项目遵循总体规划思想，制定和修正项目的规模性质，把握项目建设的宏观方向，那么对内部条件的把握则是考虑项目的具体设计和方法的关键。它使项目有一个更科学、更逻辑、更符合客观实际、更经济适用的空间构想。

3.1.4 空间构想

空间构想又称空间策划，它是对应于内外部条件的一个研究过程。这一过程将制定项目空间内容（List），进行总平面布局，分析空间动线，进行空间分隔，平面图、立面图、剖面图构想，以及感观环境构想，最终将空间形式导入。这一过程的重点是对空间、环境、氛围等依据功能要求和心理、物理量因素进行研究。

在进行空间构想前，我们有必要介绍几个空间概念。

建筑的空间是行为的场所，也是行为和行为相结合、联络的场所。这时空间可以被称为"活动空间"（Activity Space）和"联系空间"（Circulation Space）。活动空间用 A 空间表示，一般是指人类在其中有明确行为内容的空间，多为具体的房间；联系空间用 C 空间表示，是指联络各 A 空间中的流通过渡空间，多为过道、通廊、前厅等。通过对人类使用活动的构成的调查，可以确定这两类空间的存在。

考察建筑的历史可以发现，西方古典建筑多为砖石结构，各个房间多为六面体的闭合空间，相互设有通道。这些六面体的封闭空间就是包容特定活动内涵的 A 空间，而 A 空间之间的连廊则是 C 空间（图 3-8），而中国古典园林相互流通渗透的空间和日本古典书院的和式空间则恰恰与其相反（图 3-9、图 3-10）。木构的框架结构取代了砖石结构，为自由灵活地分隔空间创造了条件。各部空间相互连通、贯穿、渗透，A 与 C 空间已连成一个整体。尽管其中"活动空间"很明显，但从平面图上读出 A 和 C 空间来似乎并不那么容易。

这一差别，主要源于历史文化的原因和主要建筑材料的不同。欧洲古典建筑的活动空间（A 空间）和联系空间（C 空间）相对独立，而中国和日本古典建筑的 A 空间和 C 空间则趋于一体化。这种文化的差异反映了在传统方面各个不同地区的空间构成概念的不同。

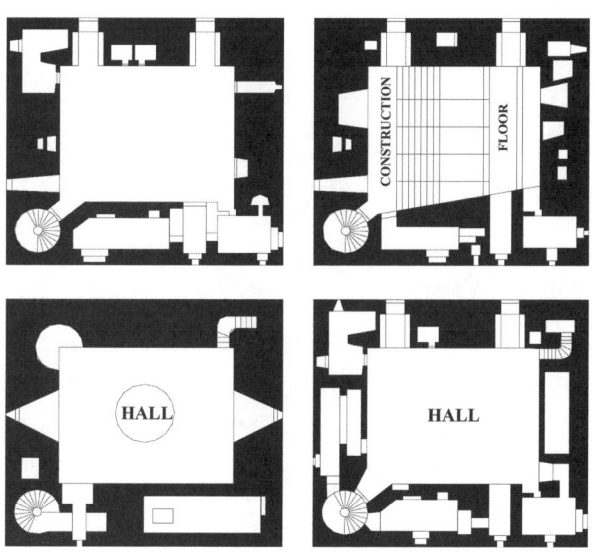

图 3-8　欧洲 CONMLUNGAN 城：厚重封闭的空间

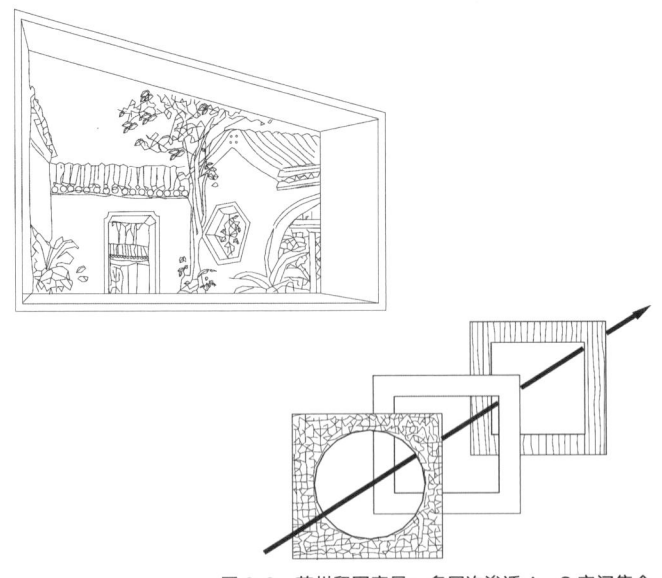

图 3-9 苏州留园窗景：多层次渗透 A、C 空间集合

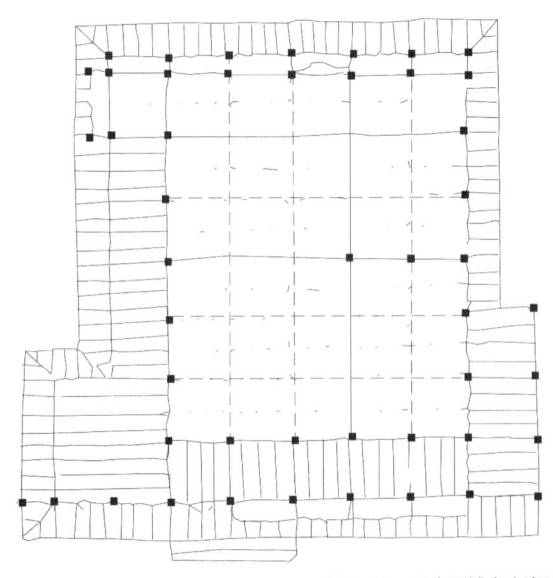

图 3-10 日本园城寺光净院客殿
(图片来源：太田博太郎. 书院造 [M]. 东京：东京大学出版社，1966.)

随着建筑材料的更新发展，以及人类空间活动意识和空间美学思想的改变和进步，欧美的近代建筑自现代主义之后也开始注意对活动空间与联系空间的重新研究和组合，以寻求两者相互渗透、更为丰富、更富于启发和促进人类活动的"组合空间"及"多功能空间"（图 3-11）。随之而来的就是空间美学原理的更新发展，出现了类似"沙漠别墅"式的 C 空间淡化了的"流通空间"，波特曼式的"共享空间"，以及黑川纪章式的"灰空间"等。人类的文明发展促进了空间概念和空间构成的变化。

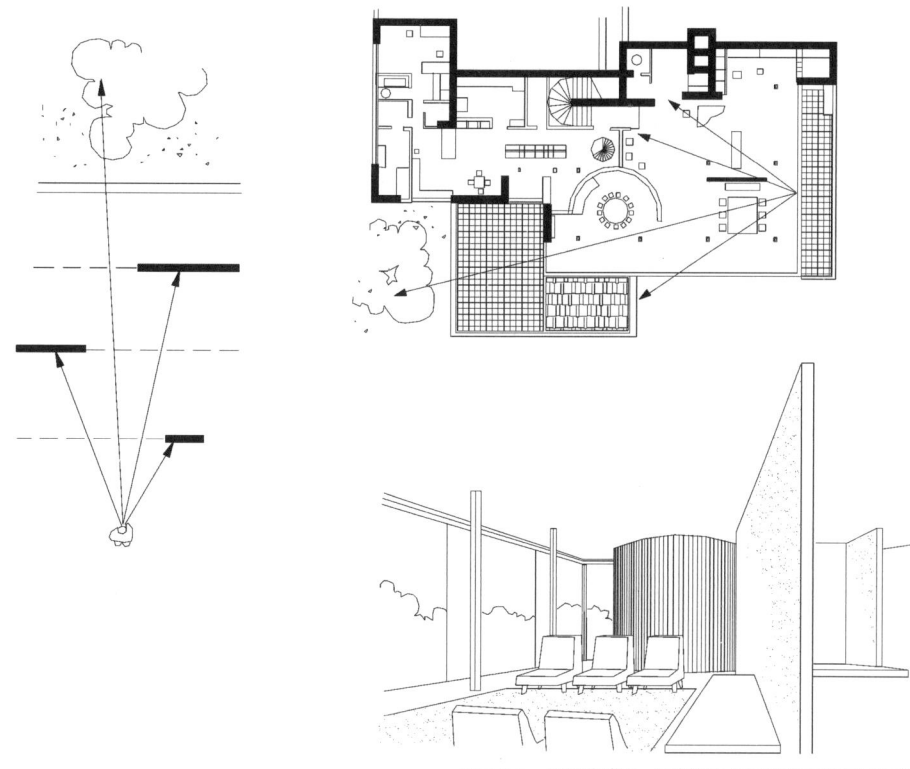

图 3-11　屠根达住宅：C 空间淡化了的多层次空间渗透
（图片来源：引自《中国大百科全书：建筑　园林　城市规划》中第 260 页）

但是，如果我们考察一下空间对人类活动的反作用，我们也必须承认，空间是具有空间力的，这就是我们所要提出的另一个空间概念，即"空间力"的概念。

概括地讲，空间与人类行为的互动有以下三种：

① 启发行为（Provoke）；

② 促进行为（Promote）；

③ 阻碍行为（Prevent）。

如果行为的目的是有意识的，那么空间就反映促进或妨碍行动的程度。适当大小的空间，加上适宜的气候、环境条件，人类的行为会变得舒适且效率提高。反之则使人的活动感到烦闷而效率低下。这就是空间力的促进和阻碍作用。另外，如果行为的目的不明确，例如，在空间中很自然地出现某种行为，则此空间可能存在诱发或是启发某种行为的因素。反之，则对这种行为有抑制作用。

在空间构想中，空间和行为的作用与反作用，就使得一方面人类的活动要求空间有合理排列组合；另一方面空间的有意识的排列组合又启发和影响人类的行为方式。空间构成的关键，也就是人类活动方式的关键，而空间构成的过程也就折射了人在空间活动的行为序列。

在空间策划中，基于空间的使用所构成的相关的要求和条件，基本上不存在对空间构想的制约。可是，空间的策划并非绝对完善，行为和活动不总是一成不变的，而是随着人类的价值观的变化而发生变化。因此，这也就形成了空间和人类活动之间的一种动态关系。

以居住空间为例，尽管人们居住的习惯各种各样，但在标准化设计的住宅中，生活方式却趋于同一。这就是空间对人类行为的作用和结果。反之，如果人类不能忍受这一空间的规定性，于是新空间的创造就变得急不可耐了。人类的行为作用于空间，空间就一点点地发生了变化。对于这种基于人类行为作用所产生的新特性空间，人类生活自然也就随之而接受了。人类活动与空间相适应，调整自我的行为节律，或为空间所改变形成新的自律；或将空间改变，形成新的空间条件，空间的构想正是由此诞生的。

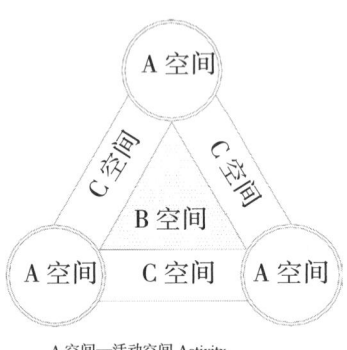

A 空间—活动空间 Activity
B 空间—A 空间组团集合的空间 Block
C 空间—联系（流通）空间 Circulation

图 3-12 空间的分类及相互关系

建筑空间构想除了对 A、C 空间的经营之外还需考虑由同种活动和有连续关系的行为活动而形成的组群，即由 A 空间通过 C 空间相连而形成的带有领域性的空间——B 空间（Block）（图 3-12）。B 空间的构想过程是 A 空间的组团化的过程（Grouping）。组团化的方法要考虑空间单元和人类群体活动两方面的条件。在空间单元方面，同种类、同形状、同规模的空间可以是一个组团；而在人类群体的活动方面，同系统、同管理制度的使用群体的使用空间可以构成一个组团。到底采用哪种组团方式，以及如何确定组团的规模，都应该通过形成该组团的经济性和人类行为科学的原理来进行选择。B 空间的构成是现代建筑历史进程中建筑师普遍关注的焦点，也是建筑策划空间构想的重要内容之一。

前面简述了 A、B、C 空间的概念，下面我们就运用这些概念对空间构想的各环节进行论述。

1. 关于 A 空间

A 空间作为人类活动的承载空间，在建筑空间的构成中占有极其重要的地位。它作为行为的场所有各种各样的形式。最原始的 A 空间是自然的空间，如凹地、洞穴、树木底下等。这些开敞或半开敞的自然空间，后来就发展为四壁围合、有地面和天花的今天我们所常见的封闭式的房屋了。这种由开敞到封闭的演变是由相应的行为方式及该行为要求的环境条件所决定的。

一般说来，瞬间行为或自发行为，其空间设计多以开敞式为主；经常性的行为、有一定的领域范围的行为，多设计为封闭式的，也就是房间。根据活动的内容方式的性质还可以将 A 空间分为公共活动空间、特殊用途空间、辅助空间等。

对于 A 空间的构想要注意以下几点：
① 空间的充分利用性；
② 使用者行为的流畅性；
③ 满足使用者潜在要求的视觉诱导性。

A 空间的策划是下一步进行建筑设计的关键。为了科学地提出空间设计的具体要求，应对 A 空间在将来设计中所遇到的各个环节进行构想策划。A 空间的构想不但要与其内部活动的性格相呼应，同时还应满足其他有关功能。它应研究其声、光、热等物理环境特征，还应对其模数、尺度、开口、间隔位置、材料质感、色彩等进行构想，进一步扩展到设备、家具，进而由单一空间扩展到整个建筑，囊括由主空间、附属空间、联系空间（流通空间），直至组团化的全体空间集合，全方位地策划制定出空间的构想模型。

2. 关于 A 空间和使用者

A 空间的特性不能只从物理属性来进行研究，同时也要从使用的主体即使用者的使用属性及条件来考虑。

单位的 A 空间，在使用属性上有以下两种类型，一种是如住宅的卧室、学校的教室、事务所的各部门工作间，以及经理室、馆长室等，使用者主体特定的或使用集团特定的空间；另一种是如住宅的起居室、学校的综合活动室、图书馆的阅览室等，使用主体不是特定的人或集团的空间，前者称为"人系空间"，后者称为"目的系空间"（图 3-13）。

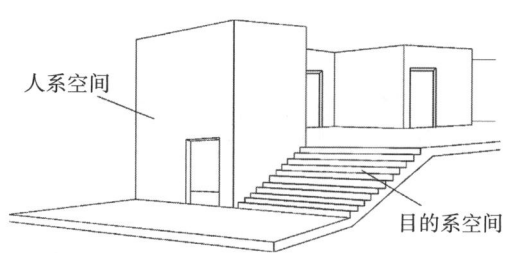

图 3-13 A 空间的人系空间和目的系空间
（图片来源：参考日本建筑师山本理显的石井邸改绘）

在人系空间中，所形成的空间、装置和设备等是由作为使用主体——个人或集团所决定的，至于空间状态则不一定对外开敞。空间的内部则因使用者的不同、使用要求和爱好的不同，呈现出各种各样的灵活的要求和布置方式。

目的系空间，使用者不特定，空间的形式、装置和设备等都是由使用目的所决定，是和使用目的紧密联系在一起的，它多为开放性的，且应满足多种使用者的使用要求。

可以看出，人系空间的构想偏重使用主体一侧，而目的系空间的构想则偏重不特定对象的共同活动的要求一侧（图3-14）。

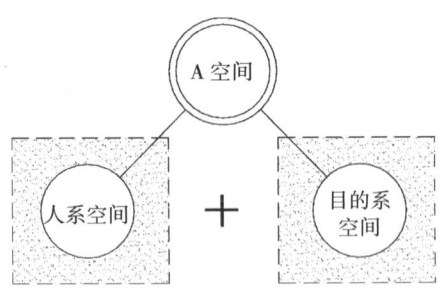

图3-14 A空间与使用者及使用方式的相关性

3. A、B、C 空间的联系

一个封闭的活动空间 A 是有出入口的。出入口与外部连接，与人和物相流通，与联系空间 C 相连接。这一 A 空间的出入口就是 A 与 C 空间连接的物质承载体。房间和通道相连，出入口起到了分割两个空间的作用。但 A 空间的组团 B 空间与 C 空间之间的联系则没有明显的"出入口"样的连接体，其连接多为抽象了的空间形式（图3-15、图3-16）。

图3-15 日本金泽市立图书馆
通高空间成为空间联系中心

图3-16 美国加利弗尼亚大学校园步行区（局部）
连续的外部空间与不同内部空间的联系

一般来讲，B 空间的组合多首先从外部开始进行，其次才是 B 空间内部。在这个组合过程中 C 空间系统是不可缺的，也就是说在 A 空间与 B 空间两个实在空间之间，C 空间构成联系的系统。这一系统有平面形式，也有立面形式（图3-17）。

联系体系 C 空间的形式是多样的，可以是最普通的走廊、楼梯间、回廊，还可以是门厅、前厅以至多功能化了的通高空间、共享大厅和室外平台，广场等，前者的意义无需解释，后者则由于建筑中加入了这些多功能化

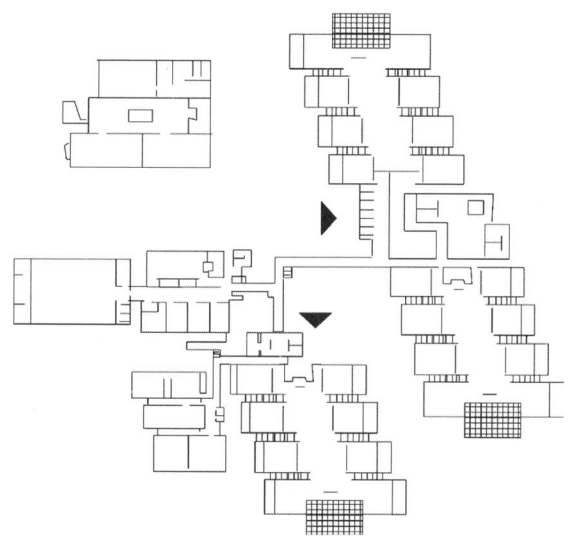

图 3-17　日本熊本县人吉市西小学平面示意图

了的联系空间，如通高空间等，在视觉上加以诱导，使 C 空间体系及流线一目了然，同时还使纯单一功能的 C 空间的环境气氛上升到了一个新的高度。所以在现代建筑中这种多功能化的 C 空间经常被反复使用。

一般说来，单体建筑中联系系统比较简单，而由几种用途空间复合而成的综合建筑其联系系统则复杂得多，这是因为综合建筑的各系统内部都存在有 A、B、C 空间，而各系统之间又需要联系。由此可见，无论是单体建筑也好，综合建筑也好，进行空间策划的首要问题是对联系系统的研究。那种只追求 A 空间使用功能，而极力压缩 C 空间，一味强调建筑高使用系数的做法，势必使联系系统功能低下，造成使用者活动行为受阻不畅，反而抑制了 A 空间功能的发挥。所以，在进行空间策划的联系系统构想时，一定要充分考虑联系系统中一系列自发和人为的行为特征及与其相应的空间环境，而且要与 A 空间内部活动相关考虑。

4. 空间的动线

空间的动线又称为流线，是建筑空间中使用者在 C 空间中活动的轨迹。所以动线系统就是 C 空间系统，也就是建筑空间的联系系统。

动线的目的在于提供使用者在建筑内连续活动及物品的运送。因此对应于这种连续的变化的空间使用特征，空间动线的策划就应是一个动态策划过程（表 3-3）。

最简单的动线策划是对两个空间进行联系。最基本且最关键的是为使用者更好地利用空间，以便迅速地到达目的地。动线策划一定要简洁明了，力求选用距离短、直接的方式。为了使动线网络简洁明了，在总体策划上考虑

动线的一般条件	表 3–3
1. 瞬间的事件,直进性; 2. 诱导性(分为决定性的、自由性的); 3. 秩序和形式; 4. 相对独立性和合理性; 5. 个性和人情味; 6. 安全和防灾	

其秩序、序列及构图的均衡是必要的。

根据使用者的活动特征,建筑空间中的人类活动大致可分为三类。一是无特定目的的运动(如散步);二是两地点间的往复运动(如由居室到卫生间的运动);三是回原地点的运动(如从展览室入口,又回到入口)。人类活动的特征和对建筑空间的使用方式千差万别,但基本上可以归纳为以上三点。因此,动线的策划就应结合考虑活动的类型来进行。

动线的一大特征就是要有外部接口,即有与外部开敞空间的联系出口(亦即疏散口)。动线接口的策划是形成 A 空间、B 空间的导向和关键。这些接口通常是以主出入口、次出入口、辅助出入口为物质形式,其中主出入口的策划是建筑空间构想的最重要的环节。

动线的策划不单只是人或物的通路的策划。通路是为了满足使用者在 C 空间中辅助的或自发的行为而存在的特殊空间,这是动线策划的基本要求。除此之外,还应考虑与 A 空间的整体协调问题。如小学校的走廊可以策划为孩子们课余活动场所等。

动线的物化实体 C 空间也是人类各种动线活动的集结场所。对于不同种类的活动,要进行公用和专用的分类,即分析承载使用者活动的 C 空间所对应的是公共活动的公用空间还是专项活动(或专人活动)的专用空间。例如展览馆中,观众观览的活动与馆员搬运展品的活动所对应的动线 C 空间就有公用空间和专用空间之分。由于人的活动,使动线的性质有了划分。反过来,动线的划分和规定性又支配了人的活动。

此外,动线的策划还要考虑与活动的性质相适应的动线环境的氛围。这一点将在后面平面图、立面图、剖面图的构想中进行论述。

5. 关于建筑空间内容(List)的策划

不同目的的建筑是有不同空间组合内容的。一个建设项目的空间内容的确定是进行空间策划和设计的基本条件。没有空间内容的建设项目是盲目和虚空的。只有项目的大目标而没有具体的空间内容要求,建筑师则无疑充当了"无米巧妇"的角色。因此,作为建筑设计基本依据的空间内容的确定的确是建筑策划的重要任务之一。

建设项目的空间内容，又称为房间明细表，它是建设项目设计任务书的基本组成部分。以往的空间内容都是由业主提出书面的设计任务书，而通常的设计任务书中空间内容明细表是由两部分组成的。一是房间的名称，二是房间的数量和大小。由于建筑策划的设计宗旨从来都是在科学合理的前提下满足建设者的要求，故建设项目的空间内容、各房间的大小及使用要求等自然首先由业主提供。但建筑策划不同于以往的设计程序——在接受任务书后只是依书进行设计，建筑策划首先要对所要求的空间内容和各空间规模大小进行细致的推敲研究，对各房间的用途、性质、使用者的使用特性、使用对象等结合前面所述的建筑策划的外部条件和内部条件进行可行性的论证。这也就是建筑空间内容的策划。它包括以下两个方面：

①各空间内容（名称）的确定；
②各空间规模的确定。

下面就从这两方面论述空间内容的策划。

第一方面是建设项目所要求的各空间的内容的确定。这一方面的工作通常是全部由业主承担的。业主在建设项目立项初期就对其内容有了设想。如某业主要投资兴建一座剧场，其主要内容包括有观众厅、舞台、前厅、休息厅、演员化妆室、后舞台、布景库、快餐厅、展廊等，这些内容就是后来提供给建筑师的设计任务书中的房间要求。

通常一个建设项目的空间内容又可分为两大类，一类是满足建设项目立项功能的最少空间内容，又称为基本内容。如剧场为满足观演功能要求，其最少空间内容是观众厅、休息厅、舞台、后台化妆室、布景库，以维持项目功能的最低要求。另一类是项目特定的补充空间内容。如剧场可以附加贵客休息厅、小卖部、快餐厅、艺术展览廊、排演厅、研究室、交谊厅等空间内容（图 3-18）。

满足目标功能的最低空间内容（基本内容）是由建筑规范限定的。它的确定是经过长期建筑活动的实践，以人类从事各项活动的最基本的规律为原点出发，根据人体工程学、行为科学及有关学科的基本原理而法则化了的规范，是具有普遍意义的。建筑资料集及规范中的原则条例就是各类建筑基本内容的总结。它们一般不受外部条件的影响，很少有变化，是原理化了的部分。业主和建筑师在项目立项确定设计内容时，在其基本内容上是无大分歧的。由于它明确地规定于书本规范中，比较容易获得理解和认同，它是业主立项、建筑策划和设计的基本法则。

但是，只达到功能的最低要求是远远不能使使用者、经营者满意的，也会使业主失去投资兴趣，而且建筑创作也会形同工厂复制机器零件，失去了建筑创作本身的价值。于是，这里就引出了规定空间内容的附加空间的确定问题。

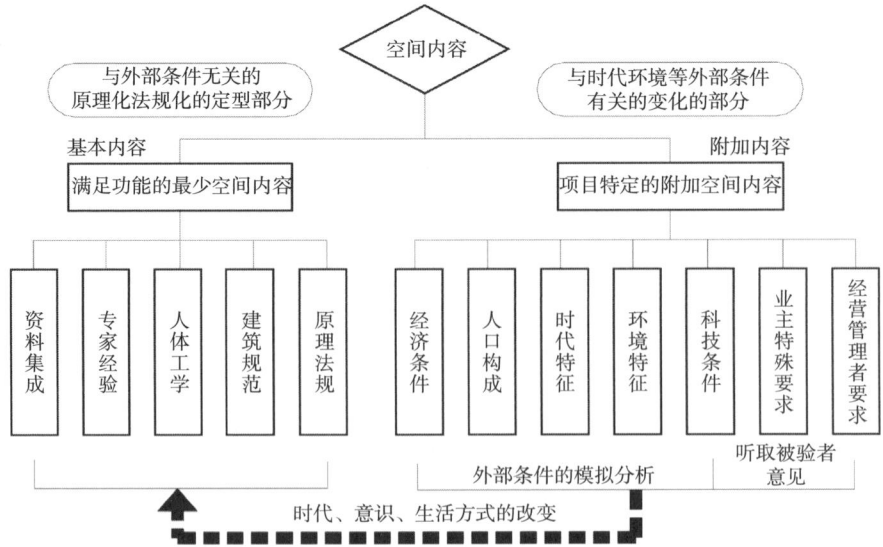

图 3-18 空间内容的组成

在充分满足建筑基本功能的前提下进行附加空间的构想，往往是最能引起业主和未来经营者兴趣的焦点，也是现时时髦的民众参与设计的最好题目。对这些灵活空间内容的构想策划可以使建筑更具有特色，更具有民众性和趣味性，使建筑更接近生活。可以说，只满足基本功能的建筑不能称其为真正的民众的建筑，只有加入了活跃的社会生活，加入了反映时代特征的特定空间内容，建筑才能成为人类活动于其中的真正的建筑、时代的建筑。

在建筑策划的空间构想中，其空间内容的策划不同于以往的设计，它要对附加的各项内容进行可行性分析，根据分析结果，对附加空间内容进行增改。附加空间是明显受时代、社会、生活方式、科技水平等外部因素影响的。它的确定首先是听取业主、经营者、使用者的要求。通常业主在提出任务书时除规定了基本空间内容外，一般都有按自身要求提出的另一些附加空间。如投资剧场的业主多希望在满足观演功能之外还能更多地吸引民众，提高剧场的利用率，扩大剧场的影响，增加剧场的文化气氛，于是就提出还要增设艺术画廊、艺术品陈列厅、艺术品商店甚至要求增设舞厅、咖啡厅等。

建筑师在收到这样一份设计任务书后，如果不进行内容的再策划，则势必会在将来使用方面造成一系列问题，如内容设置不当或功能无法满足等。所以一定要在建筑设计之前对项目的基本功能内容和附加内容进行分析研究。以1997年建成的上海大剧院为例，[1] 大剧院的基本功能内容为剧场主体功能，包含观演部分、办公辅助部分，其附加内容是剧场作为公共建筑具有的公共服务功能，包括休闲、商业、宴会和停车等功能。在方案设计的初始

---

[1] 该案例及图片引自许瑾2000年的硕士论文《上海大剧院使用后评析》第5页，指导教师李道增、章明。

阶段，设计师就对建筑的功能及空间进行了构想（图3-19，表3-4）。设计师将剧场核心部分按照经典的十字形体块布局在中央，并抬起到4.1m标高处，布置剧场大堂并通过大台阶与外广场相连；在0标高处布置面向城市的公共服务功能，包括商场、餐厅和咖啡厅（图3-20、图3-21）。

空间内容的策划可以分为两个阶段（图3-22），第一阶段是以业主的原始任务书为基准，听取使用者的要求，以及听取经营管理者的意见，这就是所谓民众听询。如北京东方艺术大厦建设项目是由酒店和剧场组成的综合体，原建设业主是政府文化部①与香港亿邦发展有限公司组成的项目董事会，经营管理者是美国希尔顿（国际）酒店管理集团（酒店部分管理经营）（以下简称希尔顿集团）和东方歌舞团（剧场部分管理经营），使用者是国际国内演出团体、文化交流旅游团体和观光者及市民。这三方构成了一个由业主、经营管理者、使用者构成的项目内容设定的三元体系（图3-23）。业主

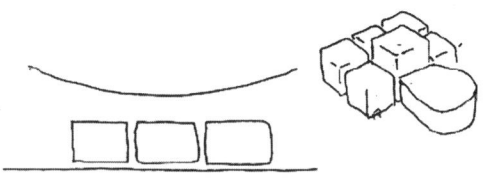

图3-19 功能块的组合

建筑各功能空间面积分配　　　　　　　　　　表3-4

· 观演部分 /m²					合计 6666	
观众厅	主舞台	左侧舞台	右侧舞台	后舞台	中剧场	小剧场
3791	768	330	330	380	687	380
· 辅助部分 /m²					合计 15 901.1	
化妆间		乐队休息室	乐队排练厅	合唱排练厅	芭蕾排练厅	
2164.6		405	252	188.5	188.5	
布景车间	木工车间	钳工车间	机械车间	雕塑车间	服装车间	
912	220	312	152	108	630	
布景装卸	布景架存放	乐谱资料	服装库	灯具仓库	设备维修	
384	375	180	690	83	730	
办公室		档案室	职工餐厅	自行车库	建筑设备用房	
2433.9		225.6	1080	315	3872	
· 公共部分 /m²					合计 18 388	
大堂	观众休息厅	贵宾休息厅	咖啡厅	商场	宴会厅	公共车库
5700（各层叠加）	1352	510	584	2500	1600	6142

---

① 现为文化和旅游部。

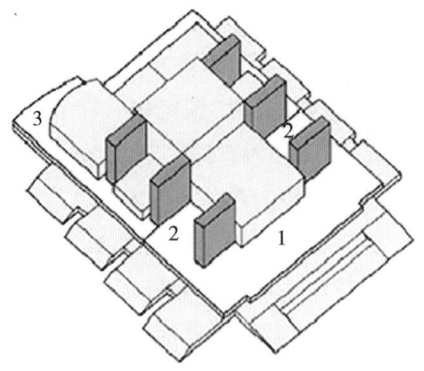
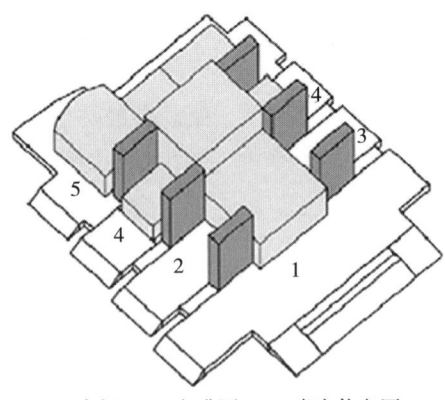

1—大堂；2—观众休息厅；3—办公

1—商场；2—咖啡厅；3—贵宾休息厅；
4—主要演员化妆间；5—管理用房

图 3-20　上海大剧院 4.1m 标高平面　　　　图 3-21　上海大剧院 ±0.0m 标高平面

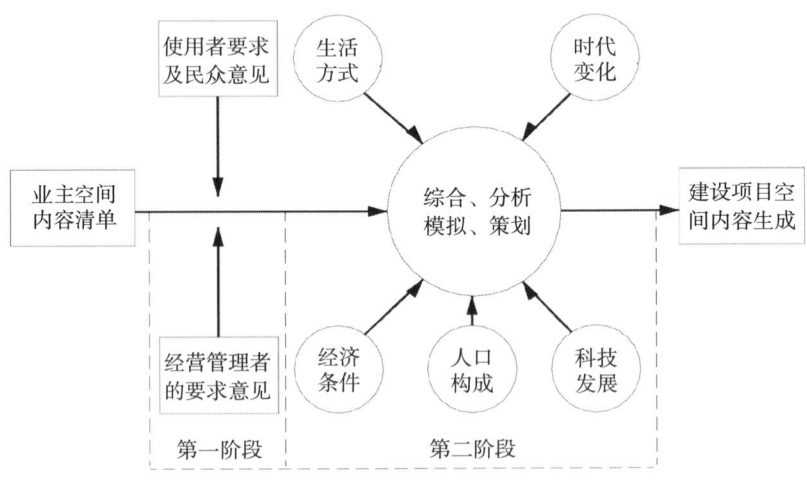

图 3-22　空间内容的生成过程

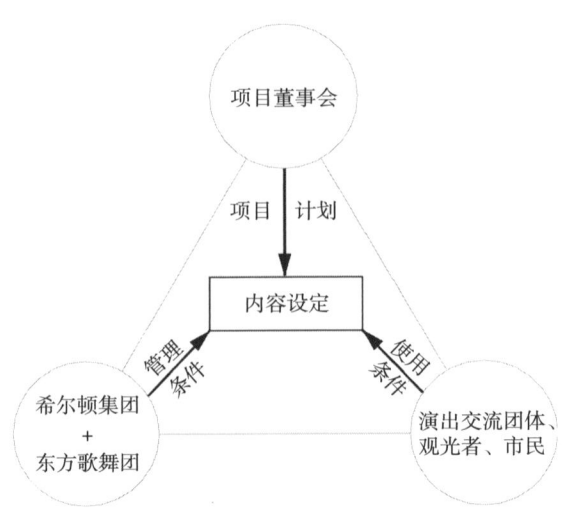

图 3-23　北京东方艺术大厦建设项目内容设定的三元体系

制定基本内容，使用者提出满足使用要求的空间内容，经营管理者提出满足经营管理的空间内容。在这个三元体系之中，经营管理者与使用者是紧密联系在一起的。他们要听取使用者的要求，研究使用者的使用方式及趋向，以确定经营管理的方法。同时使用者也受制于经营管理者的管理要求。两者是相互作用的。空间内容策划的第一阶段就是协调、综合好这三方的要求，将它们的要求归纳、排列、分类。如对公众使用空间、管理空间、经营办公空间、内部使用空间等进行分类划分，为第二阶段提供依据。

第二阶段是通过对外部条件的研究分析，对第一阶段产生的空间内容的初稿进行考察和论证。这一阶段，主要涉及社会生活方式、使用者使用模式、人口构成、经济条件和科技发展等。第一是对社会生活方式的考察。任何建筑都是不能脱离社会环境的。社会对建筑的影响主要表现为社会生活方式对空间的影响。以为人类提供活动场所为目的的建筑，其成功与否的关键首先是看其能否满足社会生活的要求，是否符合社会生活的方式。这里社会生活方式是一个较笼统的概念，它包括人的生活习惯、风俗习惯、生活节律、表达方式、交流方式、价值观、审美观等。不同种族、不同民族、不同文化圈内的人的社会生活方式是不同的，他们有各自的社会生活特征。如第二次世界大战以后一个时间段内美国和日本的建设就是一个很好的例子，美国国土辽阔、资源丰富、科技经济基础的雄厚，加上美国的移民政策使美国本身形成了一种全民族、全色彩、开放不羁、追求奢华的社会生活基调；而日本则由于地域狭窄，资源匮乏，战后经过几代人拼命的努力才得以发展起来，所以民族危机感时时笼罩在头顶，形成了日本民族勤勉节约，极讲求经济效益的价值观，就是在社会物质极大丰富了的今天，日本人的生活方式仍是追求经济与高效，这与美国的社会生活方式是有很大差别的。因此，建筑创作的出发点也就大相径庭了。同样的建筑在这两个不同民族之间就产生出大不相同的理解和处理方法，显然为满足不同社会生活方式而所要求的基本空间以外的内容就大不相同了。这一点可以通过比较同类建筑的空间组成及分割的差异来了解。

社会生活方式的差异影响建筑空间的组成不仅在不同国家民族之间，就是在一个国家的不同地区、不同区域内也有所反映。在我国沿海开放城市和特区如深圳、广州、上海等地，开放政策使得与外界的交流扩大，海外的生活方式也不断被吸收和效仿，以追求工作环境的质量、提倡工作环境的多向空间为时尚，于是，办公楼中要求增设咖啡厅、茶室或将休息厅改为咖啡厅、茶室甚至交易厅的做法很是普遍。这种在保证基本建筑空间功能之外，又要求建筑空间内容增加的原因，正是缘于社会生活方式的变革。显然对社会生活方式的考察是论证建筑空间内容合理性、可行性的首要点。

第二是对建筑使用者、使用模式的考察，这一点是建筑策划理论中关键点之一。建筑的空间内容和形式与使用者的使用方式是直接相互作用的。使用者的使用模式不仅影响建筑空间内容的增减，还关系到对建筑空间使用质量的预测和评价，所以它是一个极其重要的相关因素。关于对空间使用质量的预测和评价我们将在本章下一节中论述。这里我们只谈一下它对空间内容增减的作用。

前面谈到建筑空间的主体是活动空间 A 空间，它是以满足人类在其中活动的空间，并以人类使用为目的的。所以空间的被使用是空间的自然属性，它的产生、成长、定形和衰亡是与其使用方式紧密相连的。不同的使用方式对应不同的空间内容，一定的使用模式就对应一定的模式化的建筑内容。这一点在住宅中有充分的反映，日本的和式住宅，地板是铺以榻榻米的，家庭成员在住宅中的活动，大部分是在榻榻米上进行，一般不穿鞋子，所以家庭成员在进入住宅时都要脱鞋（有时换上软拖鞋）。这一特殊的生活方式就给住宅的使用带来了特殊性。为满足这种使用模式，和式住宅的大门内，通常增设一间门厅（日文称为"玄关"），它可以是一小间，包括外出鞋柜和拖鞋柜等家具，也可以是一块不铺榻榻米的开敞或半开敞的空间，这个"玄关"的空间内容显然是由于日本人对住宅的使用模式的特殊性所决定的。洋式住宅，包括我国的普通住宅，通常没有"玄关"这样一个概念，即使有门厅也并非必不可少。但近些年住宅的设计也越来越趋于人性化，满足进门换鞋、挂衣、放包的类似"玄关"的空间也逐渐成为住宅设计的必备空间，这也是由使用模式的转变所决定的。

既然，使用模式对空间内容的影响如此之大，那么在确定空间内容之前对使用模式的考察就变得必不可少了。使用模式的调查可以利用我们前述的模拟法和 SD 法来进行。模拟法就是对使用者的典型使用状态进行物理模拟，拍摄使用过程的照片、幻灯片和录像等，而后对使用过程进行抽象，列出使用序列的框图，绘出空间使用频率图，这样就可以对使用方式所对应的空间的必要性有所了解，以此确定附加空间的内容。当所涉及的空间较复杂、使用者和使用模式也较复杂时，则多用 SD 法，首先由建筑师拟定一系列与使用模式相关的建筑描述量，而后制定评定的尺度，制成调查表对使用者进行调查，将调查结果进行因子分析，根据分析的定量结果绘出空间使用频率图和使用趋向图，最后按使用频率大小列出使用空间的明细表。不论用何种方法，都可依照使用模式得出该模式下的使用空间的状况图表，以此来对照原设计任务书中的空间内容进行增减和修改。

第三就是对人口构成模式的考察。不同年龄、性别的人对建筑空间的理解和使用是不同的，这一点实际上可以归结为第二点使用方式的不同。由于年龄、性别、职业等的不同，使用者群体中使用者的特征化带来使用方式的特征化。所以进行使用者人口构成的调查，实际是掌握特定使用模式的过程。研究人口构成的模式通常是人类学家、社会学家和规划师的工作范畴。在进行城市规划和区域规划时，人口构成的研究是一项重要的工作。建筑师在这里不妨借用规划师的成果，在了解了人口构成模式后，根据人口构成的特征，寻找出使用模式的特征，以此得出该人口构成特征下的附加使用空间的内容。

第四是对经济和科技条件的考察。这一点在以往的建筑创作中似乎不大受到重视。但是时代的进步、科技的迅猛发展、经济的高度成长，人类生活的环境已因此而发生了不可想象的变化，人们越来越重视科技和经济对建筑设计的影响了。看似同样的博览建筑，在沿海开放城市经济特区和内地文化古城内，其空间内容的演变是有很大区别的。经济特区的高速发展，对外贸易量的扩大，会展中心的需求变得极为迫切，其经济效益的体现也成为最重要的因素之一，所以在特区的博览会展项目的内容设置和设计建造，以及建成后的使用管理都要强调开放性和经济性。在空间内容上，除必要的展示空间外还应考虑大量的会议、展销、洽谈、谈判、推展演示等空间的设置。由于此类会展中心主要是产品的展销，要强调经济效益，加快展品的周转，所以库房的面积可以相对压缩，而将主要面积放在扩大展销、洽谈、交易面积上。相反，内地的文化古城，有浓厚和深远的文化影响，其博览项目的性质也多为文物、古物等藏品的展示及研究，它的宗旨是要宣传和弘扬本土的文化、历史和艺术，而经济因素则相对放在第二位。这样的博览建筑显然以文物、艺术品的大展厅为主，而销售部分则只限于文物、艺术品的文创产品、图册和照片等。由于文物、艺术品等都是较长期固定展览，要求库房在藏品保存等方面有很高的标准，所以高要求的库房也是主要的空间内容之一。显然两者在空间内容上是有很大差别的。因此也正说明了经济模式和科技条件对建筑空间内容的影响。

当然除以上所说的诸多外部条件外，还有其他影响因素，但上述几点是关键。对其他因素的研究和考察可以采用同样的方法进行，直到完成对建筑空间附加内容的全面的论证和修订。而后与基本空间内容相结合，这就形成了一套完整、全面且适应时代和场所特征的空间内容明细表。

第二方面是对空间内容大小、规模的研究了。这里要补充说明的一点就是，前面所讲的空间基本内容和附加内容的概念是相对的。虽然基本内容一直变化不大，如火车客站，基本内容一直是由进站口大厅、出站口大厅、售票厅、候车室、检票厅、站台等空间组成，但近年来由于社会生活方式的变化、科技手段的更新，铁路客运在一些国家已成为同地下铁和地面公共交通等一样的普通交通工具。高铁和航空业迅猛的发展，也使空港、铁路、城际快轨、地铁、汽车等的联合客运已达到很高的效率，旅客乘坐火车变成极为方便和快捷的手段，在行李托运、候车等方面都大大简化，候车室与商业空间等城市公共服务空间相结合，营造出全新的城市交通枢纽综合体的新模式。这种基本空间内容的变化或许是缓慢的，但必须要引起建筑师的注意。

关于空间内容的大小和规模问题实际上我们已在本章第 3.1.1 节"目标规模的构想方法"中论述过了。对建筑各空间内容大小的构想和限定与目标规模的构想方法是一致的，仍是通过三个步骤来完成：

① 以抽象单位元法求得各使用空间的单位尺寸；
② 对使用方式进行静态和动态的考察，求得最大负荷周期和最大负荷人数及空间特征；
③ 空间的运转荷载。

所不尽相同的是，第一步是考察使用空间单体内各部分面积的人均单位参数。如以剧场为例，存衣间每人对应的存衣面积及存衣柜台长度、公共卫生间的人均面积及其厕位的单位参数等，第一步是考察所定空间内容中的单位尺寸参量，如人均面积、人均容积、人均长度、人均占有设备的比例等。这些参量通常可以通过资料集和设计规范来获得。第二步是对各空间的使用者使用状况的分析，这一点与项目规模的确定中使用方式和最大负荷参量的考察方法是一样的。第三步是空间的运转荷载的考察，它主要是指对象空间自身的设备、能源、环境条件，即建筑主体对其所能提供的正常运营的最大荷载参数，如电源、水源、气源等的最大许可极限、设备的最大运转荷载等。其考察及结论应结合项目总体规模构想来进行，它以项目总体规模构想为依据，而不得超越项目总体规模的宏观控制范围。

对各空间内容的大小、规模的确定工作从属于项目的规模构想，但它可以反馈修正项目总体规模的前期输入。通过各组成空间规模大小的确定和更改来修正总体规模的大小。同时它的下步环节——平面、立面、剖面的构想及环境构想和预测评价也将不断地提供反馈信息，分段地对前两步进行修正。这也是建筑策划理论开放体系的一大特征。项目的总体规模的各内部空间的大小经过各种不断的制约、导向、反馈、修正，逐步趋于合理、科学和严密，这样一份完整的项目空间内容的表格就产生了。

接下来就是依据这一既定的空间内容进行平面、立面、剖面，以及空间成长的构想、环境的构想，最终导入空间形式，以其结果制成项目的设计任务书，为具体设计工作制定科学的依据。

6. 关于空间配列的模式

所谓空间配列的模式，就是指建筑空间的位置和关系的构成。以往我们或多或少地都对这一命题进行过探讨，但原理和配列的模式却只潜在于日常的设计之中，而没有加以理论化。目前国外这一研究开始盛行，下面就对这一问题结合国外的研究成果进行论述。

在研究空间的配列模式之前，首先对建筑空间的表记方法进行一些说明。对空间进行抽象标记法的最有效的方法是采用相关矩阵法，即以二阶尺度（连续、不连续）、顺序尺度（强、中、弱）、间隔尺度，以及比例尺度等，将空间关系列出相关矩阵。对配列方法的研究国外已有许多尝试，但大致可归纳为两类，一类是决定论方法，另一类是组合论方法。

决定论方法中最普及的是通过初期条件将相关矩阵展开而求得配列模式的方法。用"集束分析法"（Cluster）或"多元尺度法"（MDS）对相关矩阵进行分析，以得出平面构成或区域规划模式。此外还有线性计划法和非线性计划法，以研究建筑空间的尺寸和面积、体积。决定论法中以英国的 P.Tabor 的《*Anslysing Communication Pattern*》（Cambridge Uniersity Press，1976）和日本的川崎清的《建筑空间的论理构成》（《建筑空间の论理构成》）（建筑杂志，1973）为最具代表性。

组合论方法中，分割法和附加法最为普遍。分割法是以平面的等级模式为基础，以模数空间为分割单位，并将其对应于制约条件，以空间相关系数的大小来进行分割的方法。分割法以 J.M.Seehof 和 W.O.Evans 的 ALDEP 法（Automated Layout Design Program）[①] 最具代表性。通过计算机对空间相关系数进行大量的迭代计算从而提高了研究的精度（图 3-24）。

与分割法的思考程序相反，附加法是以基本空间为核心，以建筑策划的制约条件为限制条件，逐次附加而完成空间配列的方法。

序号	面积/平方英尺[②]	面积 10 模数
01	0610	06
02	1537	15
03	2532	25
04	2417	24
05	1721	17
06	3321	33
07	1630	16
08	3239	32
09	2014	20
10	2024	20
11	2210	2

（a）

图 3-24 ALDEP 法图表
（a）不同空间所需面积
（图片来源：参考 SEEHOF J M，EVANS W O. Automated Layout Design Program[J]. Journal of Industrial Engineering，1976，18（12）：690-695. 改绘）

---

① SEEHOF J M，EVANS W O. Automated Layout Design Program[J]. Journal of Industrial Engineering，1976，18（12）：690-695.

② 1 平方英尺等于 0.092 9 平方米。

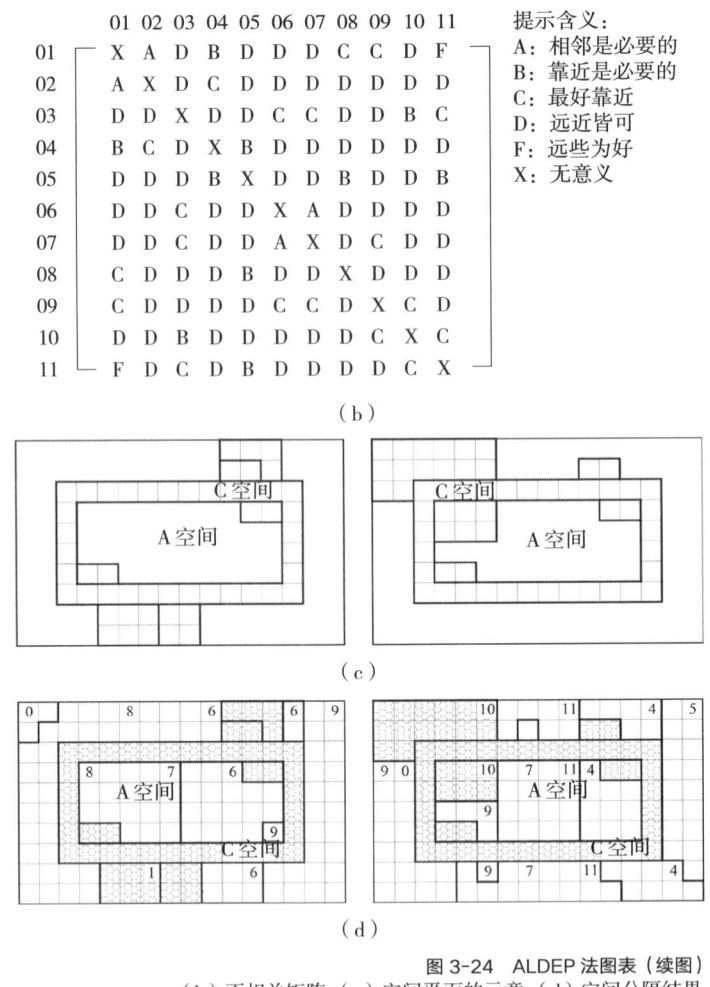

图 3-24 ALDEP 法图表（续图）
（b）不相关矩阵；（c）空间平面的示意；（d）空间分隔结果
（图片来源：参考 SEEHOF J M，EVANS W O. Automated Layout Design Program[J]. Journal of Industrial Engineering, 1976, 18 (12): 690-695. 改绘）

上述空间配列的方法都是以电脑人工智能的研究成果为手段进行的，其方法原理是抽象的、普遍的。它不仅可用于建筑空间的研究，还可用于设备、装置、资源等的分析处理。

观察国外的研究成果可以发现，近代方法论、电脑智能的应用是建筑空间分析的关键，而这些方法和手段又都是建立在近代数学理论之上的。建筑师要想在当今的信息时代高效率地进行建筑的创作和研究，不掌握和了解电子计算机、系统论，以及多因子变量分析和多变量解析法及大数据等近代数学手段是不可能取得成功的。这里介绍国外的理论方法，由于应用条件的差异，使得我国不可能简单地照搬，需要进行国产化处理，而这项研究工作又是异常艰巨的，只靠建筑师本身是不可能完成的。本书暂不对此进行深入论述，而集中力量对建筑策划与建筑师相关更密切的、更建筑化的问题进行探讨。

7. 关于平面的构想方法

当项目的空间内容确定以后，依据 A 空间和 C 空间的设定条件，进行平面（包括多层建筑的竖向剖面）的构想。其方法有两个，①"树型"构想法；②"格型"（Lattice）构想法。

（1）"树型"构想法

它是将空间以 C 空间的动线为主线，从主入口到达建筑各部的树状的构成方式。对于 B 空间同样是由主 B 空间开始依 C 空间的动线为主线到达各次 B 空间的构成方式。这一构成法的关键是动线系统的构成。通常这种构成要考虑全体的动线系统，包括使用者、管理者、货物、服务等的动线。B、C 空间构成以后，A 空间的位置也就确定了。由于基地条件的不同，C 空间的"树型"要做必要的变形，但基本原理保持不变，大多数建筑空间的构想，均是采用这种办法（图 3-25）。

（2）"格型"构想法

当建筑为多系统综合体时，如果它是多系统同格动线，即动线关系是由若干并列的相同的动线束集合而成的，如公共住宅、学校等，那么动线系统的构成就可以用"格型"均质空间构想法来完成（图 3-26）。

"格型"构想法是"树型"构想法的变形方法，实质上是将各相同规律的动线的树型构成合为一个连续系统，而成的树型集束的构想法。

正如我们前面所说的，平面的构想实际上是 C 空间系统网络的构想。只要将这个与使用空间的行为活动相联系的连续空间的平面位置设定好，那么 A 空间的确定就水到渠成了。C 空间的动线构想在建筑中被具象为走廊、

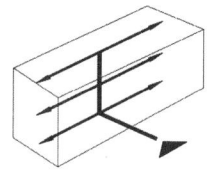 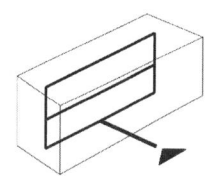

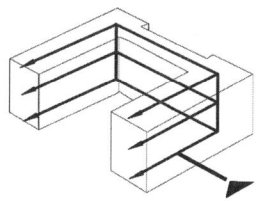 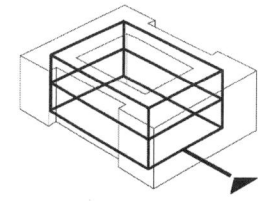

图 3-25 小学的实态树型构想　　　　图 3-26 小学的实态格型构想
（图片来源：参考日本建筑学会　　　　（图片来源：参考日本建筑学会
　　《建筑计画》改绘）　　　　　　　　　　《建筑计画》改绘）

楼梯、电梯、过厅、门厅等，它既包括水平系统，又包括垂直系统，是一个全立体的网络。平面构想的实际过程就是 C 系统立体网络的构想过程。

8. 空间成长的构想

为避免建筑空间在一经建成之后就因空间的老化而无法满足日后的社会生活和使用的新要求，造成老化建筑空间对新需求的禁锢，在建筑策划进行空间构想阶段就要提出空间"成长"的概念，并加以研究。

空间成长的概念，大致有以下几点：
①空间中同样目的的活动方式的改变；
②空间中同样目的的使用方式的改变；
③空间中活动和使用的速率的改变；
④空间构成材料的耐久性和寿命的改变。

①②点对应的是住宅中人们生活方式的变更及公共建筑中使用和服务方式的变更。③点是关于现代科技手段的运用对空间中的各项活动和使用速度的影响。④点是考虑建筑的使用寿命和不同使用空间的耐久要求及选材问题。

空间成长的构想，通常可以从以下三方面来进行。
①对活动内容和用途变化的构想；
②分段空间构想的形成；
③空间的增加或修改可行性的构想。

首先是活动内容和用途变化的构想，这是空间成长构想的原发点和依据，其次是根据预算的制约对空间活动的内容进行时间上的划分，分段地对基本功能要求的活动进行先期构想，而对未来设想的活动内容则进行预留。最后是对建筑由于活动规模的增加、设备的更新等引起的增建和改建的物质和技术条件的预测和研究。

空间成长的构想，通常要完成以下三方面的内容，①空间可变性保证；②成长变化对应空间的设定；③备用空间的设定。其中，①要求完成建筑空间在规模上的充裕量，以及内部空间分割的可能性；②要求空间构想在初期（或一期）阶段就要确定可能成长的空间位置及内容、用途的改变；③要求在未来增建或成长空间实施之际有足够的备用空间的提供。

空间成长的构想是建筑策划理论中的一个关键点，尽管其原理和内容十分简单，但它确是建筑设计理论的科学化、现代化的标志，也是建筑策划理论的重要原理之一。

9. 感观环境构想

空间的感观环境是指空间环境中对人的感官构成影响的环境物理量的集合，如光、空气、热、声音等。它们的作用使空间中的人类的感观具有一些特定的心理指向性，如空间居住性的感觉、温暖的感觉、快适的感觉、压抑的感觉等。这些能引起和影响人对空间环境心理反应的物理量就是感观环境的条件。

在空间中，人眼可以观察到的是空间的形态，如透过窗射入的光线、人工的照明、墙壁材料的质感和色彩，以及家具装置等。它们同时对视觉产生刺激，形成空间感观的综合效应。通常我们对这些感观环境物理量进行整理，可以分为以下四点：

①空间的感觉；

②光、色彩的感觉；

③密度和尺度的感觉；

④时间的感觉。

对于"①空间的感觉"是我们以前所熟知的，如顶棚高的空间给人以开敞和向上开放的感觉，顶棚低的空间给人以压抑和向下封闭的感觉；平面进深大的空间给人以纵向方向性的感觉；而圆形或正方形的均质空间则给人以向心性的感觉。不同的空间都保持各自的空间感觉。这是空间的自然属性，任何空间的构想都要与这些属性发生关系（图3-27）。

对于"②光和色彩的感觉"，不仅单指明度和颜色等纯技术化领域的物理现象，而是关系到光和色彩的心理效应。从对外部的日光、天光等通过窗

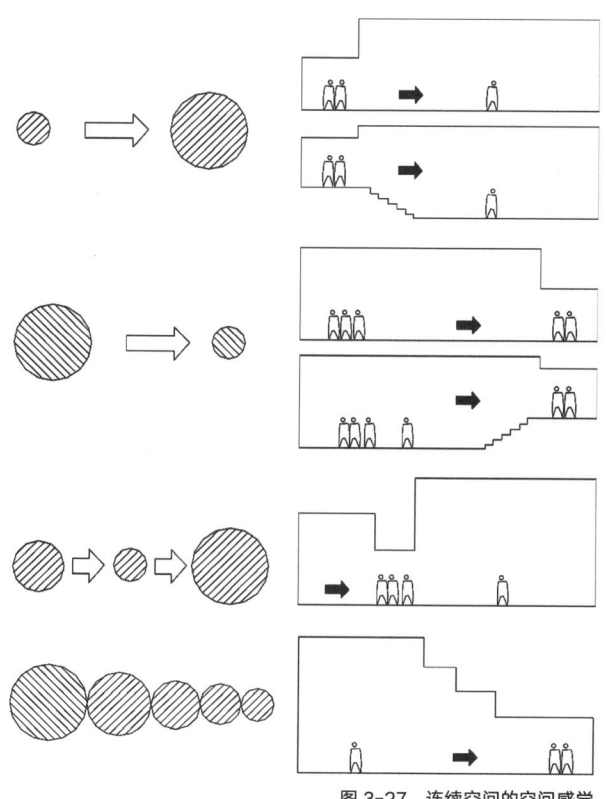

图3-27 连续空间的空间感觉
（图片来源：参考日本建筑学会《建筑计画》图3.63改绘）

户进行控制，到对人工采光的照明灯具的位置和大小、明暗、色彩及光影等的设计都是建筑策划中空间构想环节所应考虑和研究的问题。由于光、色的明暗变化，空间亦呈现出开放、封闭与方向性，它们可以强化空间的感觉。此外，除去空间中这些固有的光、色因素外，使用者本身也是光和色的动的感觉源。人的服饰在光色、灯色的照明下，反射在墙壁、顶棚等空间材质上，与光、色的静环境形成一种多变的感观效果。

对于"③密度和尺度的感觉"，是研究单位面积人口密度和家具、设备密度给空间带来的尺度上的变化的问题。通常高密度往往与生理学上的不快感和压抑等恶劣感觉相联系。而空间构筑物尺寸上的变化往往引起空间尺度上的改变而加剧空间密度的感觉。

最后一点"④时间的感觉"，空间物理量对人体产生作用，反映为心理量表现出来，若被感知是需要有一个时间过程的，这一时间的过程包含着心理感觉的产生、定位、变化与消亡的互动关系。中国古典园林设计手法中的"步移景异"就是反映时间因素对感观环境影响的最好诠释。另外，时间的感觉还可以通过透视窗户的天光的早晚变化、周围人的活动来感觉到。这种与时间相关的感观环境的构想就是我们常用的一个术语"建筑空间的序列"。同样在建筑策划中的空间构想阶段这种空间序列的构想，是感观环境策划的重要内容之一。

对感观环境的描述，多引用心理学的术语。以往我们总是认为心理量是感性的，不同于空间大小、材质、密度等物理量能够通过定量的方法加以控制，但运用建筑策划方法论中提出的 SD 法和模拟法，这个问题就可以迎刃而解了。心理量可以同物理量一样进行定量地评价与构想，这为建筑策划理论的严密性和全面性提供了关键的方法。

当我们在空间构想中研究了空间动线、平面构想、平面成长及感观环境以后，构想的物态化就跟着到来了，即开始空间形式的导入。

10. 空间形式的导入

空间形式的导入，形象地讲是将动线构想形成的骨骼填充以血肉的过程，这也是建筑策划导向实际建筑设计的关键。空间形式的导入通常没有定法，且空间形式也是变化多端的。根据构想的框架形式对空间形式进行探究，我们可以总结出以下几种空间导入的形式。

（1）加、减法形式

根据空间的要求，沿动线及 C 空间形成的骨骼网络，运用加法原则（又称为拼贴法）或减法原则使 A 空间导入。如图 3-28 所示为典型的幼儿园指形平面的形成，就是以加法原则实现空间导入的。勒·柯布西耶的萨伏依别墅就是典型的减法原则的空间导入实例（图 3-29），在一个方形的几何平面内，

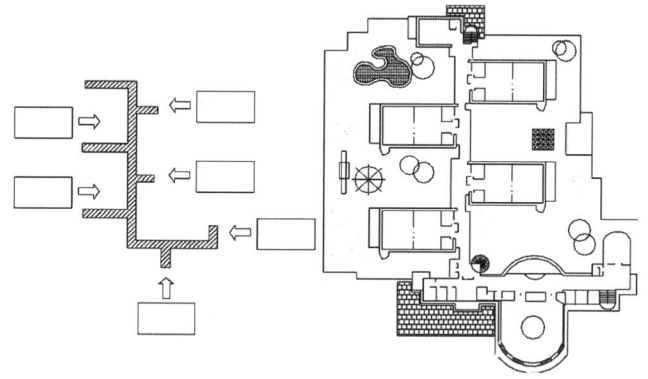

图 3-28 典型的幼儿园平面示意图

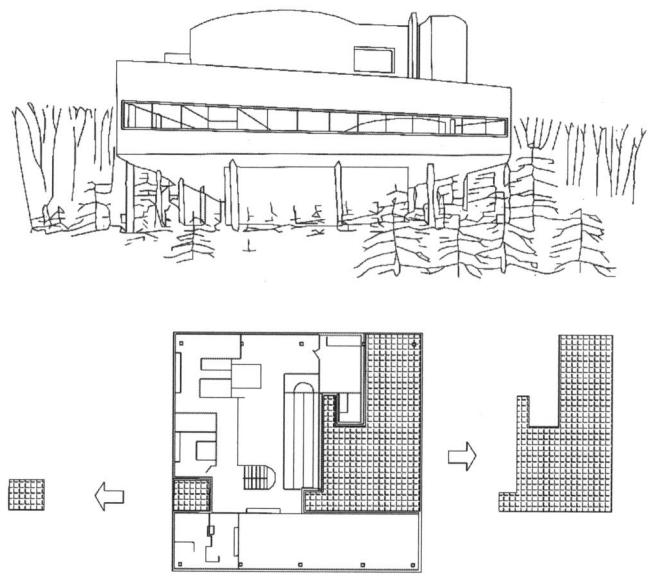

图 3-29 萨伏依别墅

将空间沿动线的骨骼网络进行划分，分出室内和室外空间，室外空间（包括平台）在图中以方格网表示，仿佛从正方形几何平面内减去了若干的空间，而形成了各层同处于方形几何体内的由室内和室外空间组成的空间图式。

此外，还有一种引申了的加减法原则，即将 C 空间与 A 空间相融合，A 空间由扩大了的、功能化了的 C 空间所包容，而形成一种简洁明了的空间形式。如赖特的古根海姆美术馆即为一例，它将展示室 A 空间附加到参观动线 C 空间之上，形成了一个从上到下的螺旋形的空间。这空间既是 A 空间又是 C 空间，它是 A 和 C 空间的相加融合，我们又称其为空间的异化。这种空间导入的方式，对解决那些既强调动线方向又需顺序使用各 A 空间的建筑如美术馆、展览馆等尤为适合（图 3-30）。

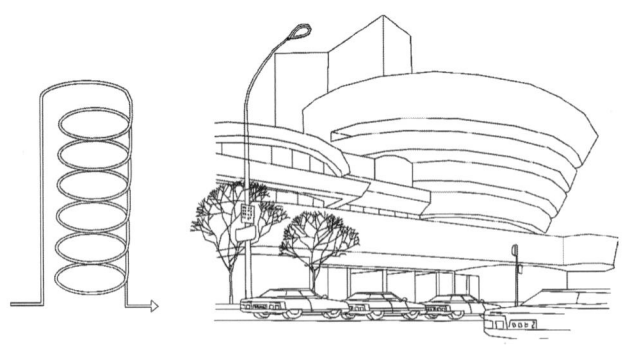

图 3-30 古根海姆美术馆

（2）副空间体系诱导形式

如果将 A 空间称为主要使用空间或主空间，那么 C 空间如疏散楼梯、电梯、上下水管道井、电缆井、煤气、空调竖井等则可称为副空间。其中副空间由于功能的要求必须上下沟通连成网络，因此在满足使用要求的前提下自然形成体系。它们多为均衡、对称的集中或分散式的竖向构筑空间。A 空间随 C 空间网络走向分布。这种由设备交通等副空间诱导的空间形式在平面和立面上往往给人以功能明确、逻辑性强的感觉。它多用于科教、医院、办公等由许多使用空间组合形成的主空间，而疏散、上下水、电、煤气、空调等设备辅助空间又处于相对重要的多层或高层建筑中。图 3-31（a）路易斯·康的理查德医学研究所和图 3-31（b）丹下健三的山梨县文化会馆都是很好的例子。

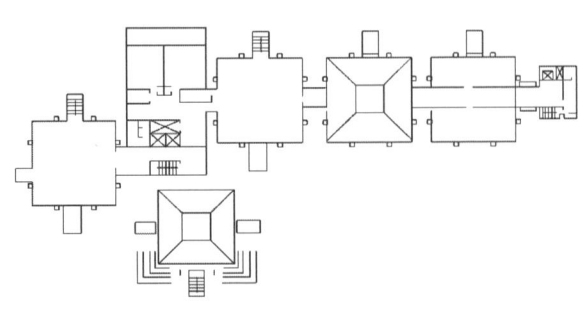

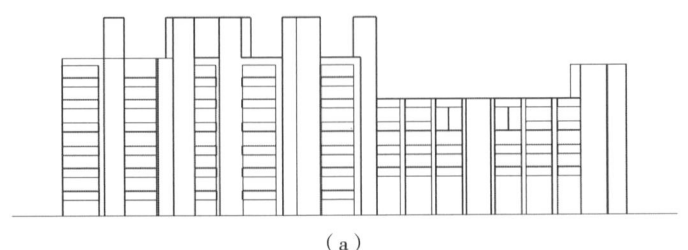

(a)

图 3-31 副空间体系诱导形式
（a）理查德医学研究所——辅助空间和主空间的分布构成法

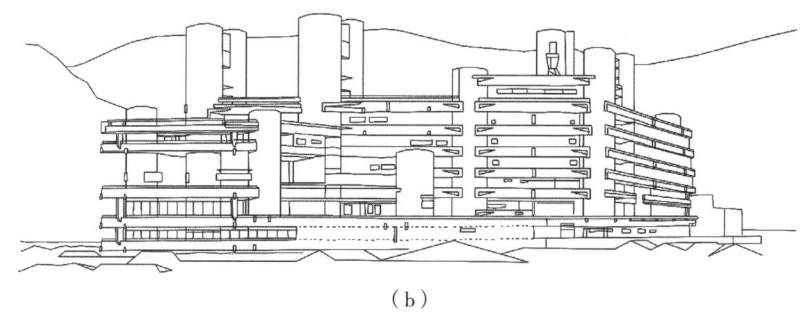

(b)

图 3-31　副空间体系诱导形式（续图）
(b) 山梨县文化会馆——辅助空间的诱导构成法

（3）C. 摩尔（C.Moore）的住宅空间模式法

图 3-32 将住宅空间分为使用空间（A 空间）和设备辅助空间（C 空间）。A 空间的构成有连续型、集合型、围合型、分栋型、大空间分割型和大空间围合型六种；辅助 C 空间的构成有房间围合型、中心型、附加粘贴型、空间连接型四种。因此对于住宅有 4×6=24 种空间形式导入。图中纵轴方向表示使用空间（A 空间）的构成方法，横轴方向表示设备和辅助空间（C 空间）的构成方法。

以上三种空间导入的形式反映了空间构想的最终环节、内容和特征。空间形式的导入标志着空间软构想的完成，且使这一构想从对空间的认知开始，经过动线分析、空间内容的确定、平面构想、成长构想、感观环境构想直到空间的导入，始终保持逻辑性和因果互动相关性，同时使各个环节具有开放的反馈修正功能。这为下一步对构想的预测、评价提供了具象的目标。空间的构想不是对建筑空间进行具体设计，而是对建筑空间依据其外部、内部的条件进行理性的研究，从而得出指导性、规律性的东西。所以建筑策划中，空间的构想不是设计的结果，而是设计的指导，同时由于建筑策划方法论的结构特征所决定，其构想的结果还需被预测和评价，这就引出了本章的下一节。

3.1.5　空间构想的预测和评价

"预测"一词表示对未来进行预计和推测。它是根据过去的实际资料、运用已有的科学知识手段，来探索事物在今后可能发展的趋势，并作出估计和评价，以指导和调节行动或发展的方向。预测成为一门方法论，从 20 世纪 40 年代开始形成直到 20 世纪末几十年间得到了迅速发展。它研究的对象是带有不确定性的事物，如经济模式、城市空间构成等。其方法因其多元性和随机性的特征又要求运用统计学和概率论的方法来解决，因而预测的结果

ORDER OF MACHINES / ORDER OF ROOMS	ROOMS AROUND	WITHIN ROOMS	OUTSIDE ROOM	BETWEEN ROOMS
Linked	1.1	1.2	1.3	1.4
Bunched	2.1	2.2	2.3	2.4
Around Core	3.1	3.2	3.3	3.4
Enfronting (Exterior)	4.1	4.2	4.3	4.4
Great Room Within	5.1	5.2	5.3	5.4
Great Room Encompassing	6.1	6.2	6.3	6.4

图 3-32 C. 摩尔的住宅空间模式法
（图片来源：参考 C. 摩尔的《*Graphic Thinking*》改绘，1980）

带有概率性。计算机的运用使预测和评价的可靠性和精度大大提高，但仍改变不了其结果的概率性。

预测的方法有许多种，但常用的可归结为以下三种：

①定性预测；

②定量预测；

③预测评价。

其中定性预测法包括专家调查法、主观概率法、相互影响分析法等；定量预测法包括时间序列法、因果分析法、经济计量模型法等。对其基本方法的介绍，谢文蕙的《建筑技术经济》中有详细论述，我们这里只对建筑策划中与空间构想有关的预测进行论述。

预测和评价是建筑策划方法论的重要环节，是开放、反馈、逻辑方法的重要体现。预测和评价也正是建筑策划区别于建筑设计和其他方法的关键所在。它通过对构想的目标建筑的内外环境的模式及空间的模式进行使用（生活）方式的预测评价、空间质量的预测评价、经济模式的预测评价，用多元多变量因子对其进行描述和解析，进而再对这些变量因子进行相关性的分析，最终得出定量的评价修正建议。它是建筑策划理论的重要组成部分。

建筑策划方法论中，预测包括三个问题：①策划对象即目标建筑其空间内容与对应的现代生活的预测；②构想结果对未来使用的影响、效果变化的预测；③使用者人口特征动向和生活要求动向的预测。前两点是基于建筑策划的构想结果，后一点则是研究构想的前提条件。

首先我们来讨论"①策划对象目标建筑其空间内容与对应的现代生活的预测"，它有以下三个相关方面：

a. 复杂生活的相关预测；

b. 特殊生活的相关预测；

c. 空间变化的相关预测。

对生活的相关预测方法又可分为间接法和直接法。间接法是将复杂的生活表象先简化，而后进行处理的方法；它与生活、空间表象的记述法紧密相关。通过将复杂空间的复杂生活形式以不同的表象方法进行记录而简化研究对象的复杂性，如运用相关矩阵法等。直接法是指用数理手段建立数学模型，通过电算对多元多次方程式进行解析的方法。简单的例子是医院病床使用状况的预测：

$$B = \frac{P \times D}{U}$$

式中　B——床位数；

　　　P——一天中新入院患者数；

　　　D——平均入院天数；

　　　U——病床平均利用率。

以电脑对此数学模型中四个变量进行分析。这种分析方法用途极广，它可以用来对建筑在灾害情况下的避难时间进行预测（如体育馆的人流疏散公式等），可以用来对使用者等待电梯时间进行实态分析，以及对建筑使用的经济效益进行多元方程式的建立和分析等。

不论是直接法还是间接法，都有与之相对应的操作过程。间接法，通常是建筑师运用 SD 法，首先选定与预测生活相关的目标空间，而后设定空间及生活的描述量，确定评价的尺度（参见本书第 4.2.2 节），制定调查表，令被验者回答问题。而后，对回答结果进行分析，建立起各描述量相关因子的相关矩阵，对矩阵进行分析，抽出各表述因子建立因子轴，绘出相关因子图像，进而对目标空间的活动进行描述和预测。

直接法则是通过对目标空间中使用者活动的物理模拟，建立起数学模型，运用电算完成数学方程的运算，以数学的结果反映和预测目标空间中的活动特征。但是，往往与建筑空间相关的生活及活动是极其复杂的，不可能一次性地数学模型化。例如，对复杂平面构成中的各种人的活动的预测，需设定多方参量的数学模型，如在上例中加入时间参量，沿时间流和以各种人的出发点、目的地进行模拟，则可以建立起空间中人活动的多元复合数学模型。

依照直接法（物理模拟法、数学模拟法）和间接法（SD法、相关矩阵法、多因子变量法），可以对空间相关的复杂生活、特殊生活和空间变化进行预测，其方法和原理是相同的。目标空间中生活和使用方式的预测是对已进行的空间构想的反馈修正，研究其空间性质的把握是否准确。空间中使用和活动方式的调查曾经在空间构想以前的内部条件的调查中进行过分析，它作为空间构想的依据，而在空间构想之后对空间生活方式的预测则是作为对空间构想的检验（图3-33）。

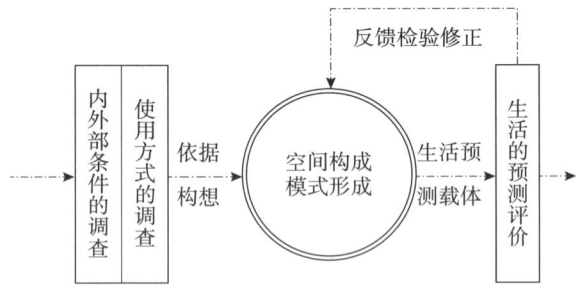

图3-33 空间构想的程序

除了对使用方式和生活内容的预测评价外，我们不能忽略其使用主体——人。使用者种类、人数的增加，以及使用特性的复杂化等，都是使用者方面的因素。我们这里研究的使用者并非个别的人，而是一个群体，亦即使用者的特性参数是一个变量，这在生活预测中应对其特性参数同时进行考虑。

接下来我们讨论"②构想结果对未来使用的影响、效果的变化的预测"。它有以下两个相关方面：

a. 对使用区域变化的预测；

b. 对周边影响相关性的预测。

所谓对未来使用的影响、效果的变化多指横跨其他领域的广义的影响和效果，如投资效果、经济效果等，单纯的对影响和效果的研究是没有的。构想空间对未来使用的影响和效果的预测是与使用区域的变化相关的。在建筑策划的初期阶段，使用区域的划分是根据建设目标项目的外部和内容条件划定的。其区域的大小与总体规划和投资立项有关。当把握了内外部条件以后，完成了空间的构想，在构想的空间中使用及生活方式因构想的新空间的出现而形成了新的格局，亦即在空间形式—使用方式的相互作用下新的动态平衡体系建立起来了（图3-34）。由于空间使用和生活方式的新变化，相应使得使用区域发生连带变化。这种变化可以是显性的，也可以是隐性的，但它都对构想的空间构成了新的要求。在这种新的使用方式和空间的新平衡维持一段时间以后（通常可以是几十年甚至几百年），就会发生下一次空间的再构想，于是建筑的更新和改造就出现了。这种空间和使用方式相互作用，不断发展的特性，就推动了建筑不断向前发展，而促成这一发展也正是建筑策划理论的宗旨，其中对使用区域变化的预测又是关键。

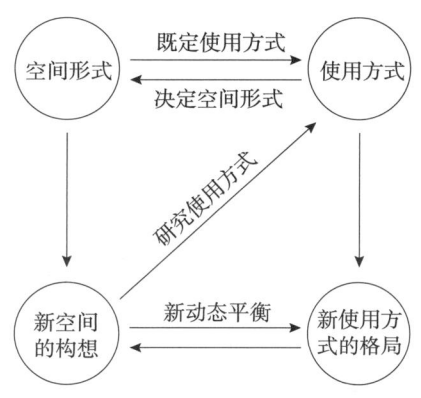

图3-34 空间形式和使用方式的相互作用

使用区域变化预测的另一种表述方式就是对区域影响相关性的预测。由于构想空间对使用及内在生活的新的规定性及对周围环境的物理相关性，研究其对周边的影响是必要的。如果说对使用区域变化的预测是研究目标的内部条件，那么对周边影响相关性的预测就是研究目标的外部条件。

这两个预测都涉及领域学、环境学的概念和方法，单凭建筑师往往是力所不能及的。但以往我们所进行的邻里相关性的分析、环境行为分析等都可以作为我们进行预测的方法和手段，如SD法和模拟法仍可适用，只是调查和描述的对象发生了变化。如此通过对以上两点的预测就可以掌握空间构想对未来使用的影响及效果和变化了。

关于预测我们来讨论最后一点"③使用者人口特征动向和生活要求动向的预测"。这一点不同于构想前期的对使用者人口构成的分析和实态调查，而是对其动向进行预测，它包括以下两方面：

a. 对使用者人口的确定及变化的预测；

b. 对使用要求动向的预测。

使用者人口的确定又称使用人口的确定，它是空间构想的依据。而使用者人口变化的预测则是对人口构成的变化，以及这种变化将给空间带来影响的相关预测。预测的方法除前述的 SD 多因子变量与分析法和模拟法之外，日本建筑师吉武、土肥、船越辙等对其也进行了深入的研究。这方面的论著包括《地域人口推算精密化研究——相关矩阵法》(《地域人口推计の精密化に关する研究——相关矩阵法》)、《时间变动的回归方程式法》等。这里我们只论述预测的原则和内容特征，方法的介绍读者可以参照上述两本专著。

对于使用要求动向的预测，我们可结合相关学科进行，如近代数理统计学、计算机学、大数据等。已经运用的方法包括因子分析法、多变量解析法、指数平滑法、Adaptive Fitting 法、GMDH 法（Group Method of Data Handbook）等，但通常建筑师运用的方法仍以建筑领域中的 SD 模拟分析法为主。建筑师运用建筑语言，根据 SD 法的原则制定出反映使用要求动向的调查表，确定评价尺度，进行调查。对调查结果进行多因子变量分析和因子相关矩阵的模拟分析，绘出相关因子的坐标图和动向变化图，以此来对使用者人口特征和生活要求的动向进行预测。

前面已经提到，预测的意义在于反馈修正和指导空间构想，它是建筑策划方法论科学和逻辑性的表现。预测的内容我们虽然已经明了，但是预测的方法仍是一个课题。这一点在建筑领域往往不太被重视，建筑师对近代数学手段知之甚少，近年来计算机和近代数学理论及方法的运用，尤其是大数据时代的到来，使建筑学的方法论向前跨进了一大步。

前面谈了预测，预测是构想的辅助环节，它是对构想的结果和未来进行分析判断的过程。而对构想结果的质量及可行性的判断却是构想的另一个辅助环节，即我们接下来所要谈的评价。

评价和预测一样都是构想方法的辅助环节。为了决定构想结果的采用与否，除了根据构想进行预测之外，对构想结果进行评价是必要的。构想的空间，其对于使用者的使用活动的容纳性及使用者在空间环境中的物理、心理反应、空间构想系统的环境特性等都是评价的课题。

现代建筑策划论的预测和评价是达到其客观合理性的关键。设计条件的多元化使评价变得越来越复杂，因此对评价的方法也就期望很高。另外，要求建筑技术的独创性、合理性及社会立场和价值观的多样化更使评价变得复杂和困难。建筑策划的评价与预测方法是两相呼应的。它有两个要点，一是对所预测生活的空间构想的评价，二是根据构想的影响和效果对构想进行评价。G.T.Moore 在《*Emerging Methods in Environmental Design and Planning*》[①]中将评价的内容归纳为以下三点：

---

① MOORE G T. Emerging Methods in Environmental Design and Planning[M]. Cambridge：The MIT Press，1970.

①实态的评价；

②构想方案的事前评价；

③构想成功与否的评价。

对于评价方法的考察最好从对方法成立的原发点的考察开始。现代建筑策划论的评价思想源于建筑策划的基本思想即"合理性"的思想。以合理性为原则是建筑策划评价方法成立的原发点。从对评价方法的研究关系到多元评价指标的综合化问题、评价尺度及基准的客观化问题，以及相关者评价意识组合的个别化问题。

最简单的评价法，即所谓的测验法（Test），它研究评价对象、对象的构成要素、合计点、评价基准和评价的内容五个部分。对每一项进行精细的回答显然是不可能的，用现代科学的辩证观点来看，苛求全面精细反而可能僵化，而对现象规律性的揭示，却往往可以把握其全局和要害。因此评价中把握上述综合化、客观化、个别化就变得很必要了。

综合化，是评价对象的构成要素的设定的契机，它是评价尺度的确定的基础和条件。它揭示建筑空间各性能要求的条件，以及对各性能要素的评价的可能性。

客观化，是评价在同一制约条件下和设计条件下，保证其有共同衡量尺度的条件。建筑策划的开放性决定多元的评价以共同的宏观尺度为基准，以揭示评价对象的普遍性。通常这一客观共同尺度的选择可以是单位面积或是单位造价。

个别化，是与客观化相对应的。它是研究使用者使用条件所对应的个别性，分析和组织评价主体的评价意识。它揭示使用主体的使用意识和态度。通常在住宅区公共设施的评价中使用。

通过这三种方法的结合运用，评价的可行性和准确率将大大提高。至于具体的方法则非常之多，难以一一列举，除前述的SD法和模拟法之外，尚有平面理解法（Plan Understanding）、主客对应评价法等。其中居住空间构想的评价中，平面理解法占有重要的地位，运用这一方法日本的杉山茂一提出了"关于居住模拟的平面评价——居住性相关评价法及测定法"，[①] P.Taber提出了"典型平面型的特性与人活动发生概率的评价法"，[②] 此外还有T.Willonghby提出的"平面特性分析法"。[③]

---

① 杉山茂一. 住みるシミュレーションにみる平面评价：居住性に关する评价法及び测定法の开发 [Z]. 东京：建设省，建筑研究所，1978.

② TABER P. Analysing Communication Pattern[M]//MANCH L. The Architecture of Form. Cambridge：The Cambridge University Press，2010.

③ WILLONGHBY T. Understanding, Building Plan with Computer Aids[M]. [S.l.]：Construction Press，1975.

方法的创造和摸索是无止境的，但基本原理是不会改变的。评价不是最终的目的而是手段，它旨在对构想的空间进行科学化、逻辑化、完善化的处理。它通过对目标空间的实态调查的评价、构想方案的评价，以及构想之后成功与否的评价，来达到其修正和改进构想方案的目的。这是建筑师在建筑策划方法论中需着重掌握的一点。

3.1.6 规模的经济预测和评价——经济策划

关于项目规模的确立，对于一般建筑项目的规模的预测和评价，我们在本书第 3.1.1 节中进行了论述，但对于商业建筑而言，其经济效益的预测和评价却是决定项目规模的重要依据。

商业建筑以盈利为目的，其规模的确定除了如前所述的运用建筑学的相关概念进行设定之外，经济的预测和评价变得至关重要。由于项目的规模主要取决于投资情况，而投资的活动关系到经济效益和经济模式，所以经济预测和评价就是反馈修正项目规模构想的重要环节。

在我国以往的基础设施建设运作模式中，工程项目的投资包括在基本建设经济活动的范围之内。基本建设投资的来源、具体运作的过程和最终的结果可由基本建设投资运动流程图表示（图 3-35）。项目的投资，无论采取何种投资渠道，都求在最短的时间内创造出最大的经济效益。项目的规模，决定投资控制数，而反过来投资又规定规模的大小。经济的指标始终贯穿于整个项目进行的过程中，我国现行基建程序图（图 3-36）就说明了这一点。如何在现有的投资下确定适当的建设规模，以及如此构想的建设规模的经济损益如何？按其经济损益的分析结果如何修正建设规模？对这些问题的回答就

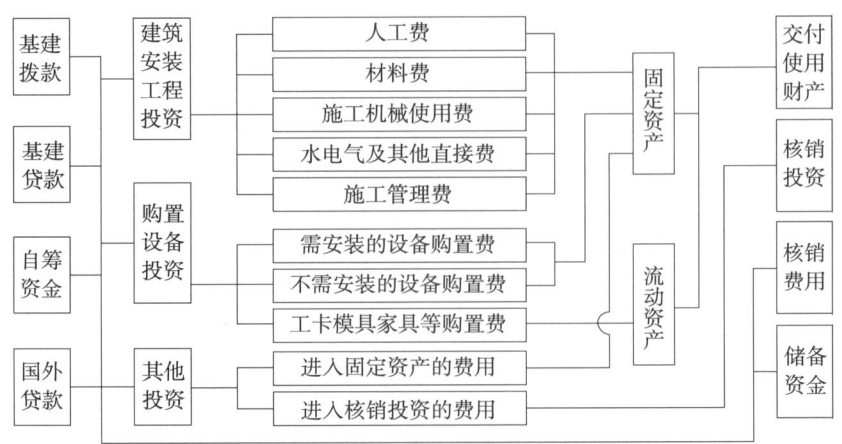

图 3-35 基本建设投资运行流程图
（图片来源：谢文蕙 . 建筑技术经济 [M]. 北京：清华大学出版社，1984：7. 改绘）

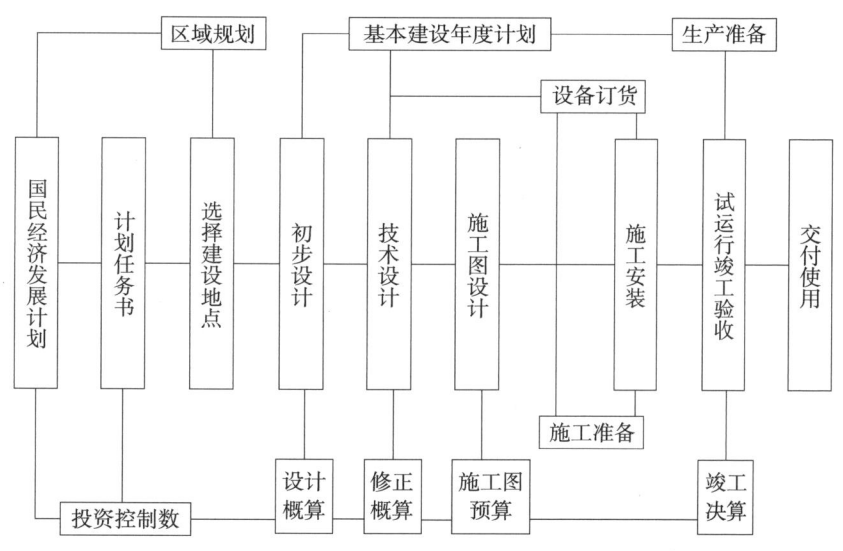

图 3-36 我国现行基建程序图

是建筑策划进行规模经济预测和评价的目的。

预测和评价的方法很多,在前一节我们已做了简单的论述。这里我们只对投资与经济损益进行预测分析,以确定规模构想的可行性。在进行规模经济预测之前,我们有必要对投资的有关概念进行一些了解。

我国目前的投资方式大致可分为四种,如图 3-37 所示,其中无偿投资是由国家财政预算拨款的,一般用于非生产性建设项目的投资,它们无法从项目本身得到偿还。无息投资一般也是由国家财政预算拨款的,只需偿还本金但不计利息。单息投资是指由银行贷款、计息偿还的投资方式,其利息按单息计算,不再生息。复利计息(以下简称复息)投资多是由国外银行贷款或国外财团投资的方式,它不仅本金要付息,利息到期不付也要计息,利息又转化为本金。当工程建设的计划投资额相同,而资金占用的时间不同时,由于采用无息、单息或复息投资的计息方法,都会使实际投资额有较大的

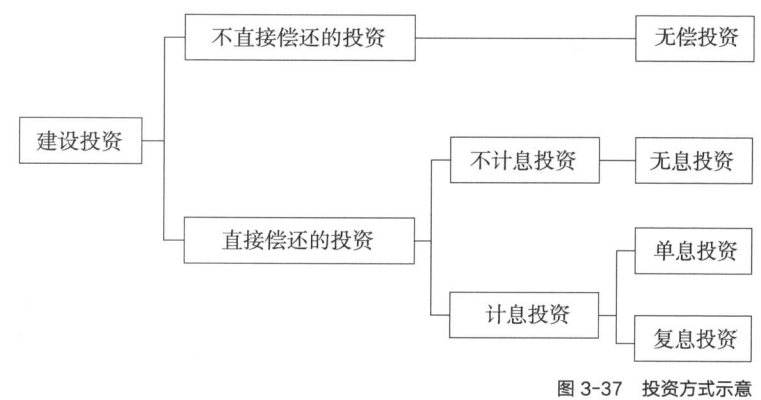

图 3-37 投资方式示意

差异。而当投资额一定的情况下则规模的大小必将依不同的投资方式而改变。表3-5为三种投资方式的比较。

三种投资方式的比较　　　　　表3-5

计息类别	贷款额/万元	年利率	资金占用期3年		资金占用期5年	
			利息总和	本利总和	利息总和	本利总和
无息	100	—	0	100	0	100
单息	100	5%	15	115	25	125
复息	100	5%	15.76	115.76	27.63	127.63

（表格来源：谢文蕙.建筑技术经济[M].北京：清华大学出版社，1984：30.）

从表3-5可看出无息贷款与资金占用时间无关，资金从借到还，数值不变，称为"静态计算"。而单息贷款的资金其利息额与时间成等差级数增值，称为"半静态计算"。复息贷款的资金其利息额与时间呈等比级数增值，称为"动态计算"，可见资金占用时间与资金的偿还是有重大关系的。

因此，项目建设周期的长短，必然影响资金的周转，影响投资的偿还及经济效益。而项目规模的大小又与建设周期相关，因此规模的构想在项目总投资总额和资金占用周期两方面与经济效益有双重的相关性（图3-38）。

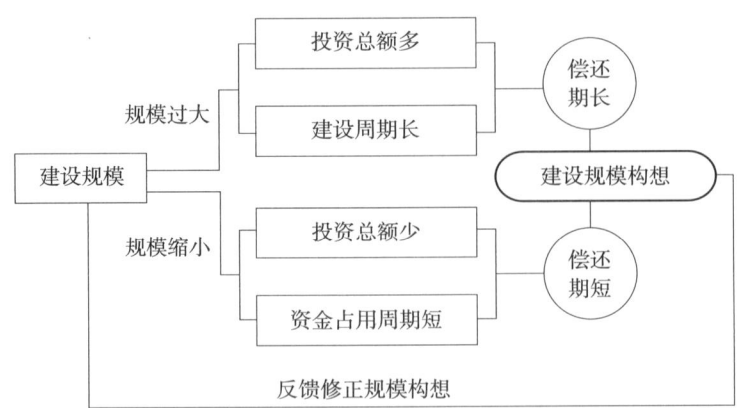

图3-38　投资与规模的相关性

对项目规模进行经济预测和评价，通常要进行如下的必要的程序：
①制定明确的投资计划；
②设定规模下的盈利参数；
③编制项目盈亏计算表；
④开展经济评价分析。

为便于理解，我们以中美国际工程公司和清华大学建筑系于 1985 年对北京华侨国际大厦[①]项目合作进行的经济测算为例进行论述说明。

北京华侨国际大厦（以下简称大厦）是由一座 570 间客房的五星级豪华酒店（以下简称酒店部分）、300 套的公寓楼、30 000m² 的写字楼和 15 000m² 的商业购物中心及文体娱乐服务设施（以下简称购物娱乐中心部分）组成的综合体。

1）制定明确的投资计划

（1）总投资，包括拆迁费、平整场地和市政工程费 = 拆迁费、清场费、建筑施工费、设备家具装修费、不可预见费、通货膨胀费、技术服务费、组织管理设计费，以及应使用者要求的改动费、开办费。

单位：万美元

项目	酒店部分 570 间	公寓部分 300 套	写字楼部分 30 000m²	购物娱乐中心部分 15 000m²	金额总计
拆迁费	512.3	494.7	373	192	1 572
清场费	175	45	40	50	310
建筑施工费	3 760	3 325.1	2 000	1 132	10 217.1
设备家具装修费	1 100	15	15	60	1 190
不可预见费	246	169.2	102	62	579.2
通货膨胀费	395	272	163.2	99.2	929.4
技术服务费	530	344	220.4	190	1 284.4
组织管理设计费	100	40	25	38	203
改动费	—	0.9	264	470	734
开办费	200	45	20	45	310
合计	7 018.3	4 750.9	3 222.6	2 338.2	17 329.1
贷款利息	670	450	310	220	1 650
总计	7 688.3	5 200.9	3 532.6	2 558.2	18 979.1

其中：不可预见费，考虑施工、清场、装修、设备中的费用的可能变化而综合决定，约为 5%。通货膨胀费，考虑在施工过程中国内的通胀率和购买国外产品的国际市场通胀率，约为 8%。投资中 80% 为贷款，年利率平均 12%，20% 为自筹资金，须先期支出。

根据上表，大厦的投资总金额共计 18 979.1 万美元，分项总投资见上表。

（2）自有资金和借贷的比例为 20：80。自有资金先期支出。

（3）贷款是按混合借贷形式估算的，平均年利率为 12%，15 年还清。

（4）贷款将从中国国内和国外筹集，既可以是买方信贷也可以商业贷款。

（5）税前收入列在收入预测表格中。

---

① 北京华侨国际大厦是首都华侨服务公司委托中美国际工程公司（CAIEI）实行总承包，并邀请清华大学建筑系专家合作设计研究的项目。该项目于 1985 年 3 月完成项目实施初步设想和可行性研究。作者作为其中一员参与其研究工作。该项目后因资金原因而停滞。

2）设定规模下的盈利参数。

按原计划项目的可行性分析于 1985 年初开始，1989 年实现全面开业，其盈利预测如下：

（1）酒店部分

相关因素		经济参数
可租房间		546 套
1985 年平均租金		100 美元（客房·日）
1989 年平均租金		134 美元（客房·日）
通货膨胀率		5%（固定）
客房使用率	1989 年	65%
	1990 年	70%
	1991 年	75%
	1992 年	80%
	1993 年	80%
	1994 年	85%（从 1994 年起稳定在 85%）
营业毛收入		37%（总毛收入）
餐饮百货毛收入		78%（总毛收入）
固定费用（管理、税、折旧）		5%（总毛收入）

这些盈利数据是在进行了市场调查，并与北京其他各大宾馆酒店进行比较分析以后得出的。其中客房租金和毛收入，考虑到高档酒店的运转费用较高，采取较低测算值，以提高酒店部分的竞争力。

（2）公寓部分

相关因素	经济参数
1985 年平均租金	23 美元（m²·月）
1989 年平均租金	26.9 美元（m²·月）
小间（47m²）租金	27 美元（m²·月）
单间（93m²）租金	25 美元（m²·月）
双人间（130m²）租金	22 美元（m²·月）
三人间（185m²）租金	19 美元（m²·月）
平均金额	22.7 美元（m²·月）
停车场（1985 年 210 车位）租金	50 美元（车位·月）
空闲面积率	5%（固定）
可出租净面积	35 750m²（300 套）
实际出租净面积	34 913m²
毛收入来源	出租面积和停车场

续表

相关因素	经济参数
通货膨胀率	4%（每年）
日常经常支出	10%（毛收入）

注：① 全面开业的第一年为1989年；
② 毛收入不包括工商税、房产税、土地使用税、保险费等。

（3）写字楼部分

相关因素		经济参数
可出租净面积		26 400m²
停车场		250个车位（200位可出租）
空闲面积率		10%（固定）
1985年平均租金		37.66美元（m²·月）
1989年平均租金		25.70美元（m²·月）
动力费用		由承租者负担
工商税（另测）		由承租者负担
停车场租金		50.0美元（车位·月）
毛收入来源		租金和出租停车场
通货膨胀率		4%（每年）
日常消耗费		10%（毛收入）
折旧年限	建筑	20年（每年等量）
	设备	10年（每年等量）
	装修、家具	7年（每年等量）
	前期研究摊销	3年（每年等量）
	开办费用摊销	3年（每年等量）

注：① 毛收入不包括工商税、房产税、土地使用税、保险费等；
② 减少可租率和调低租金主要是考虑到未来市场的竞争。

（4）购物娱乐中心部分

相关因素		经济参数
可出租建筑面积		9750m²
停车场		140个车位（免费）
出租率	1989年	70%
	1990年	75%
	1991年	85%
	1992年	90%
	1993年	95%

续表

相关因素	经济参数
1989年平均租金	36.50美元（m²·月）
日常经营支出	10%（毛收入）
商品工商税	由承租者负担
动力费用	由承租者负担

注：① 从1993年起出租率将稳定在95%；
② 最初几年有关租金的测算因缺少北京方面的数据，故算得较低；
③ 毛收入不包括工商税、房产税、土地使用费和保险费。

3）编制项目盈亏计算表

北京华侨国际大厦建筑群各部分的盈亏计算按15年损益分别进行，计算公式如下：

年营业额
= 平均租金 ×（1+通货膨胀率）×（客房数/出租面积/车位数）× 出租率 ×365
年总营业额 = 出租面积年营业额 + 其他部分收入
固定支出前毛利 = 总营业额 – 经常费支出
贷款利息 =（总贷款额 – 偿还贷款额）× 12%
所得税前毛利 = 固定支出前毛利 – 固定支出费
纯利润 = 所得税前毛利 – 所得税
纯利润现金流 = 纯利润 – 自有资金偿还
偿还贷款前现金流 =（折旧费利用 + 开业费利用）+ 纯利润现金流
偿还贷款前现金流累计 = 本年偿还贷款前现金流 + 上年偿还贷款前现金流累计
净现金流 = 偿还贷款前的现金流 – 偿还贷款 – 维修保养预留费
净现金流累计 = 本年度净现金流 + 前一年净现金流累计
净收入与总投资额之比 = $\dfrac{净现金流累计}{总投资额}$%

4）开展经济评价分析

由盈亏计算表可知：

（1）大厦总体运营后占总投资20%的自有资金于第1年（1989年）开始到第10年（1998年）10年间还清。

（2）占总投资80%的贷款（当年付息、单息计算12%利息率）于第3年（1991年）开始到第12年（2000年）10年间还清。

（3）五星级豪华酒店理论盈利时间从第7年开始；公寓楼理论盈利时间从第1年开始；写字楼理论盈利时间从第1年开始；商业购物中心及文体娱乐服务设施理论盈利时间从第14年开始。

由此可见，公寓部分和写字楼部分初期投资低于酒店部分，且都是在开业当年就获得净利润，贷款偿还能力远远高于酒店部分和购物娱乐中心部分，因此经济效益较高。酒店部分初期投资最高，从第7年开始获得净利润，投资效益较低。购物娱乐中心部分尽管初期投资最少，但从第14年才开始净盈利，所以综合投资效益最低。

因此，理论上讲，公寓部分和写字楼部分所确定的规模和标准是可行的，而酒店部分则由于标准较高，初期投资较大，运营费用较高，所以应考虑适当压缩酒店部分的规模，调整客房的标准。购物娱乐中心部分投资为酒店部分的1/3、为公寓部分的1/2，由于投资效益过低，理论上应压缩规模，但考虑到建筑使用及与酒店、公寓、写字楼各部分功能上的配套关系，规模压缩又不可过大，应以满足前三者的功能要求为前提。

实际上，酒店部分和购物娱乐中心部分设施在初期的经济效益的低下是由写字楼部分和公寓部分共同负担的。总体来看，全大厦净盈利实际是从第7年开始，而偿还贷款则须到第12年全部完成，这还只是个理论的推测，因此大厦在规模上有压缩的必要性。减少一次性投资贷款，维持投资效益高的写字楼部分和公寓部分，缩小酒店部分的规模，适当减少购物娱乐中心部分的规模，以此提高整个大厦的经济效益和投资效益。

当然，如果在资金筹划上加大自筹资金的比例，在设计和施工组织上计划得更加周密，那么贷款偿还周期也会得到缩短，大厦的经济活力会更大。

这个例子说明了经济预测和评价对规模设定、构想及反馈修正的作用。这种经济预测和评价方法主要是验证建筑规模在既定的投资情况、贷款偿还协议及贷款现状下的可行性。当然除了调整规模之外，改善贷款方式、改变投资渠道也是提高经济效益的有效办法。但建设规模确是影响建筑活动及今后市场经营效益的重要因素，所以，对于生产和商业性的建筑其规模的设定一定要经过经济的预测和评价，不断地反馈修正，才能保证建设规模的恰当。

当我们对一个建设项目设定了它的规模并根据掌握的外部、内部条件完成了空间构想，而且对规模和构想进行了科学而严密的预测和评价，最终得到修正和肯定之后，我们就要以这些软构想为前提，进一步对软构想进行技术化和物质化的处理，亦即进行空间的技术构想。这就是我们下一节要讨论的内容。

3.1.7 技术构想

技术构想又称为技术策划，是以空间构想为前提条件，研究构想空间中的结构选型、构造、环境装置，以及材料等技术条件和因素的过程，涉及空间中的结构构造、设备材料等技术及硬件装备。

下面我们就技术构想的各个环节进行论述。

1. 结构选型、构造的构想

结构选型、构造的构想是研究与既定构想空间相关联的最普遍的结构方式，以及特殊场合的结构选型和结构的开发条件。通常其构想多是对已知的结构形式如何利用和组合，以及根据空间软构想对结构技术条件进行认识的过程。

首先，由于已经进行了空间构想，即完成了平面的构想，A、B、C空间的划分，各空间的边界线，交点等已经构想完毕，因而结构支点、位置等的构想就已水到渠成，结构的柱网、平面构图的对称均衡性、连续性等就很容易被确定下来。通常结构构想是从软构想的要求（制约条件）出发，通过结构的构成法则，经过变换、筛选、最后确定出构想方案（图3-39）。

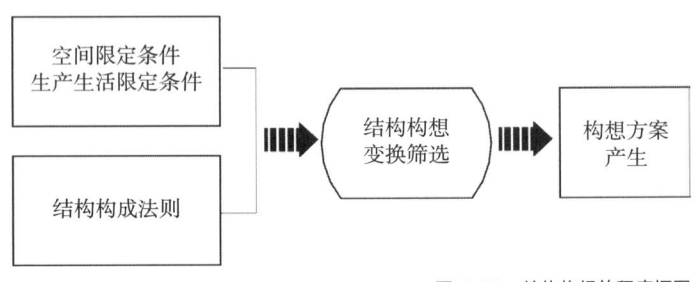

图3-39 结构构想的程序框图

结构的构成通常有木结构、混凝土结构、钢结构、钢筋混凝土结构和混合结构五大类。

诞生结构方式的空间多种多样，如房间、通路、开敞空间等，其结构方式和种类也各不相同。不同性质的空间选择相对应的结构方式，并且满足该空间的生活使用需要是结构选型的关键。如供体育比赛及表演的体育馆、文艺及音乐会表演的剧场音乐厅、大型集体活动的会场、候机大厅等大跨度空间，其结构形式以无柱大跨度结构为宜。又如在抗震设防地区，高层或超高层建筑多选用钢结构或钢筋混凝土结构以增大其整体刚度。对这些相关的构想方法的掌握属于建筑师的基本职能，他们应在一开始的空间构想、确定空间平面和立面的形式时就一并确定出来。因为在空间构想中，对空间内活动的研究应该明确其活动的特征是什么？对应的结构形式又是什么？如前面谈到的体育馆的表演场地中不能有柱子和剪力墙，贵宾休息厅及会议厅内也最好没有柱子等。这就又引出了空间构想中的一个问题，那就是建筑师对空间中各种活动和使用特性的把握问题。何种空间形式对应何种活动及活动主体对空间形式的要求。

尽管我们把技术构想中的结构研究放在这里进行论述，但事实上它是与空间软构想一并开始的，而且不应游离于空间形式的构想之外而单独进行。

2. 环境装置的构想

建筑空间一经构想完成，其屋顶、顶棚、地面、四壁及门窗等建筑元素就构成了一个立体形态的建筑空间环境。房间的形态、开口部位的采光条件、墙壁的围合方式及保温隔热等的特性的控制就是对建筑环境、装置的构想。其中保证建筑空间在经济可行的前提下保持良好的环境特性是环境装置构想的目的。

环境是指空间的热、光、声等物质和文化环境，它是由空间本身的建筑元素和设备与空间外部的各种刺激达成动态平衡的一种物质形态。它包括自然因素，如雨、风、雪、露、尘、阳光、声等的影响，也包括人文的因素，如装修、小品、雕塑、装饰壁画、陈设等的影响（图3-40）。

空间中用以达成内外环境动态平衡的设备就是我们所说的环境装置。它不仅包括我们所熟悉的换气扇、保温隔热层、冷暖气空调、电气电讯设备、

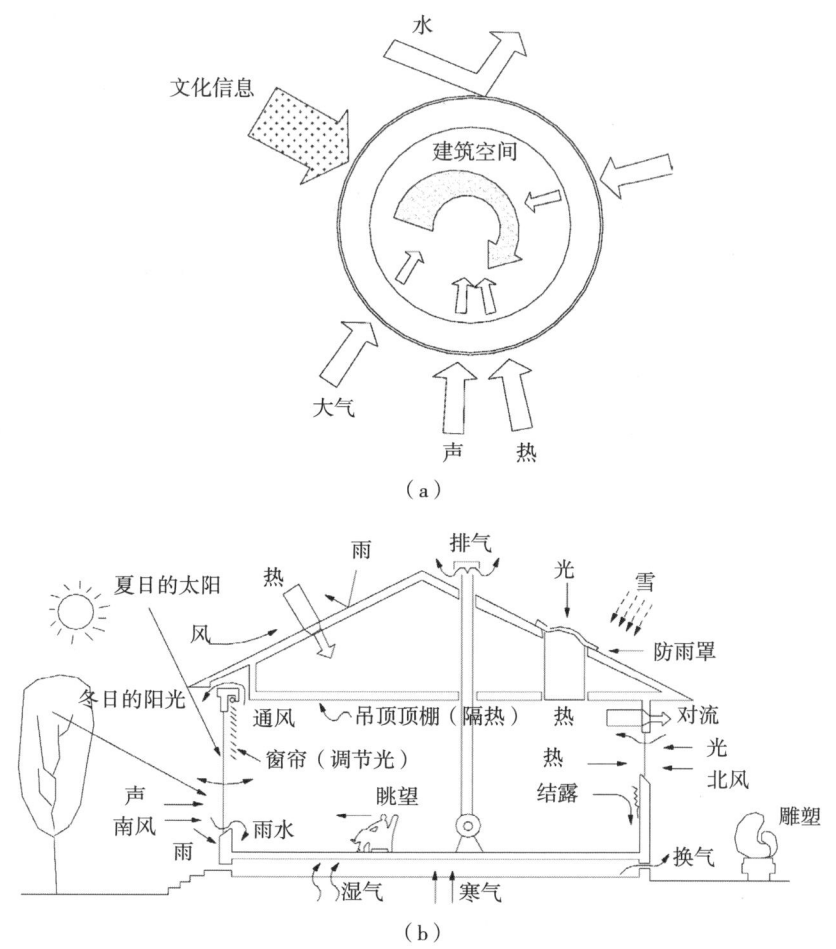

图3-40 建筑空间与居住环境
（a）建筑空间的外界刺激；（b）居住环境示意图
（图片来源：参考日本建筑学会《建筑计画》第183页图片改绘）

上下水设备、卫生设备、消防防灾设备，还包括空间环境中的标语牌、指示牌、固定家具等。建筑空间的质量、品质及实用性的高低就在于对其环境装置的全面而巧妙的构想设计。

现代社会的建筑环境在满足使用的前提下，更强调舒适和其精神作用，即强调环境的气氛和情调。这种人文环境因素的愈来愈强调、要求愈来愈高正是现代建筑环境的一大特征。在空间满足了人类使用的基本声、光、热等物理要求之外，还要更高一层地满足人类使用的心理和精神要求，这也是现代建筑策划中的一个重要任务。强调人文环境的质量应成为我们建筑师创造环境不可忽略的部分。

人文环境的气氛因素是与建筑空间的内在使用及功能要求紧紧地联系在一起的。不同使用目的的建筑空间，要求有不同的环境气氛，甚至不同使用对象也要求有不同的环境气氛。如政府办公会议空间，应表现出庄重、权威、宏伟等气氛；而舞厅、酒吧则以轻松、热烈、欢快为主基调。老年人活动空间宜恬静、优雅、质朴、静穆；而少年儿童活动空间则宜明亮、鲜艳、丰富、变化。这种对环境气氛的构想是环境构想的准备，它与建筑设计阶段的环境设计的目标相同，但范围和深度略有差异，它具有设计指导的意义。

建筑策划阶段的环境构想，是对空间环境进行指导性的研究，它不涉及环境细部的处理问题，只强调环境的构想对空间的使用、气氛的形成、空间感观的改变的作用。因此，对于建筑策划既定的建设目标，必将对应有空间构想和环境装置的构想，以确定出项目目标在下一步设计阶段中的空间内容、形式、动线网络及环境气候特征和固定装置。正因为环境和装置的构想在设计的前期即建筑策划中进行，所以使得这一研究工作可以较宏观地与建设项目在研究空间内容及构成的同时与外部和内部环境一同发生关系。这样能更准确地把握建筑空间的环境和装置的构想，以使下一步设计工作不至偏离方向。

随着社会生活质量的不断提高，环境和装置的研究将变得越来越重要。照明设备、高龄者使用的电梯、残疾人使用的辅助设施、高密度城市空间的防灾诱导疏散系统等，多种高技术装置的开发都是建筑策划中环境和装置构想的研究对象（图3-41）。

从图中可以看出，建筑环境和装置的构想可分为基本环境装置构想和特殊环境装置构想，对它们的区分和构想是决定下一步建筑设计的关键。特别是其中特殊要求的环境装置构想，如节能建筑（被动式和主动式太阳能建筑）的环境和装置构想是进行空间构想和设计的必要条件。因为其功能和使用要求的特殊性就决定了其环境和装置的首要性。

环境和装置的构想，通常并不是和空间的构想前后进行的，大多是同时加以考虑研究的。这是由于空间形态和环境装置的密切相关性所决定的。所以建筑师在进行建筑策划时应当对这一点予以重视。

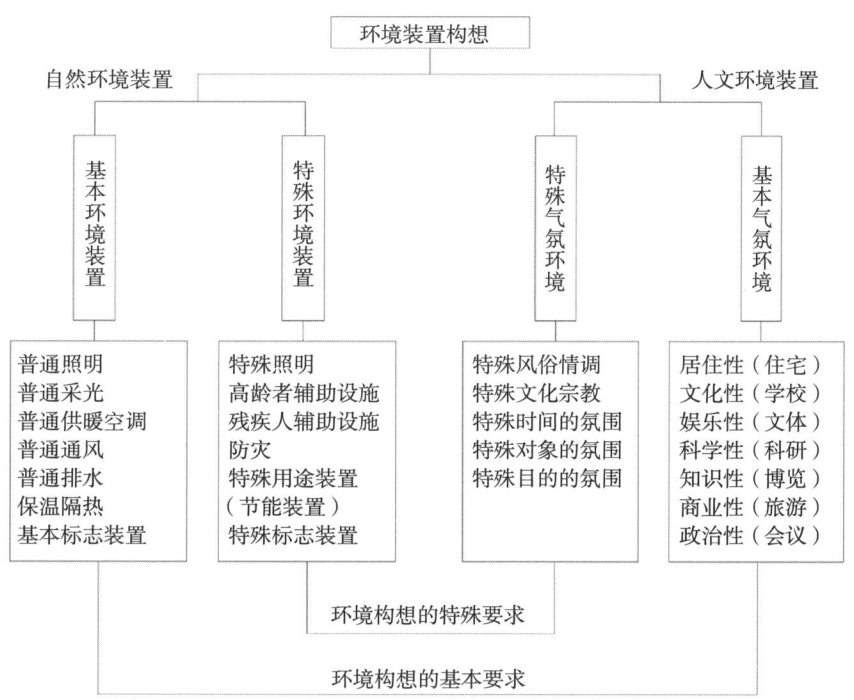

图 3-41　环境构想的范围及涉及内容

3. 材料的构想

区别于建筑设计阶段的材料的选定工作，建筑策划阶段对材料的构想是指关系和影响到空间构想和环境装置构想，并通过材料的选定来实现上述空间环境的基本和特殊要求及创造环境气氛的研究工作。根据空间的构想，半开敞和开敞的形式，选择墙壁、地面、顶棚的装修材料；根据空间开口部位的性能选择材料，解决采光、隔声、保温、隔热等要求；另外通过选用材料来创造空间环境的气氛，结合环境装置的构想，满足建筑环境的物质与精神要求。

此外材料的选择还需考虑到施工的简洁方便和经济效益等，是一个由多项因素决定的工作（图 3-42）。

材料的构想在策划阶段不是最终的和决定性的，它只是为配合空间和环境的构想而进行的辅助和说明性的工作。它的结论首先是完善空间和环境的构想，其次是为下一步设计阶段材料的选择制定大方向（图 3-43）。这个阶段的材料构想只考虑其使用目的、使用位置和施工、经济等因素，而对其色彩、肌理、质感等视觉细部上的要求只能在设计阶段进行深入的研究。

至此，建筑策划的各部分构想全部完成。由外部、内部条件的调查分析开始到预测评价反馈修正，已经形成了一套完整逻辑的程序，其结论既是对总体规划立项的解析和反馈修正，又是对建筑设计的指导和参考。为了得出一个完整清楚的结论，我们在这里将各个环节的结论归纳起来。

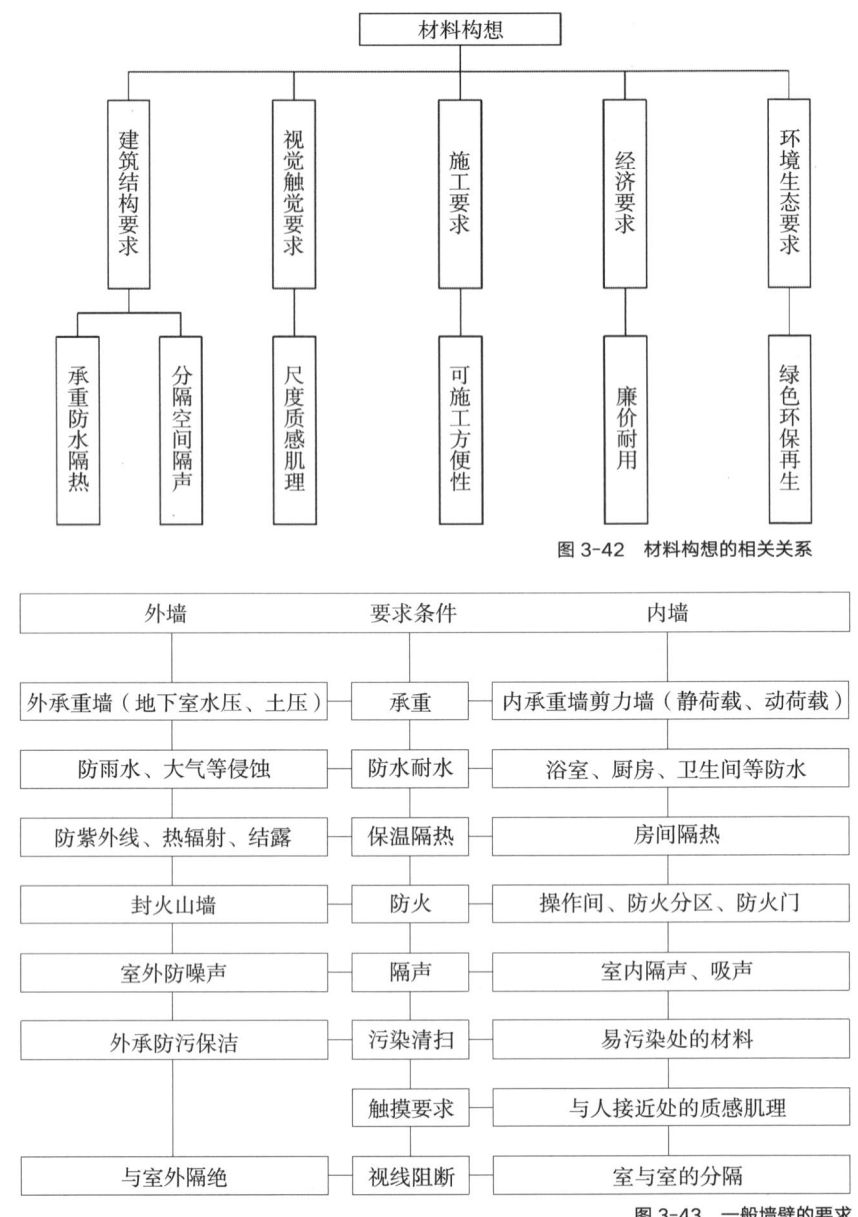

图 3-42 材料构想的相关关系

图 3-43 一般墙壁的要求

3.1.8 结论的归纳及报告的拟定

建筑策划各环节的结论报告可以归纳为两种形式，一种是框图部分，另一种是文字表格（图 3-44）。

框图部分，用来归纳和说明项目外部条件，如经济、环境、人口构成等，以及内部条件，如空间功能组合、设备系统、使用和预测评价等。将上述研究结果以框图表示，可以提高其逻辑性，有利于电脑进行多因子变量分析和数理统计的演绎，也便于与城市总体规划的准则和结论相比较对照。文字表格部分用来归纳和说明项目规模、性质、用途、房间内容、面积分配、造价、建设周期、结构选型、材料构想等。

也就是说，建筑策划各环节的结论报告是由框图和文字表格两部分组成的。各组成部分的内容如图 3-44 所示，形成了一个完整、科学、逻辑、开放的体系。围绕建筑创作活动的各个因素都体现在框图或是表格中。换句话说，各种因素的影响都可以从框图和表格中寻出其机制和相关关系，同时得出相应的要求。文字表格部分可作为建筑师按照以往的习惯进行下一步设计的依据。

这一由框图和表格文字组成的建筑策划的结论报告，正是建筑设计的科学的依据。由于它自上而下，由外向内地系统分析和把握了建筑创作的相关因素，继而又由内向外，自下而上进行预测、评价、反馈修正，同时还运用近代数学和电子计算机技术手段，所以使得研究领域全面、细致且论证、定量分析与评价也具有一定的精确度。这就使建筑设计可以完全摆脱以往那种建筑师只按照业主个人或个别专家意志拟就的设计任务书、埋头设计的被动局面，使建筑创作的科学性和逻辑性大大提高。它的意义还不仅在于此，由于运用了近代数理原理和方法，运用了计算机等近代手段，使建筑创作增添了新的活力，增加了现代化的内容，使建筑设计的理论有了重大发展，并因之提出了许多相关的新课题，使建筑创作的理论和实践变得更加活跃。

为了更直观地说明建筑策划原理及方法的运用，我们将在后文对建筑策划所完成的具体实践进行分析和论述。

图 3-44　建筑策划各环节的结论报告的组成

3.2 后评估的内容与步骤

3.2.1 后评估的类型与内容

基于评估的时间、资源、特性、深度和广度等方面，与建筑使用评估的短期、中期和长期价值相对应的是三种不同类型的使用后评估：描述式使用后评估、调查式使用后评估和诊断式使用后评估。由于目标的不同，其操作过程和周期也不相同。

描述式使用后评估用于快速反映建筑的得失，为使用单位和组织提供及时改进的依据，主要目的是揭示建筑设施存在的主要问题，是一个短期的评价行动；调查式使用后评估的目标是为建筑性能方面更细节的问题提供深入调查，为建筑师、业主和相关组织提供更加具体和详细的改进建议，它所研究问题的范围较广、内容较深，是在得知建筑设施的主要问题后对细节问题的进一步研究，是一个中期的评价行动；诊断式使用后评估是对建筑性能提供全面综合的评价，它不仅为建筑师、业主和相关机构提供改进建筑设施的建议，而且为改进现存的建筑标准提供数据和理论支持。它研究问题的范围更广，并提供建筑规划、策划、设计、建造和使用指南，是一个长期的评价行动，花费也最大，往往需要通过政府机构进行组织。

这三种评估系统不是逐一进行，而是针对不同的需求水平而各自独立进行。比如调查式使用后评估的评估内容和方法不包括描述式评估在内。下文就三种类型的使用后评估逐一进行介绍。

1. 描述式使用后评估

描述式使用后评估正如它的名字所代表的那样，它主要是对所评估的建筑物的性能的优劣的陈述，这种类型的评估方式通常需要的时间很短，一般是两三个小时到一两天，当然，前提是评估系统对于建筑物的性能和其建造过程方式，以及所要评估的方面比较熟悉。一般来说，描述式使用后评估中有四种基本的数据收集方法。

（1）档案和文件记录的评估：在评估的过程中，应该尽可能地收集分析建筑物的施工图纸，此外，最好还需要空间利用时间表、安全记录和事故记录，以及其他任何相关的历史建筑图纸如设计图、现状图、修缮记录等。

（2）有关建筑性能问题的问卷：在参观实际建筑之前，评估机构向建筑管理机构提交一个关于建筑性能各方面评估的问卷，通常这些设备管理者和建设方都是空间设计和建筑性能的操作者，他们的回答也能够反馈建筑性能的一定问题。问卷一般会包括从技术到环境等方面的问题，此外，还有包括功能构成、行为模式、心理感受等对建筑性能主观臆想的评估。通过问卷调查不仅仅是为了发现建筑性能中存在的问题，同时也能够了解建筑建设过程及投入使用后的满意之处并吸取它们的成功经验。

（3）观察式评估：在完成管理部门对关于建筑性能的问卷调查反馈之后，下一步要进行的则是观察式评估，即评估者需要通过直接地观察建筑物，或者至少通过照片来评价建筑物的性能中一些不易发现却是十分重要的信息。通常要完成对一个建筑物的全面的观察式评估大概需要几个小时的时间。

（4）深度访问：通过对建筑负责的相关人员的访问，以及听取客户代表的汇报，是对实地调查的一个总结。随后，评估者向建筑设备管理者和建设方，以及用户提交一份关于建筑优劣性能评估的总结，作为证明和今后的反馈参考。

2. 调查式使用后评估

当描述式使用后评估确定出建筑的物理性能或者使用者反馈的某一部分需要进行深一步的调查时，通常需要进行调查式使用后评估。相比描述式使用后评估，调查式使用后评估需要更多的时间和更多的资料。前者结果强调的是对主要问题的鉴定，而调查式使用后评估则是在更广范围的建筑性能方面给出了更深层次并且更加可信的分析和评价。

调查式使用后评估花更多的时间在实态调查上，而且所搜集的数据资料更加丰富复杂，应用的分析技术手段也更加先进。在描述式使用后评估中，评判建筑性能好坏的标准有相当大的一部分是基于评估者或者评估机构自身的经验，但是在调查式使用后评估中，评估机构进行评判性能的标准更多是基于客观而且明晰的相关规范准则。在进行评估实地工作之前，评估机构需要明确所要评估的建筑的性能标准和内容（比如物理性能方面的声学、能源、安全性能、照明、环境心理方面的意向、感观、环境感知、行为模式等）。这种评判性能的标准的建立通常需要至少两种方法：一种是对当前建筑类型的相关理论文献的阅读了解和评价，另一种是同当前相似类型的建筑设备性能的评估。通常来说，进行调查式评估需要的时间约为三到四周的时间，此外还需要考虑额外的留给团队筹备评估准备工作的时间。

3. 诊断式使用后评估

诊断式使用后评估是三种评估类型中最为综合、复杂、深入的调查评估，由此产生的意义也是最深远的。通常来说，诊断式使用后评估的策略是由多种方法组成的，其中包括了问卷调查、民意调查、深度访谈、介入式观察、物理性能测量、大数据分析等。这些不同的方法分别适用于对不同建筑性能方面的衡量上。诊断式使用后评估的作用和意义不仅是为了提高某个建筑的性能，而是为了长期的某种建筑类型的规范和标准的需要，所以它需要的时间也最长，大概为几个月到一年的时间来完成完整的评估鉴定，它的操作方法与传统的科学案例研究的方法十分类似。

一般来说，诊断式使用后评估的对象都是大尺度的公共建筑工程项目，它包括了很多复杂可变的部分，而诊断式使用后评估的目的之一，便是了解并分析不同复杂可变的部分之间的关联和联系。因此，诊断式使用后评估在搜集数据资料和分析技术等方面采用的方法都比描述式使用后评估和调查式使用后评估更加先进和复杂。

3.2.2 后评估的操作流程

使用后评估是一个具体的多步骤的操作过程，目前已发展出高度实用的具有可操作性的步骤流程。具体可分为计划阶段—实施阶段—应用阶段三个环节（图3-45）。其中，计划阶段的主要任务是为使用后评估的启动和组织提供指导（表3-6）；实施阶段的任务是收集数据并展开分析（表3-7）；应用阶段负责发现问题、判识结论、提出建议并最终回顾所采取的行动（表3-8）。

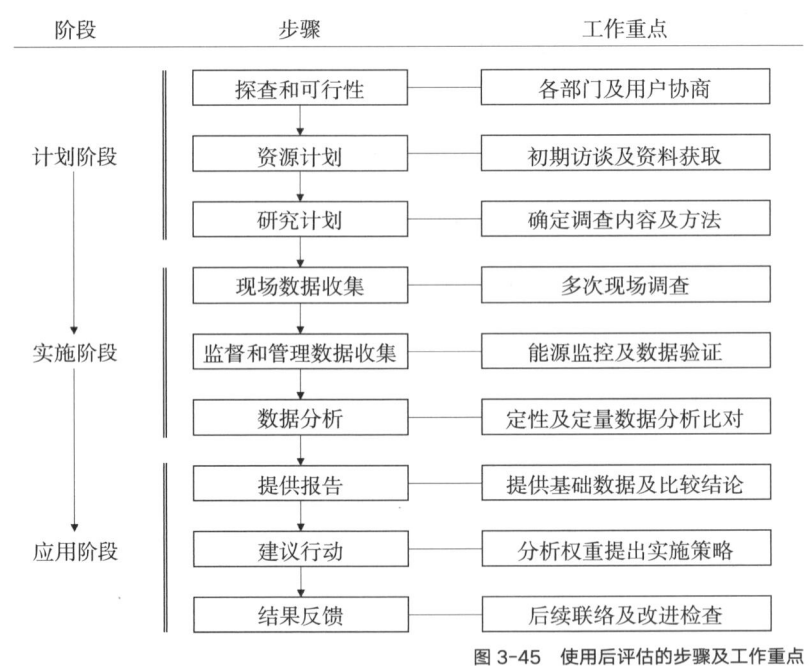

图 3-45　使用后评估的步骤及工作重点

使用后评估的计划阶段　　　　　　　　　　　　　　表 3-6

项目	步骤一：探查和可行性	步骤二：资源计划	步骤三：研究计划
目的	启动使用后评估项目，为客户希望的评价建立符合实际的参数，决定项目行动的范围和成本，并制定合同协议	为了有效实施评价，组织必要的资源，这些资源包括报告结果和应用结果，并与客户在各个层面上展开沟通	制定一个研究计划以确保获得合适的和可信赖的使用后评估结果，为建筑建立性能标准，确定数据收集和分析方法，选择适用的使用仪器，为特殊任务分工，并设计质量控制程序

续表

项目	步骤一：探查和可行性	步骤二：资源计划	步骤三：研究计划	
要点	清晰地理解一个使用后评估的发展过程、信息要求和客户责任，在评价者和客户之间建立一种合作研究的关系；对建筑和业主的信息进行把关，并协助决定评估的范围和获得必要的资源	制定管理计划，包括人员、时间和资金的分配，以确保及时获得研究结果；同时，从各层客户群体获得支持，并建立共同运作的机制，以求目标能达成一致，保证评估结果得到认同和支持	保证连接项目资源及使用后评估过程结果的质量及有效性；通过在实际建筑测量数据和所要求的条件之间进行比较，进而制定出性能因素的标准；探查出来的初步数据被用于发展整体的研究计划，包括数据收集、取样和分析方法	
行动（工作内容）	·拓展与客户的接触； ·讨论可供选择的使用后评估操作层次； ·确认所要联络的人员； ·了解客户组织结构； ·探查要被评价的建筑； ·决策建筑文件的可用性； ·确认建筑的重要变化和修缮状况； ·访谈各重要人物； ·提交公认的使用后评估建议； ·执行合同协议	·从参与使用后评估实践的建筑使用者那里获得一致意见； ·确定项目变量参数； ·发展工作计划、组织计划和财政预算； ·向客户组织提出资源计划； ·组成使用后评估项目队伍； ·拓展最终报告的初步概要	·确认各种客户组织文件的档案资源； ·确认预期参与者或被访者； ·与客户组织中潜在的被采访者进行接触； ·授权拍照和调查； ·给客户提供研究计划概要； ·为研究任务和人员制定计划； ·开发研究所使用的仪器； ·持续发展评价报告概要； ·分类和制定评价服务的性能标准	
资源	·陈述使用后评估过程； ·找到可用的先例，如在特殊建筑类型上的研究标准； ·相关评价经验； ·使用中的建筑状况； ·组织结构； ·关键人员的信息； ·建筑设计文件； ·使用后评估合同文本	·建筑类型的使用后评估资料； ·各种建筑文件、计划和规范； ·客户代表/预期的访谈者； ·客户组织的行政管理程序； ·合同方过去的各种使用后评估资料或报告； ·项目人员名单； ·使用后评估方法和使用的仪器； ·最新的文献资料检索	·基于计算机的信息资源； ·与政府机构和大型建筑组织相关的设计指南和标准； ·数据收集和数据分析及使用的仪器和方法； ·目前使用后评估项目资料； ·确认研究建筑的相关人员信息； ·客户组织及与项目相关的资料和文件	
成果	·项目建议； ·使用后评估合同协议； ·启动资源计划	·使用后评估项目的组织计划； ·财政预算的细目分类； ·最终报告的逐级概要； ·对所要访谈人员进行的访谈主题的认可； ·启动研究计划	·建筑历史描述； ·记录数据设备； ·记录数据表格； ·现场数据收集的初步组织计划； ·最终研究计划； ·建筑类型的性能标准	·建筑图册标注； ·技术功能和行为性能标准； ·受访客户列表； ·对项目人员的任务分配； ·确定分析方法； ·启动现场评价

使用后评估的实施阶段　　　　　　表 3-7

项目	步骤一：现场数据收集	步骤二：监督和管理数据收集	步骤三：数据分析
目的	为现场使用后评估的行动组织评价团队和客户；调整使用后评估的时间和位置	确保适宜、可靠的数据收集	分析数据，为确保可靠的结果，监督数据分析行动

续表

项目	步骤一：现场数据收集	步骤二：监督和管理数据收集	步骤三：数据分析
要点	使用后评估的启动包括对后评估的人员、使用设备和场地的确定，以及与使用者联络两个方面	确保数据的有用和可靠；实际的建筑性能测量主要依赖于数据收集和记录的认真程度，因此要求对数据的收集进行持续监控	数据收集的可靠性是关键；完成数据分析后，主要任务是整合离散的结果，将它们翻译成有用的数据模式，并指出其中各个要素之间的关系
行动（工作内容）	·协调管理者和使用者； ·使用后评估队伍的建筑定位； ·实际运作数据收集程序； ·在与数据收集相关的观察者中进行可靠性检查； ·设定使用后评估的工作范围； ·准备分发数据收集表格； ·准备和校准数据收集设备和要使用的仪器	·与客户组织保持联系； ·分发数据收集的使用仪器，如调查表； ·收集和整理数据记录表； ·监控收集程序； ·文件化使用后评估过程	·数据登录和整合； ·数据处理； ·检验数据分析结果； ·解释数据； ·深化已有的发现； ·构成分析结果； ·完成数据分析
资源	·供给和材料的准备； ·设备和使用仪器； ·确认建筑中的被访者	·建筑管理和维护人员； ·客户组织中的被访者； ·研究人员； ·顾问	·数据分析程序和设备执行标准； ·数据分析顾问； ·研究人员； ·辅助数据解释工具
成果	·最终修正数据收集计划和程序； ·通知使用者进行现场数据收集； ·启动现场数据收集	·粗数据测量	·数据分析； ·数据解释

使用后评估的应用阶段　　　　　　　　　　　　表3-8

项目	步骤一：提供报告	步骤二：建议行动	步骤三：结果反馈
目的	报告使用后评估的发现和结论，应对客户的需求和期望	为实时反馈和前馈而制定建议，引出使用后评估的发现和结论	在建筑的全生命周期中监督相关建议的执行情况
要点	为客户提供报告及使用后评估的结论，以便客户理解使用后评估的各种结果	要求与客户继续讨论和分析所提建议的发展和权重问题；发展可选择的战略，并检测每一个使用后评估的成本和效益；这一步确保客户采用最恰当的行动	监督这个建筑的性能标准以确认使用后评估过程的完整性，并对客户的直接效益进行检查
行动（工作内容）	·对所获得的发现与客户进行初步讨论； ·进一步把所要陈述的内容格式化； ·准备报告内容和其他的陈述； ·由客户组织对发现进行正式的回馈	·与客户和建筑使用者回顾项目的发现和需求； ·选择分析策略； ·各种建议的权重； ·执行建议的行动	·与客户组织联络； ·不断地回顾和监督所执行的建议； ·报告所评价建筑和随后的建筑变化的操作结果
资源	·客户和联络人员； ·最近的使用后评估项目资料； ·以前的使用后评估资料和报告； ·研究人员信息； ·设计的图解设备和供给； ·文字编辑及图形方面的顾问	·客户组织的设施、运行和管理； ·确定建议权重的技术； ·研究人员的信息； ·最后的项目报告	·联络客户； ·当前的使用后评估项目文件； ·最终的使用后评估报告； ·使用仪器和调查

续表

项目	步骤一：提供报告	步骤二：建议行动	步骤三：结果反馈
成果	·文件化使用后评估的信息； ·由客户正式批准最终的报告； ·出版最终的报告； ·贯彻执行使用后评估提出的建议	·确定优先战略和建议； ·建议的实施； ·确认在某一范围内所需要的附加研究	·完成项目文件； ·为客户、建筑师、业主及物业管理者分发基于使用后评估设计的研究成果

3.2.3 后评估的阶段与工具

1. 计划准备阶段的方法和工具

在开展公共建筑工程后评估工作前，首先，需要做好充分的计划准备。在这个阶段中，要界定公共建筑相关的边界条件，并明确评估的内容和范围，以便于进行下一步的信息收集和数据分析比较工作。虽然工程后评估的实施主体通常为建筑设计师团队，但是从准备阶段一开始，便需要各方面专家和团队的介入。公共建筑后评估的目的是对比业主和使用者的满意度同任务书最初目标的响应度，如果单是进行空间性能的评价，那么"前策划—后评估"的闭环也就难以充分体现原有的价值和意义。因此，沟通和联系是计划准备阶段的重点工作。通过访谈，评估团队能够更好地和业主交流，了解业主和建设方等所希望评估的内容及关心的重点，以便于有的放矢地确定评估的内容。

其次，对于文献的了解和对于实况的初步调查是计划准备工作的前提。在进行边界条件的确定时，为了确认和核对在任务书阶段提出的特殊要求，需要对建筑项目的基地和背景展开调查。比如，通过调查发现项目所在地形存在特殊性，那么应该在后评估内容中加入这一点。通常而言，实态调查的内容在前期策划和可行性研究部分已有较为全面的成果，可直接采用。此外，评估团队还需要通过文献检索初步了解同等建筑性能通常的优劣方面，以便有根据地展开计划的准备工作。另外，在后面的信息收集和数据分析过程中，如果发现了其他计划所没有考虑到的评价内容，同样需要反过来对计划的评价内容和范围进行相应的修改和订正。

2. 信息收集阶段的方法和工具

在对公共建筑工程后评估的信息收集过程中，访谈是最常用的方法。根据项目规模的大小，策划者将要面临的信息量也是不同的。如果项目复杂巨大，那么制定相当广泛的一系列访谈就非常必要，以便于便捷发现建筑的特殊性能和要点。这一过程类似于医生的问诊，因此在赫什伯格称之为诊断式访谈。诊断式访谈的主要目的是发现业主、使用者等利益群体的主要建筑价值倾向，以及他们对建筑性能的满意度。这将帮助策划者理解用户目标，并进一步安排对重要价值的评估方法。访谈之前周密的计划安排有助于大大节约收集信息和分析的时间和精力。访谈计划通常包括几个步骤：提出问题、本质分类、取样计划、考虑细节、事先准备、制作文本。在不同的评估方法中有不同的访谈重点。每个项目评估均是从确定受其影响的利益群体，或受评估建筑内的管理人员开始的。相关的利益群体包括：政府部门、投资商、客户、管理团队、建设团队、使用者、社会公众。在界定了利益群体之后，需要按照一定比例的人口进行访谈安排，在每一类别的人群中找到代表样本。通常，将兴趣相近的人进行分组，每组的人数不超过7人，以便于可以在小范围里每个个体都充分表达意见和看法。总而言之，访谈的目的是通过最少的样本来占有最完整和可靠的信息。

深入观察是另外一种信息收集阶段的重要方法和工具。观测的方法有很多种，如常规观测、现场观测、空间观测、迹象观测、行为地图和系统性观测等，每一种类型的使用都根据特定的评估任务而定。

在文献检索、诊断式访谈、诊断式观测完成之后，某些信息如果还无法获得，就该考虑使用问卷调查来收集信息。问卷调查的方法最早来源于社会学研究，是实态调查最常用的方法之一，在社会学领域广泛地应用于信息的统计和判断，而这些信息的收集过程正是对应于建筑评估需要面对的问题搜寻与界定过程。问卷调查的目的是获得一些起支持作用的证据，它有助于进一步理解同类建筑的相关性能和建成环境的评价等。问卷法通过前期针对特定人群设计问卷、发放回收问卷、统计问卷而得出有价值的问题和数据，一份有针对性的构思缜密的问卷能起到至关重要的作用。在问卷制定过程中，不仅需要考虑问卷所包含的内容——需要问哪些问题、得到哪些数据，而且要考虑问卷的发放对象和发放方式，得以从正确的人群那里获取正确的数据。例如，通过对使用者和业主的调查问卷，可以有效地反映出现有空间使用人员身份、喜好、空间需求及车辆需求，通过将所得数据按类汇总分析，可以得到相应的空间需求及存在问题。和文献调查及考察访谈不同，问卷调查更具有针对性，它事先设计好具有很强相关性的问题，并且给出有限的可选择的选项答案，相对于开放式发问的访谈来说，问卷调查对于获得具体信息方面具有更高的效率。

3. 数据分析阶段的方法和工具

基于信息收集，评估团队得到了系列数据，如对于建筑性能状况等方面的描述，场地的物理性、社会性；环境的舒适性、安全性；活动的制约性、可变性；文化的自然观、造型观；时间上的历史性等。将定性的描述转化成定量的数据后进行相关的分析考察，有助于确立较为客观普适的评价标准，以作为指导同类建筑策划概念构想的参考依据。

随着计算机辅助计算的发展，数据分析的各种工具和软件层出不穷。基于对建筑性能、空间功能，以及使用者满意度的分析，下文选取了八大类目前在建筑性能评价领域应用较为广泛的分析评估方法进行介绍和比较。借助计算机软件，评估团队已经可以大大简化许多烦琐的计算过程。然而，仍然有必要了解各类评价方法的评价原理及其适用的范围，以便根据不同的评估内容和评估需求，选择相应的数据分析方法和工具（表3-9）。

若干评估常用的数据分析方法比较　　　　表3-9

分析方法	适用范围	优点	局限
失败树分析法	通过评估发现问题，并寻求问题之间的关联逻辑	从失败实际案例中追溯原因和风险概率，有可信度	案例不够具有普遍的意义，缺乏相应的规范和标准
对比评定法	比较同类建筑确定性能水平	有灵活的对比基准，切合评估同类建筑的实际情况	固定规范比较单一，同类比较缺乏统一标准
清单列表法	便捷获取可量化的评估内容及总体表现	方便使用，评估时间较短，评估所花的人力、物力较少	未考虑质化原则
语义学解析法	将主观感受转化为可量化比较的数据	直观易懂，用途广，将描述性语言转化为量化分析	因子判识主观性强，选择范围不够科学
多因子变量分析法	了解多个因素之间的共性和相互关系	原理基本易懂，可提取不明确表达的偏好	基于大量研究数据，工作量较大
社会网分析法	了解空间环境对人的社会行为的影响	关注社会属性和空间属性关联	对空间因素的影响度研究有待深入
生命周期评估法	从全生命可持续环节分析建筑性能	定量化的基于软件系统，信息精度高	专业程度强，普及率不高
质化分析法	深入观察及关注建筑的特殊功能或表现	适合处理无法量化的评估问题，有针对性	没有较多客观的数量指标，推广性低

3.2.4 后评估的步骤

为了更好理解后评估的具体操作步骤，本节以英国建筑及工程使用后评估为例，逐步介绍使用后评估的操作步骤。英国建筑及工程使用后评估（Post-occupancy Review of Buildings and their Engineering，以下简称Probe），是由英国政府（环境、交通和区域发展部）联合出版社和研究团队共同组成的独特的联合团队。这个团队的创建始于1994年英国环境部（现环境、交通和区域发展部）推出的工业合作伙伴倡议，政府资助8个最近完成的有特色的建筑物的使用后评估，鼓励研究团队对其进行技术、能源、业主及管理满意度的调查。这一合作组织建立后，它着手对一些备受瞩目的新商业和公共建筑进行了 2~3 年后的使用后评估,并将评估结果发表在期刊《建筑服务》(*Building Services Journal*)上,有助于保障今后类似建筑行业的质量及发展。至今共发表了 18 次调查报告。其目的是提供关于设计、施工、使用以及对过程中存在问题的反馈,总结成功经验和失败教训。结果证明,该研究具有广泛的价值,不仅有助于设计师和委托人对建筑情况有简要的了解,以分辨出需要跟进和改进的内容,并且也能帮助建筑使用者深入了解问题及改进措施。

在 Probe 项目的一期和二期中,共调查了 16 座建筑物,包括 7 栋办公楼、5 栋教育建筑,4 栋其他公共类建筑。Probe1 调查了 8 座建筑物,其中 4 座建筑采用空调系统,3 座采用先进自然通风系统,还有 1 座是低能耗医疗建筑。Probe2 包括了另外 8 座建筑,其中为 3 个办公建筑(分别采用空调系统、自然通风系统和混合模式)、2 个采用混合通风模式的教育建筑、1 个部分采用先进自然通风模式的教育建筑、1 个混合模式法院,以及 1 个采用自然通风系统的仓库。层层选拔基于如下标准:性能特点、投入使用 2~5 年、空间类型、通风系统类型等。对于每一个建筑都进行了详尽的关于技术、能源和用户调查的研究。

归纳而言,使用后评估的流程展开可以分为"确定评估重点——选择调查方法——制定评估流程——反馈评估重点"若干步骤。

1. 确定评估重点

对于公共建筑,Probe 项目主要展开三个方面的全面评估:空间性能、能耗表现、用户满意度。这三个方面的评估基本涵盖了物质空间环境性能及使用者的行为需求。需要指出的是,对于投资、预算及建造的评估属于项目评估的范畴,在这里不作为专门的内容展开。并且,对于消防、安全、交通、施工建造等方面的评估也属于专项评估及过程评估的内容。这里着重关注的是公共建筑投入使用 2~3 年后的使用表现,其最终目标是为了使得以后同类建筑的测试常规化,并通过设施管理、使用后管理等日常机制形成持续的信息流反馈,促进更好地建筑设计和使用。

其中,对建筑物的空间性能调查集中在以下三大类:①被动技术,主要包括建筑表皮、结构、窗户设计和高级自然通风系统;②设备装置,包括供暖、热水、空调和混合模式系统;③电气控制,包括照明、控制和运营、信息和通信技术。

在能耗性能方面,评估团队对 16 栋建筑评测的主要内容集中在能源绩效和碳排放两个方面,主要包括建筑物的气体排放、耗电量及二氧化碳排放量。在数据统计上,团队并未采用人均指标,而是用每个建筑单体的能耗总量及平方米指标来进行比较。这是基于几个方面的考虑:首先,每个建筑的实际使用者数量各个时段均不同，人数难以精确；其次，每个建筑物的人均使用面积的衡量精确度远低于建筑物的客观物理面积；最后，建筑能耗通常和环境设备及空间布局紧密相关，和人的具体使用方式关联度较少。

项目团队对建筑用户的调查旨在探索如何根据用户的需求和居住状况来更好地改进建筑策划、设计甚至管理。因此，用户满意度调查不仅仅包括对空间环境舒适度的判断，同样也包括对建筑维护、管理，以及软性服务的满意程度。

2. 择取调查方法

出于可信度和精确度的需求，Probe项目所采用的调查方法需要被标准化，并充分采用先进技术和标准。使用后评估有两大核心方法：①使用者调查，由建筑使用研究公司（Building Use Studies Ltd，以下简称BUS公司）开发用于获取用户对建筑及室内空间环境满意度的研究方法；②能源评估报告方法（Energy Assessment and Reporting Method's，以下简称EARM）和办公室评估方法（Office Assessment Method，以下简称OAM），用于评价能源使用情况。此外，在开展评估之前，Probe项目还纳入了一份有5页纸内容的综合前期调查问卷（Pre-visit Questionnaire，PVQ），用于在正式评估之前，提前对建筑进行服务、使用、用户和管理等方面的信息收集及调查，这有助于提高正式调查的效率，以及提前发现问题，便于评估团队在正式调查中更有针对性。

（1）使用者调查方法

使用者调查方法始于20世纪80年代，由BUS公司进行的一项针对建筑病症的综合性调查，随后被英国建筑研究院（BRE）进一步开发并采纳。Probe采用的自填问卷需要尽可能的简单、清晰和易于填写，同时也要满足后期数据收集和分析的需要。因此，问卷从原来的12页A4纸浓缩为只有2页的容量，但是其所包含的问题被过去经验和数据统计证明为是最为重要的问题。在实际运用中，该问卷取得了很大的成功，因为它有效避免了收集信息的超载，同时也避免了工作人员的疲劳。问卷内容包括基础信息、建筑整体、个体控制、管理响应、温度、空气质量、照明、噪声、整体舒适度、健康、工作效率等若干方面。

通常，问卷调查以抽样样本的形式发放给100~125名工作人员，当建筑物内的人员少于100名时，则需要发放问卷给每一个使用者。另外，当建筑有专门的一类类型的使用者时，还会针对该类用户发放第二次问卷，比如教学楼的学生等。如果发现了一些核心问题，工作人员还会与管理层小组召开专门的会议进行深度访谈。

BUS 公司的使用者调查方法是在各个要素之间的一个平衡产物。这些要素包括受访者的需求、数据管理、数据分析、统计有效性和问题回答能力等。这种平衡产物所对应的"克制"的调查实际上节省了后续过于冗余的数据分析。经验表明，如果研究团队沉迷于收集庞杂海量的信息数据，最后反而会迷失其中，没有足够的时间分析信息的准确度及其背后的原因。此外，所有的建筑物采用的是同一份问卷，这样信息数据才具有可比性。因此，除非是重大情况，否则不允许改变问卷问题。

需要指出的是，在调查问卷的回答偏好性中，空间设计问题和人力管理问题是密不可分的。换句话说，完全独立的问题和影响因素是不存在的。比如，许多居民喜欢喝咖啡的私密空间，那么独处空间平面就比开放式的功能布局更容易获得高分；再比如，很多居民容易将有关空间环境的不满投射到对物业管理和运营维护的不满之上等。

（2）能源调查方法

通常来说，建筑物的能耗性能数据需要通过综合的检测得到。最初使用后评估的是环境交通和区域发展部门采用的能源调查法，这是基于用电量估算数据及伦敦的电力信息报表。随着探测器的广泛使用，环境交通和区域发展部采用 EARM 能源评估报告方法对建筑物进行调查。其中，基于 EARM 的 OAM 是一种迭代技术，可以将能耗与建筑物的类型、布局、系统和使用运营情况相结合，以最直观和最切中肯綮的方式展现出建筑物的能耗性能表现。

许多现有的方法要么不够精确，没有足够的相关性，要么过于冗余而且耗时。因此，OAM 采用了逐步详细评估的步骤，并帮助用户判断生成的结论是否与预期的目标相吻合，以及下一步需要采取的工作。另外，OAM 用以分析的数据可以在其他阶段被借用并展开新的分析。OAM 实际上是从 20 世纪 90 年代的能耗统计方法中演变而来，它允许识别各类不同的能耗数据，因此有助于评估团队既进行横向比较，又同统一的标准基准相比对。

下面以 OAM 对建筑物燃煤性能数据的收集统计举例。首先，根据年度消费指数等报告和统计年报收集目标建筑物每平方米的燃煤量；进而进行第一步检测，将其进行细节分析比对，探寻是否有特殊的状况或者用户群体，使得每平方米燃煤量可能出现偏差。若否，则直接给出检测统计的燃煤量；若有偏差，则进入第二步运算，即通过折中天气、使用者等特殊原因，给出折中后的数据报表；进而开始第二步的检测，反思是否完全掌握了建筑物各处的信息，若是，则完成统计；若否，则进入第三步运算，即在建筑的各个子环节分析细节燃煤量，进而继续自校、自验，直至通过，完成报表。尽管调查时间十分有限，但 16 个 Probe 项目调查的建筑均经过了至少三个步骤的检验，最终建立起了收集和分析数据的电力模型。

3. 制定评估流程

一个正式的 Probe 项目调查程序通常需要三个月，约 12 到 14 周，共有 10 个步骤，包括：①评估协商阶段；②问卷式调查；③第一次现场调查；④初期分析和报告草案；⑤第二次现场调查；⑥ BUS 公司用户调查；⑦能源调查；⑧压力测试；⑨ Probe 终期报告；⑩期刊报告发表。

（1）评估协商阶段（第 1 周）：咨询房东，公司管理，及物业、维修及维修部门，得到初步接触的机会；通常来说，现场调查不需要安排设计者跟随，以避免在观察过程中受到设计师的倾向性引导。

（2）问卷式调查（第 2—3 周）：基于背景描述，进行数据采集和情况调查。通过第一次访谈，初步发现用户需求和存在的一些问题。

（3）第一次现场调查（第 4 周）：通常需要和大楼项目经理、管理团队进行深入访谈和调查问卷填写，与工作人员进行座谈，调出具体的日常运营维护手册进行查看，记录监控设备的记录数据，携带必要的检测工具〔如电能表、测光表、温度（湿度）表、烟雾笔、照相机、录音笔等〕随时随地进行测量。

（4）初期分析和报告草案（第 4—7 周）：收集参观和访谈结束后的所有数据及信息，转译为可比较分析的数据格式文件，形成初步的数据库平台。在第二次调查之前，团队需要起草一份较为全面的调查报告，通常需要 4 周时间完成。

（5）第二次现场调查（第 8 周）：基于初期数据分析和调查报告，列出需要采取行动的问题清单和行动列表，并进一步同建筑物的甲方进行预约。这一步开始需要更多设备商的介入，比如请电工全程监督保障仪表读取的安全操作，或者请承包商回答关于设备功能的一些问题。

（6）BUS 公司用户调查（第 7—9 周）：一方面，对长期使用者进行问卷发放和调查；另一方面，针对特定人群展开二次调查，比如专家、学生等。通常需要获得 90% 及以上的回收率，因此，需要充分做好调查的前期工作，比如告知员工调查的日期，获得同使用者接触的许可批准等。数据录入通常在调查后一周内进行，并对统计结果的样本有效性进行检验。

（7）能源调查（第 3—12 周）：能源调查贯穿整个使用后评估的始终，通常在两次现场调查之间的能源监测最为密集。完善的能耗数据来源于多个方面，比如每月或每季度的发票、手动和现场仪表读数或者年报和统计报表等。

（8）压力测试（第 9—11 周）：主要针对建筑物的某些专门性能的测试，如漏风实验等。通常这些测试需要花费较多的时间，也会对用户形成干扰，所以对于公共建筑的压力测试一般选择在周日进行。

（9）Probe 终期报告（第 8—11 周）：最终形成的 Probe 报告一般有上万

字的主报告和一系列附件部分,包括建筑在性能、能耗和用户需求方面的评价,同时有能耗性能的可视化表达、综合住户调查报告,以及压力测试报告等。报告目的在于提供基础数据信息、提供比较验证和检查,以及记录信息和意见。

(10)期刊报告发表(第12—14周):每一篇单独建筑物的使用后评估报告发表不少于4000字,并在期刊公开发表。这可能会造成一些横向比较的紧张气氛,但是反过来也吸引了社会公众对于使用后评估的兴趣和认知。Probe是英国首次将建筑评估报告及建筑物名称发表在技术期刊的研究项目,在这之前,对知名建筑进行评估十分困难,并且具有相当多的风险。Probe项目的开创性贡献在于提供了一个更加公平而开放的平台,政府、行业和客户在了解了反馈的益处之后,逐步认可、接受并大力推广这一研究课题,以持续改进建筑设计及工业管理的相关内容。

4. 评估重点及反馈

1)空间性能表现

被调查建筑显示出各自在空间性能设计上独特的成功经验,但是也暴露出不少在性能使用上的通病,有些问题和后期的管理维护紧密相关。因此,项目团队根据初期反映出的内容,展开进一步程序化分析,包括:明确调查内容、发现问题通病、评价成功经验三个方面。研究显示,与建筑使用后性能紧密相关的空间使用的问题可以从以下几个主要方面展开反思。

(1)多用途使用与常规化空间设置的矛盾:当前建筑使用不仅是朝九晚五的规律,还包含了越来越广和多样的活动功能与灵活的使用方式。然而,建筑设计通常默认的是常规化的空间使用。这导致了建筑空间设施难以实时作出变更,以服务灵活性和多样性的需要。因此,在公共建筑中,空间性能的设施和技术需要充分考虑各种临时调整和负载的加大,以便能够在后台进行良好的服务。

(2)建筑设计中需要重视设备的易管理性:大型商务办公楼往往需要物业和建筑设备管理人员能够对设施进行及时的检查,并对出现的问题进行即时反馈。但是在大多数建筑中,建筑设备服务和环境控制系统的设置及布局往往欠缺对后期管理维护便捷性的考虑。比如植物位于偏僻狭窄的空间、终端和控制设备隐藏在非常不易操作的面板后面、电动车窗无法进入、灯具和传感探测器质量过低且不便维修等。而管理不善又容易导致居住者的不满,以及额外消耗的资源。因此,建筑师和工程师在策划和设计中就需要考虑设备的运营管理,并在系统集成设计和空间布局安排时给予充分重视,使之便于管理。

(3)设计施工需重视精细化建造:设计和施工过程中往往重视空间布局

和内容,而忽略了精细化的品质质量。比如,建筑外墙和外窗的密闭性能在几乎所有被调查的建筑中都没有得到足够的重视。但是在用户的反馈和使用后调查中,这却是影响空间性能和使用感受的一大要素。

(4)试运行周期短,需提供自校余地:很多实际项目在建成后的试运行周期过短,来不及发现问题并及时进行修正和调整,这也是建筑在正式投入使用后出现状况的一大原因。由于工期和诸多不可控的因素,试运行周期过短是很难避免的情况,因此,在策划和设计时,需要为建筑空间留出一定的供自调整和自校正的余地,以便及时应对可能出现的问题。

2)能耗性能表现

能源绩效评估是调查的重要组成部分,几乎所有的被调查建筑都宣称能源效率高。然而,调查研究显示,在策划、设计、施工和管理方面,能源方面的情况都远少于预期。其中,有少数建筑的能耗表现较好,但是也并不均衡,比如在照明和能源控制方面仍然有所欠缺。研究显示,大多数建筑,特别是对于设施水平要求较高的建筑,其能耗都比预期的要高出许多。并且,电脑房、餐厅和办公设备用房,能耗量比平均建筑空间高出了四分之一。

(1)通过分时分区提高能耗管理绩效:由于技术、管理和与控制相关的倾向,供暖、冷却、泵、风扇和照明的运行时间比设计者预期的要长得多。要提高绩效、效率、控制和管理,特别是在机械条件方面,需要采取主动式通风空调系统。而在很多节能建筑中,往往过于强调被动式通风,将空调系统妖魔化。实际上,通过良好的运营管理,一样可以达到节约能耗的目的。为此,需要提高分时分区的精细化管理水平,全面展开性能提升、质量控制和机制管理。

(2)将能耗要求纳入策划阶段:尽管后评估的目标是通过监测反馈和有效报告促进改进,但来自第三方物业管理的反馈表明,即使后评估调查结果显示出建筑的能耗水平较高,建筑物的业主也很少对此进行改进。更多情况下,建筑业主和地方政府更偏向于将使用后评估调查作为可信的数据来源,只有非常少的建筑根据评测结果作出调整。由此可以看出,基于经济成本、人力成本和时间成本等因素,指望通过使用后评估来改进当前建筑的性能是很难的,更多需要在前期策划和设计阶段就将使用后评估的经验纳入考虑。然而,通过比较使用后性能和策划初期阶段的指标,发现在策划和设计阶段中,很少见到关于能耗要求的明确说明。而实际上,在策划期间设定一个相对能耗标准,能够为设计团队提供指导,并构建各方利益主体对话和沟通的平台。因此,在策划和设计阶段,需要进一步改进关于能源性能方面定性及定量的要求。当然,标准的制定也并非简单依据现行规范或者普通水平,而是要根据建筑物的使用情况和特殊性能进行决策。比如,教学楼的直接照明需求超过办公类建筑，办公楼的持续照明时间往往长于其他类建筑。因此，对于照明能耗的指标也应当有所调整。

3）用户满意度表现

关于用户满意度的关注首先出现于 20 世纪 80 年代，当时发现一些慢性病与建筑空间相关（比如嗜睡，头痛，干眼和干嗓在白天出现，但在离开大楼后的一段时间便有所改善等）。这些慢性症状群体最常见于封闭式的空气调节系统所在处，所以人们将空调与健康紧密地联系一起。随着技术的进步，这些健康表征相关的环境问题已经在建筑物内部得到了很大的改善，但是，更多的能耗、管理、用户行为心理等方面的因素，往往并不被普通的用户调查所熟知。

建筑使用后评估中的用户调查区别于以往传统的用户调查。首先，每个建筑物都是针对更广泛的数据集进行基准测试，以提供与其他数据集进行比较的机会；其次，用户需求调查和技术能源研究相结合，以探讨设计和管理背景下建筑对于使用者行为的影响；最后，通过期刊发布每一栋建筑的翔实报告，以便于后续查阅和进一步比较验证。

面向用户的调查内容集中在两个方面：舒适度（夏季与冬季的温度和空气质量、照明、噪声和整体舒适度评分）和满意度（基于设计、需求、生产力和健康的评级）。每项调查涵盖 43 个变量，调查报告包括基本统计测试的基准和信息，并且可以根据需要对于单个建筑物或建筑群体进行性能的图示化表达。

在调查内容的精细化设置方面，团队采取了"异常报告"法，即关注那些让建筑空间满意度产生巨大差别的方面，而不是泛泛而谈建筑物的各个方面的表现。这样可以更好地便于后期的数据分析操作，也避免了调查者填写过于冗长的问卷带来的抗拒心理。比如，问卷不会提问"空间环境是否需要干净整洁"这样的众所周知答案的问题，但是会增加与健康和居住质量相关的问题。

研究指出，舒适度、健康和居住质量紧密相关，但却也很容易被十分细微的一些瑕疵破坏。因此，对空间环境品质的改善并不一定非要通过全面提升建筑性能标准，而是在和用户感受紧密相关联的某些方面进行恰当的管理，比如近些年来越来越多的噪声控制、机动车影响等。对于用户而言，让他们"满意"的重要程度超过了对环境的"优化"行为；而简单地改变不满意的地方，其起到的作用也大于花费巨大的设备性能提升工作。此外，调查发现，用户对于建筑物最不满意的地方往往源于其操作和设备的复杂性，因此可以看出，一个清晰、简单、明了的管理，以及信息反馈，能够让用户和业主感受到最大的被尊重。这也正是使用后评估从目标到方法程序，以及到评估重点内容等所一贯坚持的核心。

综上所述，和其他制造业及工业产品类似，建筑在完工后再进行调整的余地已然很少。这要求在前期策划时做好更多完善而深入的考虑。使用后评估的意义不仅仅在于反馈当前建筑的问题，更多是为同类的建筑未来在策划设计时提供有价值的参考。为此，在策划设计之初，需要结合已有的使用后评估经验，对构想方案作出适当的预评价和多情景比较。用户满意度、经济绩效和可持续性的改善三者之间不是相互冲突的，而是可以通过相互支持，形成"三重底线"，使得建筑在"前策划—后评估"的良性循环中不断完善。

3.3 建筑策划与后评估闭环流程

随着综合性、跨阶段、一体化咨询服务需求日益增强，职业建筑师的业务界定由以往的建筑设计向策划设计和评估运维两端延展，策划与评估逐步成为全过程咨询业务的重要环节。2019年3月15日，国家发展和改革委员会、住房和城乡建设部联合印发的《关于推进全过程工程咨询服务发展的指导意见》（发改投资规〔2019〕515号）又一次将全过程工程咨询和建筑师负责制推上舆论焦点，综合性、跨阶段、一体化工程咨询服务需求的日益增强使得职业建筑师业务范围由单一的设计逐步扩展为包括参与规划、提出策划、完成设计、监督施工、指导运维、更新改造和辅助拆除在内的七个环节，这与《国际建筑师协会建筑师职业实践政策推荐导则》中规定的建筑师应提供的服务描述基本一致，是我国建筑设计行业与国际接轨的重要动作。在此背景下推行"前策划—后评估"闭环机制研究，是提升我国建筑师职业素养能力的必然趋势。

"前策划—后评估"中的"前策划"指的是"策划先行"，即指在建筑设计开始前，建筑师基于实态调查而不依赖于经验和规范完成总体规划目标设定的过程，它是指以追求建设合理性为目标，对任务书和设计要求进行清晰而有逻辑的界定过程。"后评估"强调的是在建筑建成并投入使用一段时间后，对建筑本身与使用者日常使用情况所做的调查分析，一般是通过收集使用者对建成环境的评价数据并将数据与设计目标进行对比的方式，得出建成环境在满足使用群体需求方面的表现。在建筑创作全过程中，建筑策划的目的是对任务书进行较为清晰的界定，使用后评估则通过对投入使用一段时间的建筑状态进行跟进分析，并将其所得经验反馈到同类建筑设计策划流程中，由此形成了一个"反馈—改进—再反馈"的良性循环。

"前策划—后评估"闭环机制对于帮助建立科学化设计方法、完善建筑设计流程、修订现有标准、指导未来设计、最终实现以人为本的城市发展目标具有重要意义。建筑策划指导建筑实践，使用后评估是对建筑实践的评估，其实也是对策划结果的印证。研究策划内容和现实使用需求之间的契合程度构成了使用后评估的一大任务，而评估的结果又能指导未来策划，当该策划指导下的实践累积足够时，相应设计标准规范的出台修订又可进一步指导建筑使用后评估。至此，策划与评估之间高度整合，相互交织，一环铺就一环，不分彼此。从历史发展上来说，建筑策划与使用后评估的出现都根植于对二战后恢复期如雨后春笋一般涌现的建筑新理念和大量兴建的建筑与城市的反思，两者都以追求设计方法科学化为目标，相辅相成、密不可分。在我国建筑行业面临由"量"向"质"转变、以建筑师为主导对项目进行把控的趋势逐步增强的当下，策划与评估闭环结构信息共享的优势更为明显。通过使用后评估探讨项目策划环节有效性，评判其设计环节完成度，检验其运维环节完整性，并将其综合反馈至策划阶段，可以帮助建立项目数据库、完善项目建设流程、促进行业标准修订。前策划后评估闭环的形成有助于完善整个建筑设计与规划科学程序，对于我国当下建筑师负责制的推进有着重要意义，两者应当紧密结合，贯穿设计始终。

"前策划—后评估"闭环逻辑包含两个层面：第一个层面是后评估对前策划的内在响应，针对使用效果力求形成一个前馈机制；第二个层面是后评估数据和结论对前策划具有重要的指导意义，是前期策划决策重要数据源，因此从因果逻辑上实现前策划向后评估的数据贯通具有现实意义。

建筑策划和使用后评估为建筑师顺利开展设计决策提供了科学方法论和操作工具，根据目前我国城市建筑发展需求，建筑策划与使用后评估研究本身仍然有长足的发展需求，包括但不限于：针对复杂建筑策划尚无有效的智能化决策工具的问题，构建智能策划复杂决策理论体系；针对建筑使用后评估的空间绩效与人体感知数据缺乏关联、感知数据获取难的问题，研发使用后评估主客观数据间耦合技术；针对设计与数据转换机制不明确、全寿期设计无衔接的问题，研发建筑全寿期智慧化整合设计工具和方法；针对前策划与后评估内在映射机制不明确的问题，研发贯穿前策划—后评估的智慧管控与全寿期前馈推演技术；针对设计任务制定依赖经验、特征与分类不清晰的问题，研发建筑工程前策划—后评估智能技术集成示范应用技术等。

思考题与练习题

1. 请思考，怎样理解建筑策划的内容和步骤是一个科学逻辑不断推演的过程，但又是一个开放的系统？

2. 请思考，建筑策划的内容和步骤怎样响应了我国城镇化发展进程？随着人居环境的发展需要，建筑策划怎样实现不断发展和创新？

主要参考文献

[1] 庄惟敏.建筑策划导论[M].北京：中国水利水电出版社，2001.
[2] 中国大百科全书总编辑委员会本卷编辑委员会，中国大百科全书出版社编辑部.中国大百科全书：建筑　园林　城市规划[M].北京：中国大百科全书出版社，1988.
[3] 庄惟敏.建筑策划与设计[M].北京：中国建筑工业出版社，2016.

第4章 建筑策划的技术方法

方法篇

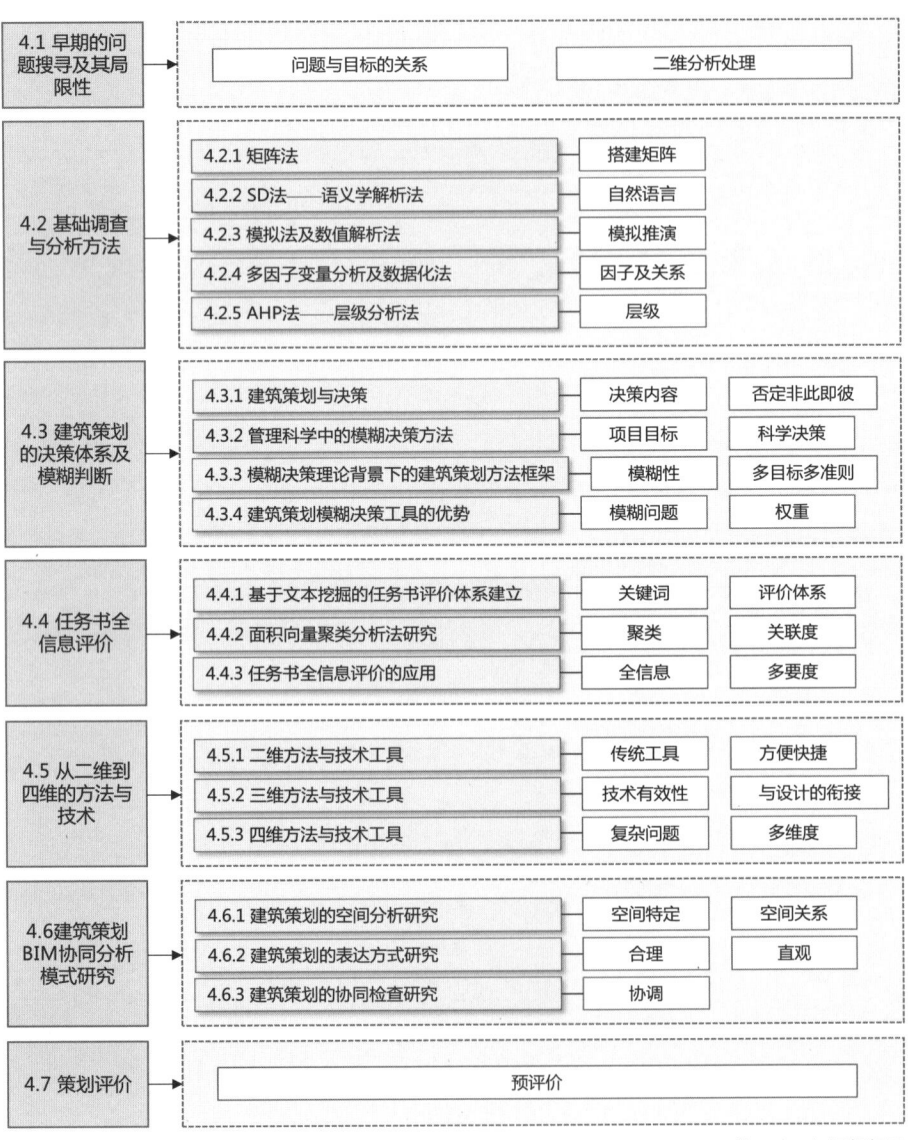

第4章 知识框架图

4.1 早期的问题搜寻及其局限性[1]

由威廉·M.佩纳等人于1969年首次出版的建筑策划专著《问题搜寻：建筑策划初步》[2]（*Problem Seeking：An Architectural Programming Primer*，1969）一书，包含了对建筑策划早期基本方法的介绍说明。该书至今已出版至第四版，是对建筑策划作为完整的系统方法的全面而细致的论述。书中包含了诸多建筑策划的第一代方法技术，可以笼统以"早期的问题搜寻方法"概括，其对后来的建筑策划实践及新方法的产生和发展都有重大的影响，并奠定了建筑策划初期的基本技术路线，即发散地进行问题的搜寻、分析，并给出问题的界定和陈述，而将问题的综合解决留给下一步建筑师在设计中去执行。事实上，威廉·M.佩纳的这种将策划与设计严格分离的做法，在后来几代建筑策划学者的研究中被逐渐修正与更新，策划与设计的交接变得越来越紧密，直至互相咬合、互相渗透的关系。《问题搜寻：建筑策划初步》一书中包含的方法均由建筑策划团队在实践中总结发展而来，一些方法至今仍然在建筑策划过程中被广泛使用，例如棕色纸幕墙法（Preparation of Brown Sheets）、调查问卷法（Questionnaires）、卡片分析法（The Analysis Card Technique）等。书中所提及其他的一些策划方法，如数据管理（Data Management）和评估（Evaluation），现已经发展为在计算机技术辅助下完成。

棕色纸幕墙法（Preparation of Brown Sheets）：棕色纸幕墙法由于最早使用传统棕色纸悬挂粘贴在墙上作为背景而得名。建筑策划师将棕色纸挂在墙上，在纸上用不同大小的白色方块图形表示各个功能所需要的面积大小，以此方式反映建筑项目的空间需求，其目的是在建筑策划师与业主的交流会议过程中实时反映面积要求并按照预定原则进行空间分配。棕色纸幕墙上的每一块面积都表示该建筑项目已确定下来的有明确功能用途的面积需求，通过建筑策划师的引导协助业主客观地表达对功能问题的构想。棕色纸幕墙使得业主、使用者及公众可以最直观形象地了解到不同功能空间的面积比例，是建筑策划师与业主进行沟通的有效手段。另外，建筑策划师还可以在工作和讨论中利用棕色纸幕墙上不断修正的白色方块商讨面积的分配方式。图4-1是建筑策划师以棕色纸幕墙法进行面积分配的场景照片。

在计算机技术尚未普及的年代，利用棕色纸幕墙法能够实现不同部门、不同机构及不同项目相关者的沟通，建筑策划师以棕色纸幕墙的可视化对复杂项目的面积分配进行反复梳理和修正，通过对棕色纸幕墙上的内容定期复制，也可供建筑策划团队进行展示和讨论使用。今天建筑策划师在计算机上通过框图和分析图进行面积分配过程的梳理，生成可视化的面积分配图用

---

[1] PENA W M, PARSHALL S A. Problem Seeking[M]. New York：John Wiley & Sons Inc.，2001：20.
[2] 王晓京将其翻译为《建筑项目策划指导手册——问题探查》，原著第四版由中国建筑工业出版社于2010年出版。

图 4-1 建筑策划工作中的棕色纸幕墙法
（图片来源：威廉·M. 佩纳，史蒂文·A. 帕歇尔. 建筑项目策划指导手册：问题探查（原著第四版）[M]. 王晓京，译. 北京：中国建筑工业出版社，2010.）

于同项目相关者沟通，其追本溯源都可以回到棕色纸幕墙法上。图 4-2 是用计算机生成的面积分配框图，可以明显看出与图 4-1 中的棕色纸幕墙法类似。

棕色纸幕墙法可认为是将可视化的面积分析方法系统地应用于建筑策划领域的最早方法之一。在可视化方面，棕色纸幕墙法将众多调研信息在图面上建立起简洁高效的关联，从而协助建筑师对客观条件进行认知，梳理思维过程和决策过程；同时，棕色纸幕墙法作为最早构建起的建筑策划信息模型，协助策划过程中多主体的协作与沟通，即使在今天依然具有重要的借鉴价值。

调查问卷法：调查问卷法最早来源于社会学研究，是实态调查最常用的方法之一，在社会学领域广泛地应用于

学习中心
休斯敦，得克萨斯州

1998 年 8 月

中央服务区	1867.1m²
教室面积	1449m²

小教室 中等教室 大教室 1 大教室 2 贮藏间
$6 \times 83.6 = 501.6m^2$ $3 \times 148.6 = 445.8m^2$ $278.7m^2$ $167.2m^2$ $55.7m^2$

餐饮区	418.1m²

咖啡厅   厨房 $92.9m^2$ 贮藏间 $46.5m^2$
200 座位 $\times 1.3935 = 278.7m^2$

行政区	353m²
办公支持	74.3m²

■ 接待/休息 $18.6m^2$ 复印/供应区 $27.9m^2$ 打印站 $2 \times 4.6 = 9.2m^2$ 贮藏室 $18.6m^2$

会议室	278.7m²

小型会议室   中型会议室   大型会议室
$6 \times 13.935 = 83.61m^2$ $4 \times 27.87 = 111.48m^2$ $2 \times 41.805 = 83.61m^2$
......

总净面积	7692m²
总建筑效率	60%
总建筑面积	12 820m²

图 4-2 计算机生成的面积分配框图
（图片来源：威廉·M. 佩纳，史蒂文·A. 帕歇尔. 建筑项目策划指导手册：问题探查（原著第四版）[M]. 王晓京，译. 北京：中国建筑工业出版社，2010.）

信息的统计和判断，而这些信息的收集过程正是对应于建筑策划需要面对的问题搜寻与界定过程。调查问卷法通过前期针对特定人群设计问卷、发放回收问卷、统计问卷而得出有价值的问题和数据，一份有针对性的构思缜密的问卷能起到至关重要的作用。在问卷制定过程中，不仅需要考虑问卷所包含的内容——需要问哪些问题、得到哪些数据，而且要考虑问卷的发放对象和发放方式，得以从正确的人群那里得到正确的数据。例如，通过对使用者和业主的调查问卷，可以有效地反映出现有和将来的空间使用者的身份、喜好、空间需求及车辆需求，通过将所得数据按类汇总分析，可以得到相应的空间需求及应对策略。下面以某公司对员工进入创新型写字楼前后的看法和使用情况进行的问卷调查为例，通过该问卷可以对员工办公环境进行评估，进而提出可行的空间介入手段，对之后的写字楼环境设计具有帮助。[①]

调查问卷法的技术原理是基于统计学概念的，即以有限样本数的采集获得小数据，通过统计学方法的计算，而推导并获得相对精确的普适性的结论。在调查问卷法中，问卷问题的设计是关键，问题的逻辑性和其反映的目标是数据收集与验证的前提。在问卷设计之前建筑策划师需通过经验和预调研对问题进行分析与预测，问卷的有效性很大程度上取决于问卷设置的方向性，这是与大数据方法最大的不同之一。与之对应的大数据方法将在本章后文加以介绍。

卡片分析法：卡片分析法被用于记录项目信息，通过在小卡片上以图形的方式记录与项目相关的目标、事实、概念、需求及问题等。卡片采用较小的尺寸方便整理，每张卡片只表达一个想法或概念并以图形的方式呈现便于人们理解，卡片的比例与幻灯片相同便于之后转化为投影，向更大范围的人群汇报展示（图4-3）。卡片分析法的优势在于能够利用标题卡片、子标题卡片和内容卡片，以任意编组、分类、排序的方式在墙面上展示，加之图像信息的直观，方便与项目相关的人群迅速浏览并进行判断和决策，亦可随时根据需要增加或减少卡片。卡片分析方法是棕色纸幕墙法之外的另一种认知信息关联与构建建筑策划信息模型的方法。威廉·M.佩纳以"信息全面、直观图形、最少文字、易于理解、便于展示、卡片分类、鼓励制作、预先准备"概括总结了卡片制作的八点要求（图4-4）。

以棕色纸幕墙法、调查问卷法和卡片分析法为代表的早期建筑策划方法——问题搜寻，对今天的建筑策划工作仍有指导意义。时至今日，问卷调查、图表绘制、面积需求框图分析等仍然是建筑策划实践中最常使用的手段之一。另外，随着建筑项目的规模不断扩大、现代生活的进步使得建筑的功能进一步复杂化，越来越多新的功能和需求的出现，加之建筑

---

① 问卷来源：PREISER W F E, VISCHER J C. 建筑性能评价[M]. 汪晓霞，杨小东（鲁革），译. 庄惟敏，校审. 北京：机械工业出版社，2008.

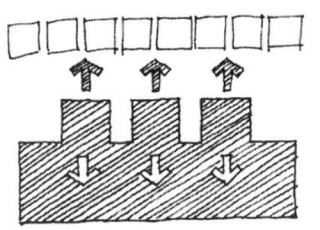

图 4-3 用于建筑策划分析的卡片
（图片来源：威廉·M. 佩纳，史蒂文·A. 帕歇尔 . 建筑项目策划指导手册：问题探查（原著第四版）[M]. 王晓京，译 . 北京：中国建筑工业出版社，2010.）

图 4-4 建筑策划中的卡片分析法
（图片来源：威廉·M. 佩纳，史蒂文·A. 帕歇尔 . 建筑项目策划指导手册：问题探查（原著第四版）[M]. 王晓京，译 . 北京：中国建筑工业出版社，2010.）

设计方法的发展与建筑技术的进步，使得早期的建筑策划方法已不足以适应今天的建筑策划工作。于是，近些年建筑策划学者不断探索，结合计算机技术的普及、数学工具的发展、决策理论的引入和大数据思想与方法的兴起，使得建筑策划方法有了更多的发展。在下面几节将会对这些方法进行逐一介绍。

4.2 基础调查与分析方法

4.2.1 矩阵法

建筑策划流程中的一个重要方面是收集和分析业主或使用者的组织结构、理念、工作流程和它们对应的空间功能关系，其目的是确定业主或使用者内部不同使用群体的相邻条件。矩阵法是一种对建筑空间功能关系进行分析的方法，通过构造相邻关系图、相关系数矩阵进而生成空间关系矩阵，以清晰明确地表达出各功能空间之间的联系紧密程度。

在进行建筑策划时，设计师可以使用问卷调查法对不同的群体进行调查，以了解不同群体和不同功能之间的相邻关系。相邻关系可以用相邻关系图记载，并以不同程度的描述（例如重要、想要、可要、无所谓）来衡量。

相关分析是测度事物间统计关系强弱的一种方法，旨在衡量变量之间相关程度的强弱，例如血压与年龄、子女身高与父母身高、高层建筑核心筒面积与标准层面积、建筑设备所占面积与总面积等。在建筑策划中，通过对相邻关系的统计和数据处理，可以得出不同功能空间的相关系数。相关系数的绝对值越接近 1，则表明两个要素之间的相关性越大。相关系数的计算可以使用 IBM 公司出品的 SPSS Statistics 数据统计与分析软件，如图 4-5 所示为通过对多个高层写字楼的各项空间指标调查后进行统计分析形成的各项功能空间的相关系数表，如实地反映了不同指标之间的线性关系。在本书第 4.2.4 节多因子变量分析中也将应用到相关系数的计算。

为了更清晰地表示出不同功能空间的相互关系，可以将问卷分析结果进一步表示为互动关系的矩阵。在矩阵中通过不同的符号以表示不同人群或具体规划设计区域之间的相邻关系。图 4-6 为清华科技园区的空间关系矩阵，利用这种方法清晰地呈现空间的功能联系，以便建筑师在之后的空间布局中做进一步的设计，避免功能不合理导致使用上存在缺陷。

相关系数	标准层建筑面积	净高	层高	客梯数	标准层进深	标准层男厕数	标准层女厕数	核心筒建筑面积	核心筒和走道建筑面积
标准层建筑面积	—	0.163 0 (93)	−0.040 0 (20)	0.286 3 (100)	0.654 5 (12)	0.523 1 (14)	0.503 9 (13)	0.740 6 (14)	0.835 1 (12)
净高	0.163 0 (93)	—	0.449 7 (15)	−0.026 (112)	0.484 2 (11)	0.159 2 (12)	0.162 8 (10)	0.224 1 (11)	0.523 8 (9)
层高	−0.040 0 (20)	0.449 7 (15)	—	−0.010 2 (19)	0.268 1 (12)	0.632 1 (13)	0.516 6 (13)	0.411 8 (14)	0.428 4 (12)
客梯数	0.286 3 (100)	−0.026 (112)	−0.010 2 (19)	—	−0.418 9 (13)	−0.154 8 (15)	−0.174 8 (13)	0.151 3 (14)	−0.000 5 (12)
标准层进深	0.654 5 (12)	0.484 2 (11)	0.268 1 (12)	−0.418 9 (13)	—	0.392 1 (12)	0.262 4 (11)	0.206 3 (12)	0.421 9 (10)
标准层男厕数	0.523 1 (14)	0.159 2 (12)	0.632 1 (13)	−0.154 8 (15)	0.392 1 (12)	—	0.912 4 (13)	0.614 6 (13)	0.557 1 (11)
标准层女厕数	0.503 9 (13)	0.162 8 (10)	0.516 6 (13)	−0.174 8 (13)	0.262 4 (11)	0.912 4 (13)	—	0.481 7 (13)	0.450 3 (11)
核心筒建筑面积	0.740 6 (14)	0.224 1 (11)	0.411 8 (14)	0.151 3 (14)	0.206 3 (12)	0.614 6 (13)	0.481 7 (13)	—	0.983 5 (12)
核心筒和走道建筑面积	0.835 1 (12)	0.523 8 (9)	0.428 4 (12)	−0.000 5 (12)	0.421 9 (10)	0.557 1 (11)	0.450 3 (11)	0.983 5 (12)	—

图 4-5　高层写字楼标准层各功能空间相关系数
（图片来源：引自清华建筑设计研究院有限公司在清华科技园高层写字楼项目的策划报告）

4.2.2　SD 法——语义学解析法

SD 法是 Semantic Differential 法的略称，是 C.E. 奥斯顾德 1957 年作为一种心理测定的方法而提出的。从字面上讲，SD 法是指语义学的解析方法，即运用语义学中"言语"为尺度进行心理实验，通过对各既定尺度的分析，

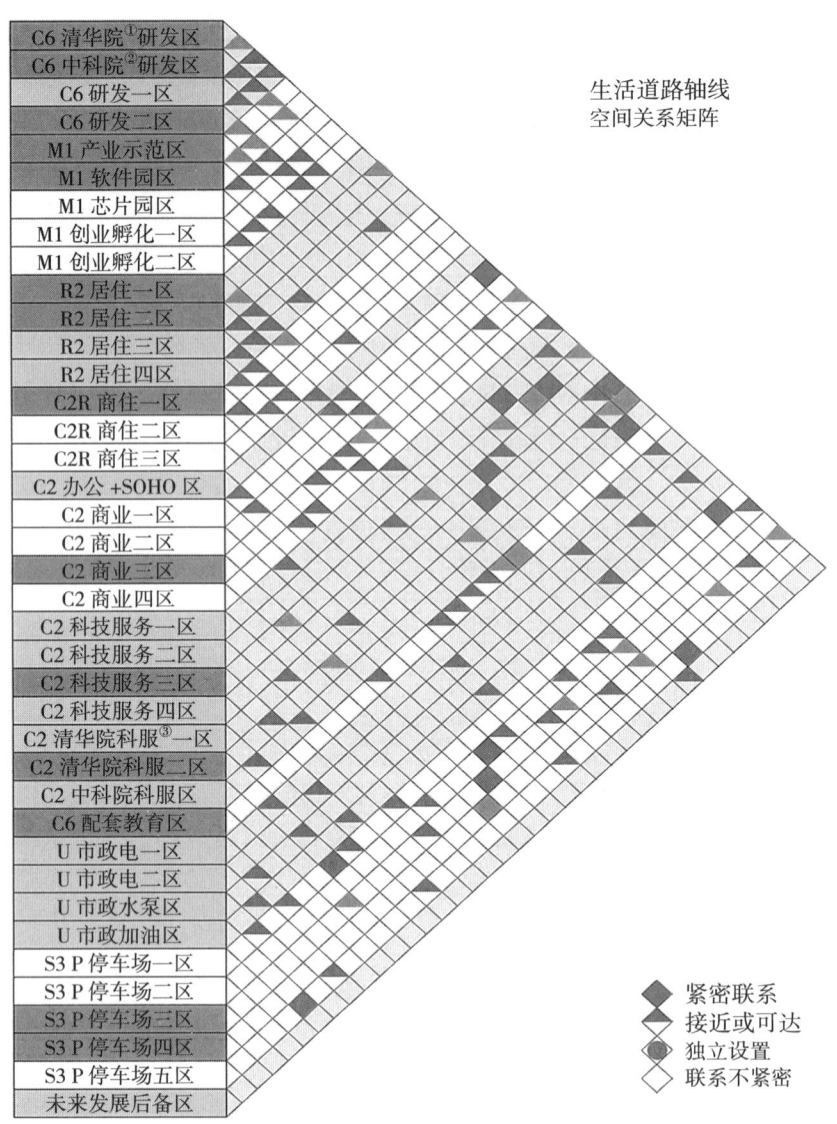

图 4-6 清华科技园区空间关系矩阵
（图片来源：引自清华建筑设计研究院有限公司在清华科技园高层写字楼项目的策划报告）
注：①图中代指清华建筑设计研究院有限公司；②图中代指中国科学院；③图中代指科技服务。

定量地描述研究对象的概念和构造。这本书刚一出版就引起了人们的关注，SD 法在短短的时间内得到了普及。可是，目前 SD 法在心理学等相关领域却慢慢被人们忽略了，而在建筑领域、室内工程、商品开发、市场调查等领域却备受青睐。在日本，以小木曾定彰和乾正雄《SD 语义学解析法评价建筑色彩》(《SD 意味微分法による建筑物の色彩效果の测定》) 为例，运用 SD 法研究建筑空间和色彩等课题已发展到了炉火纯青的地步。此后，建筑策划领域里 SD 法的应用实例也不断增加。但是，以建筑空间为对象进行心理评定的 SD 法与前述的实验心理学的 SD 法却有若干差异，这是由于对不同的对象进行心理评定的相关因子不同而造成的，两个领域尽管研究对象不同，但方法的本质是相同的。SD 法已成为建筑和城市空间环境相关心理量主观评价（如偏好性等）定量分析和评定的基本方法之一。

对于建筑和城市空间为对象的 SD 法，可以概括为：研究空间中的被验者对该目标空间的各环境氛围特征的心理反应（如偏好性），对这些心理反应拟定出"建筑语义"上的尺度，而后对所有尺度的描述参量进行评定分析，定量地描述出目标空间的概念和构造。

一般说来，这种行为与平面、意识及空间相对应的心理和生理反应，仅从外部进行客观的观察是困难的。通常我们可以通过直接采访或询问被验者而获得。这种信息的摄取方法可以有许多种，可依据调查研究的目的来选择。

SD 法研究人对空间的体验并对体验的心理和生理反应加以测定，其研究的对象可以是空间的全体，也可以是空间的一部分，例如对"剧场观众厅色彩"的研究等。最初"语义"上尺度的拟定是任意的，建筑师根据目标空间的特性及建筑策划的目的和内容，运用建筑语言加以设定。获得空间氛围特征的心理、物理参量后，运用数学和统计学的多因子变量分析法进行整理，如果针对目标空间所拟定的描述项目为 n，则三维物理空间的氛围特征就可以用空间环境的 n 维心理量和物理量加以定量地描述。

SD 法操作要点归结如下：

1. 基本程序（图 4-7）

（1）实验的准备：空间环境信息量、相关因子轴的设定，以及因子轴构成的代表尺度的设定。

（2）实验的运行：寻求代表尺度的评价值，确定各因子轴的对应数值。

2. 评定的尺度

SD 法相关因子轴的设定和评价尺度的设定就是我们前面提到的"操作概念"的设定。通俗地讲就是建筑师根据空间环境的特征和研究目标，运用建筑学的概念和语汇对空间环境的相关信息进行语义学的描述和修辞的过程，即描述空间环境"形容词"的设定过程。

有趣的是这一过程可以从《意大利游记》《欧洲游记》中对建筑空间的生动描述中获得灵感。将研究对象或空间的照片展示给人们，以收集人们由此而联想起的描述空间的形容词。显而易见，不同人的不同的联想，甚至截然相反的联想是必然存在的。

因此，形容词的设定一般为成对的正、反义。如图 4-8 所示为 SD 法评定尺度的设定。评定尺度的设定是根据"二级性"（Bi-polar）原理进行的，

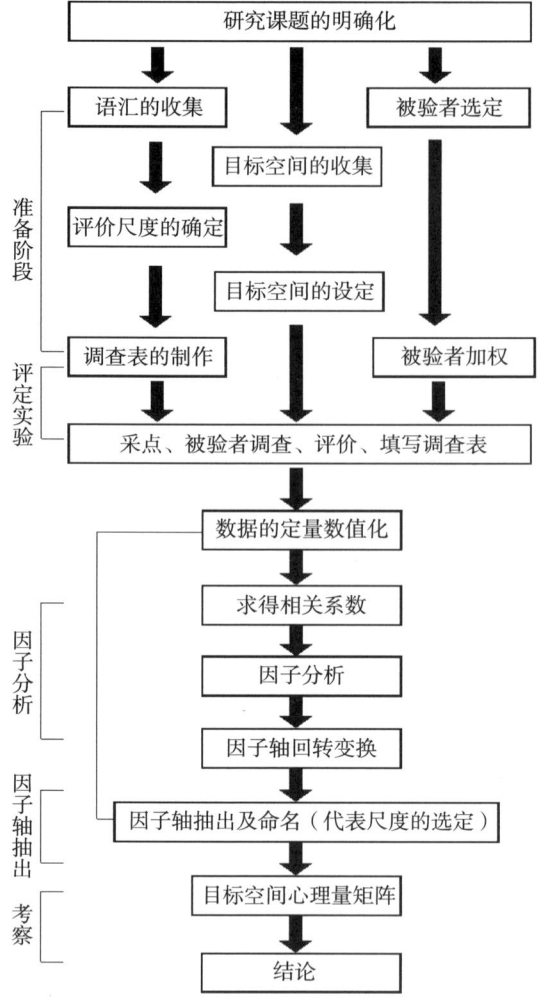

图 4-7 SD 法的基本程序
（图片来源：参考日本作者船越彻的《多因子变量分析》
第 66 页改绘）

在这一过程中要注意避免那些过于牵强的形容词对的选择和不常用语汇的使用。在级段制定时，应避免以 0 为中点的非对称尺度的出现。当评定尺度的级段少于五级时，评价的精度将会降低。但单方面追求精度会使因子分析数据处理量增加很多，一般经验认为评定尺度以五~七级、形容词以二十~

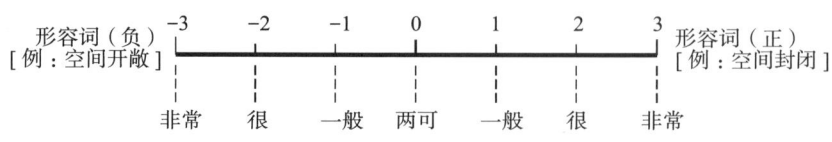

图 4-8 SD 法评定尺度的设定
（图片来源：参考日本作者船越彻的《多因子变量分析》第 66 页改绘）

四十对为宜，这样基本上可以对目标空间进行较为全面、客观且可操作的描述和评价了。随着大数据方法和计算机统计工具的发展，通过互联网大数据检索提取海量形容词进行语义评定已经应用于建筑策划领域，但本质上仍然是 SD 法的发展。

在评定尺度设定完成后，调查表即可制成（图 4-9）。具体制表方法我们将在本书第 3.1 节建筑策划步骤的展开中详细论述。

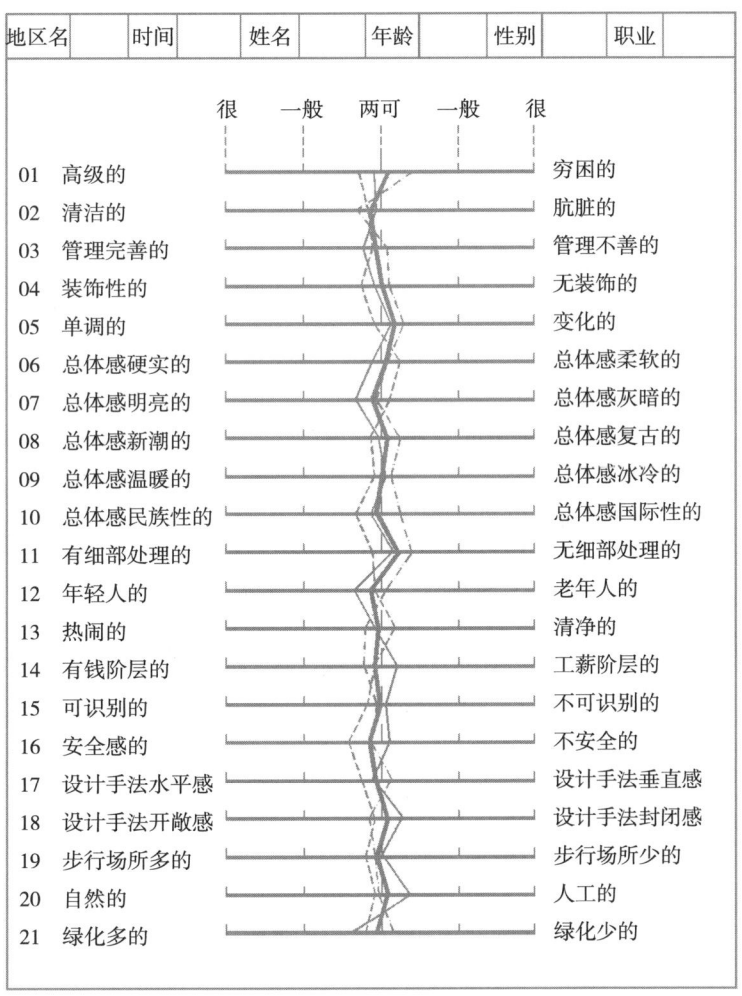

图 4-9 SD 法调查表例
（图片来源：引自《多摩新城居住区空间调查分析报告》）

3. 被验者

被验者即 SD 法的调查对象。通常包括男、女、老、幼全组分的人群。考虑到加权及概率分布规律，通常选取 20~50 人为宜。为了便于数据的处理和结果的分析，一般又将被验人群分为年龄组、性别组、专家组及非专家组等。但是也要看到这种基于建筑语汇描述空间环境的相关量的调查对于一般非建筑专业的被验者来讲，在对空间环境的描述和理解上是有一定难度的。考虑到由此而可能产生的判断上的误差，因此调查的同时，建筑师应加强民众化的意识，并努力提高全社会建筑美学的素养，必要时进行不同组分的权重值计算。

4. 评定实验

在评定实验中，最重要的一点是建筑师向被验者展示目标空间的方法，即引导被验者对目标空间进行体验和描述。通常可以通过对目标空间拍摄照片、幻灯片、录像等手段对目标空间加以记录。在对如地坪标高、天花高度等项目进行实测时，亦可制作空间模型，必要时应对模型材料的质感和精度加以说明。在建筑师向被验者展示目标空间的过程中，应注意训练被验者通过对模型和照片的观察想象实际空间的能力。

建筑师在这里要指导被验者掌握评定尺度，向被验者解释描述目标空间的各物理、心理量的含义及完成调查表的方法。调查表完成之后，要将各调查表中偏差最大的值去掉，而后将所有表格绘出曲线，排列在一起，运用计算机相关程序（参见第4.2.4节中论述）即可便捷地求出它们的平均值，如图4-9中的粗线。这条曲线即是该目标空间的物理量、心理量评价的平均变化曲线。此后，就可以以此对所收集的数据进行因子分析了。

5. 因子分析

因子分析是将调查表的数据，运用计算机进行多因子变量分析的过程，是目标空间全方位的操作。其具体方法我们将在本书第4.2.4节中详细论述。

6. 因子轴的抽出

通过因子分析的结果，可以列出因子负荷量表（图4-10）。以因子负荷量的大小顺序排列，而后考察因子轴构成的尺度，并加以命名，选定代表尺度。横轴代表目标空间，将代表尺度的各因子值计入，即可得到空间环境的心理量和物理量的相关矩阵。从矩阵的分布可以对目标空间的n次元心理、物理量进行评价。

SD法在建筑策划中用于目标的确定，性质规模（广义空间概念）的确定，内外部条件的调查——社会环境、自然环境、景观、空间物理心理量的分析，空间的构想——动线、空间比例、空间形式等环节的设定，为最终建筑策划报告书的完成做了理论和技术的准备。SD法的具体应用实例，可参见本书第4.2.2、4.2.4节的相关介绍。

相关因子	平均值	因子负荷量					
		Ⅰ	Ⅱ	Ⅲ	Ⅳ	Ⅴ	Ⅵ
03 管理完善的	2.400	0.817	−0.121	0.042	−0.113	−0.013	0.099
04 装饰性的	2.330	0.656	−0.083	0.089	−0.133	0.160	0.220
09 总体感温暖的	3.030	0.561	−0.389	0.122	−0.227	0.149	0.125
08 总体感新潮的	2.420	0.485	0.271	0.049	−0.315	−0.253	0.302
01 高级的	2.850	0.479	0.097	0.402	0.265	0.147	0.192
02 清洁的	2.790	0.393	0.263	0.315	0.081	0.312	0.217
19 步行场所多的	2.210	0.389	0.277	0.087	0.140	−0.213	0.053
10 总体感民族性的	2.620	−0.009	0.784	−0.025	−0.024	−0.043	0.145
21 绿化多的	2.670	0.135	0.766	0.229	0.013	0.096	0.046
20 自然的	2.850	−0.209	0.739	−0.100	0.207	0.089	−0.098
07 总体感明亮的	3.210	0.028	−0.723	−0.163	0.031	0.041	0.083
12 年轻人的	2.550	0.069	0.425	−0.416	0.096	−0.157	−0.024
17 设计手法水平感	3.540	−0.143	−0.207	−0.701	−0.001	−0.062	0.022
06 总体感硬实的	2.880	−0.089	0.029	0.685	−0.174	−0.063	0.272
05 单调的	3.140	0.126	0.004	0.098	−0.776	0.039	0.064
13 热闹的	2.570	0.229	−0.304	0.008	−0.608	0.103	−0.034
14 有钱阶层的	2.800	0.114	0.146	0.074	−0.236	0.532	0.216
15 可识别的	3.010	0.371	0.014	0.190	0.064	0.045	0.593
18 设计手法开敞感	2.820	0.230	0.018	0.403	−0.166	0.272	0.525
11 有细部处理的	3.530	−0.238	0.054	−0.218	0.012	−0.037	−0.163
16 安全感的	3.030	0.185	−0.087	−0.010	−0.316	0.046	0.390

图 4-10 住宅区外部环境评价的因子负荷量
（图片来源：引自《多摩新城居住区空间调查分析报告》）

4.2.3 模拟法及数值解析法

建筑策划在确定复杂的前提条件、评价建筑设计构想等方面，由于涉及的范围和因素越来越广，所以建筑策划的实际工作也就越来越繁重和复杂。现实中进行逐一详尽的、直接的调查已变得越来越不可行，而且如此庞大的工作量，其经费问题也会令建筑师和业主挠头。鉴于这种情形，以与现实目标相仿的模拟空间作为研究对象，模拟实态环境、进行实验和数据分析的"模拟法"应运而生。

模拟法是用模型对实态事相、环境、空间进行模拟，并通过对模拟环境空间的分析来演绎和归纳现实环境和空间的方法。模拟的方法可以分为物理模型模拟法和理论模型模拟法。

物理模型模拟法可分为两种，一是通过运用简单材料，对环境空间的物理形态按比例缩小而建立起来的在特定方位上类似于真实目标的具象模型；二是运用计算机进行虚拟空间（Cyber Space）的描述，在屏幕上显示目标的三维虚拟图像。对这些小比尺模型或计算机虚拟的空间图像进行分析研究。这种方法比较感性且直观，但逻辑性和说明性较差。

理论模型模拟法，是模拟法的核心。它是运用数学公式、流程图、框图等逻辑数理模型对实态环境、空间进行描述和分析的方法。理论模型模拟法的关键是将目标空间及环境"数式化"的过程，对数式进行解析而获得的一般解，即为理论模型的模拟分析结果。尽管理论模型模拟法具有抽象性和普遍性，但由于建筑条件的复杂性，其中人文、自然等因素的交错盘结，非一般数学公式所能模拟，所以数式的模拟是有特定范围的。

很久以来已为建筑师们广泛运用的流程图和框图是另一种理论模拟的方式。它将人、物、环境的特性变化、运动流线、活动的前后顺序抽象出来，以框图、符号等通过图像加以模型化。这种图式的模型对建筑设计前期条件的分析、目标确定的研究、空间环境各物理量、心理量的相互制约关系及特性进行逻辑的表述有其独到的优越性，在建筑策划中有广泛的使用前景（图4-11）。

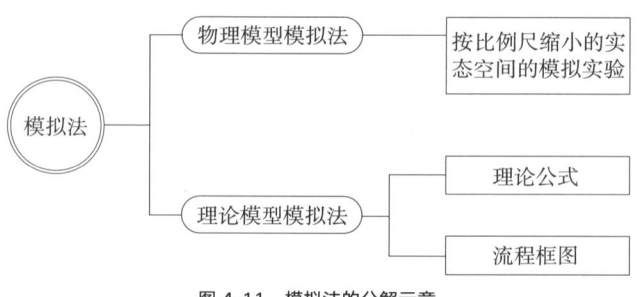

图 4-11　模拟法的分解示意

理论模型模拟法的运用在解析过程中会产生许多离散的解，对这些离散解的处理方法就是我们所说的数值解析法。计算机的运用使处理巨大而庞杂的理论模拟的离散现象成为可能，这也为建筑策划达到目标做好了技术准备。

作为技术手段，模拟法运用于建筑策划中主要是用来对建筑策划的相关信息、空间构想中的空间评价及空间品质进行预测。这种预测又分为静态预测作业和动态预测作业，所谓静态预测是指在以某一实态空间环境为目标的理论模拟的模型中，标量（Scalar）或矢量（Vector）能够被确定，而在此基础上进行的预测；所谓动态预测是指在上述过程中再加入时间变量和场所变量，而形成全方位的预测。模拟法是实现对现象的模拟，除静态的以外，大部分是动态的，这种动态的模拟预测对建筑策划的内外部条件的确定、建筑策划空间构想的评价等有重要的意义（图4-12）。

首先，对于建筑策划的内外部条件的确定。以公共建筑为例，调查确定目标空间中非特定的多数使用者，预测其人口规模、特性、使用方式等，动态的模拟预测是基本的方法。其次，用地环境的条件、由潜在使用者到具体使用者发展的推测、进而若干年后的变化预测等，各种各样的外因和人口学等一系列复杂因素等也只有通过动态预测才能进行正确的分析。最后，在城市建筑环境的调查中理论模拟法也经常被采用，而且往往是数学表达式和框图法同时并用，图4-13即为通过框图法来表达城市人口预测的模型，而图4-14是建筑空间内卫生设备使用时间通过调研和大量数据的计算机拟合后形成的函数图像，其所表达的函数公式即为数学表达式的模拟法。

对于建筑策划案中的评价环节，使用者行为的预测是一个重大的课题。其涉及的范围从活动方式、对各类家具设施和设备的使用行为到使用区域中使用者的分布状态，亦即从家具、室内空间、建筑单体直至城市空间广阔的领域。

对于建筑空间中家具、设备等的策划构想和评价，是与行为科学相联系并以行为科学为依据的。为进行这一评价，首先要将使用者的使用行为进行模拟，而这个模拟过程则应运用行为科学的原理进行模型的组建，为使用行为的预测评价提供资料。

在建筑空间的构想方面，对动线的策划评价是最普遍的。对常时及非常时交通工具器械的使用及人类的运动方式特征加以模拟，通过与人的活动相关的动态资料进行动线策划和评价。通常所说的"与人的活动相关的动态资料"的获得，是由对建成环境中人的活动，以及人与建筑的各相关量的调查而得来的。这是由于待策划的建设项目尚不具有实态空间具象形态作实态调查的条件，这对物理和理论模型的建立造成了一定的盲目性。而与建成环境的既有建筑相对应，则有利于较直观地建立起模型，而且其品质的评价也可以在对应目标环境的条件下，不断反馈、修正而使其愈发逼近真实的目标空间。因此对实态空间的调查和模拟在模拟法中占有举足轻重的地位。模拟法进行空间实态的模拟，并通过模拟对建筑策划的空间构想进行评价，其关系框图如图4-12所示。

在这里我们可以举下面的例子来对理论模拟法的数学模型和框图的建立加以论述。

在建筑策划外部条件的确定中人口的预测是一项重要的工作。与人口动态有关的"来源变量""层次变量""职业变量""比率变量"的相关量是模

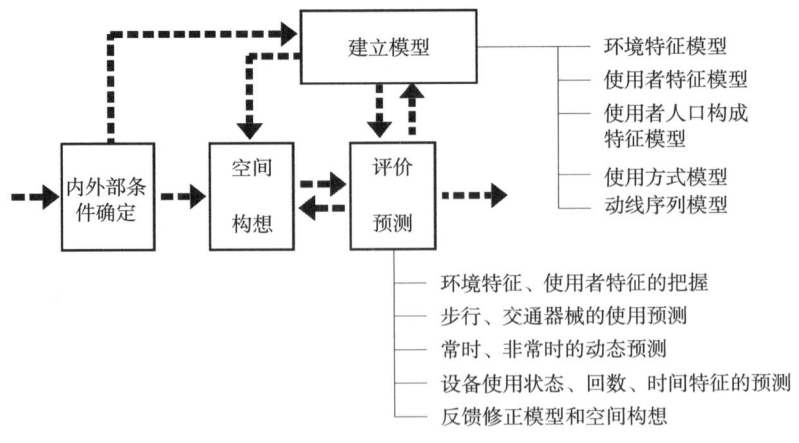

图 4-12 模拟法的关系框图

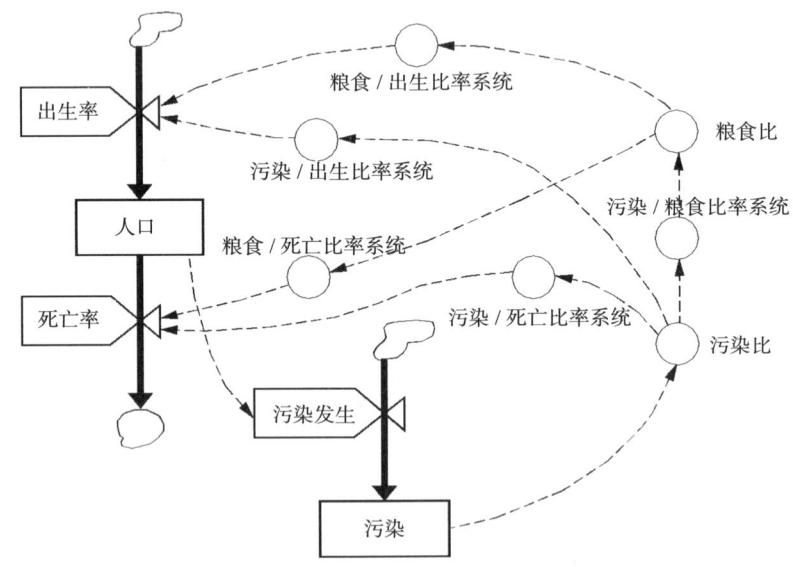

图 4-13 人口预测相关系统动态模式
(图片来源：参考日本作者茅阳一、森俊介的《社会システムの方法》第 46 页的图 3.11 改绘)

型建立的相关因子。"来源变量"是指人口的来源构成，"层次变量"是指某一参考标准时刻，男、女、儿童、青年、中年、老年等依性别或年龄划分的人口构成，"职业变量"是指以职业划分的人口构成，而"比率变量"则是指出生与死亡率比值的变化量。如图 4-13 所示，反映了人口预测相关系统动态模式。

在住宅区域内多元的因素中，从地域人工化开发、自然破坏的因素开始到住宅区域内人口的死亡，各项因素间通过实态调查分析可得出相关图式，加入时间参考量即可得到整个系统按时间变化的相关轨迹，人口变化的预测即一目了然了。

其次就是通过对区域内设施使用状态的模拟预测，以此辅助建筑策划方案的评价。下面是以建筑空间内的卫生设备的使用状况目标进行模拟预测的一个例子。

假设使用设备为一只盥洗盆和两只恭桶。模拟分析的相关数据包括使用时间的间隔分布，使用者到达时间的间隔分布。这两个数据即可描述设备使用纯过程（所谓纯过程是指使用者从到达、等待设备腾空到使用完毕的过程）的全方位状态特征。

首先，利用计算机按被验使用者的序号，对使用者到达时间和使用时间进行随机的记录，通过对既往实态的纯过程的观察和测定，使用时间的理论分布很容易推算出来（图4-14）。将使用时间的理论分布用转迹线的圆盘刻度表示。使用频率高密集的段，则刻度间隔较大，反之使用频率低密集的段刻度间隔较小（图4-15）。对于这个转迹线，当每一个使用者的指针旋转一次，指针停止的位置即为该使用者使用时间的刻度。转迹线全周与指针随机停止的刻度成对应关系。可见其转迹线的刻度的疏密与图4-14坐标系的曲线是完全吻合的。

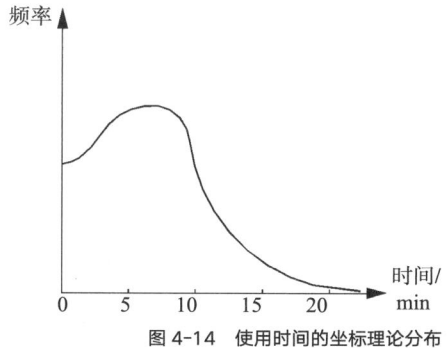

图4-14 使用时间的坐标理论分布

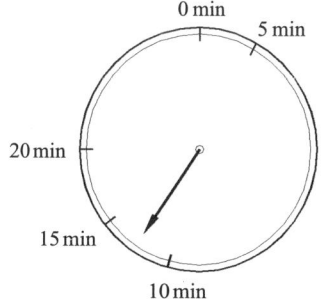

图4-15 使用时间的转迹线表示
（图片来源：参考日本作者服部岑生的《モデル分析》第180页的图2.3改绘）

如果将使用者顺序编号的话，根据这一结果，可以顺次求得1号使用者的到达时间和使用时间，2号使用者的到达时间和使用时间……将这些数据理论化地全程相连，即可得到如图4-16所示的设备（两台）使用状况实态图。

图4-16的实态图反映了设备使用的纯过程的理论模型。这是一个随时间推进的连续的离散型模型，是对设施使用的单一事件的记录。这种按时间的单位间隔连续记载而建立起来的模型称为连续型模型。这种连续型模型，可以用来模拟随时间推进的事件的顺序起落、关系复杂的不特定多数使用者的使用状况，以及包含设施性能发生变化时各相关因素变化的比率等实态，是设施和设备使用状态理论模拟的重要方法，也是建筑规范中设备设置标准的依据。

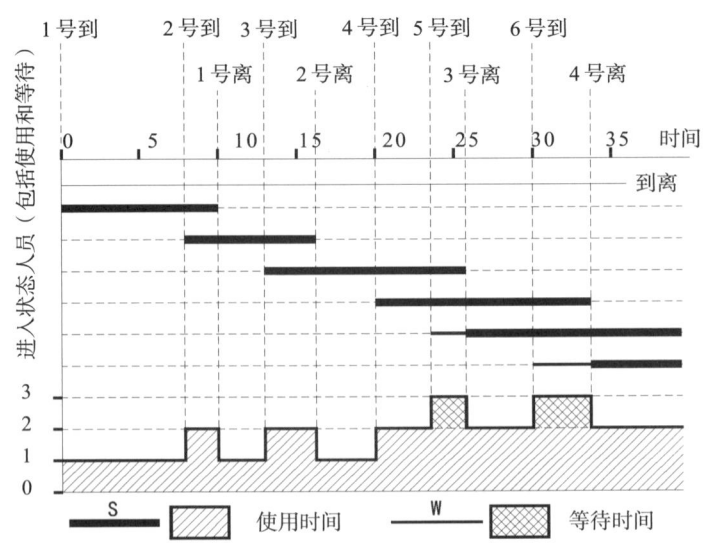

图 4-16　设备（两台）使用状况实态图
（图片来源：参考日本作者服部岑生的《モデル分析》第 180 页的图 2.3 改绘）

　　一般在单位时间内，对事件、使用者、设施等要素的运行状态进行随机确定，并描述全过程的连续型模拟法，对其模拟精度要进行必要的考证。将模型中的数据与既往数据加以对照，寻出不同数据点所对应的条件的差异，再反馈回来，对建立起的模型加以修正。此外，还要尽可能提高模型的抽象性和理论指导性。这也就指出了模拟法的两个对立面，一是对实态高感度的追求，二是对实态理论表述抽象性的追求。

　　一方面，寻求模拟法的高感度，要求模型对实态的内外条件、前后相关关系、流程及因果关系越直观越形象地表达越好，全程全方位地模拟以求得近似于实态的模型。另一方面，寻求抽象理论表述则要求强调模型的指导性，抓住主要矛盾，力求突出模型的特性，使模型更抽象，更具有普遍指导意义。一般来讲，模型愈是抽象就愈具有理论价值。一个优秀模型的建立，正是巧妙而完美地解决了这两个对立面的矛盾。

　　模拟法的意义在建筑策划中不可低估，它不仅在建筑策划的操作过程中提供了技术的手段，而且它还为建筑创作的一般方法提供了一种抽象概括的模式，它是建筑策划和设计方法论的重要组成之一。

4.2.4　多因子变量分析及数据化法

　　多因子变量分析及数据化法主要是对应于 SD 法（参见本书第 4.2.2 节），是对 SD 法中的相关因子进行数据处理分析的补充方法。

　　在建筑策划的研究中，通过各阶段、各方法获得的数据需进行分类处理，才能寻找出其间的联系，并正确反映实态空间及事件。因此研究多因子变量在数量和值域上潜在的个性、共性和相互关系是研究建筑策划方法论的关键。一般说来，少量的数据，在说明和解析空间及事件时很难全面、准确地反映出实态的全貌，因而多因子变量的数据处理多是大量的成组的操作。因子分析法正是研究大量相关数据、寻求其内在联系和规律性的逻辑法则，通过从大量的数据中抽取出潜在的、不直观的主要的影响因素，可以将不明确表达的主观偏好提取出来，亦可将复杂的多变量降维为几个综合因子。但这里所说的"大量数据"仍然不是我们今天所说的大数据，它依旧是以统计学为理论基础，以有限样本统计为前提，通过统计学的数理分析，寻找普适性结论的一种方法。这类方法在建筑及其他相关领域的运用已经有了很长的时间，但随着大数据的出现，人们开始对数据分析方法又有了新的认识。

因子分析法的目的是从大量的现象数据中，抽出潜在的共通因子即特性因子，通过对这些特性因子加以分析，从而得出全体数据所具有的结构，为以数据作为实态表述来反映目标空间的调查手段提供理论的依据。SD法中多数的"语汇尺度"的评定值是变量，从这些变量中抽出若干潜在的特性因子，为下一步寻找并抽出明确目标及概念结构的因子轴作准备。

因子的数据化法就是将因子的特性项目（Catalog）分类，将对这些特性项目的调查取样（Sample）加以收集，这一收集过程是按照"同类反应模式"（Pattern）进行的。而后在最小次元空间坐标系中求得因子的分布图，以此来研究数据的结构。

因子分析法是现代统计数学的基本方法之一。它的应用范围极广，在经济预算、商品销售、工业数据处理等方面都占有重要的位置。尽管所表述的目的不同，但原理和基本方法是相同的。

4.2.5 AHP法——层级分析法 [①]

层级分析法（Analytic Hierarchy Process，AHP），是一种通过将定性与定量相结合确定因子权重以进行科学决策的方法。层级分析法通过将与决策目标有关的因素分解成目标、准则、方案等层次，在此基础之上进行定性和定量分析。该方法是美国运筹学家匹兹堡大学教授萨蒂于20世纪70年代初，在为美国国防部研究"根据各个工业部门对国家福利的贡献大小而进行电力分配"课题时，应用网络系统理论和多目标综合评价方法，提出的一种层次

---

① 本节参考《高层写字楼建筑策划》（郑凌著，由机械工业出版社于2003年出版）和清华大学建筑设计研究院有限公司在清华科技园建筑策划案例编写。

权重决策分析方法。这种方法的特点是在对复杂的决策问题的本质、影响因素及其内在关系等进行深入分析的基础上,利用较少的定量信息使决策的思维过程数学化,从而为多目标、多准则或无结构特性的复杂决策问题提供简便的决策方法。层级分析法的基本思路与复杂决策问题的思维判断过程大体一致,尤其适合于对决策结果难以直接准确计量的场合。

层级分析法将决策问题包含的因素分层:最高层(解决问题的目标);中间层(实现总目标而采取的各种措施、必须考虑的准则等。也可称为策略层、约束层、准则层等);最底层(用于解决问题的各种措施、方案等)。把各种所要考虑的因素放在适当的层次内,用层次结构图清晰地表达这些因素的关系。层次分析法不仅适用于存在不确定性和主观信息的情况,还允许以合乎逻辑的方式运用经验、洞察力和直觉。这些优点使得其能够应用于建筑策划的方案评价中(图4-17)。

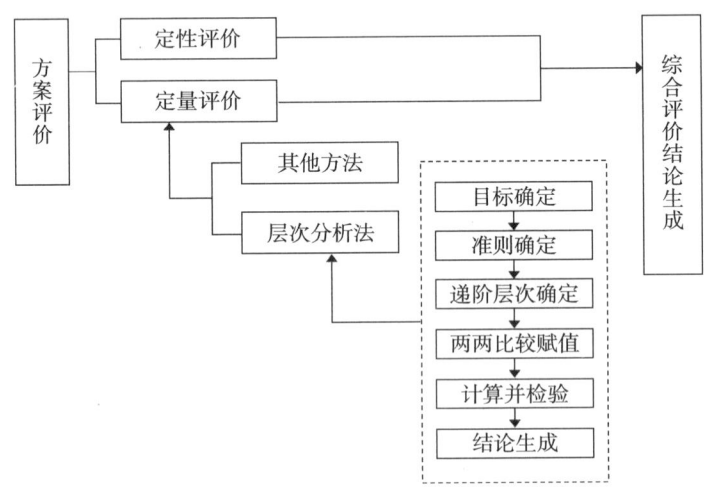

图 4-17 层级分析法应用于方案评价

层级分析法通常可以分为四个步骤。第一步建立层次结构模型。在深入分析实际问题的基础上,将有关的各个因素按照不同属性自上而下地分解成若干层次,同一层的诸因素从属于上一层的因素或对上层因素有影响,同时又支配下一层的因素或受到下层因素的作用。最上层为目标层,通常只有1个因素,是评价的核心目标或需要解决的问题。最下层通常为方案层或对象层,中间可以有一个或几个层次,通常为准则层或指标层。当准则过多时(譬如多于9个)应进一步分解出子准则层。第二步是构造成对比较矩阵。从层次结构模型的第二层开始,对于从属于(或影响)上一层每个因素的同一层诸因素,用成对比较法和1~9比较尺度构造成对比较矩阵,直到最下层。

第三步是进行权向量[①]的计算并做一致性检验。对于每一个成对比较矩阵，计算最大特征根及对应特征向量，利用一致性指标、随机一致性指标和一致性比率做一致性检验。若检验通过，特征向量（归一化后）即为权向量；若不通过，需重新构造成对比较矩阵。第四步是计算组合权向量并做组合一致性检验。计算最下层对目标的组合权向量，并根据公式做组合一致性检验，若检验通过，则可按照组合权向量表示的结果进行决策，否则需要重新考虑模型或重新构造那些一致性比率较大的成对比较矩阵。

层级分析法在建筑策划中通常用来对不同的方案进行定量评价，下面以某建筑项目的方案综合评价层级分析为例，说明其具体的计算方法。

首先建立层次结构模型。由于该研究旨在对不同的设计方案进行综合评价，以进行最优项目的选择与决策，因此其目标层即为"方案的综合评价"，而方案层为不同的三个设计方案。根据经验可知，一个设计方案的优劣不仅与建筑设计有关，同时与经济性和技术性有关（经济、适用、美观的原则），因此，我们从建筑设计、经济和技术三个方面对方案进行综合评价，每一个方面都对方案的综合评价产生影响。在每一个方面中，又有诸多因素对其产生影响，在此将其构造为子准则层。最终的层次结构模型如图4-18所示。

层级分析法在建筑策划中主要用于对多方案进行定量比较，在建筑策划评价中的位置，如图4-19所示。

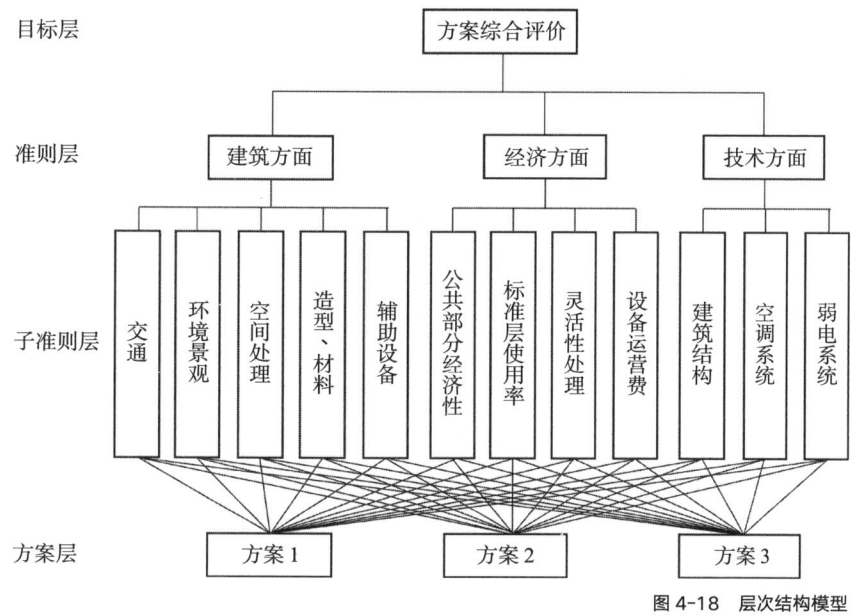

图4-18 层次结构模型

---

① 即权重向量，其大小代表相应的目标在多目标最优化问题中的重要程度。

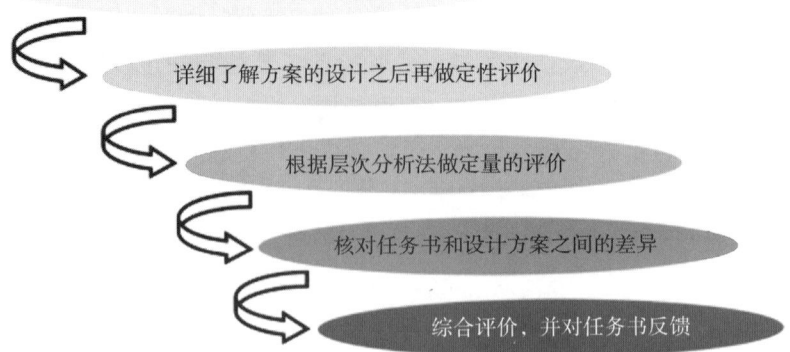

图 4-19　层级分析法在建筑策划评价中的位置

4.3 建筑策划的决策体系及模糊判断[①]

4.3.1 建筑策划与决策

正如我们在本书第 1 章中所论述的，"策划"是在为完成某一任务或为达到预期的目标而对所采取的方法、途径、程序等进行周密而逻辑的考虑而拟出具体的文字与图纸的方案计划。为了一个项目的建筑策划的结论最终需要确定下来，作为总体规划立项之后的建筑设计的依据，显然这一程序的最终环节应该包含决策的过程。

培根曾经对系统反馈过程的原因、结果和反作用，以及科学决策有过描述。经过后人不断完善和发展，形成了当今决策程序的一般共识（图 4-20、图 4-21）。

在一些国家，尤其在发展中国家，许多建设项目缺失建筑策划环节或者不够重视，导致的建筑决策失败不仅错误地引导了建筑师的设计工作，更为

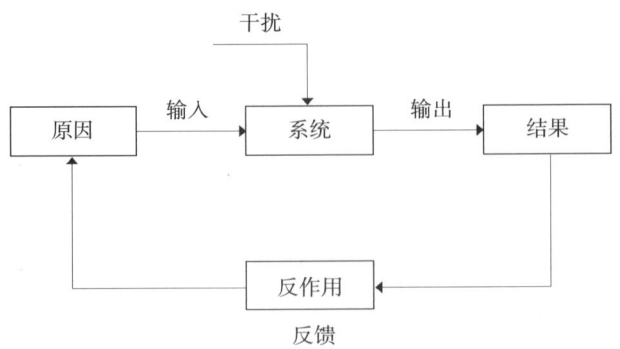

图 4-20　系统反馈过程的原因、结果和反作用

[①] 部分内容引自：庄惟敏，苗志坚. 多学科融合的当代建筑策划方法研究：模糊决策理论的引入 [J]. 建筑学报，2015（3）：14-18.

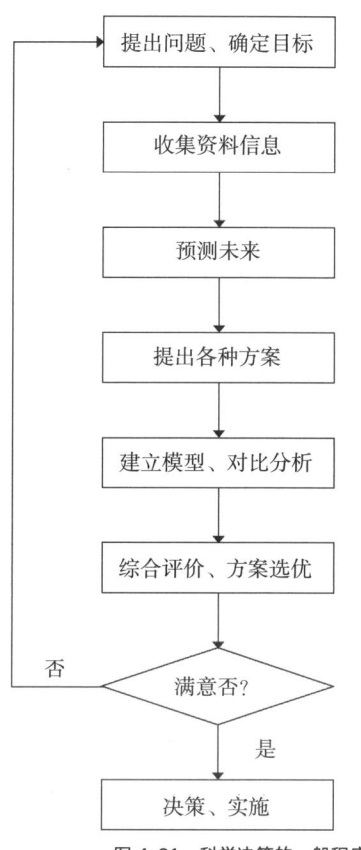

图 4-21 科学决策的一般程序

今后的使用和运营增加了很大的难度。这种现象是造成全球性的土地资源紧缺的原因之一，与可持续发展的趋势相背离。然而，许多发展中国家正在或即将进入快速城市化的阶段，大量的城市建设需要在理性、科学的指导下进行。因此，建设项目，特别是城市公益性项目，需要履行建筑策划环节，并且提高建筑策划的决策准确度。

建筑策划的核心工作内容是作出正确合理的决策，指导后续的建筑设计。正确合理的决策应当是在满足设计委托方的要求下，给建筑师以充分的设计和创作空间，从而引导后续各个环节的顺利进行。

建筑策划的决策过程可以抽象为一种评估和取舍执行方案的过程。运用多元评价方法是策划决策方法的一个特点。建筑策划决策的正确与否，直接影响了建筑策划对建筑设计的有效指导和界定，进一步影响建筑设计的依据、过程和最终结果，因此建筑策划决策对建筑设计的最终结果意义重大。

建设项目初期阶段产生的决策失误会对之后的设计、建造和运营产生巨大的负面影响，决策的原始谬误有几个方面：在建筑策划过程中对信息与界定条件的片面认知；忽略在决定"怎样建"的过程中需要设立"底线"；过度相信经验的价值；缺乏评价决策的标准等。这些原始谬误是之后诸多问题产生的源头，是一个或一群决策主体思维的固有逻辑，虽然在项目初始阶段它们不会落实到一个可以识别的显性结果，但是对整个项目的决策过程具有深远影响。

建设项目初期阶段的决策过程中，如果没有将问题是什么梳理清楚，并且单纯地相信通过技术手段可以解决一切问题，以此作为原始前提，将会给后续的设计工作带来诸多不便。建设项目初期阶段应该是公共决策、管理决策和技术决策共同作用的结果，公共决策和管理决策从更加宏观的视角保证技术决策运行在一个正确的轨道和方向上。

公共决策、管理决策与技术决策是三个不同层面的决策类型。将其对应到建筑领域，公共决策是指对于建筑的公共性与公共价值在一个宏观环境的整体决策，公共决策可以由政府组织或非政府组织协作决策，其关注的是建筑对城市物质环境和社会环境的贡献；管理决策是指一个项目的管理过程中所要履行的决策，其更加关注整个项目的流程、协调相关的各方开展各自的工作，保证这个项目的顺利推进；技术决策是与项目相关的各方专业人员所能提供的专业决策，对于建筑师来说，能够提供与公共决策、管理决策相适应的技术决策，并且在公共决策与管理决策过程中提供建筑学专业技术决策支持是我国建筑师走向国际化的一个重要的必备技能。

技术决策是在正确的公共决策背景下、科学的管理决策引导下展开的。从技术决策的角度，可以看出建设项目在决策初始阶段，通常与建筑设计相衔接的环节做得不够充分。虽然建筑设计是一个创作的过程，但是这个创作是在一定的限制条件下展开的。建筑策划的任务就是找到并且明确这些限制条件，在这个过程中，建筑师的工作不仅包含传统的技术层面的决策，还包含参与公共决策的引导、管理决策的顾问等工作，而后者又是前者有效进行的前提。

从技术决策角度看，建设项目的决策失误会给后续建筑设计带来较大的影响，如不合理的建筑设计任务书，一方面，会给建筑师的设计工作带来不必要的难题，另一方面，会直接导致建筑师的设计工作在一个错误的方向上进行，而这些决策失误的结果却都是建筑师不能通过技术决策来扭转和改变的事实。

决策过程强调的是在逻辑合理的前提下，采用科学决策分析方法进行决策。普适的决策机制包括决策主体的确立、决策权划分、决策组织和决策方式等方面。科学决策需要同时具备以下几点：具有科学的决策体系[①]和运作机制；遵循科学的决策过程；[②]重视智库在决策中的参谋咨询作用；运用现代科学技术和科学方法。采用计算机，建立数学模型和决策支持系统，把定性方法和定量方法有机结合起来，[③]使决策摆脱主观随意性而更能符合客观实际。

管理决策按情报（问题识别和定义）、设计、抉择及评审（贯彻实施、反馈控制）的四项活动和六个步骤的顺序进行，但每个步骤都可能是向前一个或前几个步骤反馈的循环过程。

建筑师能够参与的前期决策是在建筑策划环节。建筑策划阶段的决策是为下阶段建筑设计工作提供依据的决策，决策内容是影响设计的边界条件，目的是给建筑师的设计工作限定一个范围。在这个过程中，建筑师有两个作用，其一建筑师辅助管理决策，其二建筑师主导技术决策。[④]

科学的决策需要庞大的支持系统，决策支持系统[⑤]是将大量的数据与多个模型组合起来，形成决策方案，通过人机交互达到支持决策的作用

---

① 决策体系是指决策整个过程中的各个部门在决策活动中的组织形式，它由决策系统、参谋系统、信息系统、执行系统和监督系统组成。各子系统既有相对独立性，又能够密切联系，有机配合。
② 决策过程包括提出问题和确定目标、拟定决策方案、决策方案的评估和优选、决策的实施和反馈。
③ 阿巴斯·塔沙克里，查尔斯·特德莱. 混合方法论：定性方法和定量方法的结合 [M]. 唐海华，译. 张小劲，校. 重庆：重庆大学出版社，2010.
④ 当代技术决策原则正在发生着一些变化：改变了传统的"我们是专家，请相信我们"的思维模式，在技术决策过程中强调更多的公众参与而形成的技术与社会的良性互动关系。
⑤ 决策支持系统是在管理信息系统和管理科学、运筹学的基础上发展起来的。管理信息系统重点研究大量数据的处理，完成管理业务工作。管理科学与运筹学则是运用模型辅助决策。

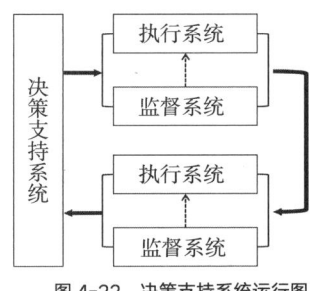

图4-22 决策支持系统运行图

（图4-22）。决策支持可以通过计算机达到如下目的：帮助决策者在非结构化任务中作出决策；支持而不是代替决策者的判断力；改进决策的效能（Effectiveness）而不是提高它的效率（Efficiency）。[①]

建筑策划的决策支持系统，可以是开发成熟的建筑策划软件，其中包含丰富的大数据资源库，同时运用仿真、模拟的方法对决策进行控制，最终得出结论。

4.3.2 管理科学中的模糊决策方法

从不同的思考维度出发，决策问题可以分为系统化决策分析、多属性决策分析、不确定状况下的决策分析、数字决策等。其中"不确定状况下的决策分析"是决策领域的难点，常用的决策理论有完全不确定状况下的决策、风险下的决策、贝叶斯决策理论、风险偏好与效用理论，以及模糊决策理论等。[②]模糊决策是以模糊数学基本方法为基础，与管理科学的决策分析理论相结合的一套决策方法，其操作是利用模糊集合所构建出来的隶属函数（Membership Function）进行量化处理。例如，从一个严肃的空间到一个温馨的空间，没有一个明确的分界线。隶属函数可以描述当室内空间尺度和装饰达到什么程度时可能是"较温馨"的归属程度（隶属度Membership）。[③]模糊决策模型，最初是在多目标决策的基础上提出的。在该模型中，凡决策者不能精确定义的参数、概念和事件等，都被处理成某种适当的模糊集合，蕴含着一系列具有不同置信水平的可能选择。这种柔性的数据结构与灵活的选择方式大大增强了模型的表现力和适应性。

模糊逻辑指导下的模糊数学，包含极其广泛的应用工具。如模糊控制方法、模糊综合评判、模糊方程组等。其中模糊控制在工程领域应用广泛，模糊综合评判在管理科学领域应用较多。结合建筑策划过程中的决策特点，模糊控制与模糊综合评判也适用于这一过程。

4.3.3 模糊决策理论背景下的建筑策划方法框架

建筑策划与模糊决策的融合前提是将建筑策划的整个工作过程抽象成为一个完整的决策过程。在这个决策过程中，决策要素（全部或部分）具有明显的模糊性，适合运用模糊决策方法进行决策分析。同时，模糊决策分析要

---

① 李和平，李浩. 城市规划社会调查方法[M]. 北京：中国建筑工业出版社，2004.
② 苗东升. 模糊学导引[M]. 北京：中国人民大学出版社，1986.
③ 孔峰. 模糊多属性决策理论、方法及其应用[M]. 北京：中国农业科学技术出版社，2008.

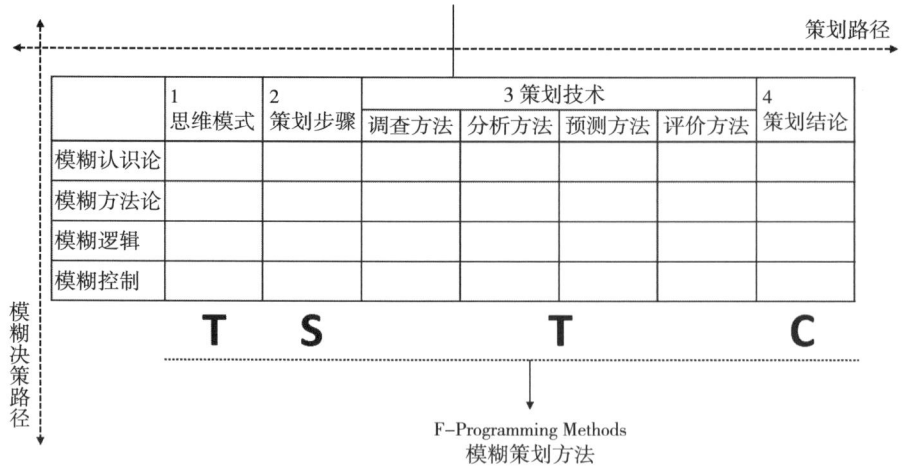

图 4-23 模糊决策和策划的关系

以模糊逻辑为基础（图 4-23）。

一个建设项目的整体流程中，从开始的项目立项、可行性研究，到建筑策划、建筑设计、建设施工，直至使用运营阶段，是一个将问题和研究对象逐渐梳理清晰，寻找解决方法，经过反复修正和改进，最终解决问题的过程。这个流程中，与设计紧密相关的建筑策划环节，是一个提出问题的过程，需要考虑委托方的需求、城市空间环境的整体性、使用者的行为特征，以及低碳可持续发展策略等。因此，建筑策划过程中面临的模糊问题较多，在一些大型城市公益性建筑中，这些模糊问题又异常复杂。

在建筑策划的研究中，需要进一步提升策划理论研究，相应的（同时）弱化对操作方法的关注。每一个建设项目均有其特点，世界上不应该出现完全相同的设计任务书，即每一份设计任务书都是为了一个建设项目量身定做的；同样，也不应该存在万能的设计方案可以解决许多不同的建筑问题，即每个设计方案也应该是针对特定问题生成的结果。

1. 建筑策划中的模糊问题

讨论建筑策划中的模糊问题，首先需要建立在复杂系统的大背景下，以模糊认识论来判断项目决策对象是否具有模糊性，以及模糊的程度。从模糊认识论的视角看建筑策划中的模糊性问题，首先需要区分策划过程中以分析为主对确定性现象的研究与以综合为主对不确定性现象的研究。

建筑策划在近几十年的研究中，充分研究了本领域内的非此即彼（One or the Other）的典型现象之后，研究的视域正在不断扩大。传统分析工具所不能解决的非典型现象和问题，逐渐成为建筑策划中的重点和影响策划中决策质量的难点。为了分析和梳理决策中那些亦此亦彼（Both This and That）

的非典型现象，需要引入模糊逻辑与模糊集合的数学分析理论。建筑策划中决策的模糊性，主要体现在决策主体和决策对象，决策目标和决策准则等方面（图 4-24）。

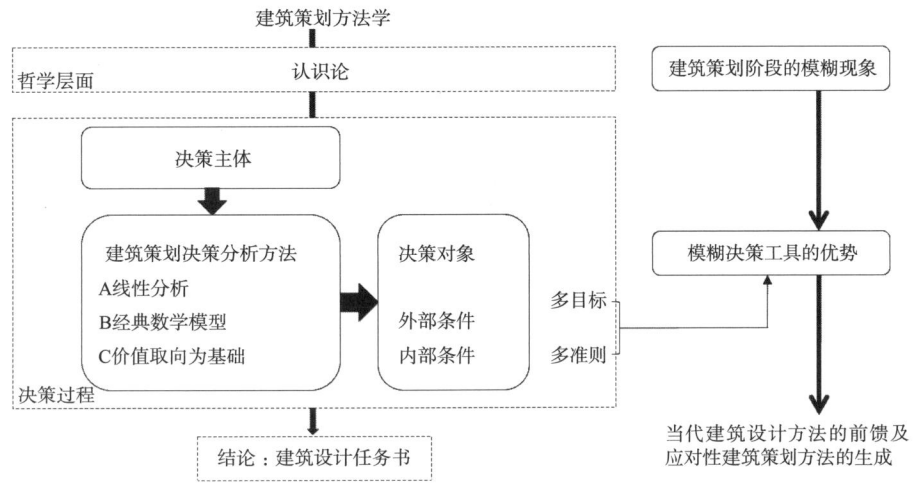

图 4-24　建筑策划方法学中的模糊决策方法

2. 决策主体和决策对象的模糊性

建筑策划中决策主体是由委托方、建筑师和专家共同组成的决策团队（Decision Making Team）。由于决策主体是人，因此不可避免地会将个人的主观意志带入决策过程，甚至影响决策结果。

为了在上述情况下，最大限度地保持决策的客观性和准确性，需要对建筑策划中决策主体和决策对象的模糊性加以认识。决策主体的模糊性是由决策者自身的特点决定的，改善和避免的方法通常可以选择群体决策的方式来规避单方意志的过度强化。

决策对象是设计前期需要确定并影响建筑设计的所有要素。其中一个主要的内容是"空间评价"，在空间评价的过程中包含目标设定、外部条件调查、内部条件调查、空间构想、技术构想、经济策划和报告拟定等七个环节（具体内容见第 3.1 节）。每个环节中均有模糊性问题，例如其中的"空间构想"环节，如何判断空间的边界、引导使用者的行为、评价使用者对现有空间的满意度等这类问题不能简单地用非此即彼的标准来严格区分，而应该建立一个评价域，用一个空间开敞或封闭的程度来判断空间属性。

3. 决策目标和决策准则的模糊性

决策目标和决策准则是一套决策系统的操作核心。

建筑策划中的决策大多是多准则决策，即在具有相互冲突、不可共度的方案集中进行选择的决策。如经济投资与社会价值之间的不可共度性，高技术与绿色低碳节约能源之间的不可共度性。同时，不可共度的原因，除了不能用统一的标准去衡量与判断之外，还因为有的要素无法找到明确的度量标准和划分优劣的清晰界限。此时，即具有模糊性。

建筑策划的目的是将一个大致的模糊的目标逐渐清晰化，对技术性要素予以限定，减少对于建筑形式、风格，甚至外立面局部的过多限制。梳理清楚社会文化目标、技术目标、使用需求等各维度的目标，指明建筑师的设计目标。

4. 传统建筑策划方法线性思维的局限

我们在研究和了解建筑策划基本方法的同时，也必须承认，传统的建筑策划法贯穿始终的仍然是强调因果结论的线性思维。面对当代建筑设计及其理论的发展，设计前期涉及的问题越来越多、越来越复杂。这样的现实情况下，单纯的线性思维已经不能解决所有问题，需要开辟新的方法作为补充。

混沌学认为初始条件的细小差异可能会最终导致迥异的结果。"混沌理论指出，简化处理的合理性是有限的。在线性系统中误差是以线性方式增长的，而在混沌系统中误差则是以指数方式扩大的"。[1] 按照混沌理论的理解，建筑策划要处理的是大量的初始信息，而同时建筑设计本身又是一个开放的系统，这样的处于不断物质交换状态的系统，随着初始条件的变化，系统的无序和混沌是在不断增长的。因此，采用线性的分析方法来预测一个不稳定的、混沌的系统是达不到目的的。

面对复杂的建筑设计行为，线性思维方式使得目前建筑策划将建筑活动还原为简单的、部分的子系统来研究，然后把各部分的性质、规律加起来就得到整体的性质、规律，认为整体等于部分之和。这种往往容易忽略子系统之间的相互作用。即使认识到了子系统间的相互作用对整体性质的贡献，但仍然是将部分与部分间的相互作用分离，是在线性叠加原理的框架下考虑非线性的问题，除了得出整体不等于部分之和的认识之外，在处理从部分到整体的具体过渡时仍存在缺陷。更需要思考的是线性思维方式导致建筑策划预先假定了具体的目标，并在此目标下进行量化的分析以期达到一个理性的结果，显然，这种线性思维方式有使建筑策划陷入绝对理性的误区的危险。

目前，建筑策划方法学仍然是以经验为重要分析依据的。但同时我们也要看到，来自决策者和专家的经验是有限的，因此它是一种相对较为主观和随机的参考标准。由于经验的这些缺点存在，阻碍了建筑策划方法向科学理

---

[1] 施特凡·格雷席克. 混沌及其秩序：走近复杂体系 [M]. 胡凯，译. 上海：百家出版社，2001：8.

性发展。在决策理论研究领域,从经验走向科学是其一直的发展诉求。

此外,对未确知问题的判断和选择是决策过程中的难点。建筑策划中的未确知问题主要是复杂的建筑功能与空间环境之间的影响、使用者对空间的需求和行为引导、大型公益性建筑对城市空间的综合效益等。这些问题不是现有经验和线性思维推理可以完成的。

由此看来,随着人类的进步,社会生活的世象日趋复杂,建筑策划方法的发展与更新就变成了建筑领域一项重要的任务,建筑策划的模糊决策理论的提出与研究也就成为必然。

4.3.4　建筑策划模糊决策工具的优势

方法论就是人们认识世界和改造世界的根本方法。科学方法论的研究对象是不同的方法,关注运用不同的方式和方法来观察事物、处理问题的过程。同时,研究各方法论的特长和善于解决的问题,以及不同研究方法之间的关系。

科学方法论作为自然科学研究与发展的基础,在20世纪30~40年代产生了系统论、控制论和信息论(以下简称SCI);到了19世纪70年代前后又产生了耗散结构论、协同论与突变论(以下简称DSC)等(图4-25)。模糊逻辑就是在SCI产生之后,DSC即将产生之时出现的数学新理论和方法,它否认传统数学的二值逻辑,承认人类社会中模糊的现象是绝对多数,用隶属函数的作为衡量模糊程度的标准。[①] 模糊数学的产生不仅丰富了数学与控制

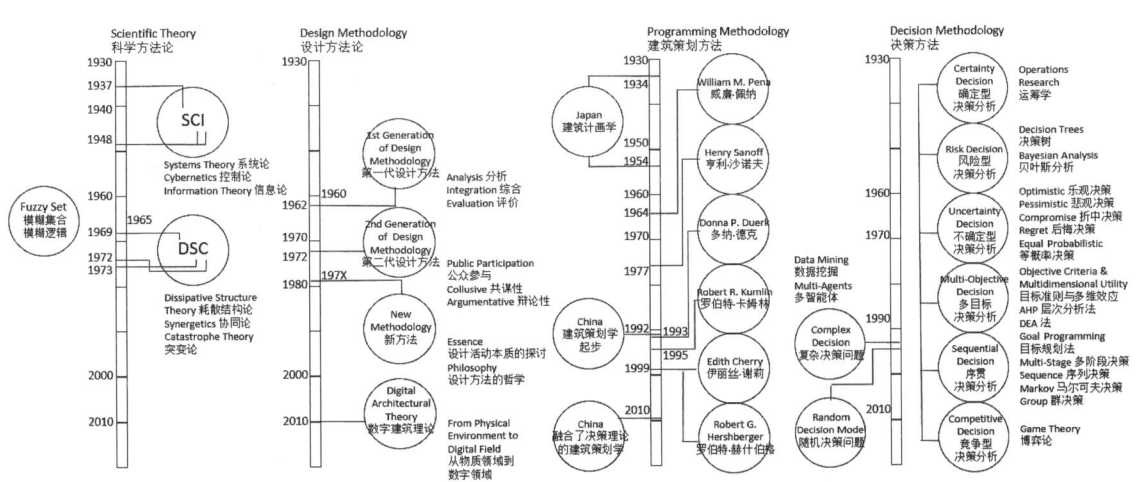

图4-25　相关学科领域方法论的发展与相互影响

---

① 刘贵利,等. 城市规划决策学 [M]. 南京:东南大学出版社,2010.

科学的学科理论体系，更加重要的是拉近了自然科学与社会科学的距离。在社会科学研究中，存在大量模糊问题却一直难以用精确的自然科学来研究是一种困扰社会科学研究的难题。

20世纪60年代，在管理科学决策分析方法飞速发展的过程中，研究者始终意识到决策构成中存在一系列的不确定问题、随机问题与模糊问题。因此，模糊逻辑产生后，迅速地影响了决策分析领域的研究，产生了模糊决策理论。模糊决策的特点是不仅针对决策中的模糊问题，也是解决复杂决策问题的一个有力工具。

建筑策划的发展与建筑设计方法论也是相互影响、互相促进的过程。20世纪60年代产生了的第一代设计方法是以"分析、综合、评价"为基本方法，到了20世纪70年代的第二代设计方法更加侧重"公众参与、共谋性与辩论性"等，1980年前后的设计新方法，展开了针对设计本质的探讨，关注设计方法的哲学。21世纪以来，数字建筑理论的发展对建筑设计方法产生了较大的冲击，数字技术为实现建筑师的设计提供了更加广阔的平台，此时，设计方法论的研究从物质领域逐渐进入了数字领域。数字技术不仅可以实现建筑形体的数字化表达与建造，同时使构建建筑大数据平台成为可能，这些数据资源的分析反馈，恰可为建筑策划之决策提供有力支持。

当代建筑策划方法以大数据、模型、仿真和控制系统等技术为基础发展成为更加科学化的实用技术方法。模糊决策方法可以在建筑策划决策的不同环节使用，例如确定决策目标阶段，提出"建一个什么样的建筑"的总体要求，这个过程中就会有许多的模糊目标，这些目标较难确切描述却很重要，如感觉、美观等，此时，可以用模糊的语言描述，之后用模糊方法给其赋予一个隶属度；分析问题、制定方案和选择方案的环节也是模糊决策工具最常用的阶段（图4-26）。

模糊决策工具解决的是建筑策划过程中的不确定性问题。所谓信息的不确定性，是决策者在决策时所面对的信息不清楚、不完整的一种形式。其中一种信息不清楚的形式为决策问题中的事件（Event）所显示出的概念特性本身即具有模糊性（Vagueness），因此，构建出模糊集合（Fuzzy Set）以描述此事件信息的模糊性（Fuzzy）。例如，这座建筑的室内是"古朴"的，客观上看，从一个新潮的空间到一个古朴的空间，没有一个明确的分界线。如果需要搞清楚是否"古朴"，模糊决策就能发挥其解决不确定性问题的优势。

模糊决策模型，最初是在多目标决策的基础上提出的。通过模糊集合的构建，以及柔性数据结构与灵活的选择方式，使得模糊决策工具具有两方面优于传统决策方法的特点。一方面是在处理超出经验范畴的建筑策划问题方面，在建筑策划中，规模大，多种功能相结合的建筑综合体较难找到大量案

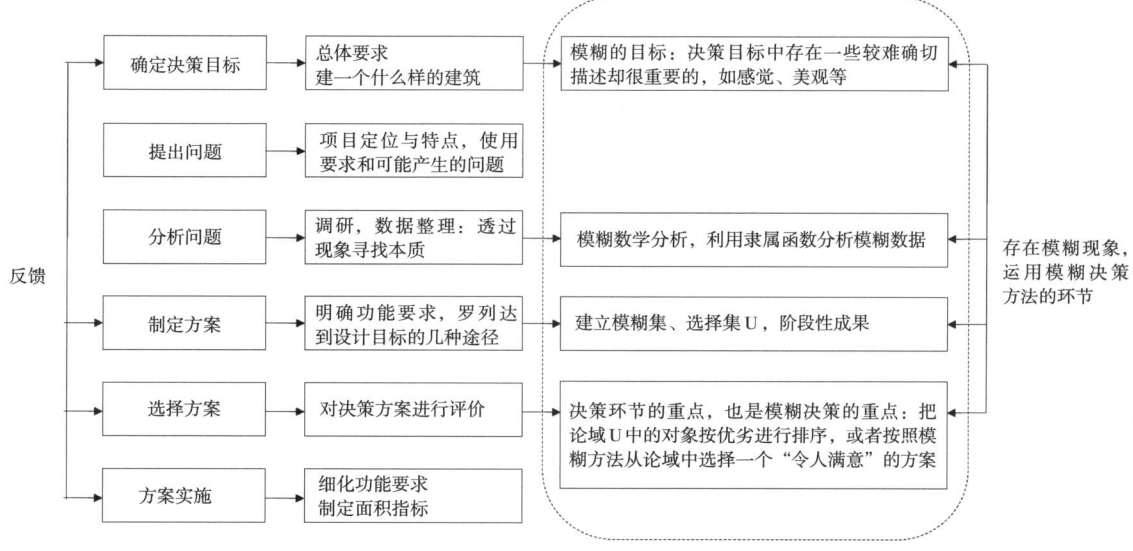

图 4-26 建筑策划决策过程中模糊方法的引入

例作为参考经验。此时，可以用预测的方式对项目情况进行判断。模糊决策中的预测，通过相关数据的收集，进行较为简单的运算即可得到较为真实的预测，为决策者提供判断依据。另一方面是在需要模糊控制方法限定的问题上，对于带有模糊性的问题，较难找到用来限定的边界条件。此时，模糊控制方法可以有效限定，并保证数据在控制域内增加或减少。

模糊决策理论在建筑学中的应用是建筑策划方法乃至建筑设计理论中的新课题，其研究具有较大的难度。建筑策划是建设项目全过程中必不可少的环节，其核心是决策；当代建筑设计的领域范围已经扩大，模糊决策理论作为建筑师在设计和策划中的一种方法，具有很强的现实意义和价值。

4.4 任务书全信息评价

任务书是建筑策划的产物，针对任务书进行评价，可以实现策划的自评，是建筑策划评价的核心问题。本节以此为切入点，采集了 112 份真实的任务书作为样本，并基于任务书样本的数据类型，借鉴利用相应的数据处理与挖掘技术，剖析任务书的内容构成与特征，为建立任务书的评价体系进行物质准备和技术尝试。在收集和拆解任务书样本的过程中，研究关注到现实中自发性质的任务书评价活动是以风险为导向的，因而提出为任务书评价的研究引入风险评估的概念。这在既有理论中有类似先例证明其适用性，且能够依照系统评价学对策划评价的解释（图 4-27）。

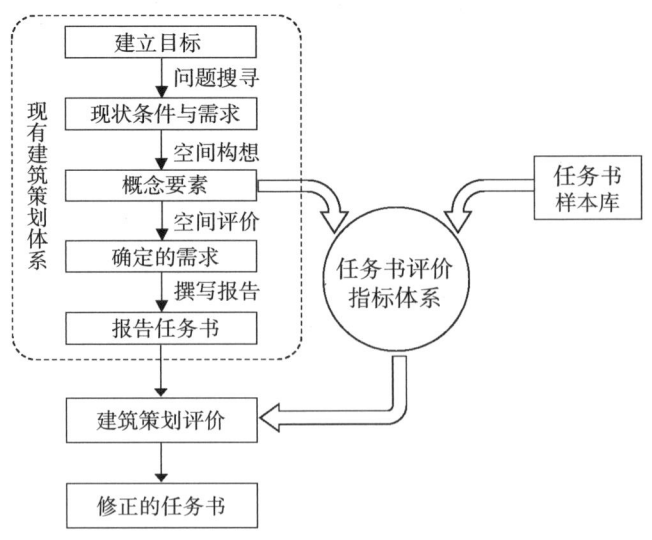

图 4-27 任务书评价指标体系的定位

4.4.1 基于文本挖掘的任务书评价体系建立

通常来说，我国建设项目的任务书的正文主体信息可拆解分为文本数据、表格数据两种主要类型的数据。

文本数据是指构成任务书样本正文绝大部分的、多以叙述体或命令式的词句构成的段落，一般是以纯文本（文字与字母、单词）、数字及标点符号等形式组合呈现的信息，在计算机编程语言中可以使用字符串（String）进行表示。

1. 文本数据预处理

对于文本数据的预处理就是要按照一定的规则，将长文本切割成短文本，通常是以"词""双词"（Bigram）或"三词"（Trigram）为单位，并构建词库向量空间。其分解的核心方法是按照一定规则切割文本，即分词技术（Tokenize），目前已经发展出较多相关的应用程序和工具，可供直接采用。对任务书文本的分词有两大难点：一是中文文本不能像英文文本一样，简单地按照空格实现分词，因而需要准备用来匹配的词表，或者说是词典；二是当前没有成形的任务书专用词典可以使用，需要构建"任务专业词典"，即通过使用基础词库，加入一部分建筑学专有词形成适用于任务书文本分析的"用户词典"。

另外，需要构建停用词词典。长文本中常有一些词语会以极高的频率反复出现，但这些词对词频统计、文本内容分类等分析却没有实质性贡献，如中文语言系统中的"的""是"等，对应到任务书这一类内容的文本，如"建筑""设计"等。因此，在进行分词时，需要对这类词语进行剔除，或者说是"停用"这些词语。本节研究选用了目前公认最好的中文分词器 Python-jieba 模块进行基础中文分词，在确定了用户词典、停用词词典后，历通任务书样本库中所有样本的文本数据，最终找到无重复的"词单元"共计 21 727 个，这些词按照拼音升序的方式构建了任务书样本库的词库。

该词库可以通过文本挖掘最基本的数据形式——"词频向量"来标准化表达。该向量有两种表达方式：一是对每一个任务书样本的文本数据，统计所有词的词频，便可以将一份任务书表示为一个长度为 21 727 的"词频向量"；二是以每一个词为统计出发点得到的跨样本词数量，其中每一个维度上是词库中的一个词在这个任务书样本中出现的频数，也是文本挖掘的重要数据形式。

以《国家体育场：2008 年奥运会主体育场建筑概念设计竞赛》（2003）一书《国家体育场任务书》一段文本为例：

"奥运会期间，国家体育场容纳观众 100 000 人，其中临时座位 20 000 个（赛后拆除），承担开幕式、闭幕式和田径比赛。奥运会后，国家体场容纳观众 80 000 人，可承担特殊重大比赛（如奥运会、残奥会、世界锦标赛、世界杯足球赛等）、各类常规赛事（如亚运会、亚洲田径锦标赛、洲际综合性比赛、全国运动会、全国足球联赛等），以及非竞赛项目（如文艺演出、团体活动、商业展示会等）。"

相应内容经过转存、去格式符和分词处理后的结果为：

"奥运会／期间／国家／体育场／容纳／观众／100 000／临时／座位／20 000／赛后／拆除／承担／开幕式／闭幕式／田径比赛／奥运会／国家／体育场／容纳／观众／80 000／承担／特殊／重大／比赛／奥运会／残奥会／世界／田径／锦标赛／世界杯／足球赛／各类／常规赛／亚运会／亚洲／田径／锦标赛／洲际／综合性／比赛／全国运动会／全国／足球联赛／竞赛／文艺演出／团体活动／商业／展示会"

每一个以"／"划分开的词单元在计算机中均得到了逐一记录，按照拼音字母降序将这些词汇总串联起来，便构成了本节研究任务书全样本的词库，共 21 727 个互不相同的词单元。

囿于篇幅，此处不便列出向量的全部，仅示意性地给出词频向量最前面的一部分：

[0, 1, 0, 0, 0, 0, 0, 0, 0, 0, 0, 0, 0, 0, 2, 0, 0, 0, 0, 0, 0, 0, 0, 7, 0, 0, 0, 0, 1, 21……]

查询任务书样本构建的词库可知，第一个数字值为"0"的含义是，词库中索引编号为"1"的"阿伯特"一词，在《国家体育场任务书》中未出现；而第二个数字值为"1"则代表了索引编号为"2"的"阿拉伯数字"

一词在该任务书中出现了一次;同理类推,第 15 个数字的值对应了词库中第 15 个词的词频,查询可知是"安检"一词,这里表示了"安检"一词在本任务书中共出现了 7 次。

2. 任务书的"指标"挖掘

为了构建任务书评价的指标体系,从系统逻辑的角度出发,首先需要厘清任务书有哪些要素可以被评价,即找出任务书的所有待评要素,其次再进行分析判断,甄别待评要素是否可以进一步构成评价指标。

在构建任务书样本库的过程中,已经运用文本挖掘和处理技术分析出了词频向量。接下来的工作是对词频向量进行梳理,挖掘出相关待评要素。这里以三份任务书样本作为案例展示关键词提取和分析过程。

示例如下:

由于一般任务书文档整篇的文本长度较大,不利于示例呈现,因此本示例尝试抽取了三份真实的任务书样本,再各截取出其中关于设计原则的一小句描述,如下所示,作为简化版的"任务书文本数据"样例。

任务书 1:"注重传统文化底蕴,在此基础上寻求实现创新";

任务书 2:"结合传统文化,并具有时代创新特征";

任务书 3:"既能展现地域文化特征,又能体现时代气息"。

对上述任务书 1、任务书 2 和任务书 3 的文本数据,在启用任务书用户词典和停用词的条件下进行中文分词,得到的分词结果为:

任务书 1:"注重 / 传统 / 文化 / 底蕴 / 基础 / 寻求 / 实现 / 创新";

任务书 2:"结合 / 传统 / 文化 / 时代 / 创新 / 特征";

任务书 3:"展现 / 地域 / 文化 / 特征 / 体现 / 时代 / 气息"。

由文本数据分词后得到的所有词单元构建词库,可以得到:

"传统,体现,创新,地域、基础,实现,寻求,展现,底蕴,文化,时代,气息,注重,特征,结合"。

接下来借助 TFIDF 加权方法,筛选寻找任务书样本间区别于彼此的比较特殊的词汇。以词库中的第一个词"传统"为例,借助计算机程序历遍每个经过分词的任务书样本,统计样本个数、样本长度,以及每个词的词频向量,可知:

D("传统"一词在总样本中出现次数)=3,N1(样本 1 的总词频数)=8,N2(样本 2 的总词频)=6,N3(样本 3 的总词频数)=7;

$tf_{传统}$,D1=1,$Tf_{传统}$,D2=1,$Tf_{传统}$,D3=0,$d_{传统}$=2;

按照词频、文档频率和 TFIDF 值的定义及计算公式,可得:

$tf_{传统}$,D1=1/8=0.125,$Tf_{传统}$,D2=1/6=0.166 7,$Tf_{传统}$,D3=0/7=0;

$sum_{传统}$ TF=0.125 0+0.166 7+0=0.291 7;

$DF_{传统}=2/3=0.6667$；

$IDF_{传统}=\log 3/2=0.1761$；

$TFIDF_{传统}$，$D1=0.1250 \times 0.1761=0.0220$；

$TFIDF_{传统}$，$D2=0.1667 \times 0.1761=0.0293$；

$TFIDF_{传统}$，$D3=0 \times 0.1761=0$；

$sum_{传统}$，$D3TFIDF=0.0220+0.0293+0=0.0514$

同理可以计算得到词库中每个词的各种词频分析参数，如表4-1所示。

词频分析结果　　　　　表4-1

Terms	tf_i			TF_i				d_i	DF_i	IDF_i	TFIDF			
	D1	D2	D3	D1	D2	D3	sum_i				D1	D2	D3	sum_i
传统	1	1	0	0.13	0.17	0.00	0.29	2	0.67	0.18	0.02	0.03	0.00	0.05
体现	0	0	1	0.00	0.00	0.14	0.14	1	0.33	0.48	0.00	0.00	0.07	0.07
创新	1	1	0	0.13	0.17	0.00	0.29	2	0.67	0.18	0.02	0.03	0.00	0.05
地域	0	0	1	0.00	0.00	0.14	0.14	1	0.33	0.48	0.00	0.00	0.07	0.07
基础	1	0	0	0.13	0.00	0.00	0.13	1	0.33	0.48	0.06	0.00	0.00	0.06
实现	1	0	0	0.13	0.00	0.00	0.13	1	0.33	0.48	0.06	0.00	0.00	0.06
寻求	1	0	0	0.13	0.00	0.00	0.13	1	0.33	0.48	0.06	0.00	0.00	0.06
展现	0	0	1	0.00	0.00	0.14	0.14	1	0.33	0.48	0.00	0.00	0.07	0.07
底蕴	1	0	0	0.13	0.00	0.00	0.13	1	0.33	0.48	0.06	0.00	0.00	0.06
文化	1	1	1	0.13	0.17	0.14	0.43	3	1.00	0.00	0.00	0.00	0.00	0.00
时代	0	1	1	0.00	0.17	0.14	0.31	2	0.67	0.18	0.00	0.03	0.03	0.05
气息	0	0	1	0.00	0.00	0.14	0.14	1	0.33	0.48	0.00	0.00	0.07	0.07
注重	1	0	0	0.13	0.00	0.00	0.13	1	0.33	0.48	0.06	0.00	0.00	0.06
特征	0	1	1	0.00	0.17	0.14	0.31	2	0.67	0.18	0.00	0.03	0.03	0.05
结合	0	1	0	0.00	0.17	0.00	0.17	1	0.33	0.48	0.00	0.08	0.00	0.08

注：①Terms代表分词后的词单元，Dj代表编号为j的任务文档，sum_i代表词i的某一参数求和；
②本表中的数据为计算后，四舍五入的结果。

通过对任务书样本库应用上述示例的词频分析方法，可以获得这些任务书所涉及全部词汇的词频、文档频率和TFIDF值，以及任务书的各种文本向量化结果。这些是进行任务书文本挖掘的实质性数据基础。TF高和DF高的词元构成了出现频率高的关键词，而TFIDF值靠前的词汇表征了既高频又在所选取任务书样本间区别于彼此的比较特殊的词汇。

然而，任务书的这些词元清单是以单个的词为形式单位的，所显示的信息依然非常零散混乱，大多数关键词不能单独完整表意，还有不少被分别统计的关键词，实际上属于同一个信息类别。这是文本挖掘中使用分词和向量化等处理不可避免的缺陷。这种过度拆解的缺陷导致了这份初级的任务书词元清单并不具有直接的可用性。因此，为了将任务书零散而繁多的关键词变成具有可用性的待评要素清单，研究采用了"先聚类，后拓展"的操作思路。首先应用各种分类、聚类方法，计算关键词与关键词之间的相似性，得到一个初步的关键词整理和组合，并大致确定出一个合适的待评要素数量范围；其次对关键词组进行双词、三词、相关词，以及相关段落的拓展搜索，为关键词组"填骨加肉"，充实对关键词具有解释性的内容信息；最后通过人工的方式解读各种信息，对关键词组的组合和数量作出进一步的调整，概括提炼为待评要素，结合有选择的具体内容说明，生成最终的任务书待评要素清单。

考察关键词与关键词之间的相似性，一方面，可以依赖于人工的方式对词义加以理解，将同一信息属性的词合并；另一方面，还可以通过计算机的K均值聚类、层次聚类等聚类方法来实现。不论是K均值还是层次聚类算法，都有多种类似计算机程序语言和成型的程序包可以帮助实现，而计算得到的向量间距离还可以用来可视化成果。对应到本节研究的任务书样本可以将关键词的聚类情况、通过树状图、散点图等形式进行表现（图4-28、图4-29）。

任务书样本的数据挖掘是本节研究任务书风险评价指标的第一来源，这主要是出于提升建筑问题评价客观性的考虑。但不可忽视的是，经验主义和人工知识领域亦可以提供非常具有价值的评价指标，并形成对计算机数据挖掘结果的验证和补充。通过总结相关理论和规范，以及向专家咨询意见等几

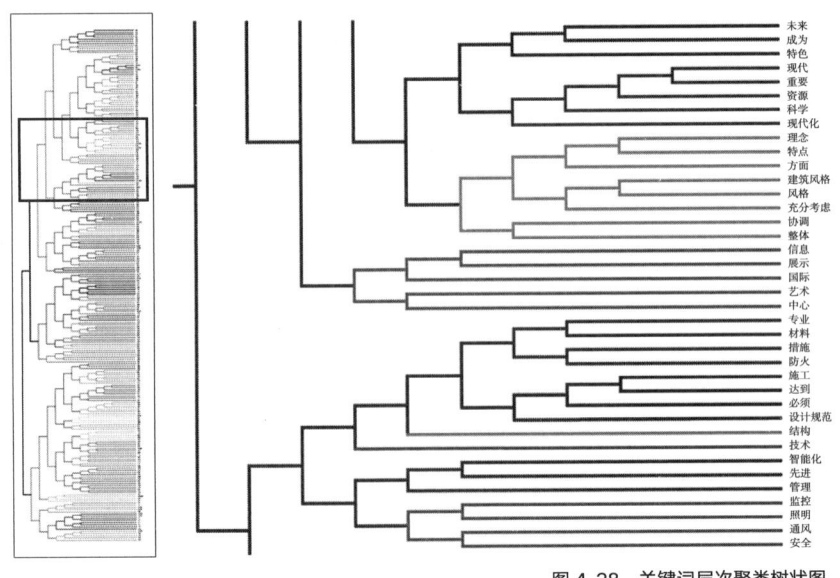

图4-28 关键词层次聚类树状图

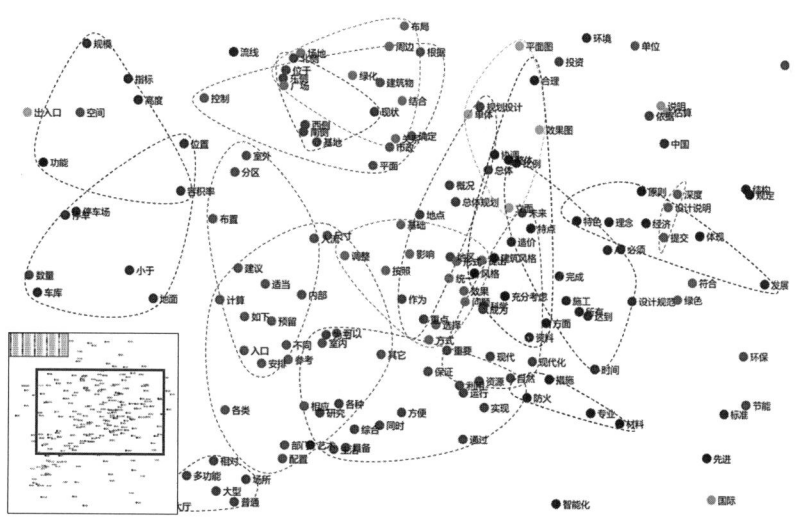

图 4-29 关键词相似性及聚类散点图

种途径，研究团队对任务书待评要素进行全面性检查，获得一些候补项和补充意见。最终确定了任务书待评要素共 34 个（表 4-2）。其中，每一个待评要素都包含了一系列关键词组。

任务书待评要素　　　　　　　　表 4-2

1	项目概况 / 城市文脉及规划情况		18	建筑结构专业技术要求	
2	建设规模与控制参数		19	电气专业技术要求	
3	设计原则与理念		20	暖通专业技术要求	
4	相关法律法规		21	给水排水专业技术要求	*
5	设计工作任务与范围	*	22	景观 / 园林及绿化设计	
6	成果内容及格式		23	室内环境及装饰装修	*
7	资金情况说明与造价控制	*	24	建筑材料	
8	用地区位 / 范围及周边		25	建筑安全与安防	
9	场地市政供应与配套要求		26	节能环保、绿色生态与可持续发展	
10	场地自然条件	*	27	无障碍设计	*
11	交通规划条件及流线组织要求		28	停车场（位或库）/ 地下空间与人防	
12	总平面布局构想		29	空间成长与分期建设	*
13	建筑风格风貌与形式特点		30	管理与运营	
14	使用业主人员构成与组织框架	*	31	设计参考研究资料	
15	功能定位 / 需求与分区		32	任务书编制人员与编制程序	*
16	房间数量 / 面积与具体设计要求		33	任务书格式与内容	*
17	流程与工艺要求	*	34	其他特殊要求与机动内容	*

在完成任务书关键词的聚类，以及待评要素的补充之后的步骤则是"先聚类，后拓展"中的"拓展"——解释和描述这些待评要素。通过理论和经验途径补充进来的待评要素，比较容易被理解，且有相对成型的人工资料可以引用；而通过文本挖掘得到的待评要素，则需要增强"元件"名称的可读性，通过反向搜索，还原关键词（组）所含有的丰富信息。

3. 任务书的文本风险识别分析

前文中，以词频高和文档频率高的关键词为基础进行筛选，构成了任务书文本的待评要素；而以 TFIDF 值高的词元则代表了任务书文档区别于彼此的特征词，表征了少数任务书的特殊性内容。因此，本节研究抽取了 TFIDF 值排名前 300 的词，在使用词频、逆向文档频率、卡方值等多种参数进行词集调整后，定义为"特异词"，共计 135 个，并以此作为引导词，与待评要素对应起来，搜索各个任务书中可能存在风险的内容。换句话说，"待评要素"清单代表了风险识别分析模型中的"基本功能及参数"，而"特异词"则是分析和识别风险的"偏差"所在。

示例如下：

在任务书样本库中，TFIDF 值排第 134 位的是"宫廷"一词。通过反查，确定为任务书 045 中的段落，进而展开分析。"宫廷"一词在任务书中对应的为"建筑风格风貌与形式特点"的文本描述。通过对其风险解读，认为其对"宫廷"风格描述的表意目的并不清楚，并且对其要求也存在模糊和争议，不同设计人员对此理解可能迥异。此外，任务书并未提供足够的研究论证材料，这就意味着"宫廷"究竟指代哪一时期的何种建筑风格，可能涉及相关文化符号的知识产权和使用权争端。

进一步考察"建筑风格风貌与形式特点"这一待评要素中与"宫廷"类似的存在风险的高频特异词组，可以形成如表 4-3 所示的风险识别表。如此便完成了关于"建筑风格风貌与形式特点"这一待评要素向任务书风险评价指标的转变。仿照该示例的方法，对本节研究的所有引导词完成搜索并与 34 个待评要素完成关联匹配，便可实现风险的识别、分析和判定。

限于篇幅，本示例不对其他任务书特异词和待评要素之间的风险搜索、关联、识别和判定再进行展开。

4.4.2 面积向量聚类分析法研究

表格数据是指任务书中按具体内容项目所需绘制表格，以方便查看和统计，多用来对空间需求进行罗列，在建筑策划中称之为空间列表或房间清单。表格数据也是任务书样本的一部分重要构成，在分区复杂房间众多的

任务书待评要素"建筑风格风貌与形式特点"的风险识别表　　表 4-3

待评要素描述				风险描述			风险分析			引导词备注
编号	要素名称	关键词	功能概述	风险事件	风险原因	风险后果形态	发生概率	严重程度	风险等级	
13	建筑风格风貌/形式特点	风格建筑风格特点	对建筑的风格风貌提出导向性的建议，在建筑整体造型/局部形态/细节装饰等方面提出相对具体的做法要求	没有进行有关要求表述	研究缺失/挖掘不足	需要设计团队投入额外时间精力进行研究	0.36	2	0.72	—
				对某单一方向/临街面提出具体要求而疏于对其他几个界面的陈述	某一方向/临街面具有特殊的功能意义/视觉地位	具体的设计要求不是从全局角度得出，设计要点失之偏颇	0.09	3	0.27	"面临"
					前期研究着力不均匀					
				对建筑风格/造型特点的要求描述过于空泛	对列入任务书的建筑风格相关内容未进行深入的探讨	难于落实在具体的设计手法上，无法转化为具象建筑语言在方案中表达	0.26	4	1.04	"国籍""契合""稳重"
				对建筑风格或造型所提要求过于具象/独特	任务书编制受个人主观意见干预，先入为主又缺乏深入的研究	限制设计创作	0.32	5	1.60	"宫廷""鲜明个性"
						造成不必要的工程难度/费用				
						不能得到舆论及民众的认可				

项目中，表格数据甚至会在篇幅上超过文本数据。

表格数据一般含有标签类数据（文字）和数值型数据（数字）两种信息。其中前者主要是分区名称、房间名称、需求备注等，后者主要是面积、数量、尺寸等。在计算机编程语言中，可以通过向量（Vector）或矩阵（Matrix）分别表示这两种类型的数据，也可以使用列表（List）或词典（Dictionary）将标签类数据和数值型数据组合在一起表示。标签数据与数值型数据的映射关系，数值型数据之间的比例、函数关系，共同构成了表格数据最为重要的价值信息链，如"××房间—属于××分区—需要××面积（和/或数量）—占总体的比例为××"。

1. 表格数据预处理

表格数据的信息价值在于"房间（字符串）—分区（字符串）—面积（数值）—比例（数值）"这一映射关系中。其中，"面积"和"比例"这两种数据又是核心价值所在，"房间"和"分区"是用来描述"面积"的标签类信息。计算机对于"面积"和"比例"这两部分数值型数据具有良好的识别和计算能力，可以自动读入成为向量、矩阵或列表。"房间"和"分区"两部分虽然是文本类型的字符串，但相较于长文本数据长度较短，可以简单用前文所述的方法进行预处理。接下来，根据多层级的面积数据，按向量形式输入数理计算程序，检查缺项，同时进行加和一致性计算。

以某文化艺术馆的任务书中的"面积一览表"为例，该文化艺术馆的总面积为 23 900m^2，原任务书中的表格数据，如表 4-4 所示。对表格信息项处理及校核检验的工作界面，如图 4-30 所示。

某文化艺术馆任务书"面积一览表" 单位：m^2 表 4-4

功能	面积	功能	面积	功能	面积	功能	面积
800座剧场	5800	此处续接"话剧院"		**歌舞剧院**	2900	此处续接"公共服务区"	
池座	200	导师工作室	15	院长	18	职工餐厅	800
主舞台	972	排练厅1	400	书记	18	录音棚	500
侧台	972	排练厅2	200	副院长	18	……	
后台	324	排练厅3	200	办公室	18	**艺术创评中心**	960
乐池	80	淋浴室	60	人力资源部	18	办公室	18
卫生间	120	更衣室	80	艺术工作室	18	办公室	18
前厅	600	行政库房	50	演出中心	18	综合办公室	18
观众休息厅	500	……		舞美中心	18	财务室	27
大化妆间	240	**艺术剧院**	3000	合唱团	18	人力资源部	27
中化妆间	120	院长	18	歌舞团	18	行政综合库房	50
小化妆间	48	书记	18	财务室	30	艺术档案馆	300
洗手间	60	副院长	36	综合办公室	100	艺术档案办公室	54
服装室	100	漫瀚剧团	18	机动办公室	40	艺术档案借阅室	20
抢妆	30	民族乐团	27	存物间	30	艺术档案微机室	20
乐队休息室	60	晋剧团	18	卫生间	40	非遗保护办公室	45
贵宾室	120	艺术创研中心	18	档案艺术综合库	100	非遗资料库	30
设备间	400	政工科	39	大排练厅	500	非遗收储展览厅	200
……		演出中心	18	小排练厅	150	艺术创作室	63
话剧院	1600	舞美中心	18	小排练厅	150	创作研究室	30
院长办公室	24	文化产业中心	18	小排练厅	150	艺术创作图书阅览室	40
副院长办公室	36	综合办公室	45	练声琴房	200	……	
行政综合办公室	27	财务室	18	指挥工作室	20	**文化演艺公司**	640
政工科	27	财务档案室	15	大排练厅	500	管理层	138
人事档案室	15	艺术档案室	100	小排练厅	200	综合部	18
财务科	27	导师工作室	18	小排练厅	200	人力资源部	18
财务科档案室	15	机动办公室	30	小排练厅	150	创作生产部	18
剧目策划中心1	18	工青妇	18	男女更衣室	80	财务室	40

续表

功能	面积	功能	面积	功能	面积	功能	面积
剧目策划中心 2	27	微机室	15	男女卫生间	40	市场营销部	18
演出中心 1	18	杂物间	15	男女淋浴间	40	婚庆礼仪中心	18
演出中心 2	30	更衣室	120	……		财务档案室	15
舞美中心 1	18	琴房	200	**公共服务区**	9000	综合办公室	180
舞美中心 2	54	淋浴间	60	舞美制作间	600	行政库房	30
演员中心 1	18	综合戏剧排练厅	500	话剧院库房	800	档案库	30
演员中心 2	30	排练厅 1	200	漫瀚剧院库房	800	杂物间	30
演员中心 3	30	排练厅 2	200	歌舞剧院服装库	800	总经理	27
演员中心 4	30	排练厅 3	200	演艺公司库房	1200	综合部	24
影视制作中心 1	18	乐队排练厅	200	会议室	200	技术工程部	12
影视制作中心 2	15	乐团排练厅 1	400	多功能报告厅	300	视觉传达部	12
档案室	100	乐团排练厅 2	200	演员宿舍	2000	舞美制作部	12
艺委会	18	乐团排练厅 3	200	专家公寓	1000	……	

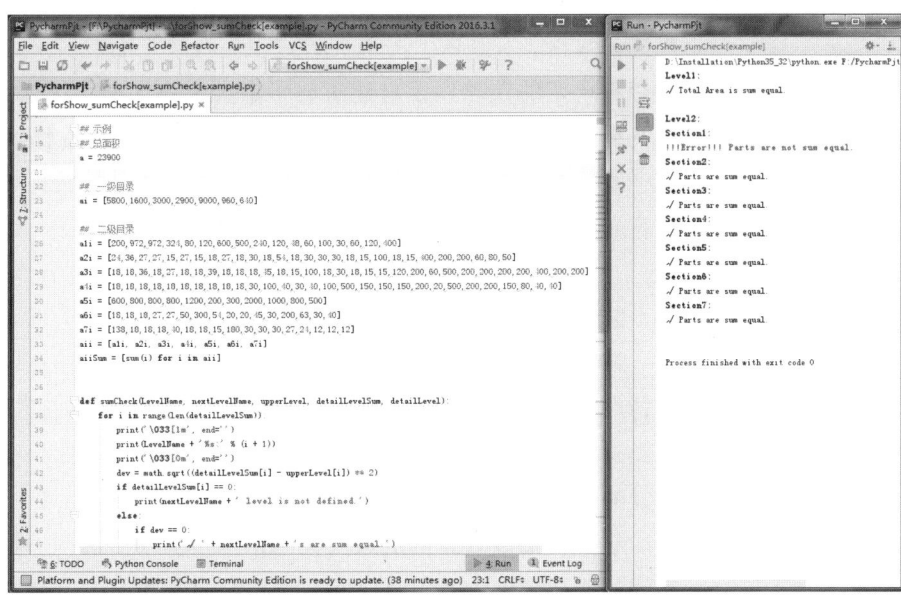

图 4-30 计算机运行面积加和及检验程序结果工作界面

提取任务书"面积一览表"中一级房间目录所对应的各面积数值,将其转化成"面积向量"的结果为:

[5800,1600,3000,2900,9000,960,640]

相似地,提取任务书"面积一览表"中二级房间目录所对应的各面积数值,将其转化成"面积向量",并使用树状结构表示。而以一级房间目录为分区参照,可以计算出 7 个分区的面积按照"比例向量"的计算公式可以得到一个 7 维"比例向量",其结果为:

[0.24, 0.07, 0.13, 0.12, 0.38, 0.04, 0.03]

对于房间名称、分区名称等表格数据中非面积数值的数据，同样以一级目录为分区参照，对二级目录的房间名称进行房间名称的标准化，所得到"房间名称"的列表形式结果（部分）为：

[['池座'], ['主舞台'], ['侧台'], ['后台'], ['乐池'], ['卫生间'], ['前厅'], ['观众', '休息厅']……['设备间']]……

最后，在计算机中构建任务书表格数据之间的映射关系，并进行标准化表示，使各个房间名称（二级目录）与其面积数值一一对应，并以一级目录的房间（分区）名称作为"类标签"进行标注。为节约篇幅，下面仅给出具有代表性的一部分结果：

[[{'池座'; 200}, '主剧场'], [{'主舞台'; 972}, '主剧场'], [{'侧台'; 972}, '主剧场'], [{'后台'; 324}, '主剧场'], [{'乐池'; 80}, '主剧场'], [{'卫生间'; 120}, '主剧场'], [{'前厅'; 600}, '主剧场'], [{'观众，休息厅'; 500}, '主剧场']……[{'设备间'; 400}, '主剧场']]……

抽取完成之后，便对"面积向量"进行校验，确保各级"面积向量"之间的一致性。实践中，一般允许建设工程竣工后的实测面积和规划许可证面积存在一定的误差，但总建筑面积最大允许误差为3%，且项目总建筑面积允许误差累计不得超过500m^2。因此，可以选用3%作为预警界限，当超过这一阈值时，便认为任务书表格数据中不同层级的面积加和不等的情况超过了容忍范围。

2. 任务书的面积数据向量可视化

除了对文本存在的风险解读分析以外，任务书信息中的面积数据也值得进行风险分析。对此的分析思路为：基于使用后评估样本的收集——分析同一类建筑的若干功能面积数据的基本趋势——以此作为标准比较任务书样本与其的偏差——进行深入分析。

这里依然以表4-4的某文化艺术馆任务书"面积一览表"为例，将具体房间的面积数值，通过对房间名称按照机器学习进行分类，按照跨项目统一的某个标准重新组合，得到面积比例的向量，以实现同类型项目之间的横向比较。比如文化艺术馆可以归纳总结出七类主要空间，绘制出比例向量曲线如图4-31所示。

而如果叠加大量的同类建筑任务书样本，则可以构建一个面积比例向量库，做向量的聚类计算，并通过平行坐标可视化表征出某一类型建筑的面积分配趋势。但过多的样本个数和维数也会导致平行坐标过于拥挤，难以观察其基本趋势，因此对于"面积向量""比例向量"的数据挖掘，可以考虑采用一定的聚类（Clustering）方法找到各个维度面积的分布特点，进而对其进

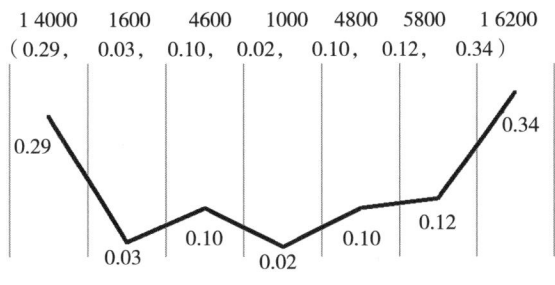

图 4-31 某一任务书面积及比例向量曲线

行分类,并"拟合"出各个类的"平均向量",用来描述某一类型建设项目的面积分配特点。比较常见的聚类方法有 K 均值聚类、模糊 C 聚类、层次聚类等。

图 4-32 展示了经过多次迭代运行计算后形成的聚类可视化结果,可以看出有两条明显的聚类中心折线,如图中的黑色实线和黑色虚线所示。从两类折线的走势来看,其特点差异主要体现在第一和第三维上,可以结合任务书所对应的建设项目实际情况,具体再作进一步分析解读。在本例中,可以解读出聚类 I(黑色实线)是以展陈空间为主的文化建筑,以博物馆、美术馆、展览馆、规划馆和档案馆等建设项目居多;而聚类 II(黑色虚线)是以服务和活动功能为主的文化建筑,以文化中心、艺术中心、活动中心、科技馆和少年宫等建设项目居多。

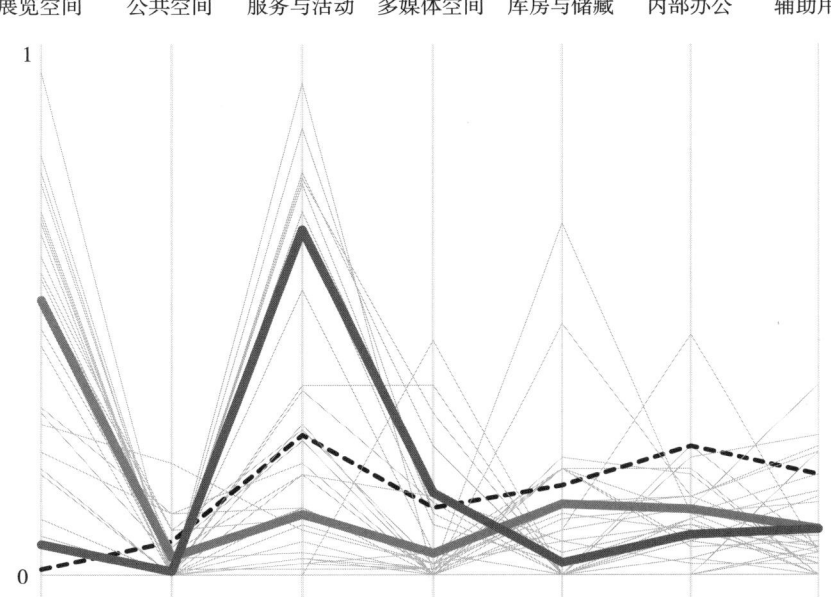

图 4-32 聚类可视化后的任务书样本面积比例向量曲线

以此为依托，某一具体项目的面积数值风险评价，就是衡量其面积比例向量与群体的偏差程度，这一评价通过计算向量之间的相似度来实现（图4-33）。通常来说，偏离越大，可能存在的风险也越大。

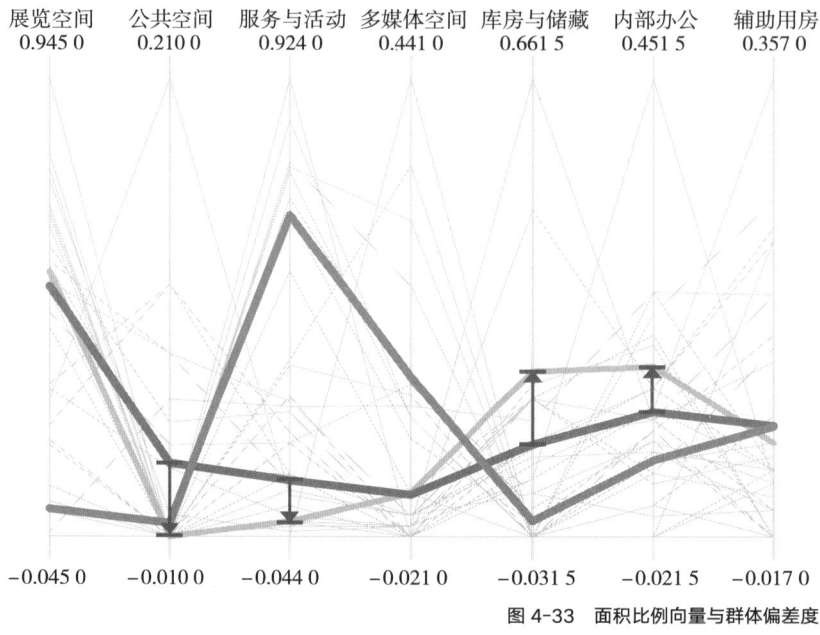

图4-33　面积比例向量与群体偏差度

4.4.3　任务书全信息评价的应用

任务书评价体系的短期目标是探索适用于任务书的评价方法，在一定数量的案例任务书上进行试验，建立起具有操作性和可行性的初步评价体系框架。评价体系的中期目标是向研究机构、实践行业和资本市场开放本节研究得到的任务评价体系框架，进而在更多新的、真实的任务书上实施评价，积累评价数据，并以此为依据对评价体系进行调整，演进出一套成熟的任务书评价系统和工具。评价体系的长期目标是推广任务书评价系统和工具，在建筑职业教育和建筑行业立法上，加强对建筑策划的保障。

1. 全信息评价指导手册

标准模式的全信息评价指导手册全面表述了任务书的评价体系，并为此拟定了一个标准制式。这一制式也是《任务书评价体系指导手册》的基本框架。在开篇介绍之后，如图4-34所示，每个评价指标占据一个对页的版面，上下分为版首和正文两大部分。左上角依次是评价指标的代号、名称和简明定义，指明了这一版页所要展开的评价指标，并对该指标在任务

图 4-34 全信息评价指导手册指标示例

书中所涉及的内容进行了简要说明，限定了某一评价指标所要评价的具体对象。右上角占据版首的依次是：指标总分、指标类别、相关指标、风险图谱，均是评价指标的重要说明性信息。其中，指标总分通过隐性权重的方式反映了指标的重要性，是由指标的影响度和信息量而确定的，也是最高评分等级所能获得的分数；指标类别是评价指标的基本属性，标明了指标的大类归属；相关指标一栏列出了与该评价指标联系紧密或对其有影响的其他评价指标；风险图谱则标出了评价指标风险等级的位置，明确了指标权重的层级。

2. 快速核对清单

快速核对清单是为那些想要自行尝试任务书评价的客户而开发的。建设方（单位机构、企业、个人业主等）在设计的前期，出于各种目的和需求需要对设计条件进行一些初步的研究甚至编制任务书，但同时又没有足够的时间或预算提请专门的机构，聘请外部的专家，进行系统的评价和论证。考虑到业主自身专业知识的不完善，本节研究从已经构建完成的任务书评价体系内，抽离出通俗易懂而又全面实用的一部分，整理成为简单的勾选问题表单，并附上内容索引和帮助信息（图4-35），提供给业主一个相对成型的、精简的任务书评价工具试用版本。

因此，快速核对清单的定位是自查型的，即由业主自发、自主进行任务书评价活动。为了使非专业人员也可以在非常短的时间内，获得一个初步的

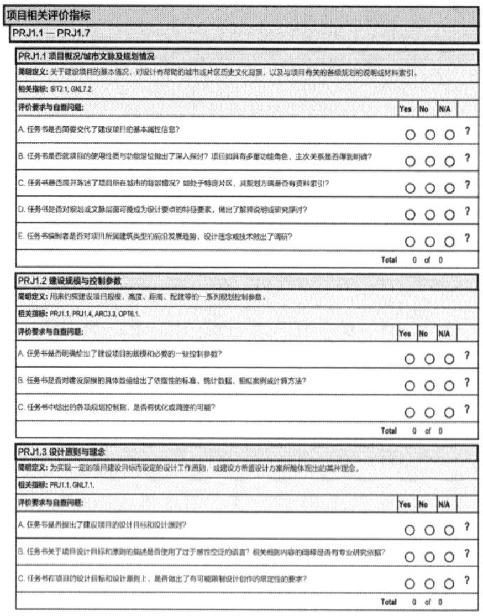

项目相关评价指标

PRJ1.1 — PRJ1.7

PRJ1.1 项目概况/城市文脉及规划情况

简明定义：关于建设项目的基本情况，对设计有帮助的城市或片区历史文化背景，以及与项目有关的各级规划的说明或材料索引。

相关指标：SIT2.1, GNL7.2.

评价要求与自查问题：	Yes	No	N/A	
A. 任务书是否简要交代了建设项目的基本属性信息?	○	○	○	?
B. 任务书是否就项目的使用性质与功能定位做出了深入探讨? 项目如具有多重功能角色，主次关系是否得到明确?	○	○	○	?
C. 任务书是否展开陈述了项目所在城市的背景情况? 如处于特定片区，其规划方略是否有资料索引?	○	○	○	?
D. 任务书是否对规划或文脉层面可能成为设计要点的特征要素，做出了解释说明或研究探讨?	○	○	○	?
E. 任务书编制者是否对项目所属建筑类型的前沿发展趋势、设计理念或技术做出了调研?	○	○	○	?
Total	0	of	0	

PRJ1.2 建设规模与控制参数

简明定义：用来约束建设项目规模、高度、距离、配建等的一系列规划控制参数。

相关指标：PRJ1.1, PRJ1.4, ARC3.3, OPT6.1.

评价要求与自查问题：	Yes	No	N/A	
A. 任务书是否明确给出了建设项目的规模和必要的一些控制参数?	○	○	○	?
B. 任务书是否对建设规模的具体数值给出了依据性的标准、统计数据、相似案例或计算方法?	○	○	○	?
C. 任务书中给出的各项规划控制指标，是否有优化或调整的可能?	○	○	○	?
Total	0	of	0	

PRJ1.3 设计原则与理念

简明定义：为实现一定的项目建设目标而设定的设计工作原则，或建设方希望设计方案所能体现出的某种理念。

相关指标：PRJ1.1, GNL7.1.

评价要求与自查问题：	Yes	No	N/A	
A. 任务书是否提出了建设项目的设计目标和设计原则?	○	○	○	?
B. 任务书关于项目设计目标和原则的描述是否使用了过于感性空泛的语言? 相关准则内容的阐释是否有专业研究依据?	○	○	○	?
C. 任务书在项目的设计目标和设计原则上，是否做出了有可能限制设计创作的限定性的要求?	○	○	○	?
Total	0	of	0	

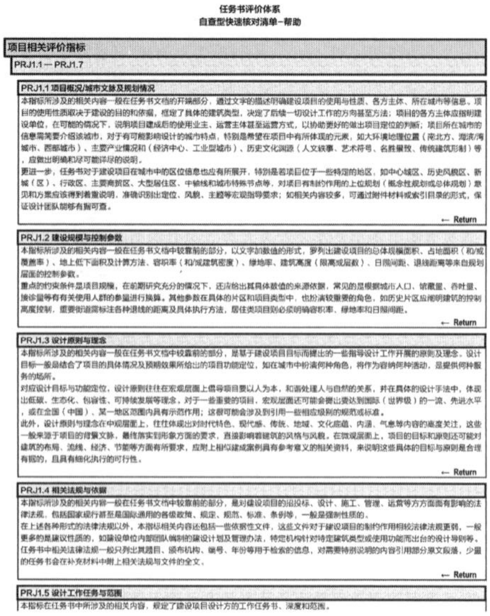

任务书评价体系

自查型快速核对清单-帮助

项目相关评价指标

PRJ1.1 — PRJ1.7

PRJ1.1 项目概况/城市文脉及规划情况

本指标所涉及的相关内容一般在任务书文档的开端部分，通过文字的描述明确建设项目的使用与性质、各方主体、所在城市等信息。项目的使用性质取决于建设的目的和依据，框定了具体的建筑类型，决定了后续一切设计工作的方向甚至方法；项目的各方主体应指明建设单位，在可能的情况下，说明项目建成后的使用业主、运营主体甚至运营方式，以协助更好的做出项目定位的判断；项目所在城市的信息需简要介绍该城市，对于有可能影响设计的城市特点，特别是希望在项目中有所体现的元素，如大环境地理位置（南北方、滨海/湾城市、西部城市）、主要产业情况和（经济中心、工业型城市）、历史文化渊源（人文轶事、艺术符号、名胜景致、传统建筑形制）等，应做出明确和尽可能详尽的说明。

更进一步，任务书对于建设项目在城市中的区位信息也应有所展开，特别是若项目位于一些特定的地区，如中心城区、历史风貌区、新城（区）、行政区、主要商贸区、大型居住区、中轴线和城市特殊节点等，对项目有制约作用的上位规划（概念性规划或总体规划）意见和方案应该得到着重说明，准确识别出定位、风貌、主题等宏观指导要求；如相关内容较多，可通过附件材料或索引目录的形式，保证设计团队能够有据可查。

← Return

PRJ1.2 建设规模与控制参数

本指标所涉及的相关内容一般在任务书文档中较靠前的部分，以文字加数值的形式，罗列出建设项目的总体规模面积、占地面积（和/或覆盖率）、地上低下面积及计算方法、容积率（和/或建筑密度）、绿地率、建筑高度（限高或层数）、日照间距、退线距离等来自规划层面的控制参数。

重点的约束条件是项目规模，在前期研究充分的情况下，还应给出其具体数值的来源依据，常见的是根据城市人口、馆藏量、吞吐量、接诊量等有有关使用人群的参量进行换算。其他参数在具体的片区和项目类型中，也扮演较重要的角色，如历史片区应阐明建筑的控制高度控制，重要街道需标注各种退线的距离及具体执行方法，居住类项目则必须明确容积率、绿地率和日照间距。

← Return

PRJ1.3 设计原则与理念

本指标所涉及的相关内容一般在任务书文档中较靠前的部分，是基于建设项目目标而提出的一些指导设计工作开展的原则及理念。设计目标一般是结合了项目的具体情况及预期效果所给出的项目功能定位，如在城市中扮演何种角色，将作为容纳何种活动，是提供何种服务的场所。

对应设计目标与功能定位，设计原则往往在宏观层面上倡导项目要以人为本，和谐处理人与自然的关系，并在具体的设计手法中，体现出低碳、生态化、包容性、可持续发展等理念，对于一些重要的项目，宏观层面还可能会提出要达到国际（世界级）的一流、先进水平，或在全国（中国）、某一地区范围内具有示范作用；这很可能会涉及到引用一些相应级别的规范或标准。

此外，设计原则与理念在中观层面上，往往体现出对时代特色、现代感、传统、地域、文化底蕴、内涵、气息等内容的高度关注，这些一般来源于项目的背景文脉，最终落实到形象方面的要求，直接影响着建筑的风格与风貌。在微观层面上，项目的目标和原则还可能对建筑的布局、流线、经济、节能等方面有所要求，应附上相似建成案例具有参考意义的相关资料，来说明这些具体的目标与原则是合理有据的，且具有细化执行的可行性。

← Return

PRJ1.4 相关法规与依据

本指标所涉及的相关内容一般在任务书文档中较靠前的部分，是对建设项目的招投标、设计、施工、管理、运营等方方面面有影响的法律法规，包括国家现行甚至是国际通用的各级政策、规定、规范、标准、条例等，一般是强制性质的。

在上述各种形式的法律法规以外，本指标相关内容还包括一些依据性文件，这些文件对于建设项目的制约作用相较法律法规更弱，一般更多的是建议性质的，如建设单位内部团队编制的建设计划及管理办法，特定机构针对特定建筑类型或使用功能而出台的设计导则等。任务书中相关法律法规一般只列出其题目、颁布机构、编号、年份等用于检索的信息，对需要特别说明的内容引用部分原文段落，少量的任务书会在补充材料中附上相关法规与文件的全文。

← Return

PRJ1.5 设计工作任务与范围

本指标在任务书中所涉及的相关内容，规定了建设项目设计方的工作任务书、深度和范围。

图 4-35　快速核对清单

任务书查验结果，评价问题均设定为简单的是否型，且框定在项目前期，即针对任务书评价体系前三个评分等级的内容发问。评价者只需回答表单上的评价问题并打点记录，便可以通过按图索骥的方式，找到现阶段应该并能够解决的任务书问题，有的放矢地对其内容进行修改、完善。

3. 专业查询卡片

任务书评价专业查询卡片是为已经掌握一定建筑学知识并具备任务书评价资质的人员而开发的，在正式提出任务书评价服务申请的项目上，发放给被第三方机构聘用或委托负责实施评价的专业人员使用，而不提供给仅进行自测性质任务书评价活动的客户。查询手册中的本质性内容与任务书评价指导手册相同，甚至可以说，查询手册实际上是指导手册的一种精简变种版本。但是查询手册与指导手册在受众、功用和侧重点上均有所不同。

指导手册的使用者是广泛的，凡是希望了解任务书评价体系，或对任务书评价有需求的人士，应当可以阅读它，其定位是入门级别的，作用是提供一个任务书全信息的载体，不论人们想要从中汲取有关的知识片段或是全盘的评价方法，均可以找到答案，因此指导手册侧重的是解释说明和教育引导的功用，类似于一本教科书；而查询卡片则固定在少部分被授权实施任务书评价的人手中使用，其定位是内部专业级别的，主要是为评价检视者提供一个可以快速定位信息的框架，用来在评价活动过程中实时补充其知识缺位，或辅助其对不确定性内容作出评分等级和得分值的判定，因此查询卡片具有很强的上手性、实践性，像是一本工具书或是资料卡（图 4-36）。

PRJ1.1　项目概况/城市文脉及规划情况
简明定义：关于建设项目的基本情况，对设计有帮助的城市或片区历史文化背景，以及与项目有关的各级规划的说明或材料索引。

评价标准 \ 评价等级	(3) 第一级	(8) 第二级	(14) 第三级	(15) 第四级	(20) 第五级	备注
A.任务书是否简明交代了建设项目的基本属性信息？	能够定位找到任务书中的相关文段或附件资料	有比较全面的基本属性信息以待查验	相关信息清晰全面，整理成表单或有组织的文段	设计团队快速准确的查阅到影响设计的基本属性信息	相关信息周密详尽，清晰明确，精准无误，贯彻始终	
B.任务书是否就项目的使用性质与功能定位做出了深入探讨？			重申了规划用地性质和项目既定的功能定位	对项目功能定位的一般性和特殊性做出了探讨	既定功能定位清晰易懂，在建成方案中得到较好实现	
B.……项目如有多重功能角色，主次关系是否得到明确？			明确给出了功能角色的主次关系	对功能角色主次关系进行了一定的拓展解释	重点设计方案较好地处理了不同功能之间的关系	
C.任务书是否展开陈述了项目所在城市的背景情况？			适当阐述了城市的背景情况	结合项目具体情况有重点的阐述了城市大环境	提点设计方案很好地融入了城市环境	
C.……项目如处于特定片区，其规划方略是否有资料索引？			索引了相关的规划资料	对相关规划方略进行了研究和解读	重点设计方案很好地贯彻了片区规划	
D.任务书在何种程度上对规划或文脉层面可能成为设计要点的特征要素，做出了解释说明或研究探讨？				提供了重要的设计概念或线索，得到设计团队的认同或采纳	提供了重要的设计概念或线索，且被应用于最终的设计方案中	
E.任务书编制者是否对项目所属建筑类型的前沿发展趋势、设计理念或技术做出了调研？					对相关内容做了额外的调研，给出了具体的研究资料	
E.……这些研究结论在何种程度上促进了设计团队的工作？					研究结论被整理为设计条件，对设计工作有所助益	
E.……研究结论作为设计要求或建议，落实在最终的建成方案中得到何种程度的认可？					设计要求的前瞻性得到印证，受到使用者好评或获得奖项	

图 4-36　专业查询卡片

4.5 从二维到四维的方法与技术

当前，随着建筑项目复杂程度的提升，建筑项目也更加强调可持续性、复合型功能及多方案造价估算等内容，这要求在建筑策划中应用新的技术与方法。本节研究将通过对"二维""三维""四维"三种建筑策划技术与方法的解析，探讨其中的技术工具、步骤、研究对象等内容。其中，二维方法是指基于纸媒图纸的研究方法，三维方法是指基于CAD模型的研究方法，四维方法是指基于BIM模型和网络交互的研究方法。在此基础上，本节研究提出基于BIM协同分析技术的建筑策划方法构想，针对建筑策划中的分析、表达、检查等环节进行研究，提升建筑策划方法的科学性。

4.5.1　二维方法与技术工具

建筑策划中最典型的评价方法是由威廉·M.佩纳（William M. Pena）提出的四边形法。佩纳的方法遵循了其提出的问题搜寻法四要素（Four Considerations），从四个方面对策划质量进行量化。四边形法的具体三个步骤如下：第一，从功能、形式、经济和时间四个方面提出问题；第二，基于项目问题解决的前提下，对每项内容进行打分，分值从1到10，逐级代表设计结果从失败到完美；第三，通过两两相乘得到"质量分数"，体现出四种因素之间的平衡。

佩纳的这一方法属于二维方法，策划内容和建筑策划过程主要以纸媒图纸为载体，其工作的方式也是以策划团队和业主面对面的沟通为主，通过图纸和策划卡片交换信息。另一位建筑策划学者唐纳·杜尔克（Donna Duerk）对佩纳的方法进行了补充，她对评价主体进行了细分，通过设计人员、技术人员和管理者三方进行评分（即三方模式 Troika），再将分数综合。她认为，策划者需定期与后续设计者或参与业主共同商讨所负责的问题，并进行建筑策划，如果策划者不能与业主达成一致，而问题本身却对设计有较大影响，那么必须在策划中注明，使后续建筑设计团队可以清楚地认识到这些问题。

上文提到，四边形法从功能、形式、经济和时间四个方面提出问题，而具体的研究对象可以细分为 20 余项（表 4-5）。例如在"形式"方面对社区关系、身体舒适性、安全等内容评价，在"经济"方面对资金的范围、投资效率、最大回报等内容考虑。杜尔克则进一步从环境行为学研究入手，列举了达成良好设计的 200 项可能的评估标准，根据设计情况选择。

四边形法的研究对象　　　　　　　　　　　　　表 4–5

功能 ・人 ・行为活动 ・空间关系	任务、最大数量、个体特征、互动/私密、价值等级、主要活动、安全、分隔、邂逅、交通/停车、效率、优先关系
形式 ・场地 ・物理和心理环境 ・空间和建造质量	对场地因素的理解、环境的回应、有效的土地利用、社区关系、社区进步、身体舒适性、生命安全、社会和心理环境、个体、解决方案、项目意向、客户期望
经济 ・最初预算 ・运行成本 ・全生命周期成本	资金的范围、投资效率、最大回报、投资回报、运行费用最小化、维修和运行支出、减少全生命周期成本、可持续发展
时间 ・历史 ・当前 ・未来	历史性保存、静态和动态活动、变化、生长、已知数据、可用资金

四边形法是建筑策划的最初方法。其特点是方法结构简单，易于交流。建筑策划学者伊迪丝·切里（Edith Cherry）认为，佩纳的这一方法虽然不能完全覆盖所有的影响因素，但对于建筑师来说具有可操作性。四边形法属于需求分析研究中语义解析法（Semantic Differential Method）的一种变化形式，其基本原理是运用语义学中"言语"的尺度进行心理实验，通过对各种既定尺度的分析，定量地描述研究对象。语义解析法的难点在于问题提出和言语尺度的准确性。一些学者认为，佩纳的四边形法的评价对象问题过于繁多（通常会有 20~40 项），而且缺少对特定价值的权重，因此建筑策划的结果可能偏差较大。但从科学方法的角度上看，这一方法首次尝试将建筑策划成果

进行量化评价，为后续方法的发展提供了参考。一些建筑策划学者通过数理方法对其进一步地优化，如沃夫冈·普莱瑟教授提出的策划权重分析法、庄惟敏教授的策划层级分析法、涂慧君教授的策划群决策法等。

4.5.2 三维方法与技术工具

随着计算机辅助制图的发展，建筑策划及其建筑策划研究也开始向三维方法发展。三维方法的研究主要基于接入 AutoCAD 软件的辅助工具，其中，斯坦福大学博士、得克萨斯农工大学马克·克雷顿（Mark Clayton）教授研究的语义模型扩展程序（Semantic Modeling Extension，以下简称 SME）是三维建筑策划方法的代表。通常而言，CAD 模型是被作为图形制图使用，而学者理查德·科恩（Richard Coyne）在其著作《设计知识系统库》中指出，图形表现在某种程度上是建筑表现的句法，而建筑性能则是其中语义。科恩认为从图形中明晰或提取语义的过程就是转译建筑的过程。基于这一理念，克雷顿提出了 SME 法的构想，即如何赋予 CAD 模型与图形以语义。技术层面，SME 法主要是通过 AutoLISP 和 C 语言对 AutoCAD 软件进行扩展，实现四个建筑策划模块的数据交换：其中 EGRESS 模块根据建筑规范提供安全出口的位置；CYCL 模块测试策划模型是否满足其空间要求；XEST 模块提供建筑成本估算和如何满足预算的建议；OBDL 模块提供建筑能耗估算。

SME 法是计算机辅助方法，对建筑策划环节的工作有很大帮助。首先，其大大缩短了建筑策划所需的时间，使策划团队可以考虑更多的替代方案，或者快速地向业主和使用方传递信息；其次，在建筑策划阶段引入了新的分析工具，例如对空间关系分析和建筑能耗计算，这些是原有问题搜寻法四边形法所不能定量的内容；最后，实现了建筑策划各子项分析的循环反馈，为建立策划信息模型的理念提供了支持（图 4-37）。

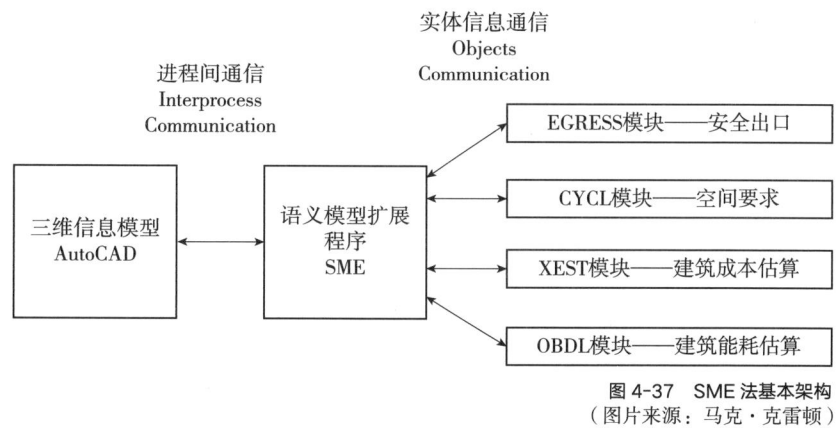

图 4-37　SME 法基本架构
（图片来源：马克·克雷顿）

三维方法的研究对象是开放的，可根据需要增加新的模块。与二维方法不同，三维方法将研究对象分解成为各种特性类型（Feature Classes），再进行综合。以 SME 法为例，该软件选取了四种研究对象为例。其中 EGRESS 涉及防火墙、使用房间、机房、走廊等特性类型；CYCL 涉及具体的使用房间性质、内外门、洞口等；XEST 涉及基底面积、天窗、内外门、内外墙、屋顶、地板、窗户等；OBDL 涉及三维形体、门、窗、日照、内外墙屋顶等。通过特性类型的不同组合可以实现对不同对象的分析。虽然在策划阶段，一些特性类型还未被充分考虑，但在一些大型项目的建筑策划中，可能涉及多个策划方案的比较，这时有必要对上述问题进行初步的考虑，并通过 SME 法得到对不同策划方案的评价结果。

三维方法与二维方法的共同点是都将策划方案转化成了语义解析。而三维方法的最大不同是转译工具从"人脑"变成了"计算机"。虽然计算机辅助方法提升建筑策划速度和精确性，但是如何将图形的信息提取出来并转译是该方法的难点。通常而言，在技术层面有两种解决方案：一种解决方案是预设转译（Preset Interpretation），即图形在软件中需要一个预先设定的解析，每个实体在设计前都有明确的语义。这种方案的不足之处在于设计决策的大部分责任都在软件程序员身上，他们选择要实现哪些组件，以及其拥有哪些属性，而专业建筑师和工程师只能从目录中选择组件，或者向组件添加新的属性。而且该方案会导致冗余数据过多，使策划信息模型非常大。另一种解决方案是自动转译（Automated Interpretation），计算机通过实体间的关系和图形内容，推导出设计的语义模型，如计算机自动判断平面图中两条近距离的平行线可能表示墙。这个方案提供了一个自由的绘图环境，但由于当时人工智能领域的技术局限，自动转译只能处理非常简单的图形，而设计师在表达想法时使用的图形语言是复杂而微妙的，目前还无法通过机器来进行准确推理。笔者认为，随着深度学习（Deep Learning）研究的开展，这种解决方案有着良好的发展前景。

克雷顿教授的 SME 法提出了第三种解决方案，即交互转译（Interactive Interpretation），这种方法主要通过软件工具和命令记录设计的语义内容。设计师绘制矢量图或三维模型，然后添加注释符，这些注释符将实体映射到一个或多个特性类型中。软件可以列出建议的分类或内容作为指导，但主要依靠设计师定义语义。这种方案的优点是设计师可以在前期专注于图纸和模型，最后再进行非图形的信息注释。相比上文中的两种方案，采用图形思维的交互转译对于策划阶段更加适用。但这种方案对用户的要求较高，他们必须准确地理解特性类型的定义并进行注释，这样才能保证建筑策划结果的准确性。总体而言，交互转译是一种适合建筑策划阶段研究的解决方案（图 4-38）。

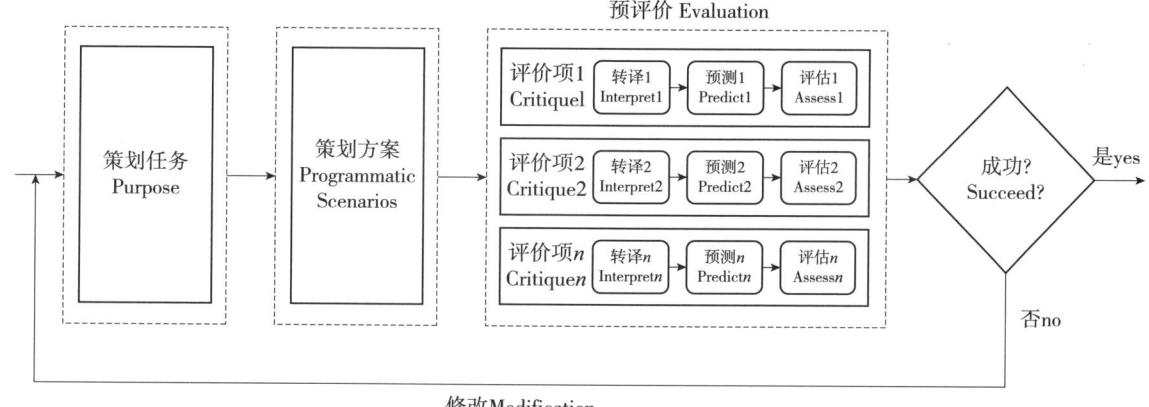

图 4-38 SME 法的建筑策划预评价环节工作内容（部分）
（图片来源：参考马克·克雷顿的《A Virtual Product Model for Conceptual Building Design Evaluation》改绘）

4.5.3 四维方法与技术工具

当前，建造信息模型技术（Building Information Model，以下简称 BIM）的推广将建筑设计带入了一个新的阶段。BIM 是在一个项目的全生命周期内，从立项、建筑策划、方案设计、方案审批、初步设计、施工图设计、细部设计、招标采购、现场施工到使用维护，在这一整套过程中对于建造信息的创造与交流，以及管理策略的整合。常用的 BIM 软件有 Autodesk 公司的 Revit，以及 Graphisoft 公司的 ArchiCAD 等。笔者在调研美国的建筑事务所如 HOK 和 SOM 时看到，在一些大型、复杂项目的设计与建造中已经开始采用 BIM 技术。在建筑策划领域，也在对 BIM 技术进行讨论。在最新版的《问题搜寻法》中，史蒂芬·A. 帕歇尔（Steven A. Parshall）教授结合 HOK 的工程项目案例，研究 BIM 技术在建筑策划操作中的应用。帕歇尔认为，如今的建筑策划者既是项目分析者也是信息管理者（Information Manager），BIM 技术作为项目信息管理的方法，应该在建筑策划阶段就开始引入，并应用于项目全生命周期，即四维的策划方法。在书中，帕歇尔教分析了 BIM 技术在策划中的一些要素，包括策划者在全生命周期数据管理中的作用；策划者和设计者如何通过可视化工具发展构想和进行空间组织；推动数据收集、数据管理、数据共享技术，以及进行虚拟工作会议（Work Sessions）。

四维方法不仅可以分析原有三维方法的对象，而且随着技术工具的发展，四维方法可以从更多方面对建筑策划进行分析，特别是空间分析。传统建筑策划方法采用空间关系图等工具，在应对复杂项目的空间关系时较难清楚地表述，而且工作量巨大。通过建立策划信息模型，借助 BIM 技术可以更好地处理这些问题。例如通过空间策划软件 Affinity 与 BIM 软件 Revit 实现数据共享。首先列出包括空间需求和其他期望的表格，也可以让项目参与者填写定制的问卷表格。这些表格数据可以直接录入软件，使信息收集的过程变得简单。策划者可以选取空间类型、数量和面积信息生成空间策划表，并按照需要分成若干组。通过 Affinity 软件也可以对策划结果的分析和验证，并与设定目标作比较，生成包含大量数据分析的报告，并按照定制的格式显示出来，这对于复杂项目的建筑策划很有帮助。虽然 Trelligence Affinity 公司已经停止了 Affinity 软件的更新，但是其对于建筑策划技术工具向四维方法推进的很好尝试，也对后来新的策划程序产生了积极影响（图 4-39）。

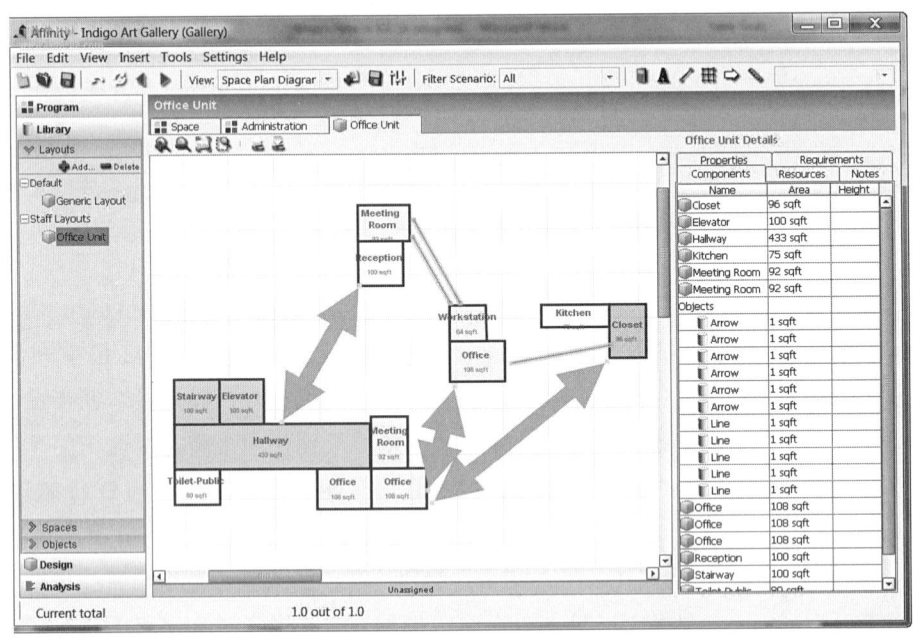

图 4-39　空间策划软件 Affinity 可以与 BIM 对接
（图片来源：Trelligence Affinity 公司）

HOK 策划团队应用的 BIM 策划信息模型的核心是在策划中建立设施需求系统（Facility Requirement System，以下简称 FRS）。FRS 的概念是建立一个基于网络的数据库，可以与 BIM 平台连接，用于收集、分析、管理策划阶段的需求信息（人员、活动、空间列表、房间数据、设备等）。该系统支持复杂项目中多团队数据输入、修改、取回，通过设置不同权限来管理。由于 BIM 技术要求更高的数据准确性，HOK 事务所主要借助专业的项目管理软件 dRofus 来实现这一工作。dRofus 软件可以管理功能策划、需求调整、成本控制等环节的数据，所有数据通过互联网储存并传输，当项目成员访问和更新数据时，dRofus 软件可以进行即时跟踪和管理，并可以与 Revit 和 ArchiCAD 等 BIM 软件衔接。通过策划信息模型对包括建筑策划阶段在内的建筑全周期进行管理，即在原有三维模型的基础上加入了时间轴，形成四维方法。国内建筑策划研究也开始重视数据库的建立，如清华大学提出第一版的建筑策划全信息模型（APIM）数据库，其中包括各种特性类型，如使用面积、人数比、设计周期等。当前数据库建立的主要难点在于数据库输入的工作量巨大，而且信息封闭。这些是在后续研究中需要继续探讨的问题（图 4-40）。

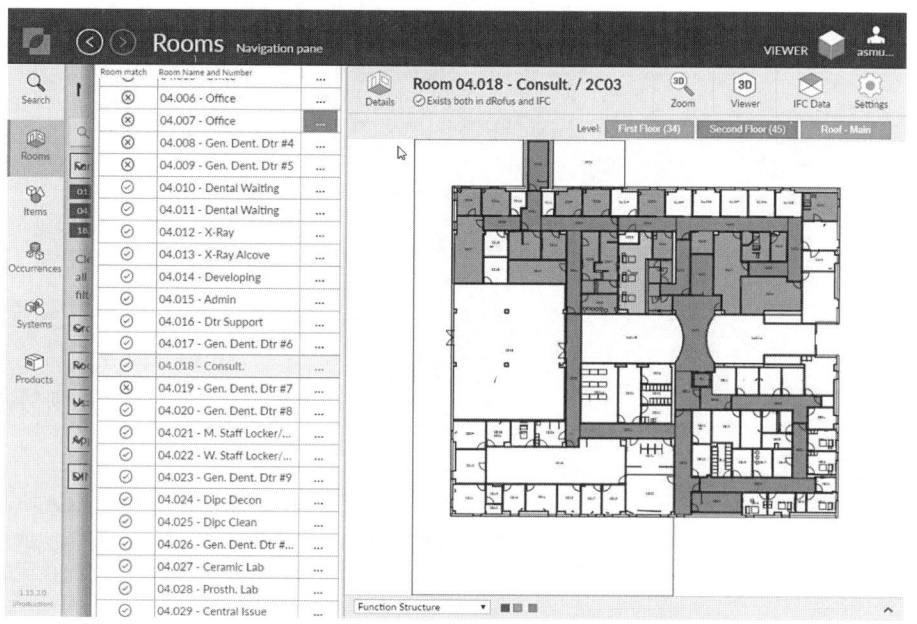

图 4-40　通过项目管理软件 dRofus 建立策划信息库
（图片来源：dRofus 软件）

当今，策划师可以利用最新的数字技术和软件来抓取和管理信息。新技术不仅提高了策划师管理信息的能力，而且使项目组之间出现新的互动和合作形式，为建筑策划提供了新的分析技术和应用场景。空间规划是建筑策划中的重要组成部分，每个空间之间的大小、形状、功能和连接关系对确定建筑物的整体形式和功能起着重要的作用。传统方法上，通过面积需求和空间组织是一个比较烦琐的过程，而该程序将简化这一过程。例如，Shepley Bulfinch 公司基于 Autodesk Dynamo 开发的策划程序"Dynamo for Space Planning"（以下简称 Dynamo，图 4-41）。从简单的 Excel 电子表格开始，Dynamo 用于在 Revit 中创建嵌入了所需信息的空间规划对象。Dynamo 读取有关房间名称、部门、数量和维度的信息，然后创建相应的体量元素并设置其参数值。策划者可以自由地排列、堆叠和重新放置这些"块"，以评估对建筑物形状的影响并分析房间的相邻性，通过平面图、立面图或透视图的形式与其他团队讨论并进行演示。该程序的主要编写者凯尔·马丁（Kyre Martin）还进行了一系列基于 Dynamo 开发的建筑策划阶段软件。

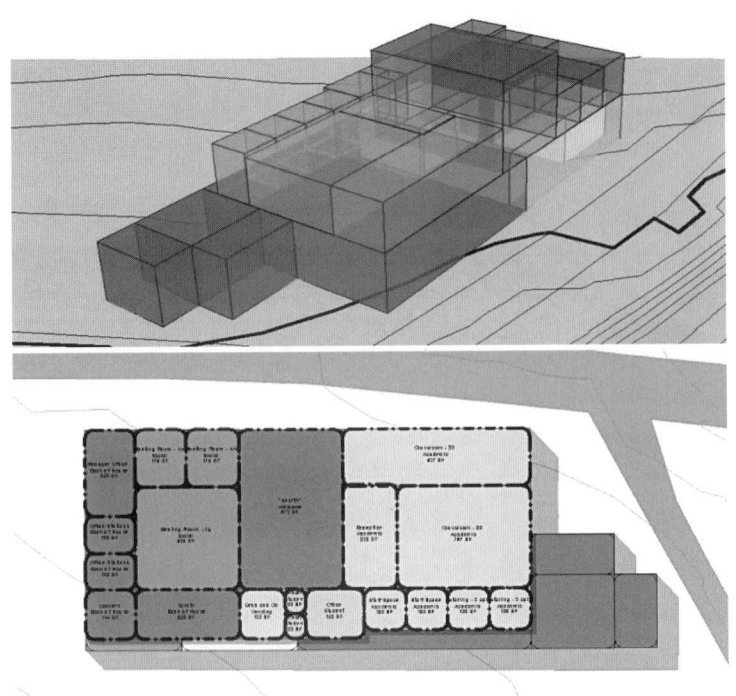

图 4-41 "Dynamo for Space Planning"可以自由定义每个空间之间的大小、形状、功能和连接关系,并进行二维和三维的可视化表达,以及在 BIM 平台进行协同分析
(图片来源:Shepley Bulfinch 公司)

4.6 建筑策划 BIM 协同分析模式研究

传统的建筑策划工作主要基于定性描述、语义学解析(SD 法),以及长期积累下来的实践经验作为搜寻和处理问题的方法,而建筑策划与数字信息技术结合的相关研究较少。当前,建筑信息模型(BIM)的推广将建筑策划带入了新的阶段。BIM 是在一个项目的全生命周期中——包括建筑策划、方案设计、初步设计、施工图设计、细部设计、招标采购、现场施工各阶段,对于建造信息的创造与交流,以及管理策略的整合(Kreider, et al., 2013)。美国一些大型设计公司如 SOM、HOK 等都在设计工作中使用 BIM 技术。在我国,一些城市也在进行 BIM 技术应用试点和推广。例如上海市 2014 年发布的《关于在本市推进建筑信息模型技术应用的指导意见》(沪府办发〔2014〕58 号),文中要求"到 2017 年,本市规模以上政府投资工程全部应用 BIM 技术,规模以上社会投资工程普遍应用 BIM 技术"。

本节将探讨如何在建筑策划应用 BIM 协同分析技术。协同分析技术分为两类:一类是建立 BIM 平台和建筑信息模型的技术,主要包括三维建模软件 Revit Architecture,以及协同云平台 Revizto,这些技术将为数据基础资料和信息传递提供接口;另一类是应用于后评估分析的技术,如建筑性能分析软件 Insight 和 IES(VE),此外还有设备机电专业软件 Rebro、工程造价软件广联达和晨曦 BIM；在建筑空间评估方面，可视化编程软件 Dynamo 可以根据后评估标准进行定制化的分析。此外，还有本团队自主开发的空间策划与后评估软件 Apprais 等（表 4-6）。这些协同分析技术有助于策划者在完成策划信息模型的基础上，进行更加科学准确的分析，改进了以往建筑策划主要依靠团队主观经验的模式。国际建筑师协会建筑师职业实践委员会（UIA-PPC）也在职业实践导则中强调了 BIM 在前期策划中的重要性。该委员会组织专家编写关于 BIM 在执业实践中的应用指导，其中"整合从业"和 BIM 的应用将会成为建筑行业未来发展的趋势。"整合从业"是指建筑师以信息模型为基础，与咨询团队、工程师、施工方、材料商等提供综合的建筑服务，通过模型将工程的实际情况和信息完整传递下去（庄惟敏等，2010）。因此，建筑策划工作也有必要基于 BIM 平台进行分析研究，并将结果以信息模型形式体现在设计任务书中。

可应用于建筑策划中的协同操作技术　　　　表 4-6

协同软件	厂商	应用环节
Revit Architecture	Autodesk	三维建模、数据接口
Revizto	Vizerra SA	BIM 云平台、VR 展示
Insight	Autodesk	建筑性能评估
IES（VE）	IES	建筑性能评估
Rebro	NYK System	设备机电
广联达、晨曦 BIM	广联达[①]、晨曦[②]	造价估算
Dynamo	Autodesk	可视化编程
Apprais	自主开发	空间策划与后评估

注：①广联达科技股份有限公司；
　　②福建晨曦信息科技集团股份有限公司。

4.6.1　建筑策划的空间分析研究

建筑策划分析的重点是空间关系。因为策划构想指向不同层次的空间关系，需要在评价中加以分析。赫什伯格认为在建筑策划中需要注意三个层次的问题：第一层次是项目内部活动的各种关系；第二层次是对于空间客体或场所活动的关系；第三层次是不同空间客体或场所之间的关系。其中，第三层次的关系较为简单，可以将各项空间用直接或间接的线条连接，即设计任务书中的分区图。第一层次和第二层次则相对比较复杂。对此，一些策划学者设计出空间关系分析图表。这种方法简捷有效，但应对复杂项目的空间关系时较难清楚地表述，而且工作量巨大。通过建立策划信息模型，借助 BIM

协同分析技术可以更好地处理这些问题。在本项目中尝试自主开发策划空间分析软件 Apprais，[①]该软件提供了空间策划、面积分析，以及策划—概念方案验证工具，此外，该软件还可与 BIM 软件 Revit 实现数据共享。表格中的策划需求包括空间和其他期望的特性，也可以让项目内部和外部的参与者填写定制的问卷表格。这些表格数据可以直接录入软件，使信息收集的过程变得简单。策划者可以选取空间类型、数量和面积信息生成空间策划表，并按照需要分成若干组（图 4-42）。该软件可以生成包含大量数据分析的报告，

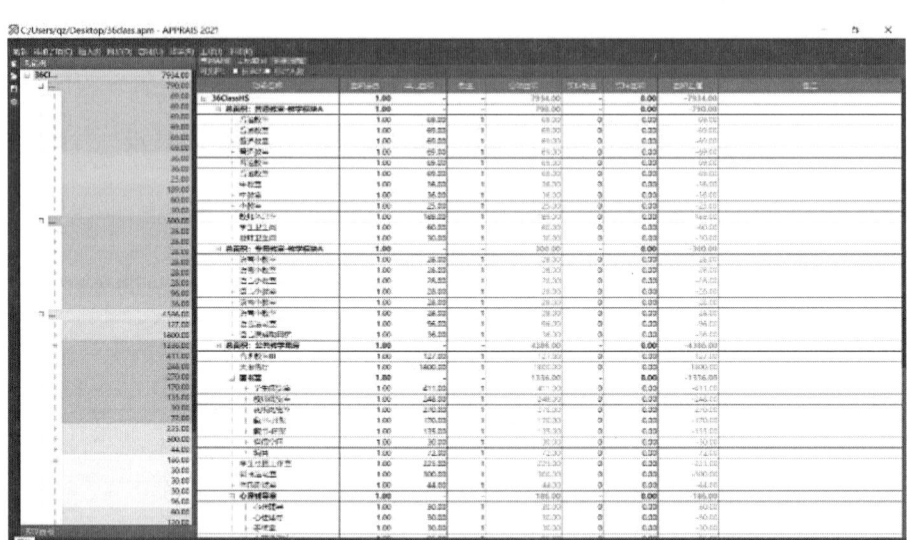

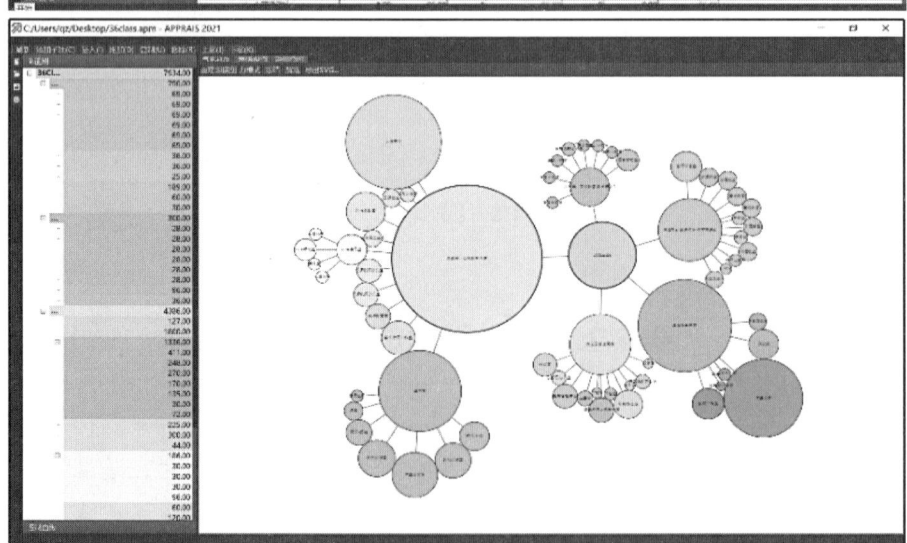

图 4-42 以某高校教学科研楼后评估项目为例，通过自主开发软件 Apprais 协同建立建筑信息模型，该软件提供了空间、面积、流线分析，以及图形工具，并可与 BIM 软件 Revit 实现数据共享

---

① Apprais 全称为建筑策划与使用后评估聚合信息系统 V1.0。著作权人：清华大学建筑设计研究院有限公司，庄惟敏、沈锋、屈张、苗志坚。软著登字第 8987880 号。

并按照定制的格式显示出来，这对于复杂项目的建筑策划很有帮助。后续将继续开发三维展示、建筑类型模板，以及策划方案对比分析等功能。

4.6.2 建筑策划的表达方式研究

在建筑策划中，过程和成果的表达方式是一个重要问题。赫什伯格认为，建筑策划就像是电脑程序，有输入环节和输出环节，在策划概要完成之后，应该精简数据结果，并形成建筑策划图表或报告，这有助于在与使用者或业主的交流过程中准确地定位问题。传统的策划表达主要以文字描述和图表形式为主。BIM协同分析技术的引入，可以将策划构想进行三维展示。在过程表达方面，传统方法展示面积需求和空间组织的过程比较困难，特别是在将其转化成BIM模型的过程。而Revit提供易于使用的自由形状建模和可视化编程软件Dynamo，可以快速地创建策划三维信息模型，便于策划参与各方的理解。Dynamo软件定义功能分组和体量，并对它们进行颜色编码。同时，建筑师可以使用Dynamo软件作为计算器，满足空间要求，在可视化条件下完成策划构想过程。当需要进一步开发概念性建筑模型时，可以在Revit软件中直接使用空间体量对象来定义墙、地板、门和其他建筑元素。

4.6.3 建筑策划的协同检查研究

除了建筑策划的分析与表达，对策划结果的检查也很重要，但目前行业及学界对这一内容的研究相对较少。策划结果有可能会对项目使用效果、造价估算甚至可行性产生影响，而且策划涉及多方的需求，因此需要进行协同检查。协同检查要求策划各方参与其中，这就要求建立统一的数据接口。对于一些大型项目而言，涉及多团队协作和实时信息同步，需要建立一个共享的数据库。这个数据库可以与BIM平台连接，用于收集、分析、管理策划阶段的需求信息（人员、活动、空间列表、房间数据、设备等）。该系统支持复杂项目中多团队数据输入、修改、取回，通过设置不同权限来管理。协同检查有效地弥补了策划者单方判断的局限性。协同分析技术有助于在策划开始阶段尽可能地收集各方信息并加以整合，指出其中相冲突的信息，并协调各方意见，提出策划构想，最终形成策划报告。通过建立多方参与的建筑策划机制，使各方能尽早地认识到项目的本质问题和影响范围，避免过程中颠覆性的意见，同时也保证策划者能够获得所需的项目信息。

4.7 策划评价

建筑策划在操作过程中应该进行评价（Programme Review）。威廉·M. 佩纳提出建筑策划自评的概念并创造出一套切实可行的策划阶段自评方法，并将其应用于实际当中。佩纳认为，质量评估应该是针对产品而不是程序，对产品的评估应该从功能、形式、经济和时间四个方面进行测量。[①] 佩纳表示建筑策划的自评一定要具有可操作性。这是因为太过于细化的权重因子设定，可能过于琐碎和关注细节，往往会忽略整体。另外，自评的人往往是建筑师，太过于复杂很可能会导致建筑师难以掌控，在实际项目工程领域不具可操作性。德克在此基础上进一步提出在设计过程中由不同的团体共同参与评估的工作，设计人员、技术人员和管理者共同评估设计的优点，即设计的形式、功能、经济和时间四个方面，评估团体的每一个成员依据标准给各个项目评分，然后求出总的分数。这四个项目包含了最佳建筑物 200 项的评估标准。[②] 德克的方法在科学分析角度更加细致，但实践中佩纳的方法更具可操作性。赫什伯格在《建筑策划与前期管理》(*Architectural Programming and Predesign Manager*, 2005)中提出策划过程的评估标准：内容全面性、信息准确性、有效性、时间可行性、经济可行性。赫什伯格提出通过模拟方式进行策划评价，将其分为心理上的模拟、图纸或模型的形象模拟、公式或数字的数学模拟，以及试验性模拟。[③] 当下的住宅地产开发商建造样板房在某种程度上就是一种试验性模拟的策划评价方法。通过装修完善的样板房，开发商可以评价空间、材料和整个设计系统并及时调整，在大批量设计最终方案之前，首先对重复性单元进行模拟评估将使策划后的设计过程事半功倍。

思考题与练习题

1. 请思考，建筑策划的技术方法如何实现了不断引入新技术工具和跨学科融合，这些新工具的引入为建筑策划的实施带来了怎样的变化？

2. 请思考，人工智能的快速发展为建筑策划技术方法带来了哪些新突破，又存在哪些潜在的风险？

主要参考文献

[1] CLYTON M A. Virtual Product Model for Conceptual Building Design Evaluation [D]. Stanford: Stanford University, 1998.

---

① PENA W M, PARSHALL S A. Problem Seeking[M]. New York: John Wiley & Sons Inc., 2001: 208.
② 罗伯特·G. 杜尔克. 建筑计划导论 [M]. 宋立垚，译. 台北：六合出版社，1997: 193.
③ 罗伯特·G. 赫什伯格. 建筑策划与前期管理 [M]. 汪芳，李天骄，译. 北京：中国建筑工业出版社，2005.

［2］　MARTIN K. The Space Planning Data Cycle with Dynamo[EB]. dynamobim 官方网站，2015.

［3］　屈张. 建筑策划的协同模式在历史环境新建项目中的研究 [D]. 北京：清华大学，2015.

［4］　屈张. 二维、三维、四维：建筑策划预评价方法与技术工具研究 [J]. 住区，2019（3）：98-103.

［5］　屈张，庄惟敏. 建筑策划"问题搜寻法"的理论逻辑与科学方法：威廉·佩纳未发表手稿解读 [J]. 建筑学报，2020，617（2）：37-41.

第 5 章 使用后评估的技术方法

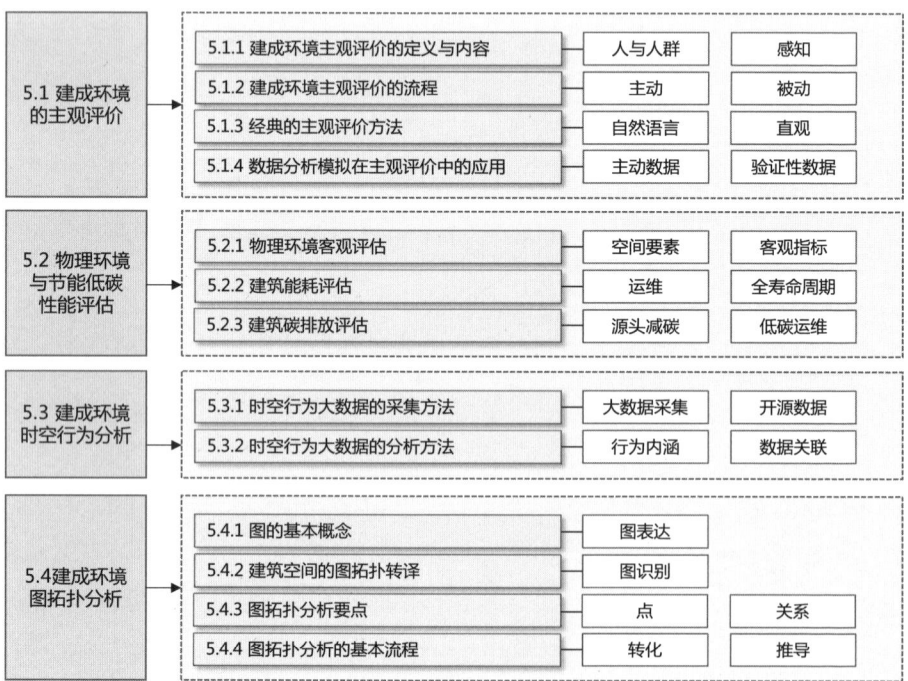

第 5 章 知识框架图

5.1 建成环境的主观评价

5.1.1 建成环境主观评价的定义与内容

1. 建成环境主观评价的定义

建成环境评价的对象是指为人类活动所提供的人造环境，既包括城市环境，又包括建筑环境。就建设层面而言，建成环境评价包括对建造过程中、建造完成后（未使用）和使用后的环境评价。而本章所指的建成环境评价是使用后对环境的评价，即建成环境的使用后评估。

对建成环境的使用后评估分为客观评价和主观评价。客观评价主要以建成环境为对象，对其物理性能和功能绩效等方面进行评价，具体内容在本章第 5.2 节进行详细介绍。主观评价则以建成环境的主要使用者——人作为评价主体，以人的使用需求作为基础，对人与建成环境的关系进行评价。

为了更好地理解人在建成环境中的使用需求，有必要对人的基本需求和内驱力进行一个初步的了解。马斯洛将人的基本需求分为五个层级，分别是生理的需求、安全的需求、社会的需求、尊重的需求和自我实现的需求（图 5-1）。在人的发展中，在后一较高层级的需要充分出现之前，比它低级的需要必须得到适当满足。当生理需求获得满足之后，心理需求开始产生。希腊学者 C.A.Doxiaids 将人对聚居地的基本需求概括为几个方面：安全的需求，选择与多样性，最大限度的接触（自然、社会、人为设施等），最省力原则，受到保护空间（私密性），人与其生活体系中各要素（自然、道路、通信网络等）之间的最佳联系、（自然、人为设施、建筑、社会、人）之间关系的最佳平衡（图 5-2）。

我国的学者也总结了人对建成环境的需求。吴硕贤院士以人群的主观评价为研究核心，总结了人对居住环境质量的基本需求。朱小雷教授将人对建成环

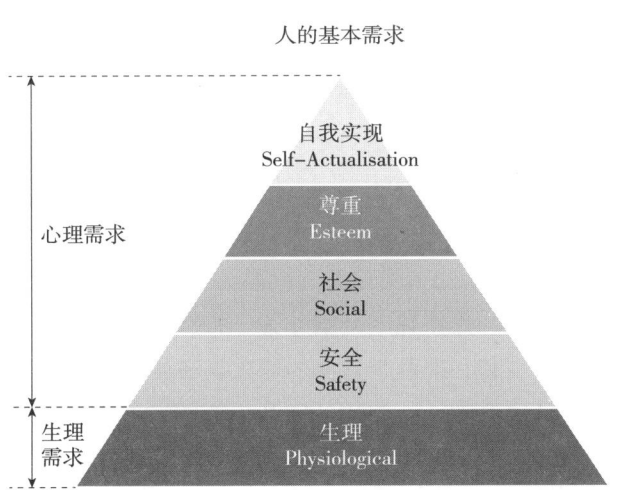

图 5-1 马斯洛的层级需求模型

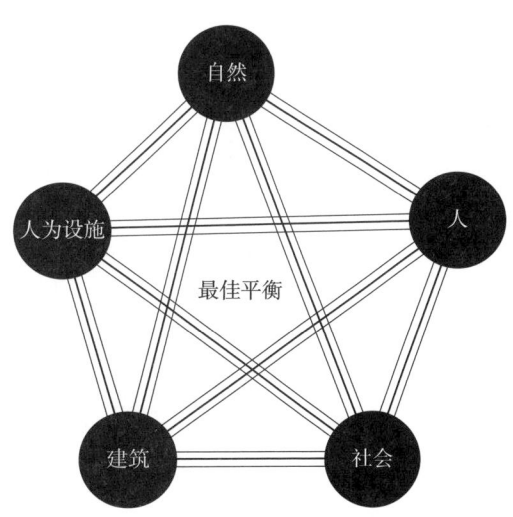

图 5-2 需要满足的最佳平衡模型

境的需求概括为：与舒适有关的物质环境要素（建筑空间或实体元素）、与心理环境有关的舒适性要素、与社会环境有关的要素。徐磊青教授将人对环境需求概括为三个层次：健康与舒适的环境、活动机会和对社会和文化体系的认同。

建成环境的主观评价是以使用者为评价主体，以使用者对建成环境的需求为基础，从物质环境、心理环境和社会环境三个方面，对建成环境是否满足人的基本需求进行检验，并以人们的主观感受的平均趋势作为评价标准的一种环境评价。

2. 建成环境主观评价的内容

建成环境的主观评价从以下四个方面进行理解：
①健康与舒适性评价；
②满意度评价；
③对建成环境质量的主观评价；
④行为与环境之间的相互影响。

（1）健康与舒适性评价

对建成环境的健康与舒适性评价应从物质环境的舒适性、心理环境的舒适性和社会环境的舒适性三个方面展开。

物质环境的舒适性包括室内外的环境质量给人带来的客观生理反应（如热舒适性、视觉舒适性、声环境舒适性等）、人类工效学意义上达到舒适（如空间尺度、色彩、质感等）和空间感知意义上达到的舒适（如空间感知、空间认知等）。

心理环境的舒适性与人的情绪、偏爱、价值取向、态度、认知等因素有关，也与人口统计资料，如教育程度、社会与经济水平、宗教信仰等因素有关。

社会环境的舒适度包括安全、交流与交往水平、领域的私密性、社会体系和文化体系的认同、邻里构成等舒适水平。

（2）满意度评价

满意度概念是一个市场学的概念。"现代营销学之父"菲利普·科特勒将"顾客满意"定义为：一个人通过对一个产品的可感知的效果或结果与他的预期值相比较后，所形成的愉悦或失望的感觉状态。当用数值来衡量顾客对服务或产品的预期值与真实使用的感受两者之间的相对关系时，这个数值称为"满意度"。满意度概念的出现意味对人的主观感受进行客观的测量和评价。

对建成环境进行满意度评价时，是将建成环境作为一种产品，检验其是否满足了使用者的需求，包括物质和心理两个方面的需求。在居住环境满意度评价中，物质环境包括居住环境的安全、舒适、便利、隐私、不拥挤、令人愉悦的外观等因素；社会和心理环境包括友好的邻里关系、规则的合理、自尊的满足、对外界人们发展的满意等因素。

满意度评价揭示了建成环境对使用者的影响在更加广泛的方面产生的效益和功效。在居住环境中，满意度可以提升人们的生活品质和幸福感，避免社会冲突和提升土地价值等；在非居住环境，如工作环境的评价中，满意度被视为影响工作效率的一个重要指标；在医院护理环境中，被护理者的满意度可以有效地提高护理的效果和护理员的工作效率。

（3）对建成环境质量的主观评价

建成环境质量的主观评价是对建成环境客观属性及使用时的状态的主观描述，是对环境本质属性的公共认知意象。

建筑的基本质量评价，如普莱策在使用后评估理论中提出，对空间绩效的评价，包括空间容量、空间效率、空间灵活性、流线组织的合理性等；对建筑和设施的维护管理，包括屋顶、外墙、窗户、内部装饰等的维护程度等。[①]

从建筑技术角度，对照明环境，音乐厅的听觉效果，美术馆的视觉环境效果等专业领域进行主观评价，以及对医院、机场等进行专项评价。医疗建筑还需要严格的室内环境品质，尤其是声环境和病房的室内空间质量都需要更加精确的仪器测量。教育类建筑对光环境、声环境具有较高的要求，以提升学习效率，改善师生互动行为等。

（4）行为与环境之间的相互影响

丘吉尔曾有一句名言，"环境塑造了人们，人们又塑造了环境"。人的行为与环境的影响是相互的。通过挖掘分析一个场地中人们的行为模式和使用偏好，间接地对建成环境进行主观评价。

行为与环境相互影响的主观评价方法分为两种：一是对使用者的行为模式和使用偏好进行直接询问，通过积累行为主体的样本数量，总结环境中人们的行为模式和使用偏好；二是对环境中人的行为活动进行观察，借助软件模拟环境中的人的行为模式和使用偏好。

5.1.2 建成环境主观评价的流程

主观评价的流程倾向于体系化和通用化，因此，对每一座建筑或环境进行主观感受评价都大致分为三个阶段，分别是前期调研、空间分析和结论评价。每一个阶段又细分为三个步骤，前期调研中包含评估项目的背景调研、项目中使用者的行为模式调研和使用者主观偏好的调研；空间分析中包含前期调研结果的指向性分析、数据收集和数据分析；结论评价中包含对所评估项目的一个描述性的总结、对所评估项目及同类型建筑提出的改善建议，以及对建筑全生命周期各环节的反馈（图5-3）。每一个步骤中将从目标、

[①] 杨公侠. 视觉与视觉环境 [M]. 上海：同济大学出版社，1985.

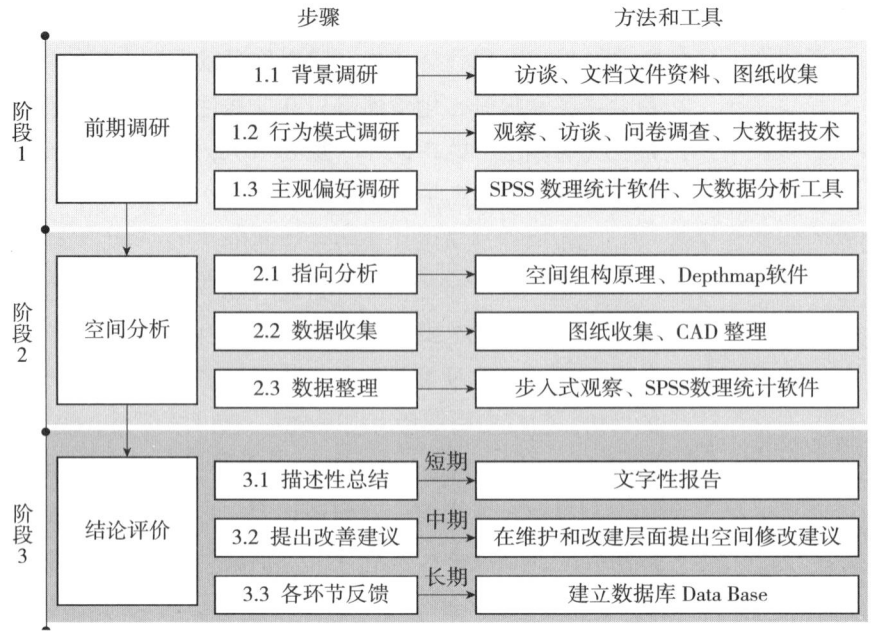

图 5-3 主观感受评价流程模型

理由、方法、行动和成果五个方面进行进一步的阐述。

不同的建筑类型所侧重的评估重点不同，因而使用的评估方法也不同。如办公建筑侧重使用者的健康和舒适与建筑能耗表现，因此，问卷调查和物理指标测量比较重要。教育建筑更加关注教学与学习的效率及学生的活动和行为模式，因此，实地调研十分重要。医疗建筑更加侧重使用者的空间体验，因此，空间流线、布局、可达性等指标显得更加重要；同时，医疗建筑还需要严格的室内环境品质，尤其是声环境和病房的室内空间质量都需要更加精确的仪器测量。居住建筑则关注节约能耗和使用者舒适度，因此，能耗分析法和使用者的调查问卷比较重要。

5.1.3 经典的主观评价方法

1. 调查问卷法

调查问卷法分为传统纸质问卷和线上问卷两种。调查问卷一般需要 5~15 分钟左右完成，一般不超过 45 个定性和定量问题。它包括室内环境舒适性调查、满意度调查、使用偏好调查三个方面。

调查问卷法一般分为两种类型，一种是传统纸质问卷调查，通过在环境中随机发放的形式分发到受访者手中，受访者在现场完成问卷调查。传统纸质问卷调查一般需要收集 100~150 份有效问卷。另一种是线上问卷调查（Web-based Survey），通过已有的线上问卷调查系统向更广泛的受访者发放问卷，受访者在网上完成问卷调查。已有的较为成熟的线上问卷调查有美国加州大学伯克利分校的产学研合作项目CBE（Center for the Built Environment）开发的线上使用者调查，该调查在热舒适度方面的结果符合LEED绿色建筑的验证标准。国际上现已投入使用的线上问卷调查系统还有英国Probe项目开发的BUS Methodology、加拿大国家研究学会的COPE问卷模板、澳大利亚的BOSSA TIME_LAPSE网上问卷调查等。主要针对办公、教育、医疗、政府等公共类型建筑的室内环境舒适性进行主观评价。

回收上来的问卷与数据库中设定的相应的标准数据进行比较。结论形式包括关于室内环境舒适性的总结性结论。问卷中每一个问题的回答会以表格、图表的形式呈现出来。

（1）室内环境舒适性调查

室内环境质量的问卷调查一般需要5分钟左右完成，它包括室内温度、湿度、空气质量、光环境、声环境和个人控制等基本问题。一般采用李克特量表（Likert Scale）让使用者对上述指标进行主观评价，对每个指标的回答有5种程度，分别记为1、2、3、4、5（表5-1）。比如，"您觉得室内温度如何？"所对应的回答有：1—很冷（Cold）；2—凉爽（Cool）；3—正好（Neutral）；4—温热（Warm）；5—很热（Hot）。

室内环境舒适性调查表　　　　　表5-1

程度	1	2	3	4	5
室内温度	很冷	凉爽	正好	温暖	很热
室内湿度	很干燥	干燥	正好	湿润	很潮湿
空气质量	很不清新	不清新	正好	清新	很清新
自然采光条件	很暗	偏暗	正好	偏亮	很亮
人工采光条件	很暗	偏暗	正好	偏亮	很亮
房间里声响	很吵	声响强	正好	轻微声响	很安静
整体舒适性	很不舒适	较不舒适	正好	较舒适	很舒适

（2）满意度调查

满意度评价的问卷调查一般包括对建成环境的外观、空间设计、流线与布局、可达性等使用满意度的调查。一般也采用李克特量表进行主观评价，每个回答对应5种程度，分别为非常不满意、较不满意、正好、较满意、非常满意，分别记为1、2、3、4、5（表5-2）。比如，"您对室外平台的设计是否满意？"所对应的回答有：1—非常不满意；2—较不满意；3—正好；4—较满意；5—非常满意。一般在每个问题后面还会追加一个可以让人写出建议的地方，如"若您愿意提出建议，那么它会是_____"。

建筑空间的满意度调查表　　　　　表 5-2

程度	1	2	3	4	5
建筑外观	非常不满意	较不满意	正好	较满意	非常满意
建筑外部空间	非常不满意	较不满意	正好	较满意	非常满意
办公空间氛围	非常不满意	较不满意	正好	较满意	非常满意
室内装修设计	非常不满意	较不满意	正好	较满意	非常满意
室内流线安排	非常不满意	较不满意	正好	较满意	非常满意
可达性	非常不满意	较不满意	正好	较满意	非常满意
功能分布	非常不满意	较不满意	正好	较满意	非常满意
整体满意度	非常不满意	较不满意	正好	较满意	非常满意

（3）行为习惯与使用偏好调查

行为习惯与使用偏好调查是对建成环境中的各类使用者的行为、偏好、态度的调查，它包括使用某个特定空间或路径的频率、时间、使用方式、活动类型、使用偏好、社会和文化影响因素等。行为习惯与使用偏好调查一般包括单选题、多选题和开放题（图 5-4）。单选题是关于使用频率、时间等，回答中一般会列举五个选项，如"您一般在这活动多长时间？"所对应的答

您的性别：□男　□女
您的年龄：□<30　□31~40　□41~50　□51~60　□>60

• 若您在该片区**工作**：
您的身份是：
□企业员工　□外籍员工　□写字楼物业管理人员　□商户　□其他
您的工作性质：
□行政人员　□专业技术人员　□管理人员　□后勤服务　□商业　□其他
您所在公司的性质：
□投资类　□科技类　□IT类　□咨询类　□教育类　□医疗类　□餐饮娱乐　□酒店服务类　□文化艺术类　□商务休闲类　□其他
您在该片区的工作年头
□<1 年　□1~2 年　□3~5 年　□>5 年
您平均每天在该片区中的驻留时长？
□<6 小时　□6~8 小时　□8~10 小时　□>10 小时

• 若您是该片区的**居民**：
您的身份是：
□居民　□外籍居民　□居委会管理人员　□居住物业管理人员　□其他
您在该片区的居住年头
□<1 年　□1~2 年　□3~5 年　□>5 年
您平均每天在该片区中的驻留时长？
□<6 小时　□6~8 小时　□8~10 小时　□>10 小时

• 若您刚好**路过**该片区或**偶尔来访**：
您来过该片区的次数
□1 次　□2 次　□3~5 次　□>5 次

图 5-4　使用者基本信息问卷示例

案是:"5 分钟及以下、5~30 分钟、30 分钟 ~1 小时、1~2 小时、3 小时以上";再如:"您对这个建筑的使用频率是?"所对应的答案是:"不经常来、每年 1~2 次、每周 1 次、每月 1~2 次、几乎每天都来"。多选题的回答中会提供多个可选择的选项,问题一般为活动类型、使用偏好等,如"您希望增加哪些商业服务设施?"所对应的答案是"餐饮、服饰、医疗、书店、花店、健身、超市、其他_____";再如"您来这里的原因是?"所对应的答案是"路过、短暂休息一下、午休、与朋友碰面、散步、_____"。

2. 访谈

访谈法一般包括个人访谈和焦点小组访谈(Focus Group),访谈的类型为半结构访谈,即预先设定粗略的提纲和一部分访谈问题。

个人访谈由调查者在环境中随机偶遇受访者,未进行严密的随机抽样。问题包括受访者的社会背景。对道路交通、物业设施、建筑形象等因素的思考。一般时间一般在 10~15 分钟内完成。

焦点小组访谈一般由一个经过训练的调查者主持,采用半结构方式,与建成环境的所有利益相关者代表,如使用者、相关专家、设计师和建筑管理者等进行交谈,时间一般在 30 分钟 ~1 小时。焦点小组的主要目的是倾听使用者代表对建筑在运营和使用时较为明显的优点和不足进行深入阐述。焦点小组的特点是,主持人抛出的一个问题,不同利益相关者会站在不同的角度自由发言,研究者从中获得意想不到的发现。

3. 步入式观察

评估专家通过实地调研,凭借自身经验,通过拍照或录像的方式记录,对照设计图纸、竣工图纸等材料,对建成环境的设计、建造和维护水平进行评价,辨别主要问题。

4. 认知地图

凯文·林奇曾说:"环境意象是环境与观察者相互作用的结果。环境提供区别与关系,而观察者有很大的适应性,根据他自己的目的,选择组织他所见到的一切并赋予意义。"[1] 认知地图不是一张简单的二维地图,而是反映人们与环境之间的互动过程与认知经验的积累。认知地图在表现物理环境中的建筑、道路、景观、设施等相关环境因素的同时,还可以反映出环境在人的认知层面上的精神氛围和人对整体环境的熟知程度,因此,认知地图是主观评价的重要方法之一。

---

[1] MALLOR H S, PREISER W F E, WATSON C G. Enhancin Building Performance[M]. London: Blackwell Publishing Ltd., 2012: 15-18.

认知地图一般与访谈同时进行，调查者在环境中随机偶遇受访者，未进行严密的随机抽样。调查者首先询问受访者对周围环境是否熟悉，并愿意绘制一张认知地图。在经过受访者同意之后，调查者为受访者提供绘图本和笔，时间一般在10~15分钟内完成。调查者会提示受访者把环境中的建筑、道路、景观、设施和有特点的空间凭印象画出来。此外，调查者将受访者在画图过程中对环境的主观评价用描述性的文字记录下来（图5-5）。

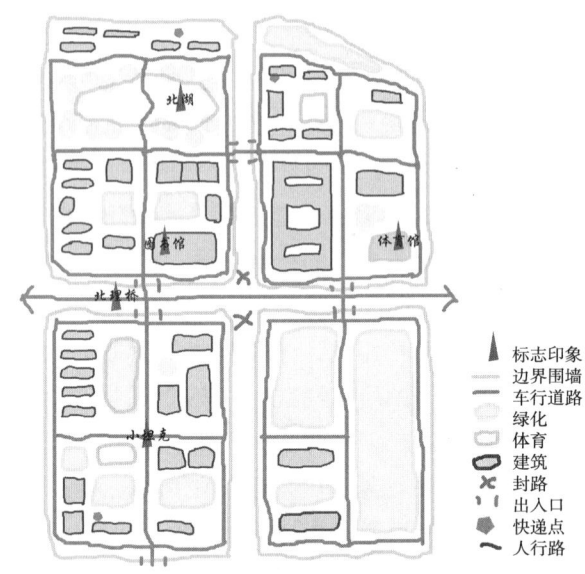

图5-5　学生对某高校校园进行的认知地图调查

5.1.4　数据分析模拟在主观评价中的应用

1. GIS平台在主观评价中的应用

GIS可以更快、更全面地记录问卷调查、访谈、步入式观察等经典主观评价方法收集到的数据。此外，GIS还可以将建成环境的特征属性（如规模、功能布局、空间绩效等）与使用者的特征属性（如使用者数量、使用者偏好、行为模式等）进行关联分析，进而评估建成环境的使用和运维情况。

美国普莱策团队对辛辛那提和汉密尔顿县公共图书馆项目的使用后评估调查中引用了GIS软件收集图书馆的地理位置、建筑尺度、利用率、全职员工人数和比较活跃的图书馆使用者的家庭住址信息，用来分析图书馆尺度与它所辐射到的区域内的人口数量之间的关系、图书馆中各功能空间利用率与空间流线、访问量、举行的社会活动数量和员工工作时间之间的关联、统计建筑容量与图书馆内座椅数量、会议室的容量是否合适等。有了这些定量的数据，结合主观评价收集到的使用者偏好的定性数据，建立了一个对辛辛那提和汉密尔顿县公共图书馆建筑使用后评估的打分系统。

2. BIM 技术分析和模拟

基于 BIM 技术的模拟模型可以用来提前测试建筑设计的实际效果，还可以关注使用者的行为模式对于建筑性能实际表现的影响，尝试提供一个前瞻性的使用者体验的评定标准。BIM 技术的应用支持步入式视觉模拟、暖通空调系统设计、能源性能预测、光环境设计和安全及安保系统评定方面。

由安德鲁、森尼克和韦纳设计的智能体导向模型是基于 BIM 技术对使用者行为模式的模拟原理研发出来的。安德鲁、森尼克和韦纳认为，可以将人们在建筑中的行为模式抽象为三个模型，分别是规范性的模型、相关性的模型和规则导向的模型。规范性模型如 300lx 的照度、20℃的室内温度和 40℃的家用温水等；相关性模型是通过线性回归分析关联使用者个性特征和行为特点，如预测用水量和能耗的关联性；规则导向性模型如简单的人与建筑互动的行为规则。智能体导向模型，模拟了人们各种各样的偏好和行为，并将它们抽象为 10 个智能体代表建筑使用者，然后投放到被评估的建筑模型中进行行为模式的模拟。

3. 空间句法的分析和模拟

空间句法软件通过预测和分析空间布局导致的人的行为模式或交通的出行模式，来改善和辅助建筑或城市的空间设计。这一特点可以应用于使用后评估的主观评价中，对已建成并在使用中出现问题的建筑空间进行检验，也可以在建筑设计初期阶段帮助预测空间模型的合理性。

应用空间句法指导设计的最为著名的案例是伦敦特拉法加广场的改造（图 5-6）。19 世纪，该广场设计的最初定位是皇家纪念性中心。到了 20 世纪 90 年代，伦敦城市的快速发展和扩张，导致该广场变成了伦敦交通最拥堵的地方。快速穿行的机动车阻隔了行人到达广场内部，导致特拉法加广场

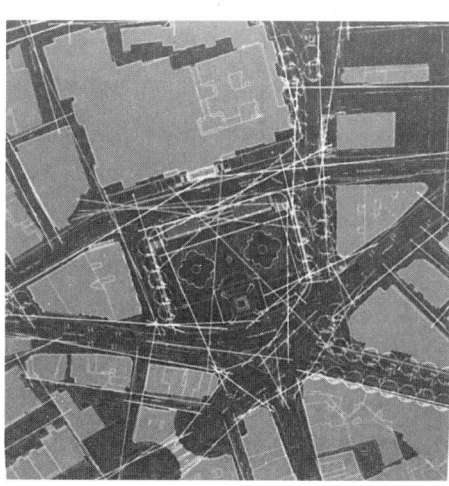
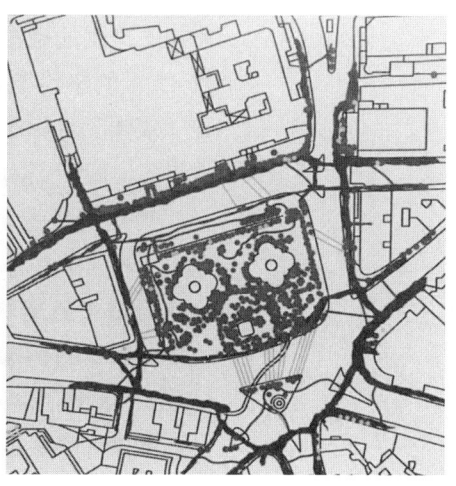

图 5-6　空间句法对广场的轴线分析　　　　　图 5-7　改造后的驻足和行人

成为"孤岛"。1998年，福斯特建筑事务所与空间句法公司对该广场进行了改造，通过空间句法软件计算出广场周围步行道和机动车道的可达性，提出了既改善交通拥堵，又使广场成为一个舒适的城市公共空间的设计方案。直到2003年广场重新开放，步行人流增加了13倍，这里成为伦敦最具吸引力的广场，平均每天经过或停留的大量的伦敦普通民众与游客人数达近2万人（图5-7）。

5.2 物理环境与节能低碳性能评估

基于实际定量化运行数据的建筑物理环境与节能低碳性能客观评价，是建筑使用后评估中不可缺少的重要一环，其与使用者满意度主观评价结合，共同形成广义的建筑性能评估，对促进建筑绿色可持续发展起到了关键作用。

顾名思义，建筑物理环境与节能低碳性能评估主要包含两方面内容：一是室内热、声、光、空气质量等物理环境要素的优劣；二是建成环境营造所带来的能源消耗及外部环境负荷（碳排放）。上述两方面性能已成为当今建筑领域高质量发展阶段的核心主题与关注焦点。

首先，营造舒适健康的建成环境对保障人民群众身心健康、推进健康中国建设具有重要意义。据统计，人们一生有大约90%的时间生活在室内，建成环境的好坏直接影响人们的舒适、健康和工作效率。为此，我国于2017年正式颁布实施了国内首部《健康建筑评价标准》T/ASC 02—2016，并于2021年对标准又进行了二次修订。

其次，我国建筑能耗与碳排放总量大、增速快，根据《中国建筑能耗与碳排放研究报告（2022年）》权威报告显示，2020年我国建筑碳排放占全国总碳排放量约51%，其中建筑运行碳排放占22%，建材（含基础设施）生产和施工产生的碳排放约29%；2005—2020年期间，全国建筑运行期间碳排放以4.7%的年均增速持续快速增长。因此，建筑领域节能降碳势必对国家实现"双碳"目标战略具有重要意义，可为其他领域的"碳达峰、碳中和"赢得更多时间和空间。

特别需要说明的是，物理环境与节能低碳性能两者之间通常是相互关联、密不可分的。建筑中的空调、新风、照明等系统消耗能源，营造出适合人体舒适与健康的室内环境；同时，室内环境的实际状态通常也会作为环境控制系统的前端输入，参与到环境调控过程，从而影响建筑运行能耗（碳排放）。因此，本章也将这两者放到一起进行讲述，内容共分为三小节，分别从物理环境参数、建筑能耗、建筑碳排放三方面介绍建筑客观性能数据采集、核算、分析与评估方法。

5.2.1 物理环境客观评估

基于仪器监测的物理环境性能客观评估是衡量建筑室内环境是否健康、舒适的重要手段，也是建筑使用后评估的主要内容之一。测试参数通常包括：热（空气温度、相对湿度、辐射温度、风速等）、声（噪声等）、光（照度等）与空气质量（CO_2、CO、可吸入颗粒物、甲醛、总挥发性有机物等）。

1. 测试方法与工具

环境参数的测试方法可参考国内外相关标准中的有关要求和规定，例如：《Ergonomics of the Thermal Environment-Instruments for Measuring Physical Quantities》ISO 7726：1998、《照明测量方法》GB/T 5700—2023、《热环境的人类工效学　物理量测量仪器》GB/T 40233—2021、《建筑热环境测试方法标准》JGJ/T 347—2014、《民用建筑隔声设计规范》GB 50118—2010、《室内环境空气质量监测技术规范》HJ/T 167—2004等。测试参数的分辨率、精度与采集频率应满足表5-3、表5-4要求。

环境测试参数数据要求（一）　　表5-3

参数	分辨率	精度	采集频率
温度	0.1℃	±1	≤ 10 min
相对湿度	1%	±5%	≤ 10 min
照度	1 lx	±8% 读数	≤ 30 min
噪声	0.1 dB	±1 dB	≤ 10 min
CO_2	0.001%	0.03%<R≤0.2%时：±0.005% 0.2%<R≤0.5%时：±3% FS	≤ 10 min
CO	0.00001%	0<R≤0.001%时：±0.00005% 0.001%<R≤0.005%时：±3% FS	≤ 30 min

环境测试参数数据要求（二）　　表5-4

参数	分辨率	总不确定度	采集频率
$PM_{2.5}$	≤ 0.002 mg/m³	< 25%	≤ 10 min
PM_{10}	≤ 0.002 mg/m³	< 25%	≤ 10 min
甲醛	≤ 0.01 mg/m³	< 30%	≤ 60 min
总挥发性有机物（TVOC）	≤ 0.1 mg/m³	< 30%	≤ 60 min

关于室内物理环境的监测工具，由于需要测试的环境参数众多，早期的研究者们通常将空气温湿度自记仪、黑球温度计、风速仪、CO_2浓度测试仪、照度计、噪声计等众多仪器组合起来，并放置于一辆可移动的手推车上。这种方式既可同时监测室内众多的环境参数，也为多区域的环境测试提供了

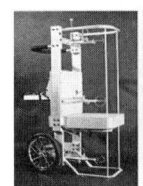 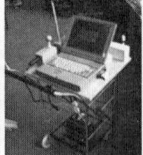   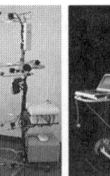  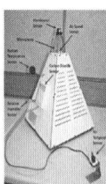

图 5-8 早期的环境监测工具及其采集数据的局限性

便捷。典型案例有英国剑桥大学的 SCATs 工具，美国加利福尼亚大学伯克利分校的 CBE 工具，加拿大国家研究委员会的 NICE 工具，美国得克萨斯农工大学的 IEQ 工具等，如图 5-8 所示。

然而，这类工具体积较大，成本较高，难以开展大范围环境监测。此外，由于测试数据保存在本地设备中，通常无法满足长期连续监测的要求。因此，这类工具大多用于现场采样或短期监测，采集数据在数据总量和时空跨度上存在一定的不足。

近些年，随着物联网、无线传感器等技术的发展，室内环境参数采集工具取得了突破性研发进展，环境监测效率大大提高。一方面，研究者们通过集成式设计，将多种环境参数传感器集成在一个设备中，大大减少了设备的成本和体积，使得设备在现场的部署变得简单易行；另一方面，基于 Zigbee、Wi-Fi、3G/4G 等无线传输技术，将环境数据实时上传到云端，可以远程进行数据查看和下载，极大提高了测试效率，便于长期监测。典型案例有西班牙马德里理工大学研发的 Mushroom 智能传感器系统、美国伊利诺伊理工大学研发的 OSBSS 智能传感器系统、澳大利亚悉尼大学研发的 SAMBA 智能传感器系统、清华大学研发的 IBEM 智能传感器系统等，如图 5-9 所示。

这类新型智能环境传感器系统逐渐代替了传统测试仪器，推动了室内环境监测与评估工作在大批建筑中的广泛开展，也使得环境评估从现场采样的"小数据"阶段逐步迈向了大规模长期监测的"大数据"阶段。

此外，根据环境感知领域的最新进展，还有学者正在探索一种基于移动机器人的环境监测与评估方法，并开发相应工具，如图 5-10 所示。其核心在于利用机器人的可移动性搭载环境传感器，突破传统固定式环境测试方法在获取数据时的空间局限性，实现室内环境空间全域的高质量、高精度、高效率数据采集与评估，以满足智能建筑的新需求。

图 5-9　新型智能环境监测传感器系统

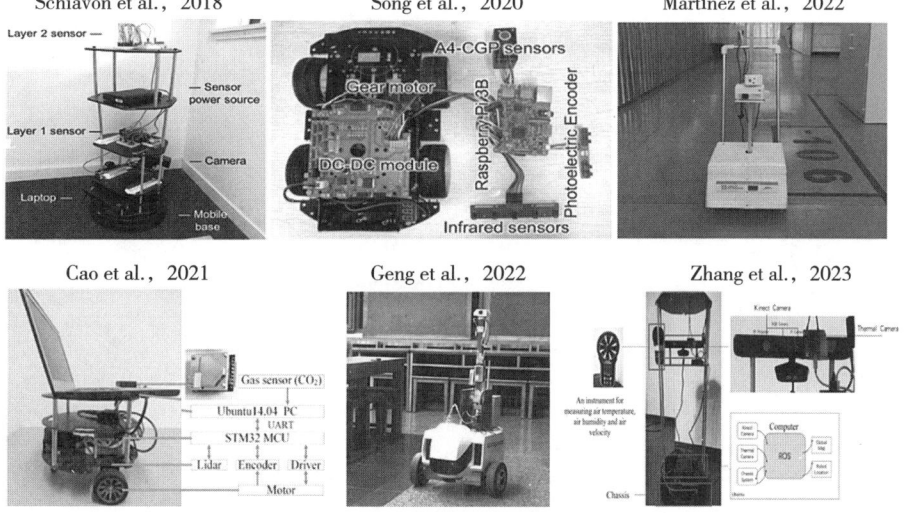

图 5-10　基于移动机器人的环境监测新工具

这种基于移动机器人的新型环境监测工具能够在不增加人力和成本的前提下，显著提升室内环境在空间分布上的辨识度。同时，其与固定部署的环境传感器相互结合，可同时实现室内环境参数在时间和空间两个维度的大范围、细粒度智能监测，为精准开展建筑评估和运维工作提供科学依据。

2. 环境参数分析与评估

科学、合理的数据分析方法是揭示室内环境特征与发现环境问题的关键，表 5-5 总结了常用的环境参数分析与评估方法，评估人员可根据具体项目需求选择合适的方法，由浅入深地开展环境参数分析工作。

最常见的方法是统计分析。首先，可将环境参数数据与相应的室内环境标准进行对比，判断参数是否达标，或计算某段时间的环境参数达标率（即某段时间内达标的参数数据量除以该段时间内总的参数数据量）。其次，可通过曲线图、四分位图等分析得到基本的室内环境时间与空间特征，如环境参数随时间的变化规律、不同区域之间的环境性能横向对比等。上述统计分析方法优点在于较为简单、直接，但处理的信息量有限，对环境数据的挖掘深度也不足，往往只能用来进行短期、局部的环境评估，难以发现复杂的时空特征规律。

随着数据挖掘技术的不断发展，一系列机器学习和深度学习算法也在环境评估领域得到了广泛应用，该方法主要针对室内环境大数据的时间序列特征开展深入挖掘。一方面，可从复杂、庞大的数据背后识别出典型的环境参数随时间的变化规律；另一方面，通过对历史数据的学习和训练，实现对环境参数未来变化的精准预测。

环境参数分析与评估方法　　　　　表 5-5

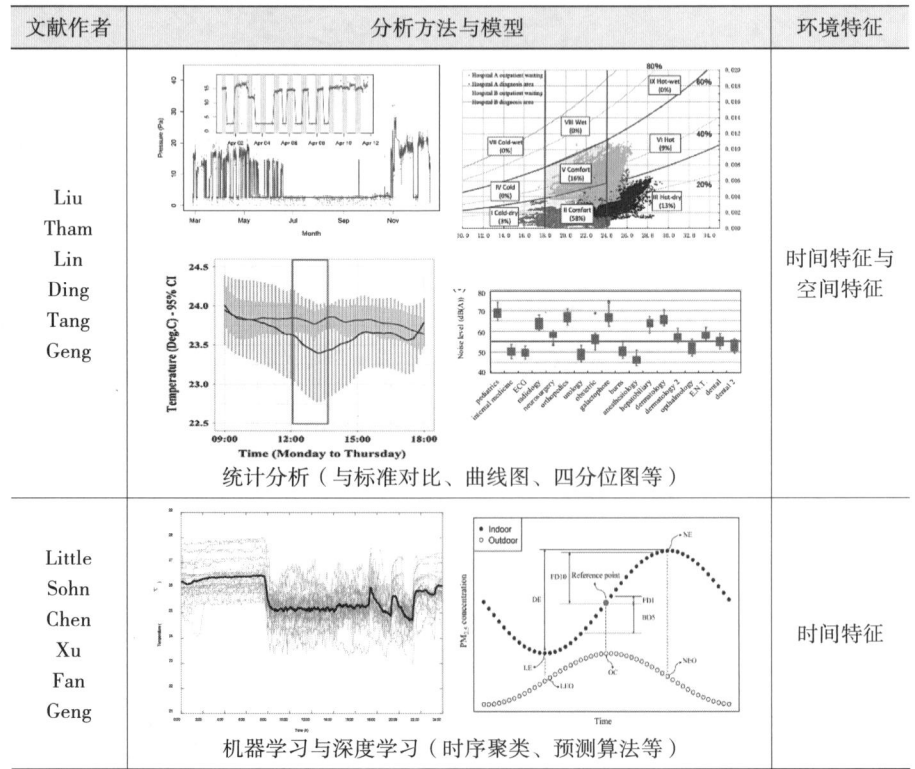

文献作者	分析方法与模型	环境特征
Liu Tham Lin Ding Tang Geng	统计分析（与标准对比、曲线图、四分位图等）	时间特征与空间特征
Little Sohn Chen Xu Fan Geng	机器学习与深度学习（时序聚类、预测算法等）	时间特征

续表

文献作者	分析方法与模型	环境特征
de Dear Song Geng	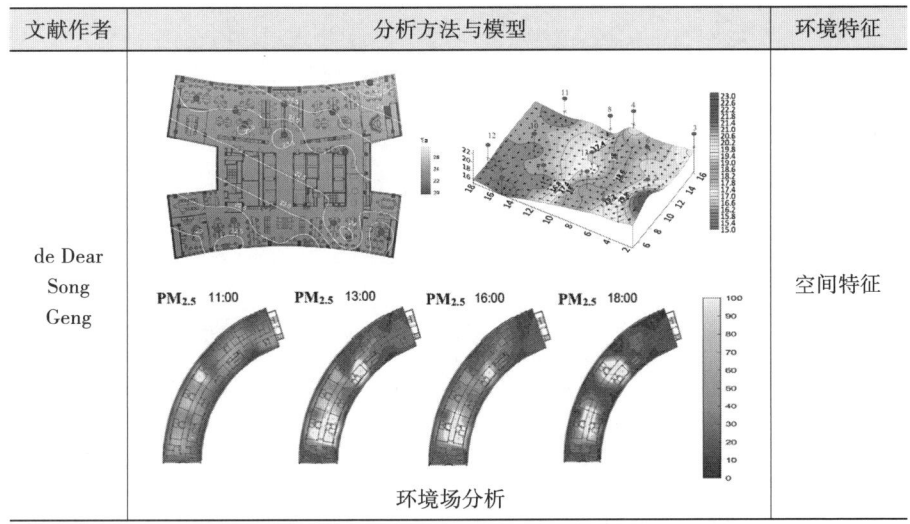 环境场分析	空间特征

近些年，也有学者开始采用环境场的分析方法对室内环境的空间分布特征进行定量刻画。相比于传统分析方法，环境场揭示了更大的信息量，可视化效果较好，便于人员从全局视角下对室内环境进行科学评估，一目了然地找到问题区域。

3. 应用场景需求

不同类型的建筑由于使用功能和特点的不同，在环境监测和评估方面的重点也会有所区别。本节将从热环境、声环境、光环境，以及空气品质四方面分别列举出不同类型建筑需要重点关注的环境参数种类，从而指导物理环境客观评估工作的实地开展。

（1）热环境

对室内热环境的评价需要满足温度、相对湿度和风速等参数的要求（表5-6）。建筑使用者对于建筑热环境最直接的感受来自温度，因此，温度是反映室内热环境的必要参数；而对于要求不太高的建筑，如住宅、商店、旅馆等建筑，使用者对于湿度的精确要求不一定需要很高，因此，该类建筑的相对湿度宜进行采集和评估；风速虽然是影响室内热感觉的重要参数，但对于一般建筑而言，其一般不需要精确掌控，因此，对医疗、文体类可能存在对风速高要求的建筑宜进行采集和评估，其他类型建筑可不采集和评估。

（2）声环境

反映声环境质量主要有噪声级、昼间等效声级、夜间等效声级三个参数（表5-7），噪声级是反映建筑声环境的基本参数，因此，每类建筑均应设置采集和评估要求；其中，住宅建筑昼夜均有人员使用，因此还需要专门评估

不同类型建筑的室内热环境参数表 表 5-6

参数	住宅建筑	办公建筑	医疗建筑	商店建筑	文体建筑	旅馆建筑	交通建筑	商业综合体
温度	⊙	⊙	⊙	⊙	⊙	⊙	⊙	⊙
相对湿度	△	⊙	⊙	△	⊙	⊙	⊙	⊙
室内风速	○	○	△	○	△	○	○	○

注：⊙——应采集和评估；△——宜采集和评估；○——可不采集和评估。

昼间、夜间等效声级；办公、商店、文体类建筑一般为白天使用，因此，对于有需要的宜采集和评估昼间等效声级，夜间等效声级可不采集和评估；对于医疗建筑，由于功能众多，可根据需要对昼间、夜间等效声级进行评估；旅馆建筑主要是夜间使用，因此，对于夜间等效声级的采集和评估进行了要求。对于住宅建筑、旅馆建筑有夜间休息的需求，所以需要采集和评估夜间噪声。

不同类型建筑的室内声环境参数表 表 5-7

参数	住宅建筑	办公建筑	医疗建筑	商店建筑	文体建筑	旅馆建筑	交通建筑	商业综合体
噪声级	⊙	⊙	⊙	⊙	⊙	⊙	⊙	⊙
昼间等效声级	⊙	△	△	△	△	○	△	△
夜间等效声级	⊙	○	△	○	○	⊙	○	○

注：⊙——应采集和评估；△——宜采集和评估；○——可不采集和评估。

（3）光环境

照度是反映建筑光环境的基本参数，不同建筑类型的室内光环境需要满足不同照度的要求（表 5-8），在《建筑采光设计标准》GB 50033—2013 中对住宅建筑、办公建筑、医疗建筑、文体建筑和旅馆建筑的采光标准值均作了规定，故以上建筑类型的照度均应采集和评估，商店建筑的照度为宜采集和评估。

不同类型建筑的室内光环境参数表 表 5-8

参数	住宅建筑	办公建筑	医疗建筑	商店建筑	文体建筑	旅馆建筑	交通建筑	商业综合体
照度	⊙	⊙	⊙	△	⊙	⊙	△	△

注：⊙——应采集和评估；△——宜采集和评估；○——可不采集和评估。

（4）空气品质

空气品质是影响人体健康的重要因素之一，建筑使用后评估（特别是健康建筑、绿色建筑）需要对室内空气品质进行检测。根据《建筑环境通用规范》GB 55016—2021 中的有关规定，不同类型建筑中的空气品质测试参数汇总如表 5-9 所示。

不同类型建筑的室内空气品质参数表　　表 5-9

参数	住宅建筑	办公建筑	医疗建筑	商店建筑	文体建筑	旅馆建筑	交通建筑	商业综合体
CO_2	⊙	⊙	⊙	⊙	⊙	⊙	⊙	⊙
CO	○	○	△	○	○	○	⊙	○
$PM_{2.5}$	△	⊙	⊙	⊙	⊙	△	△	⊙
PM_{10}	△	⊙	⊙	⊙	⊙	⊙	⊙	⊙
甲醛	⊙	⊙	⊙	⊙	⊙	⊙	⊙	⊙
总挥发性有机物（TVOC）	⊙	⊙	⊙	⊙	⊙	⊙	⊙	⊙

注：⊙——应采集和评估；△——宜采集和评估；○——可不采集和评估。

5.2.2　建筑能耗评估

建筑能耗评估是指为评判建筑物用能是否合理，而收集能耗计量和运行记录数据，计算各项能耗指标，并定量分析建筑能耗水平的规范化过程。其基本方法是进行能耗数据收集与统计，计算出相应的能耗指标，并结合建筑物自身特点，将指标值与同类建筑平均水平或对应的能耗标准进行比较，以评判出该建筑或该建筑的某个用能环节是否节能。

1. 数据与资料收集

能耗基础数据与资料的收集是开展建筑能耗分析与评价工作的基础。收集的信息主要包括以下几类：

（1）建筑竣工图纸

建筑竣工图纸包括建筑竣工图、空调系统竣工图等。建筑竣工图纸详细反映了建筑物的功能和设备系统信息，为建筑测评和现场检测提供了基础信息。但是，在很多建筑中，建筑竣工图纸没有得到很好地保存，或缺少部分图纸，或图纸与实际现场不符，这些都给建筑测评工作带来了困难。物业部门应妥善保管图纸，及时更新图纸信息。

（2）能耗总量数据

能耗总量数据应包括至少一年的建筑物主要能源（电力、燃油、燃气、热力）消耗总量数据。能耗总量数据不仅是物业管理的重要记录，而且是建筑物能耗水平的最重要的参考依据，在多数建筑中，都具备一年或以上的建筑物主要能源（电力、燃油、燃气、热力）消耗总量数据。

（3）用电分项计量系统数据

用电分项计量系统数据主要指空调、照明、设备、电梯等各类建筑子系统的用电数据，是对建筑总能耗数据的细化拆分，应收集各系统至少1年的分项能耗数据。其数据收集主要依赖于建筑物已安装的建筑能耗分项计量系统（建筑能耗实时监测系统）。用电分项计量系统是目前最先进的建筑能耗监测系统，它可以实时检测建筑物内各用能分项的用能现状，自动计算并生成能耗拆分饼图、历史曲线图等资料，为能耗测评提供了极大的方便。然而，目前很多建筑虽然安装了该系统，但实际使用效果欠佳，分项过程不科学、数据传输不连续、能耗数据不准确等问题时有发生，此时可以采用另一条途径，具体方法将在本章后面内容进行说明。

2. 用能相关基础信息统计

信息调查统计的目的是明确建筑基本特点，从而使能耗评价能从被评估建筑的自身特点出发进行更合理客观的分析。需要调查统计的基本信息既包括建筑物的基本信息，也包括主要用能设备的基本信息。

1）建筑物基本信息

不同建筑因各种内外因素的影响，其合理的用能水平也不同。建筑物所处的地理位置、建筑物周边的微气候条件、建筑物体形、围护结构、使用功能、人员状况等一系列的因素都会对建筑物的合理用能产生很大的影响。因此，进行建筑能耗分析与评价前应先调查统计建筑物的基本信息。

在统计建筑物的基本信息时，宜按不同的使用性质进行分类统计。这是因为不同使用性质的建筑，其内部包括的功能区域不尽相同，具体的用能环节也有差别，按照使用性质分类统计建筑物的基本信息，有利于突出建筑物的个性，并便于与其他同类型的建筑进行横向比较。通过将不同建筑物按使用性质分类，可将建筑物分为居住建筑、办公建筑、商业建筑等。这样同类建筑之间就可以按照相对统一的标准进行能耗比较。然而，现代大型公共建筑往往都带有一定的综合性，即可能是由多种使用功能组合在一起的建筑，因此在对这类建筑进行基本信息统计时，应该统计出各种使用功能区域具体所占面积的大小比例，只有综合考虑这种比例的大小，方能使不同建筑之间的用能比较更公平和客观。

2）用能设备基本信息

建筑物产生的能耗按其用途一般可分为两大类，即常规能耗和特殊能耗。常规能耗一般又可分为：空调能耗、照明能耗、办公设备能耗、电梯能耗等；特殊能耗一般又可分为：开水器能耗、厨房能耗、信息机房能耗、车库通风能耗等。不同的建筑包含的能耗种类不同，在对建筑物进行能耗审计时应首先确认建筑物中所包含的能耗种类。

（1）空调系统基本信息

空调系统是大型公建中最主要的用能环节，其全年能耗总量一般占建筑总用电量的30%~60%，因此在进行建筑能耗分析时，有必要区分空调系统的信息，使得不同空调配置情况的建筑之间具有可比性。对空调系统的基本信息进行统计分析是建筑能耗分析与评价的重要环节。空调系统的基本信息包括空调方式、冷源形式、各设备的装机容量等内容，另外还应包括空调系统运行中的一些基本情况等。

（2）其他用电设备（系统）相关信息

为便于对空调系统之外的能耗做测定和评价，在基本信息统计时应调查清楚这些能耗设备的配置情况，比如说照明功率的设计负荷、是否采用节能灯、办公设备的种类和数量、电梯的台数和功率等。

3. 建筑用能总量评估

对建筑进行能耗统计时，首先应明确该建筑的用能种类。常见的用能种类有电、燃气、燃油、市政供热等。其中，最主要的是电，其他能源均可按照等效电法进行标准化折算。

建筑能耗度量的时间单位一般为一年。这个用能总量数目一般可以根据业主的用能交费记录得出，也可以根据物业公司的运行记录得出。业主的交费一般以月为单位，物业公司的运行记录则根据其习惯各不相同，总之，它们均是按照一定的时间步长对能耗进行记录。为了便于建筑能耗统计，有必要对总能耗进行规范化记录，即不同的建筑之间应按照相同的时间步长进行统计，对全年总能耗宜分别按月和按周给出统计结果。

4. 建筑分项能耗评估

通常来说，空调供暖、照明、办公设备、电梯等分项能耗占建筑总能耗的绝大部分，其他用能占比较小。本章将重点介绍空调供暖能耗、照明和办公设备电耗、电梯电耗的统计与分析方法。

（1）空调供暖能耗

空调供暖能耗根据能源类型可分为两部分：电耗和非电力能耗。

对于电耗而言，许多建筑的空调供暖系统是由独立的配电箱配电，物业公司在日常运行中会按照固定时间间隔记录配电柜的电耗读数。对于这样的建筑，很容易从运行记录中统计出建筑全年的空调或供暖电耗。然而，当从运行记录无法计算得到全年空调或供暖电耗时，一种简单可行的拆分方法是用空调季或供暖季的建筑总电耗减去过渡季的建筑总电耗，其差值作为建筑全年的空调或供暖电耗。这种方法的基本思想和假设是：建筑中除空调供暖系统外的其他用能系统电耗在不同季节的变化较小。

举一个例子来说明，如图 5-11 所示为某建筑全年 12 个月的电耗统计，空调季为 5 月至 9 月，供暖季为 11 月至次年 3 月，过渡季（既不制冷，也不供暖）为 4 月和 10 月。将 5 月至 9 月的总电耗减去 4 月（或 10 月）的总电耗可作为该建筑全年空调电耗，即图 5-11 深框中所示部分；将 11 月至次年 3 月的总电耗减去 4 月（或 10 月）的总电耗可作为该建筑全年供暖电耗，即图 5-11 中浅框中所示部分。在使用这种方法拆分空调供暖电耗时，一定要注意电量与月份的对应关系。工程中常常会发现电表读数不是在每个月的起止时间，这时要注意对读数进行一定的修正后方可采用。

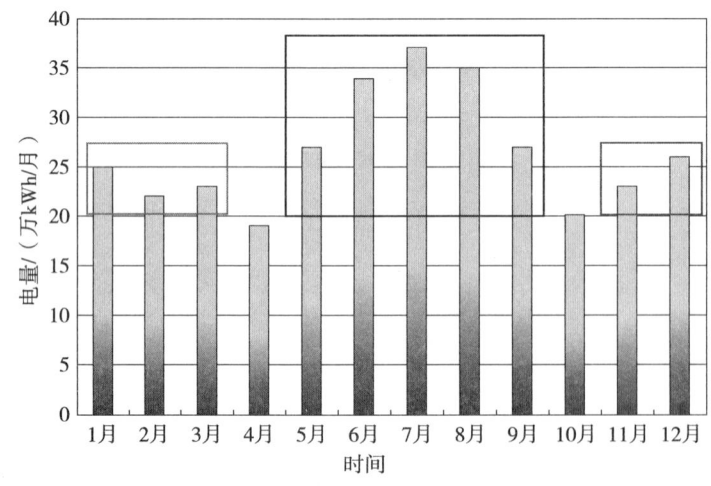

图 5-11 空调供暖电耗拆分示意图

对于非电力能耗，如天然气、燃油、外购热力等，可以通过相关的能耗费用账单或能耗记录统计得到，再按照等效电法进行折算，与电耗进行加和，得到空调或供暖总能耗。

此外，考虑到空调供暖能耗是大型公共建筑中的最主要能耗，在进行能耗分析与评价时，还可以进一步细化到设备层面，分析锅炉、冷水机组、水泵、冷却塔、末端等电耗。由于篇幅所限，空调供暖系统能耗更细致的分析过程与方法在此不再展开讲述。

（2）照明和办公设备电耗

目前的建筑配电系统中一般将照明和办公插座作为一个回路供电，这给照明电耗和办公设备电耗的分拆造成了一定的困难。而这两者又各有特点，需要分开进行分析。前者主要反映了建筑物的采光性能，后者则往往反映了办公设备的待机电耗问题等。

将照明电耗和办公设备电耗作为一个整体拆分出来一般并不困难。有不少建筑的物业人员在平时的日常运行管理中就定时记录下了这两项作为整体的电耗数据，由此可以很方便地算得全年照明和办公设备总体电耗。也可以在计算出建筑物其他耗电后从总耗电量减去其他耗电量得到。若建筑物没有这样的运行记录，可以通过实测分别测得建筑物工作日和休息日的照明及办公设备总电耗的典型数据。假设这个电耗数据全年基本稳定，则由此可以很方便推算出建筑全年的照明和办公设备的总电耗。计算公式可表示为：

$$E_{LE}=n_w e_{LEw}+n_r e_{LEr} \tag{5-1}$$

式中 E_{LE}——照明和办公设备全年总电耗，kWh；

n_w——全年工作日的天数，d；

n_r——全年休息日的天数，d；

e_{LEw}——典型工作日实测建筑物照明和办公设备总电耗，kWh/d；

e_{LEr}——典型休息日实测建筑物照明和办公设备总电耗，kWh/d。

对于照明系统和办公设备各自的电耗，可采用功率时间法进行估算。统计办公设备的数量，并测量各设备的实际功率，估计建筑中各设备的运行时间，通过功率乘以运行时间来计算耗电量。计算公式可表示为：

$$E_{ET}=\sum (n_w \gamma_{wi}+n_r \gamma_{ri}) N_i P_i T_i \tag{5-2}$$

式中 E_{ET}——办公设备的全年电耗，kWh；

γ_{wi}——第 i 种办公设备在工作日的同时使用系数；

γ_{ri}——第 i 种办公设备在休息日的同时使用系数；

N_i——第 i 种办公设备的数量；

P_i——第 i 种办公设备的实际运行功率，kW；

T_i——第 i 种办公设备每天工作的小时数，h；

n_w——全年工作日的天数，d；

n_r——全年休息日的天数，d。

照明电耗亦可按照以上方法计算，但是对于大型公共建筑来说，准确统计清楚各种灯具的数量并非易事，故一般不按照此方法进行，而是在计算出办公设备电耗后，直接利用其与照明和办公设备总电耗的差值得到。

（3）电梯电耗

目前的建筑配电系统中通常将电梯作为一个或若干个（对应多个电梯）独立的供电回路，这给分项计量带来了方便，所以对于已经开始实施分项计量的建筑，电梯用量一般都能准确计量。对于没有电梯分项计量数据的建筑物，如果人员稳定，则可以参考照明和办公设备总用电量的统计计算方法进行。计算公式可类似地表示为：

$$E_{ET}=n_w e_{ETw}+n_r e_{ETr} \tag{5-3}$$

式中　E_{ET}——电梯全年电耗，kWh；

e_{ETw}——典型工作日实测电梯电耗，kWh/d；

e_{ETr}——典型休息日实测电梯电耗，kWh/d；

n_w——全年工作日的天数，d；

n_r——全年休息日的天数，d。

5.2.3　建筑碳排放评估

根据《*Environmental Management-Life Cycle Assessment-Principles and Framework*》ISO14041相关规定，建筑碳排放的评估流程主要分为目标与范围确定、清单分析、影响评价。首先，确定建筑碳排放评估所针对的范围和阶段，明确建筑各个阶段碳排放的计算边界。在常见的研究中，通常会参考建筑"从摇篮到坟墓（From Cradle to Grave）"的过程对各阶段进行范围界定，即建材生产、建材运输、建造施工、运行、更新维护、拆除、废弃物处置等阶段。其次，确定各个阶段碳排放的计算方法和数据来源，进而对各个阶段的碳排放进行清单分析，计算各个阶段的碳排放大小，并分析其影响因素。最后，将各阶段碳排放评价结果汇总，形成建筑全生命周期碳排放评估。

1. 建筑全生命周期碳排放评估模型

将建筑全生命周期划分为建材生产运输阶段、建材运输阶段、建造施工阶段、运行阶段、更新维护阶段、拆除阶段和废弃物处置阶段，分别计算各个阶段的碳排放，按照式（5-4）计算建筑全生命周期碳排放。

$$LCCO_2=C_m+C_t+C_c+C_o+C_r+C_d+C_w \tag{5-4}$$

式中　C_m——建材生产阶段碳排放，$kgCO_{2\text{-}eq}/m^2$；

C_t——建材运输阶段碳排放，$kgCO_{2\text{-}eq}/m^2$；

C_c——建造施工阶段碳排放，$kgCO_{2\text{-}eq}/m^2$；

C_o——运行阶段碳排放，$kgCO_{2\text{-}eq}/m^2$；

C_r——更新维护阶段碳排放，$kgCO_{2\text{-}eq}/m^2$；

C_d——拆除阶段碳排放，$kgCO_{2\text{-}eq}/m^2$；

C_w——废弃物处置阶段碳排放，$kgCO_{2\text{-}eq}/m^2$。

2. 建材生产阶段碳排放

建材生产阶段包括建材原材料的开采、运输、加工与生产过程，其碳排放计算包含建材生产过程的直接碳排放和生产建材过程中的资源消耗，以及能源使用带来的间接碳排放。同时，主要考虑建筑本体的建材生产过程碳排放，不包括建筑设备的生产碳排放。主要建材一般包括钢材、混凝土、水泥、铝材、玻璃、建筑陶瓷、木材等。建筑材料清单应根据项目实际建筑材料使用情况进行统计。由于目前缺乏比较完备的建筑部品基础数据库的支持，对于用量较大的建筑部品，可以根据其组成拆解成建筑材料进行计算，由建筑材料组装成建筑部品过程中的相关碳排放不纳入计算。对于既有建筑功能改造项目，既有建筑结构部分的建筑材料碳排放不纳入新建部分的建筑材料碳排放计算。

建材生产碳排放，依据各种建筑材料的用量及其碳排放因子进行计算，计算公式可表示为：

$$C_\mathrm{m} = \sum_{i=1}^{n} m_i \times k_{\mathrm{m}i} / S \quad (5\text{-}5)$$

式中 C_m——建材生产阶段碳排放，$kgCO_{2\text{-}eq}/m^2$；

$k_{\mathrm{m}i}$——第 i 种建材的生产碳排放因子，$kgCO_{2\text{-}eq}/$（kg、m^2 或 m^3）；

m_i——第 i 种建材的用量，kg、m^2 或 m^3；

S——建筑面积，m^2。

计算中，建筑材料用量应根据建筑工程实际建材用量进行统计，建筑材料生产过程的碳排放因子根据选择合适的建筑材料生命周期数据库来确定。建筑材料用量数据应优先选择建筑工程实际统计的建筑材料工程量清单；若无，可参考建筑工程的预算书、决算书等清单数据，但是必须在数据来源中注明。建筑材料生产过程碳排放因子的选择，应该根据项目的地点，优先选择当地数据；若无，可以选择国内具有代表性的、公开的建筑材料生命周期评价数据库数据。目前，国内尚没有一个统一的建材生命周期数据库，部分高校和科研机构都在开发各自的建材数据库。由于不同数据库的构建方法和数据来源不统一，存在不同程度的差异。同时，由于数据库研究是生命周期评价的基础，目前较少有公开免费的数据库。

3. 建材运输阶段碳排放

建材运输阶段碳排放指建材从生产厂家运送到施工现场过程中的碳排放。该阶段的能耗主要来自运输工具的能源消耗。根据建材的运输距离、交通工具的燃料消耗种类和运送的建材重量来确定。计算公式可表示为：

$$C_\mathrm{t} = \sum_{i=1}^{n} m_i \times l_i \times k_{\mathrm{t}ij} / S \quad (5\text{-}6)$$

式中 C_t——建材运输阶段碳排放，$kgCO_{2-eq}/m^2$；

m_i——第 i 种建材的用量，t；

l_i——第 i 种建材的运输距离，km；

k_{tj}——第 j 类运输方式单位重量运输距离的碳排放因子，$kgCO_{2-eq}/$（t·km）；

S——建筑面积，m^2。

国内主要运输方式单位重量、单位运输距离的碳排放因子可参考《建筑碳排放计算标准》GB/T 51366—2019。

4. 建造施工阶段碳排放

建造施工阶段是指建材运送到施工场地以后，在现场的施工和建造过程。建造施工阶段碳排放主要是由各种机械设备用电及燃料消耗等产生的。如果能够获得具体建造案例在施工过程中各种机械设备的用电量和燃料消耗数据，则可以按照式（5-7）来计算建造施工过程的碳排放。

$$C_c = \sum_{i=1}^{n} k_i \times e_i / S \qquad (5-7)$$

式中 C_c——建筑施工阶段碳排放，$kgCO_{2-eq}/m^2$；

e_i——第 i 种能源的消耗量，kWh、GJ、kgce 或 Nm^3；

k_i——第 i 种能源的碳排放因子，$kgCO_{2-eq}/$（kWh、GJ、kgce 或 Nm^3）；

S——建筑面积，m^2。

不同能源的碳排放因子可参考《建筑碳排放计算标准》GB/T 51366—2019。然而，对于实际工程建造施工中的能源消耗数据，通常难以获得。当没有实际施工能耗数据时，只能根据相关研究作估算。顾道金提出施工能耗大致与建材运输能耗相当。李思堂根据工程决算得到现场施工用电量，计算得到住宅建筑施工能耗约为 $0.05GJ/m^2$。汪静根据施工过程用电量及施工工艺的能耗进行了估算，如表 5-10 所示。

典型施工过程的单位能耗参考值　　　　　　表 5-10

施工类型	单位能耗
现场搅拌混凝土	44kWh/t
预拌混凝土	25kWh/t
开挖/移除土方	$32kWh/m^3$
平整土方	3kWh/t
起重机搬运	$2kWh/m^2$
施工现场照明	$26kWh/m^2$
施工现场供暖	$26kWh/m^2$
工棚供暖	$14kWh/m^2$

5. 运行阶段碳排放

建筑的运行阶段是全生命周期里的主要阶段，其碳排放主要可分为两部分，分别为燃煤、天然气等化石能源产生的直接碳排放，使用外购的电力或热力产生的间接碳排放。建筑的运行阶段碳排放可按式（5-8）计算得到：

$$C_o = [\sum_{i=1}^{n}(k_i \cdot \bar{e}_i) - C_s] \cdot A/S \qquad (5-8)$$

式中　C_o——运行阶段碳排放，$kgCO_{2\text{-eq}}/m^2$；

　　　$\bar{e}_i$——第 i 种能源的年均消耗量，kWh、GJ、kgce 或 Nm^3；

　　　k_i——第 i 种能源的碳排放因子，$kgCO_{2\text{-eq}}/$（kWh、GJ、kgce 或 Nm^3）；

　　　C_s——建筑绿地碳汇系统年减碳量，$kgCO_{2\text{-eq}}$；

　　　A——建筑使用年限，年；

　　　S——建筑面积，m^2。

建筑运行能耗数据的采集是计算运行阶段碳排放的关键，其在本章第5.2.2 节中已具体介绍，在此不再赘述。对于建筑的使用年限，通常取 50 年（住宅取 70 年），但需要注意的是，目前许多建筑往往没有到使用年限就废弃拆除，造成了巨大浪费。

6. 更新维护阶段碳排放

对于建筑的更新维护阶段碳排放计算，通常是根据建材的使用寿命和建筑的使用寿命来确定在建筑运行期间不同建材的更新率和更新量，以此来确定由于建材更新带来的碳排放。通过对不同建材更新率的设定，按照式（5-9）计算更新维护阶段碳排放的多少：

$$C_r = \sum_{i=1}^{n} m_i \cdot k_{mi} \cdot \omega_i / S \qquad (5-9)$$

式中　C_r——建筑维护过程碳排放量，$kgCO_{2\text{-eq}}/m^2$；

　　　k_{mi}——第 i 种建筑材料/部品的碳排放因子，$kgCO_{2\text{-eq}}/$（kg、m^2 或 m^3）；

　　　m_i——第 i 种建筑材料/部品的使用量，kg、m^2 或 m^3；

　　　ω_i——第 i 种建筑材料/部品在建筑寿命中的更换次数，次；

　　　S——建筑面积，m^2。

建筑材料或部品的使用量数据，应优先采用实际工程统计数据；若无法获取，则应根据工程预算书、决算书等统计数据进行估算。建筑材料或部品的更换次数应根据实际工程情况确定。

7. 拆除阶段碳排放

建筑的拆除阶段是指废弃建筑在拆除过程中的现场施工及场地整理，拆除阶段碳排放主要是各种机械设备用电及燃料消耗等能源消耗的碳排放。

如果能够获得具体建造案例在拆除过程中各种机械设备的用电量和燃料消耗数据，则可以按照式（5-10）来计算拆除阶段碳排放。

$$C_d = \sum_{i=1}^{n} k_i \times e_i / S \qquad (5\text{-}10)$$

式中 C_d——拆除阶段碳排放，$kgCO_{2\text{-}eq}/m^2$；

e_i——第 i 种能源的消耗量，kWh、GJ、kgce 或 Nm^3；

k_i——第 i 能源的碳排放因子，$kgCO_{2\text{-}eq}/$（kWh、GJ、kgce 或 Nm^3）；

S——建筑面积，m^2。

基于国内外案例研究结果，拆除阶段的碳排放占整个建筑生命周期的碳排放比例小，通常不到3%，同时拆除阶段的相关数据不容易获得。因此综合考虑以上因素，在具体计算时，如果此过程的数据不可得，可以不予考虑，此过程的碳排放量的计算不作强制性要求。

8. 废弃物处置阶段碳排放

一般来讲，建筑拆除产生的废弃物的最终处置方式主要分为填埋、焚烧、堆肥、回收。在建筑废弃物中，砖块、混凝土块、瓦砾等惰性组分占了绝大部分，约为80%以上（其中废弃混凝土约为38%），其余为金属、玻璃、木料、塑料制品、屋面材料、有机涂料等。其中适合于堆肥有机成分含量高或者适合于焚烧的热值高的组分含量很少，而原则上绝大部分的建筑废弃物都是可以分类回收生产再生建筑材料的，如废弃混凝土、砖块回收生产再生骨料、建筑制品，或直接用于道路基层和底基层，或金属回收生产再生金属。

因此，对于大多数案例而言，建筑废弃物的最终去向分为两种：①分类回收生产再生建筑材料以替代原生材料；②未被回收再利用的部分运往填埋场所进行填埋处置。根据上述分析，废弃物处置阶段碳排放的计算公式可表示为：

$$C_w = C_{trans} + C_{disp} - C_{gain} \qquad (5\text{-}11)$$

式中 C_w——废弃物处置阶段碳排放，$kgCO_{2\text{-}eq}/m^2$；

C_{trans}——废弃物运输过程碳排放，$kgCO_{2\text{-}eq}/m^2$；

C_{disp}——废弃物填埋处置部分碳排放，$kgCO_{2\text{-}eq}/m^2$；

C_{gain}——废弃物回收再利用部分抵扣原生建材的碳排放，$kgCO_{2\text{-}eq}/m^2$。

废弃物运输过程碳排放计算公式可表示为：

$$C_{trans} = \sum_{i=1}^{n} m_i \times l_i \times k_i / S \qquad (5\text{-}12)$$

式中 C_{trans}——废弃物运输过程碳排放，$kgCO_{2\text{-}eq}/m^2$；

m_i——废弃物的总量，t；

l_i——废弃物的运输距离，km；
k_i——运输方式单位重量运输距离的碳排放因子，$kgCO_{2-eq}/(t \cdot km)$；
S——建筑面积，m^2。

$$C_{disp}=\sum_{i=1}^{n}\alpha \cdot m_i(1-R)/S \qquad (5-13)$$

式中　C_{disp}——废弃物填埋处置部分碳排放，$kgCO_{2-eq}/m^2$；
　　　α——第i种单位废弃物填埋的碳排放因子，$kgCO_{2-eq}/kg$；
　　　m_i——第i种建筑废弃物的总量，kg、m^2或m^3；
　　　R——废弃物的回收率，%；
　　　S——建筑面积，m^2。

废弃物回收再利用部分抵扣原生建材的碳排放计算公式可表示为：

$$C_{gain}=\sum_{i=1}^{n}m_i \times R \times M_i \times R_i/S \qquad (5-14)$$

式中　C_{gain}——废弃物回收再利用部分抵扣原生建材的碳排放，$kgCO_{2-eq}/m^2$；
　　　m_i——第i种建材的用量，kg、m^2或m^3；
　　　R——回收率，%；
　　　M_i——生产单位建材i的碳排放，$kgCO_{2-eq}/(kg、m^2或m^3)$；
　　　R_i——废弃物回收再利用节省建材生产碳排放的比率，%；
　　　S——建筑面积，m^2。

5.3 建成环境时空行为分析

建筑的环境行为研究和使用后评估主要关注建筑使用者的需求、建筑设计的成败、建筑的性能等方面，[①]而建筑使用者的时空行为数据包含使用者的特征属性、行为轨迹等信息，其能够反映建筑的真实使用状态和使用者的行为习惯，可以为建筑的环境行为研究和使用后评估提供重要的研究基础。而且近年来的研究实践也表明，基于数据的环境行为研究和使用后评估具有较好的发展前景，是该领域未来一个阶段内发展的重点，这些都将成为促进时空行为数据相关技术方法发展的有利条件。

5.3.1　时空行为大数据的采集方法

对于人类时空行为的传统调查主要有观察访谈、活动日志等手段，在调查范围、时效性、持续性，以及可操作性上都有局限。传感器技术、无线通信、网络技术，以及定位技术的成熟，促生了新的调查采集手段，特别是基

---

① 熊鑫昌. 视频中的人群时空行为数据提取与分析[D]. 北京：清华大学，2022.

于位置的服务技术（Location-Based Services，LBS）为大范围长时间的个体时空行为数据获取提供了新的机会和可能。

按照数据采集方法，常用的方法包括蓝牙（Bluetooth）、超宽带（Ultra Wide Band，以下简称UWB）、Wi-Fi、射频（RFID）、GPS、视频（Video）数据等方式。这几种技术的参数、特性、优缺点、使用场景各不同（表5-11）。前三种都是通过采集无线信号，使用近邻法、三边定位法、信号强度法等来确定人的位置。这三种方式中，Wi-Fi和蓝牙的定位精度不如UWB高，但UWB技术需要被试者佩戴接收信号的标签用于定位，因此不同的定位方法往往适用于不同的建筑空间研究场景。除此之外，GPS是一种成熟的室外空间高精度定位方法，在研究中被广泛使用，而视频分析则是一种信息丰富、具有广泛应用前景的新方法。①

时空行为轨迹大数据获取方法比较　　　　　表5-11

方法	优点	缺点	适用场景
Wi-Fi	不需穿戴设备 可同时收集大量样本	需要部署设备 精度相对低	中等尺度室内外
蓝牙（Bluetooth）	部署灵活 精度较高	需要携带定位设备	中小尺度室内
超宽带（UWB）	室内精度高	高成本 需要部署设备 需要穿戴定位设备	中小尺度的室内
GPS	室外高精度 低成本	室内精度差	室外
视频（Video）数据	无感知 高精度 无需穿戴设备	要求视线无遮挡 设备部署不灵活	室内外

1. 基于感知信号的空间定位技术（GPS、Wi-Fi与UMB）

在城市尺度上，时空数据可以通过全球定位系统（Global Positioning System，以下简称GPS）、手机信令数据，手机基站数据等方式获得。GPS定位技术利用卫星发射的信号来确定地球上的位置，通过计算卫星和接收器之间的距离，从而确定接收器的位置。GPS定位技术可用于追踪人们在城市和建筑周边环境中的位置和移动轨迹，进而分析和研究人们的行为模式、偏好和需求。例如，可以利用GPS定位技术收集人们在建成环境中不同区域停留的时间和频率，推测人们在不同区域的活动和需求。这些信息可以用于评估建筑周边城市空间环境的使用情况，反馈于设计优化和建筑策划，提高人们的使用体验和满意度。

---

① 杨丽婧. 基于图的商业空间数据采集与评价方法研究[D]. 北京：清华大学，2023.

手机信令数据定位是通过手机与基站之间的信号交互实现的。通过分析手机与基站之间的信号交互情况和信号强度等信息，可以推算出手机的大致位置，再利用多基站定位和三角测量等技术，可以进一步提高定位的精度。手机信令数据定位通常适用于城市等有较密集基站分布的区域，但精度相比于 GPS 定位会有一定的差异。

然而，这些方式不适用于获取建筑尺度的时空行为数据。在室内，建筑物的遮挡和反射使得 GPS 信号出现衰减和多径效应而无法定位，手机信令数据和基站数据的空间分辨率较低，无法描述人在建筑物内的时空行为。因此，在建筑尺度上，时空行为数据的获取需要依靠专门的室内定位系统（Indoor Positioning System，IPS）。

根据不同的目的和要求，研究者们提出了一系列的室内定位系统。不同的定位技术满足针对不同尺度、不同精度的研究需求（图 5-12）。

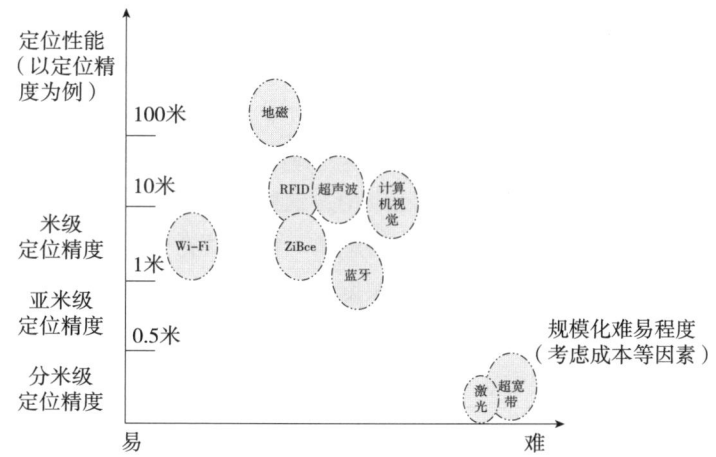

图 5-12　各种室内定位系统性能比较
（图片来源：参考 LIU H，DARABL H，BANER J P，et al. Survey of Wireless Indoor Positioning Techniques and Systems[J].IEEET ransactionson Systems，2007. 改绘）

建筑尺度上，目前在多种室内定位系统中 Wi-Fi 定位系统在实用领域应用较为广泛。Wi-Fi 室内定位系统根据周边多个 Wi-Fi 接入点（Accesspoint，AP）接收到同一移动设备信号的强度估算其距离，有多种具体定位算法：可采用三边定位原理根据几何关系推算移动设备的空间位置，或者同预先收集的指纹数据（不同空间位置处信号强度分布）对比估算移动设备的空间位置。Wi-Fi 定位系统的实现成本相对较低，定位不受时间限制，覆盖空间范围较大，这些都是其他传统行为调查研究所不具备的。[①]

---

① 吴明柏. 基于 Wi-Fi 定位数据的商业建筑空间时空行为模式探索 [D]. 北京：中国科学院大学，2017.

超宽带（UWB）是一种信号带宽与中心频率之比大于 20%，或者带宽超过 500Mbps 的无线射频信号。UWB 发射极短的脉冲，使用能在很低的功率谱密度下传播无线电能量的技术（宽频带）。高带宽为通信提供了高数据吞吐量，UWB 脉冲的低频使信号能够有效地穿过障碍物，如墙壁和目标物。瞬间脉冲有着明显的波峰波谷，因此信号发射的起止时间更容易测量。这意味着两个 UWB 设备之间的距离可以通过测量无线电波在它们之间传递所需的时间来被精确计算，这种技术提供了比用信号强度估算距离更精确的距离测量方法。

2. 基于视频数据的空间定位方法[①]

视频中的人群时空行为数据提取与分析具有较好的研究价值和应用潜力（图 5-13）。从数据源的角度来看，相比于 GPS、Wi-Fi、RFID、蓝牙等行人定位和人群时空行为数据采集方法，在建筑尺度，从视频中提取人群时空行为数据具有定位精度较高、数据采集成本较低、对被试者的影响较小等优势。视频以图像的形式详细记录了视域范围内发生的行为活动，数据采集过程不需要被试者穿戴额外设备，在公共建筑中，通过多个视频摄像设备就可以较为完整地记录使用者在建筑空间内活动的行为信息，而且视频监控在公共场所已被广泛应用，这些监控设备记录了大量时空行为数据。从技术可行性的角度来看，深度学习等方法在计算机视觉领域的应用推动了图像处理技术的发展，基于深度学习的行人检测、多目标追踪、行人重识别等方法相继被提出，并且经过不断地优化迭代日趋成熟，这为从视频中提取时空行为数据提供了技术支持。

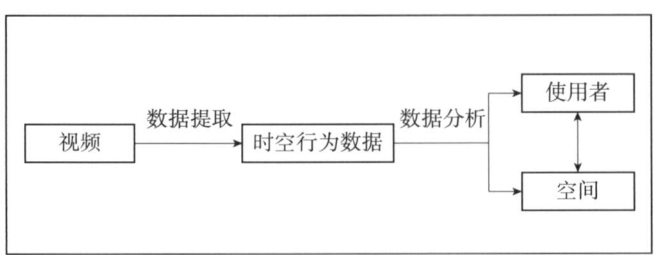

图 5-13　视频中的人群时空行为数据提取与分析研究范畴

根据 Y.Zheng 的定义，"空间轨迹是指移动物体在地理空间中产生的踪迹，通常用一系列按时间顺序排列的点表示"。基于视频的时空轨迹提取，即获取所有视频画面中行人出现的位置，根据行人身份、时间顺序分类整理成特定序列，再将其映射到物理空间坐标系，得到时空轨迹序列。

---

① 熊鑫昌. 视频中的人群时空行为数据提取与分析 [D]. 北京：清华大学，2022.

从技术流程的角度，视频中的人群时空轨迹提取主要涉及行人检测和行人匹配两部分。在单个镜头拍摄的视频画面中，行人的运动轨迹一般在时空上是连续的，因此可以利用轨迹的连续性提高行人匹配的效率和准确率；对于多个镜头拍摄的视频，如果各镜头拍摄的视频画面存在部分重叠区域，则运动轨迹在镜头间可以继续保持一定的连续性，但这一情形在多数情况下难以得到满足。所以，一般情况下，行人的运动轨迹在单镜头下具有连续性，在不同镜头间移动时由于视域盲区的存在，不具有连续性。为了充分利用不同场景下的可用信息，可以使用两阶段的人群时空轨迹提取方法，即将单镜头时空轨迹片段提取与跨镜头行人重识别区分开。

（1）单镜头时空轨迹片段提取

相关研究对单镜头多目标追踪任务的探索相对成熟，已经可以满足基本的任务需求，在实际应用场景中，最主要的问题是算法追踪性能和运算效率的均衡。表 5-12 列举了近年来单镜头多目标追踪算法，在该领域公开发表的论文算法与几项主要指标，表中 MOTA、HOTA 是评价算法追踪性能的指标，值越高性能越佳，Hz 是评价算法运算效率的指标，表示在基准处理器上的每秒处理视频帧数，值越高速度越快。从表中可看出，FairMOT 算法模型在追踪性能和运算速度方面均表现较好，综合性能较优。

近年来单镜头多目标追踪算法主要指标比较　　　　表 5-12

算法模型	MOTA ↑	HOTA ↑	Hz ↑
SST（S.Sun et al.，2019）	52.4	39.3	6.3
Tube_TK（B. Pang et al.，2020）	63.0	48.0	3.0
QuasiDense（J. Pang et al.，2021）	68.7	53.9	20.3
TraDeS（J. Wu et al.，2021）	69.1	52.7	66.9
MOTPrivate（Y. Xu et al.，2021）	70.0	52.1	1.0
FairMOT（Y. Zhang et al.，2020）	73.7	59.3	25.9
PermaTrackPr（P. Tokmakov et al.，2021）	73.8	55.5	11.9
CSTrack（C.Liang et al.，2020）	74.9	59.3	15.8

（数据来源：motchallellenge 官方网站）

如图 5-14 所示为本节研究提出的基于视频的时空轨迹片段提取算法的流程图，对于输入的相邻帧图像，经过特征提取、行人检测、特征距离计算、位置距离计算等环节，实现相邻帧图像中行人的定位及身份匹配，对单镜头拍摄的视频文件连续进行相同操作后，即可提取得到该视频文件所拍摄的行人时空轨迹片段。

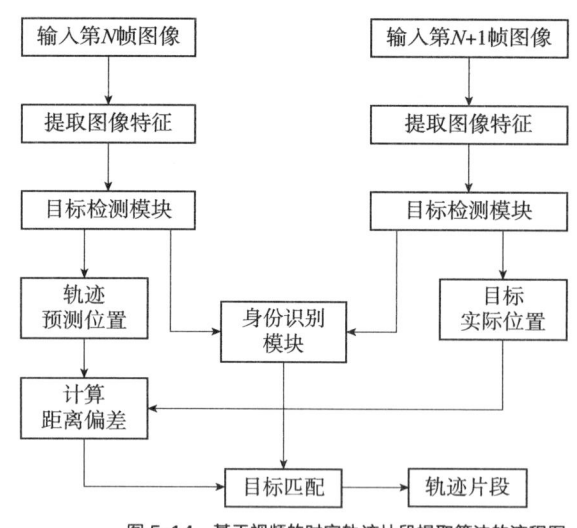

图 5-14 基于视频的时空轨迹片段提取算法的流程图

（2）视频数据的行人重识别

与单镜头行人追踪相比，跨镜头行人重识别需要处理的问题更为复杂，一方面，现阶段研究仍没有找到较好的方法来建立行人在不同空间范围移动的时空转移概率模型，所以很难有效利用各镜头所在位置的空间关系来提高重识别的性能；另一方面，不同镜头画面的光线、色彩、角度等存在较大差异，行人在不同镜头下被拍摄的姿态也不尽相同，这也增加了利用图像特征进行身份匹配的难度。另外，不同场景的行人图像数据特征分布存在差异，比如不同季节、不同文化背景下人们的衣着体貌各有特色，其有效辨识特征也随之变化，这就意味着在特定场景数据集上训练完成的模型迁移到其他场景直接应用时，可能会出现模型性能大幅下降的情况，现有的研究结果也证实了这一点。

表 5-13 列举了近年来跨域行人重识别领域公开发表的论文算法与主要指标，其中 DukeMTMC 和 Market1501 是两个公开的在不同场景下的行人重识别数据集，几项指标展示了算法模型在一个数据集上训练后，在另一个数据集上直接进行测试表现出的性能。其中廖胜才和邵岭（2020）[①] 提出的 QAConv 算法模型采用动态卷积实现行人图像对齐，表现出较好的性能，而且具有较好的可解释性，受到较多研究者的关注。

近年来跨域行人重识别算法主要指标比较　　　　　　表 5–13

算法模型	DukeMTMC → Market1501		Market1501 → DukeMTMC	
	mAP ↑	R1 ↑	mAP ↑	R1 ↑
AD-Cluster（Y. Zhai et al., 2020）	68.3	86.7	54.1	72.6
MMT（Y. Ge et al., 2020）	71.2	87.7	65.1	78.0
MEB-Net（Y. Zhai et al., 2020）	76.0	89.9	66.1	79.6
DG-Net++（Y. Zou et al., 2020）	61.7	82.1	63.8	78.9
QAConv（L. Shengcai et al., 2020）	76.0	88.4	78.4	82.2
HGA（M. Zhang et al., 2021）	70.3	89.5	67.1	80.4
UNRN（K. Zheng et al., 2021）	78.1	91.9	69.1	82.0
GCL（H. Chen et al., 2021）	75.4	90.5	67.6	81.9

---

① LIAO S C, SHAO L. Interpretable and Generalizable Person Re-identification with Query-Adaptive Convolution and Temporal Lifting[C]//VEDALDI A, BISCHOF H, BROXT, et al. Computer Vision-ECCV 2020：16th European Conference. Glasgow, UK：Springer, 2020.

5.3.2 时空行为大数据的分析方法

1. 时空行为数据的预处理[①]

时空行为大数据预处理的相关工作主要为数据筛选。数据筛选是针对定位系统所获取的定位数据，进行针对性的数据筛选，压缩冗余数据、剔除无效数据、处理缺失数据。数据的筛选流程为"数据压缩—数据清洗—缺失值填充"。其中"数据压缩"指在不损失信息的情况下压缩冗余数据，"数据清洗"指剔除数据集中的无效数据，"缺失值填充"指对数据集中丢失的部分数据进行有效推断。作为数据预处理的重要步骤，这三个环节环环相扣，为时空行为大数据的分析提供了基础。

对于定位数据而言，一个重要的特点是数据量大但是有效的信息较为稀疏，在进行数据分析之前，需要通过数据压缩的方式进行处理，提升信息密度，节约储存空间，提升处理效率。可选取时间窗方法（Time Window Method）作为滤波策略，即对于一段时间内，采用信号强度的平均值代替多条记录的信号强度，并将同一设备对于多个接入点产生的记录合并为一条记录。这一方法需要选取合适的时间窗，保证能够最大限度地压缩数据并保留信号强度信息，根据相关研究，针对建筑室内活动的时间窗一般选取为 5 分钟。

对于进行压缩之后的数据，需要处理的是内容层面的冗余，即将研究范围之外的移动设备数据筛除出数据集。数据需予以剔除的可能情况包括：①设备代表的使用者未充分使用对应的空间，处于研究的覆盖范围之外；②尽管其使用者可能正在有效使用对应的空间，但是系统记录的信息不足以推断其使用状况。通常采用阈值法，即当某一设备所记录的有效数据量过少、信号强度过低或是出现时间过短时，舍弃该设备的数据。

除了无效数据之外，由于信号受到干扰，或是由于设备的运行状况，会造成定位数据出现缺失值，表现为设备在到达之后、离开之前的一段时间内没有记录。因此，需要对记录中的缺失值进行针对性处理。根据日常经验，人的活动往往在时间和空间上是连续的，因此其位置往往不会短时间内有过于巨大的差异。如果某设备的记录缺失处，其前后的定位相差不大，且间隔的时间小于特定的阈值，可以结合实际情况进行缺失记录的填补。

2. 时空行为数据的统计分析

时空行为数据描述的行为特征包括使用者的时间特征和空间特征。时间特征分析关注数据中的时间维度信息，分析内容包括人群行为的周期性规律、空间使用时间分布的特征（图 5-15）、到达—离开时间分布的特征

[①] 林雨铭. 基于大数据分析的联合办公空间环境行为研究 [D]. 北京：清华大学，2018.

（图 5-16）、停留时长分布的特征（图 5-17）等。[①] 空间特征分析关注数据中的空间位置与轨迹等信息，分析内容包括空间人流热力分布（图 5-18）、[②] 停留区域识别、空间网络分析（图 5-19）[③] 等。

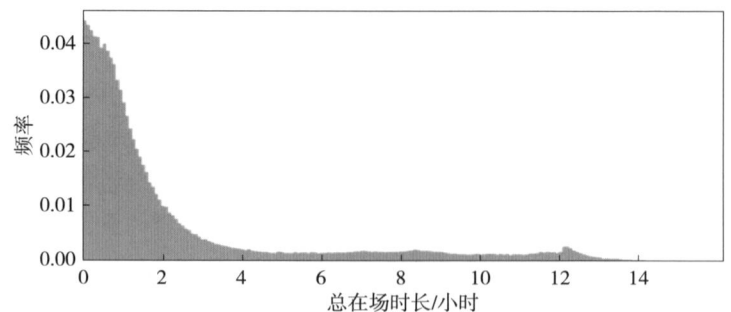

图 5-15　总在场时长分布

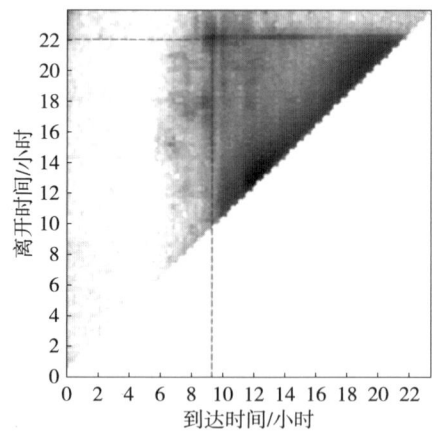

图 5-16　到达—离开时间分布密度图

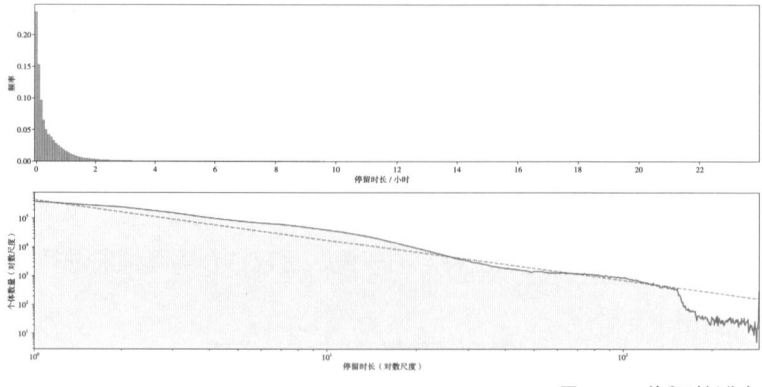

图 5-17　停留时长分布

---

① 吴明柏. 基于 Wi-Fi 定位数据的商业建筑空间时空行为模式探索 [D]. 北京：中国科学院大学，2017.
② 杨丽婧. 基于图的商业空间数据采集与评价方法研究 [D]. 北京：清华大学，2023.
③ 林雨铭. 基于大数据分析的联合办公空间环境行为研究 [D]. 北京：清华大学，2018.

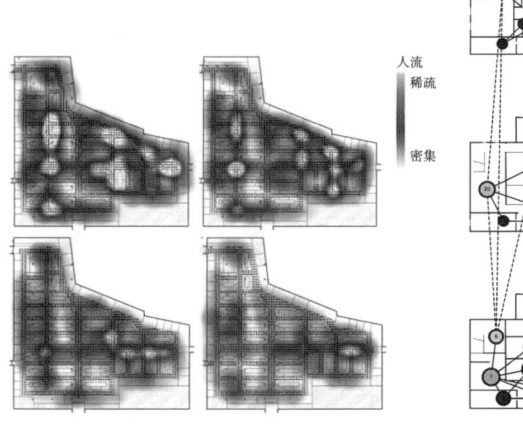
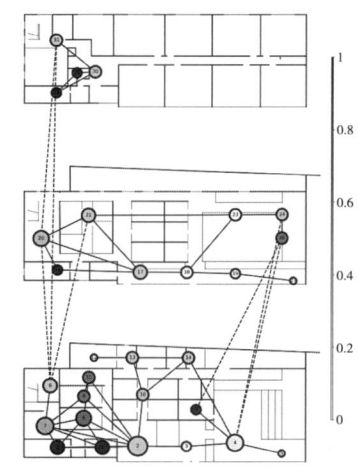

图5-18 8时、9时、10时、11时过道人流热力分布图与人流场

图5-19 联合办公空间B中空间网络的聚集系数分析

3. 时空行为数据的聚类分析

聚类是指依据数据特征按照某一标准将其划分为不同的类，同一类的样本之间的特征距离尽可能近，不同类的样本之间的特征距离尽可能远，聚类分析可以在没有预设标签的条件下对数据集进行归类划分，属于无监督学习的一种。对轨迹数据进行聚类的目的是根据行人经过的点位的时空信息集合将其划分为不同的类簇，分析不同类簇的行为特征及差异。聚类分析已有许多较为成熟的算法，如K-Means算法、DBSCAN算法、BIRCH算法等，不同算法的聚类逻辑和策略侧重不尽相同。聚类使用的特征信息可来自时间特征和空间特征的统计分析结果，例如到达—离开时间、停留次数、停留时长、活动区域类型等。

5.4 建成环境图拓扑分析[①]

5.4.1 图的基本概念

图论（Graph Theory）中的图是"由若干给定的点及连接两点的线构成，通常用来表示某些事物之间的某种特定关系，点代表事物，两点之间的连线表示相应两个事物间具有的特定关系。"图的绘制过程，用圆圈来表示节点，用线来表示节点之间具有某种联系（图5-20）。图的表达形式不重要，正确地体现节点之间的联系是图的关键。

图的分类，可以分为无向图、有向图。两点之间的边没有方向则被称为无向图，两点之间的边有方向则被称为有向图。有环图、无环图：存在

---

① 杨丽婧. 基于图的商业空间数据采集与评价方法研究[D]. 北京：清华大学，2023.

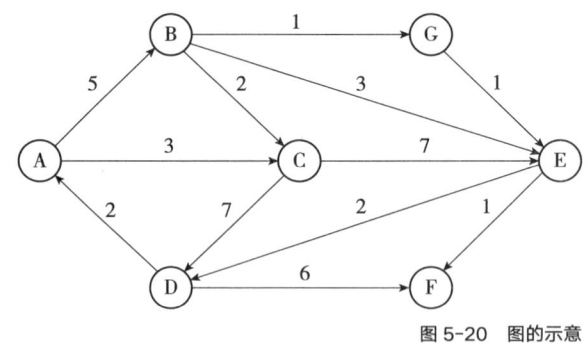

图 5-20 图的示意

环的图被称为有环的（Cyclic）图，不包含环的图被称为无环的（Acyclic）图。有向图如果可以回到一个给定节点，则该图是有环的（Cyclic）图。相对地，如果至少有一个节点无法回到，则该图就是无环的（Acyclic）图。有权图和无权图，是指边上是否有权值。密集图与稀疏图，是根据连边的稠密程度划分的。

图的存储与运算所用的数据结构是邻接矩阵（Adjacency Matrix）与特征矩阵（Feature Matrix）（图 5-21），邻接矩阵用来表示节点之间的关系，特征矩阵则表示节点的属性。

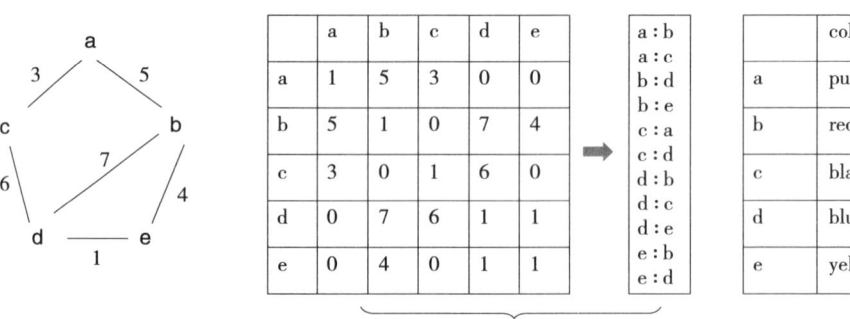

图 5-21 图的数据结构：邻接矩阵与特征矩阵

5.4.2 建筑空间的图拓扑转译

建筑研究中存在多种图结构原型（图 5-22）。①第一种是建筑功能分区泡泡图，其本质是建筑平面对偶图，是指建筑或者规划中各个功能区的相互关系图，是为了反映建筑平面功能的划分及联系而画的，在设计阶段主要是安排各种不同的功能空间。基于图核（Graphkernel）的方法，比较从建筑平面抽取出的对偶之间的相似性，可以进行建筑设计质量的评估或者建筑平面风格分类，但只能比较拓扑结构的相似性，而不能利用平面的形态、面积，以及功能等信息。②第二种是建筑空间拓扑图，是不同于建筑功能分区泡泡

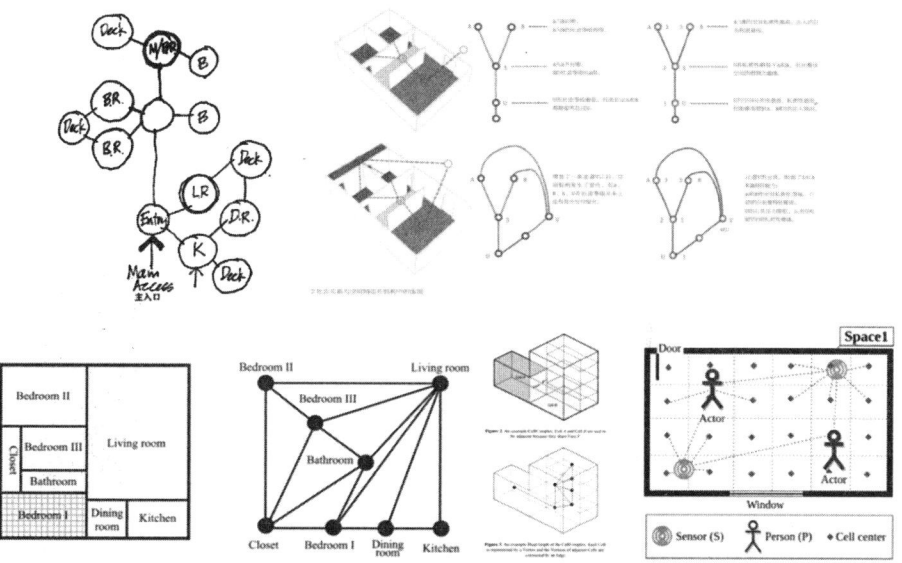

图 5-22 建筑功能分区泡泡图（建筑平面对偶图）、建筑空间拓扑图、建筑三维空间的图网络、建筑时空图示例

图、转译自建筑平面的用于分析研究的图，如韩默、庄惟敏等对住宅拓扑空间的分解。建筑功能分区泡泡图的尺度是功能分区这一层级，而建筑空间拓扑图的尺度更小，是每个房间层级。③第三种是建筑三维空间的图网络，以每个三维房间为节点，房间之间共面即存在连边，以此构建建筑三维空间的图网络。④第四种是建筑时空图，通过传感器采集人在空间中的行为轨迹，从而获取人的行为网络，其中节点是人停留的空间，而边通常代表人在这些空间中往来的联系。需要注意的是，使用行为图并没有将行为拓扑图与建筑的其他要素进行整合。

在建筑上，点通常可以代表房间、分区、组团等，边则代表房间等之间的邻接关系。图结构的两个基本数据：邻接矩阵可以根据不同的算法生成，如相邻关系、可视关系；特征矩阵既可以包含房间面积、长宽等形态属性，还可以包含房间功能属性。图的这种数据结构，与建筑学较契合。通常建筑学包含了形态（Morphology）、拓扑（Topology）、功能（Function）三个维度的信息，基于位图图像的运算，将建筑学信息等同于图形学处理，难以表达功能及拓扑等信息。可运算的图结构数据，包含建筑学所需的三个维度信息，更接近建筑学的逻辑本质。

5.4.3 图拓扑分析要点

图数据结构既是建筑学的常用表达，也是便于运算的一种数据类型。图包含了几乎全部平面信息，并且图的矩阵的不同生成方式，可以延伸到建筑的立面、建筑空间视线关系、城市空间等方面。对建筑空间测度与评价预测，基于图的计算指标具有启发性，揭示的规律对于设计有提示作用，设计师可以了解各设计要素的改变而带来的可能的空间效益改变，从而对相互关联的设计要素进行权衡、取舍和决策。

既往研究中，拓扑指标的计算主要基于空间句法的计算方法，空间句法中有五种不同的拓扑指标测算方法，分别为：连接值（Connectivity Value）、控制值（Control Value）、深度值（Depth Value）、集成度（Integration Value）、理解度（Intelligibility Value），针对建筑空间的特征，可从中引入连接值和深度值两个拓扑指标，并加入平均连通度这一拓扑指标，对建筑空间进行分析。这些拓扑指标往往是与设计原则有关，是对设计本质和设计原则的数学解释。需要注意的是，相较于较为直接的形态指标，拓扑指标是对空间的二次描述。通常，不能简单、直接地从平面图中比较出拓扑指标的差异，因此在计算各个拓扑指标后，仍需要通过与较为直观的形态指标进行回归分析，找到拓扑指标与形态指标的关系，方便在设计时更直观地操作。综合而言，形态指标更适合用来指导操作，而拓扑指标则更具有解释意义，可以形成知识。

5.4.4 图拓扑分析的基本流程

1. 计算图的基本指标

图网络可以通过节点之间的联系计算某个特定节点在整个网络中的重要程度，如图的度（Degree）、介质中心性（Betweenness Centrality）等图网络的基本指标。在建筑学领域，建筑内部空间是一个相互关联的系统，基于拓扑图的复合系统性指标集具有更抽象的意义，如可达性等指标均可通过图结构获得。

2. 计算图的相似性

图结构也可以用来表征其整体特性。通过图的相似性，发觉图的同构性，可以辅助建筑类型的分类。通过抽象成图结构的方式，可以对大量建筑样本进行比较与聚类，从而对建筑的空间结构重新归纳。图的相似性可以用多种方法比较，通常可以分为图嵌入（Graphembedding）和核方法（Graphkernel）两大类，考虑到对建筑研究的适用性，建议采用最短路径核算法（Shortest-pathkernel）比较图的相似度。

3. 回归模型及列线图分析

前述方法均用于计算建筑的自变量指标，包括建筑设计的拓扑指标、空间形态类型指标等，完成指标计算后，研究采用多元回归模型进行建模分析，建模的结果转化为列线图，用于之后新建方案的评估。主要使用的方法包括：

（1）多元线性回归模型

多元回归模型可以反映某个因变量随着多个自变量的改变而产生相应变化的定量关系。在研究中，回归模型的建立有利于分析在其他因素不变的情况下，某个空间因素对建筑的影响。

（2）列线图（图5-23）

统计模型可以将现象转化为理论知识，在归纳已有事实的基础上，对新的变量作出评价预测。统计的结果通常比较抽象，运用列线图可以很好解读抽象结果，并作为评价预测工具。通过变量指标的筛选，统计模型会得到指标的估计权重系数和置信区间。列线图展示了某变量对模型的贡献，其绝对值越大贡献越大，正负值表示对结局的影响为正向还是反向。同时，列线图可以用于对结果的预测打分，从各变量向上引出竖线则得到对应各项预测得分，相加即可求得所有变量的总预测得分。

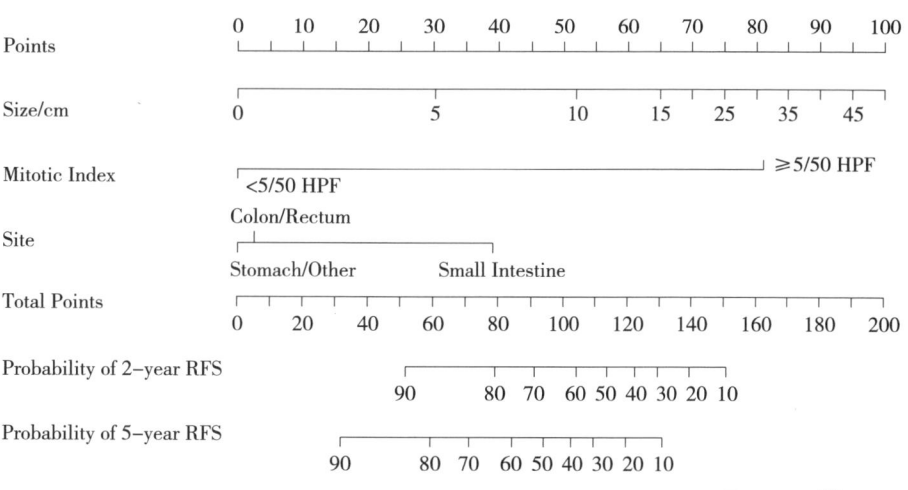

图5-23 列线图示例

思考题与练习题

1. 请思考，若对一栋公共建筑进行室内环境参数测试，测试点位的数量、位置，以及测试时间如何确定？需要注意哪些影响因素？

2. 请思考，室内环境参数客观评估与用户环境满意度主观评估如何科学有效地结合起来？在实际调研测试过程中需要注意哪些方面？

3. 请思考，建筑领域的"节能"和"低碳"是否是一回事？两者之间的异同是什么？

4. 一些建筑在节能减排的同时往往以牺牲室内环境品质为代价，而这种方式显然是违背社会发展规律的，也不符合绿色可持续发展理念。那么，在建筑使用后评估中如何对建筑能耗（碳排放）与室内环境品质两者之间进行权衡性的综合评判，从而避免上述问题的发生？

主要参考文献

[1] 朱小雷. 建成环境：主观评价方法研究 [M]. 南京：东南大学出版社，2005.

[2] 马斯洛. 动机与人格 [M]. 许金声，等，译. 北京：华夏出版社，1987.

[3] 李道增. 环境行为学概论 [M]. 北京：清华大学出版社，1999.

[4] 吴硕贤，李劲鹏，霍云，等. 居住区生活与环境质量综合评价 [J]. 华南理工大学学报（自然科学版），2000（5）：7-12.

[5] 徐磊青. 人体工程学与环境行为学 [M]. 北京：中国建筑工业出版社，2006.

[6] CANTER D. The Purposive Evaluation of Place：A Facet Approach[J]. Environment and Behavior，1983（15）：659-698.

[7] WHITE P R. Post-Occupancy Evaluation[M]. New York：Routledge，2015.

[8] 杨公侠. 视觉与视觉环境 [M]. 上海：同济大学出版社，1985.

[9] 吴硕贤. 音乐厅音质综合评价 [J]. 声学学报，1994，19（5）：382-393.

[10] 凯文·林奇. 城市意象 [M]. 方益萍，何晓军，译. 北京：华夏出版社，2001.

[11] MALLORY H S，PREISER W F E，WATSON C G. Enhancin Building Performance[M]. London：Blackwell Publishing Ltd.，2012：15-18.

[12] 杨滔，商谦. 公共领域：人和场所：福斯特建筑事务所的城市设计 [J]. 城市设计，2017（4）：6-27.

[13] Anon. Interactions Affecting the Achievement of Acceptable Indoor Environments，American Society of Heating，Refrigerating and Air Conditioning Engineers[R]. Atlanta：Ashrae Guideline 10P，2010.

[14] 王清勤，孟冲，李国柱. T/ASC 02—2016《健康建筑评价标准》编制介绍 [J]. 建筑科学，2017，33（2）：163-166.

[15] 佚名. 中国建筑能耗与碳排放研究报告（2022年）[J]. 建筑，2023（2）：57-69.

[16] HU Z，CONG S，SONG T，et al. AirScope：Mobile Robots-assisted Cooperative Indoor Air Quality Sensing by Distributed Deep Reinforcement Learning[J]. IEEE Internet of Things Journal，2020（7）：9189-9200.

[17] TRONCOSO-PASTORIZA F，MARTÍNEZ-COMESAÑA M，OGANDO-MARTÍNEZ A，et al. IoT-based Platform for Automated IEQ Spatio-temporal Analysis in Buildings Using Machine Learning Techniques[J]. Automation in Construction，2022（139）：104261.

[18] YANG Y，LIU J，WANG W，et al. Incorporating SLAM and Mobile Sensing for Indoor CO_2 Monitoring and Source Position Estimation[J]. Journal of Cleaner Production，2021（291）：125780.

[19] GENG Y，YUAN M，TANG H，et al. Robot-based Mobile Sensing System for High-resolution Indoor Temperature Monitoring[J]. Automation in Construction，2022（142）：104477.

[20] GENG Y，JI W，XIE Y，et al. A Sub-sequence Clustering Method for Identifying Daily Indoor Environmental Patterns from Massive Time-series Data[J]. Automation in Construction，2022（139）：104303.

[21] POLLARD B, HELD F, ENGELEN L, et al. Data Fusion in Buildings: Synthesis of High-resolution IEQ and Occupant Tracking Data[J]. Science of The Total Environment, 2021 (776): 146047.

[22] YU Z, SONG Y, SONG D, et al. Spatial Interpolation-based Analysis Method Targeting Visualization of the Indoor Thermal Environment[J]. Building and Environment, 2021 (188): 107484.

[23] 江亿, 杨秀. 在能源分析中采用等效电方法[J]. 中国能源, 2010, 32(5): 5-11.

[24] 顾道金, 谷立静, 朱颖心, 等. 建筑建造与运行能耗的对比分析[J]. 暖通空调, 2007(5): 58-60+50.

[25] 李思堂, 李惠强. 住宅建筑施工初始能耗定量计算[J]. 华中科技大学学报(城市科学版), 2005(4): 58-61.

[26] 汪静. 中国城市住区生命周期CO_2排放量计算与分析[D]. 北京: 清华大学, 2009.

第6章 既有建筑后评估与更新策划

专题与案例篇

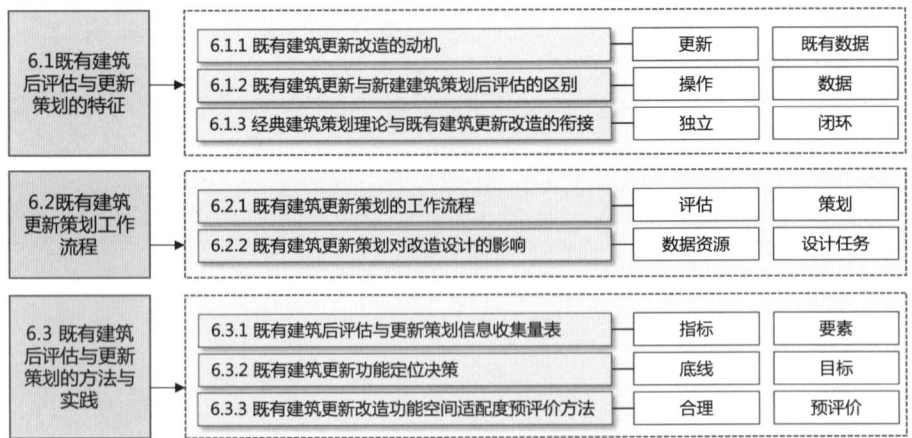

第6章 知识框架图

城市更新是 21 世纪各国城市发展建设的主要议题之一。实施城市更新行动、防止大拆大建是我国"十四五"规划纲要中提出的重要战略决策。存量建筑更新改造项目由于涉及的利益相关方多，面临的现实环境复杂、限制条件多，复杂性较新建建筑项目有所提升，需要科学理性的方法明确改造问题，协调多方参与，生成理性决策。然而，传统的建筑策划理论主要针对新建建筑项目，针对一般建筑单体存量改造项目的建筑策划应对缺少系统性研究和实践案例支持。改造建筑策划不同于新建建筑策划之处是对既有建筑的诊断和分析，并以此为依据进行决策。此外，改造建筑策划还需根据新的功能需求和既有建筑评估结果进行适宜性评估或可行性分析，以验证既有空间适应改造策略的能力。本章将介绍既有建筑更新改造中建筑策划与使用后评估的理论延伸与应用。

6.1 既有建筑后评估与更新策划的特征

6.1.1 既有建筑更新改造的动机

既有建筑选择更新改造而非推倒重建是由许多动机促使的，一方面，当前使用的问题阻碍了建筑的继续使用；另一方面，预算、节能、法规等限制因素使决策者选择更新改造而非重建。了解既有建筑更新改造背后的动机和原因，可以更好地理解设计前期的目标定位和决策过程。既有建筑存在的问题一般包括两类：既有建筑闲置或彻底废弃；建筑性能不佳但仍在使用。

1. 既有建筑闲置或彻底废弃

闲置或废弃意味着建筑已不再投入使用。这种情况可能出于建筑物理或技术问题，也可能出于建筑运营的功能或经济问题等。

（1）技术过时：确保建筑的安全性是建筑可以使用的必要条件。建筑结构、构件的老化及其他损坏可能威胁到建筑物的稳固和安全，因此应停止使用。如果不符合当前建筑法规，既有建筑可能存在火灾和结构坍塌方面的风险，也可能停止运营。

（2）功能过时：既有建筑的功能不符合当前需求或已迁移到其他空间。这在涉及转型升级的工业建筑中最为常见。原有的产业可能关闭或转移到城区以外的其他地方，导致既有厂房被废弃。

（3）经济过时：经济过时是指建筑物的维护和运营成本高于租金收入，使建筑运营持续亏损而无法继续使用的情况。它受市场因素（如土地价值波动、房地产市场），以及建筑构件老化、能源消耗过高等内部因素的影响。

2. 建筑性能不佳

表示既有建筑在使用、运营方面状况不佳,亟需改造升级,提升建筑表现性能。

(1)功能性能不佳:由于空间分布、流程组织、灵活性不足或现有设备等问题,既有建筑无法满足使用者新增的功能要求,因此在功能方面表现不佳。对功能变化和更新的适应能力差,需要通过改造重新组织空间并更新相应技术设备。

(2)技术性能不佳:既有建筑中老化的构件、过时的设备,以及其他技术问题可能导致建筑室内环境效益低下、维护成本高昂。

(3)环境性能不佳:老旧建筑的外墙、窗户、门、屋顶等外围护结构性能不佳可能导致能源消耗过高,并对环境造成危害。这一类改造被称为能源改造(Building Retrofit),是常见的改造类型。

(4)经济性能不佳:既有建筑在房地产和租赁市场上可能表现不佳,或存在空置率过高的问题,这在商业建筑如写字楼、酒店、商场等建筑中常见。更新改造可以改善室内环境质量和技术设施,提高租金收入和入住率。

(5)社会性能不佳:社会性能表示既有建筑在城市区域中的角色,以及与周围空间的关系。既有建筑社会性能不佳即建筑及周边环境存在诸如交通堵塞、高犯罪率、社区商业退化、高失业率、住房或学生宿舍短缺等社会问题。其中一些问题可以通过提高既有建筑可达性、开放建筑底层空间等改造手段来改善。

与推倒重建相比,既有建筑选择更新改造意味着更新改造相对于重新开发存在优势。更新改造而非重建的原因与业主的核心需求或决策过程中的限制条件有关。

(1)经济限制:多数情况下,更新改造项目的建设成本相对于新建项目来说较低,这在项目预算有限的情况下具有优势。拆除重建中的土地使用权转让及购置、原居民迁移等因素可能使建设成本过高,更新改造通常不会出现成本过高的情况。

(2)时间限制:时间限制是支持选择更新改造而不是重新开发的另一个原因。重新开发必然涉及土地使用权转让和重新开发,需要在空地上建设建筑物,而更新改造涉及对现有建筑物的部分拆除和改造,因此项目周期较短。对于要求在有限时间内完成的项目,更新改造可能是更好的选择。

(3)价值驱动:具有历史价值或高社会文化价值的建筑应该得到保留,可能会被禁止拆除。除了必须得到保护和恢复的列入名录的建筑物外,那些在城市历史中发挥重要作用,或者影响许多人并仍然留在市民记忆中的建筑物也应该进行更新改造,以保护城市的形象、特点和环境。

(4)政策和法规限制:由于容积率、建筑高度、楼层数,以及建筑物产权分配、土地用途等方面的法规限制,业主可能更倾向于选择更新改造既有建筑以提高建筑性能，从而避免因推翻重建可能带来的过高拆除成本、安置原居民困难、无法重新开发土地等问题。

6.1.2 既有建筑更新与新建建筑策划后评估的区别

既有建筑更新与新建建筑的策划与评估的区别主要包括六个方面：存在既有建筑、存在原使用者、经济策划、空间技术兼容、时间策划、使用后评估。

1. 存在既有建筑

现有研究都指出更新改造与新建项目最大的不同在于，新建项目是从"无"到"有"，"无"指的是在一个未开发场地搜寻问题并定义问题的任务书；而更新改造是从"有"到"变"，"有"指的是既有建筑，包括制定任务书在内的一切后续操作都将基于此进行。更新改造建筑策划流程的第一步即对既有建筑进行使用后评估及建筑诊断（Building Diagnosis），并对更新改造进行可行性预评价。既有建筑诊断需要评估既有建筑各部分的现状和性能表现，包括结构是否完整、构件老化情况、建筑能耗情况、使用现状等；以及建筑在历史文化和社会层面的价值，包括对城市文脉的贡献、如与周边环境的融合度等。可行性预评价则是评估建筑哪些部分需要保护？哪些部分可以进行更新改造，可以适应什么样的新功能、新空间形式？初步评估基于现有的建筑功能、空间、形式特征的更新改造可能性。

2. 存在原使用者

以往的新建项目没有原使用者，只有建筑周边居民或者预期使用人群。而既有建筑有原使用人群，不论他们是否继续使用建筑，其对既有建筑使用的感受、意见都是建筑更新策划的依据，也需要调查收集。此外，对于使用人群不便的特定类型建筑，如办公、医疗等，需要考虑更新改造施工阶段对他们产生的影响，有时甚至需考虑更新改造期间原使用人群的安置问题。

3. 经济策划

既有建筑更新的经济策划除了新建项目需要估算的建设成本、运营成本、资产估值、土地使用增值等，还需考虑更新改造过程中停止运营的亏损、其他间接成本，以及更新改造的投资回报率。有学者采用投资回报年限（Payback Time）作为评估既有建筑可持续更新项目投资可行性的关键指标，这项简化的指标主要考虑初始投资和更新后每年节省的运营成本，并未考虑其他间接成本及资金时间价值。随着全国碳排放交易市场的逐步建立，日后对碳排放权的交易也可纳入经济策划中。

4. 空间技术兼容

既有建筑更新项目在空间构想与技术构想方面，不同于新建项目的一点是需要密切关注新旧建筑的兼容性。例如现状结构与设定空间功能是否兼容，原有空间允许置入何种类型的绿色技术设备等。此外，技术构想还应考虑建筑施工阶段，既有建筑更新改造的施工条件比新建建筑更为苛刻，特别是对于具有重要历史价值和文化价值的建筑，施工尤其需要注意保护既有建筑，使其免受二次伤害。此外，还要考虑如何拆除原有部分、如何保护原有建筑的界面，使其与新建部分、改造部分良好衔接等。

5. 时间策划

在预算有限、需要长期融资或功能需求不断增长的情况下，项目应根据时间和成本计划分阶段建设。就改造项目而言，由于存在既有建筑结构的限制，因此策划有时需要提出分期建设计划，以应对各种预算和技术条件。不同程度的改造体现在深度改造、渐进式改造和微改造。深度改造的目的主要是通过整体和全面的措施来提高能源性能，并受到欧洲能源政策的鼓励，如欧盟的地平线2020计划。渐进式改造如今在住房改造中兴起，特别是在欧洲国家，如瑞典。这种部分翻新有利于应对社会问题，尊重文化特性和限制资源使用。它还允许在未来置入新技术，从而在长期内实现更高的能源效率。此外，改造策划还应为未来不断增长的功能或场地扩建做准备。

6. 使用后评估

既有建筑改造更新的使用后评估同时存在于策划阶段与投入使用阶段。策划阶段，前置的使用后评估是为了诊断既有建筑的现状问题，为更新改造策划提供基础。指标包含多个方面，如性能评估、使用者满意度评估、经济评估、社会价值评估等。更新改造完成之后对其成果进行评估，目的是对改造更新措施的效果进行反馈，以便日后更好地指导类似的更新项目的策划和实施。改造建筑的使用后评估需与策划阶段建筑原始状态的评估结果作对比，以量化成果在各项指标上提升、改善的程度，同时核验成果是否满足策划阶段所制定的目标。

6.1.3 经典建筑策划理论与既有建筑更新改造的衔接

经典建筑策划理论面向的是普适性的新建项目，即它应该适用于一种通用情境，可以普遍应用于建筑项目，无论建筑的功能类型如何。经典策划理论中的工作流程和方法无法区别更新改造项目与普通新建建筑项目的特征，但各位学者在论著中对改造项目均有所提及。本小节将简略回顾这些思考并指出更新改造项目建筑策划的特殊性。

1. 佩纳的建筑改造策划

威廉·M. 佩纳（William M. Pena）在《问题搜寻法：建筑策划指导手册》（*Problem Seeking: An Architectural Programming Primer*）中对建筑改造（Building Renovation）有过简短论述。他认为在当时的环境下，许多既有建筑无法满足现有规范，甚至有很多有害建筑材料需要清理，因此改造项目往往比新建项目更加复杂且昂贵。此外，需要考虑建筑新功能所要求的平面布局效率、新的建筑规范、公用设施的承受能力和停车位等场地开发费用等。鉴于以上原因，佩纳认为即使既有建筑具有很高的历史价值，在进行改造项目之前仍需要与新建项目作比较，根据既有建筑评估结果确定改造的程度，并聘请专业的成本评估人员计算可信的改造预算。可以看出在当时，新建项目占据主流市场，更新改造的价值和意义尚未体现，因此佩纳的建筑策划理论涉及改造的内容十分有限，没有给出改造策划的具体流程和方法。

2. 库姆林的建筑改造策划

罗伯特·库姆林（Robert Kumlin）在《建筑策划——设计专业人士的创造性技术》（*Architectural Programming: Creative Techniques for Design Professionals*）一书中，提供了一份详细的"策划要素清单"，其中一项"既有设施的分析"，既是为既有建筑改造项目，也是为建筑的运营策划而考虑。库姆林认为对于建筑改造策划，需补充三项分析材料：现状分析（Condition Analysis）、适宜性评估（Suitability Evaluation），以及成本评估（Cost Evaluation）。现状分析需诊断既有建筑使用问题及后期运营的可能性。适宜性评估是指建筑可以适应策划的能力，需要考虑总面积、结构负载能力、布局、新功能是否符合规范、垂直交通、室内净高、出入口等问题。成本评估需基于设计策略及改造清单作出经济策划。在工作流程方面，库姆林认为既有建筑现状评估应该与策划同步进行，并由建筑师和其他专业工程师组成一个单独的评估团队；如果设施现状获取困难，则需要开展"设施审计"（Facilities Audit），以评估设施现状如何达到策划构想的要求。此外，既有建筑改造的策划报告提交前还需进行一项重要的步骤，可行性研究（Feasibility Study），通过自上而下与自下而上结合的方式，反复估算改造成本与预期实现的改造措施，修正策划构想，最终制定合理可行的改造研究报告。这一过程还有助于使项目利益相关者达成一致意见并获得他们的支持。但是，具体到工作流程与方法，库姆林只是简述了策划流程，并没有详细论述如何评估现状设施问题、如何评估新功能的适宜性，以及让既有建筑满足策划需求的途径。

3. 谢里的建筑改造策划

伊迪丝·谢里（Edith Cherry）在《建筑策划——从理论到实践的设计指南》一书中将改造项目当作一种特殊的新建建筑类型，把既有建筑本身视为场地调研时要注意的事项。她认为应详细记录既有建筑的结构、现状，以及站在既有建筑内所能看到的景观，并评估结构、机械设备，以及电力系统等，核对现有规范以检查既有建筑需要作出哪些改进以满足规范要求。作者也强调了改造项目中论证新功能的合适性是一项重要的任务，策划和设计也因此容易出现联系紧密甚至相互牵连的情况。然而，谢里也没有提供评估既有建筑及评价建筑新功能适宜性的方法。

4. 赫什伯格策划理论中的建筑更新

赫什伯格在其著作《建筑策划与前期管理》的部分章节中提到了有关建筑改造的事项。在第二章价值与建筑中，赫什伯格举出的实际案例哈利路亚路德教堂（Alleluia Lutheran Church）是一个改造加建项目，将既有建筑一栋住宅加建成校园中的一个教堂。作者介绍了策划的过程，分析了既有建筑的文化价值、历史价值、美学价值与技术特点，并将其作为主要考虑的价值问题，其后叙述了功能需求让步给预算限制、材料品质等的过程，以及对次要价值的考虑和次要问题的解决，最终形成一个总体满意的方案。但在这个案例中，作者并未给出价值评估及排序的定量依据，也没有决策比选的过程，更像是从结果反推过程的描述，具有一定的借鉴意义。

经典建筑策划理论对建筑更新略有涉及，也展示了建筑更新相比新建项目需要多注意的一些事项，但没有系统性地介绍建筑更新改造的操作指南或方法工具，这一方面是受时代背景影响，当时对既有建筑更新的需求不够强烈；另一方面也受限于当时对于更新改造的学术观点，主要停留在历史价值保护上，既有建筑可持续发展的内涵还未丰富，下文将展开介绍。

6.2 既有建筑更新策划工作流程

6.2.1 既有建筑更新策划工作流程

基于经典建筑策划理论与既有建筑更新改造的特征，既有建筑更新策划的工作流程主要包括五个步骤。

1. 更新目标设定

设定一个合理而明确的目标是后续策划步骤的基础。目标表明了业主的改造意图，可以激发建筑师的设计灵感。目标源于改造动机、投资模式、决策主体的价值观等。新建项目的目标设定是基于明确的立项条件，有明确的功能定位；改造项目，特别是功能转换项目，在设计前期可能没有明确的功能定位，因此需要先明确项目性质、决策主体、基本条件等。这一阶段的主要任务包括：①组织建筑策划团队；②明确本项目的价值导向；③明确多元主体决策者各自的责任；④设定项目的主要更新目标。业主可以先委派建筑策划团队，并邀请不同专业的专家参与策划。策划团队的人员组成对结果有很大影响。目前，缺乏明确的支付规定和相关的规范及标准，建筑策划的服务大多通过设计阶段建筑师服务外延提供，导致建筑策划与设计过程的部分重合，削弱了建筑策划的作用。在授权给策划团队后，策划专家就可以通过调研明确业主组织结构、多利益相关方和多元主体决策者的不同责任。随后，策划团队应该确定业主和其他重要利益相关者的价值观，并帮助决策者明确项目最重要的更新目标。这些目标可以是改善经营状况、提高建筑性能、节能改造等，并初步明确建筑更新成本、施工方法等，为后续步骤提供依据。与新建项目不同的是，在某些情况下，改造项目的前期策划需要考虑原使用者的意见，以便策划团队更好地诊断评估既有建筑问题并挖掘使用者需求。

2. 更新信息收集

信息收集包括场地信息、社会和人文背景、市场需求、周边城市环境等。与新建项目不同，改造项目的信息收集主要是对既有建筑的现状进行评估，即建筑诊断。建筑诊断包括对建筑老化状况的评估、价值评估、原使用者满意度调查、建筑能耗评估、运营情况评估，以及根据现有规范对建筑及其场地进行核查。除了现有建筑的现状信息外，还需要收集城市信息，重点关注城市更新专项规划或所在历史街区的保护导则，分析建筑所在地区的城市环境，了解建筑在其中的位置及其与周边环境的关系。

3. 更新功能定位与策划构想

在传统新建项目建筑策划过程中，策划人员在收集、分析相关信息后，进行初步策划构想，包括空间形态与组织的策略、经济构想、技术构想等。但是，对于没有明确立项条件和功能定位的改造项目，在策划构想前还应进行一个额外的步骤，即功能定位研究。功能定位既要充分考虑限制条件，包括规划条件、土地性质、建筑性质等，又要考虑多价值的目标，包括经济、社会、文化等因素，以作出全面科学的决策。除了功能转换项目外，功能不变的更新改造项目往往需要功能提升策划，以适应当今使用需求的更新。明晰使用需求和未来使用模式需要策划团队与业主或使用者合作。策划团队还可以根据不同的建筑类型邀请跨学科专家加入团队，增加建筑策划的科学性。这一阶段可以进一步明确业主的目标和需求，如功能空间关系、建筑规划效率、建筑质量、资金预算和建设周期等。策划团队应平衡多种策划之间的要求和限制，从资金、技术、空间组织等角度出发，起草初步策划构想，编制更新策划。

4. 更新策划预评价

预评价是在生成最终设计任务书之前评估和完善策划的一个步骤。在新建项目中策划预评价涉及对所有法规、预算、技术可行性等的核查。然而，改造项目由于存在既有建筑，还需要补充一个额外的重要步骤，即评估功能策划与既有空间的适配度，以检验策划的可行性并修正完善策划。预评价中的适配度评价是在更新策划构想后，制定最终更新设计任务书之前，研究潜在的新建筑功能和新空间模式的可行性。预评价的目的是充分评估既有建筑的改造潜力，修改和完善更新策划。更新项目的建筑策划应分析后期使用的可能性，促使不同专业、工种在诸如面积配比、结构承载力、新建筑规范、交通组织等方面达成一致。特别是在历史建筑改造等条件复杂的项目中，预评价有利于充分认识和尊重建筑的历史特征元素，综合考虑多维度建筑价值，并与业主的改造目标进行兼容性检验，以确定最合适的使用功能、规模、空间形态等。

5. 更新设计任务书的制定和优化

在检验了策划的适用性和可行性后，策划团队可以起草并制定更新设计任务书。在设计任务书中，策划团队应说明项目的主要目标和价值，场地和既有建筑的限制条件，设计应解决的主要问题、功能策划、灵活性、能源、结构、土壤和抗震等限制条件，预算控制和技术要求，建筑规范和相关法规。具体来说，功能方案应指出每个功能区中每个房间的建筑面积和设计要求，包括使用模式、性能要求、特点、空间连接关系、设备要求等。改造策划还应根据之前的可行性研究，明确每个房间的建筑面积的弹性范围。此外，更新策划是一个持续跟进、不断发展的过程。一个精心设计的策划可以确保以问题为导向的设计，但它永远不可能完美地预测所有的问题和要求。因此，更新策划的优化在整个工作过程中起着重要作用。通过不断增强对不同利益相关者和使用者的理解，策划团队得以逐步完善改造策划方案。事实上，建筑策划可以为概念设计、初步设计、深化设计乃至施工阶段提供连续的信息。

综上所述，基于建筑策划经典理论框架的既有建筑更新策划流程主要在三个环节进行了补充完善：信息收集、策划构想和策划预评价。图 6-1 对比了传统建筑策划流程与既有建筑更新策划的流程框架：信息收集环节需要重

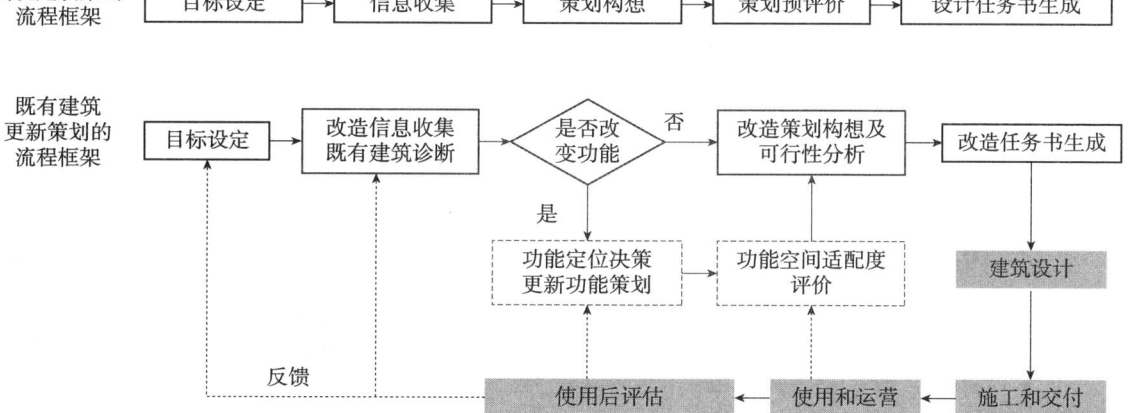

图 6-1 传统建筑策划流程与既有建筑更新策划的流程框架对比

点关注以既有建筑诊断评估为核心的改造信息;策划构想环节需要重点关注既有建筑是否改变功能,如果功能转换需首先进行功能定位决策;策划预评价环节需补充对新功能策划与既有空间的适配度评价,完善既有建筑改造策划的可行性分析,以生成改造设计任务书。

6.2.2 既有建筑更新策划对改造设计的影响

既有建筑更新策划直接指导更新改造设计,进而对改造结果有重要的影响。本节从规划及城市设计、建筑设计、室内及景观设计三个方面分析既有建筑更新策划对改造设计的影响。

1. 规划及城市设计

新建项目通常具有明确的项目立项条件,包括地块所在区域的城市规划和城市设计条件。相反,更新改造项目的立项条件大多时候是不确定的,需要策划团队进行先期研究,协助业主对所在地块基本条件进行分析,并提出适当的场地规划策略以获得规划局的批准。具体而言,建筑策划可以从两个方面影响城市问题:第一个方面是提出土地利用转型与建筑功能定位的建议;第二个方面是修改既有建筑的场地规划,使既有建筑更好地与相邻建筑及城市空间相连接,适应当前的周边环境。具体策略包括:更改建筑的主要入口、重新组织首层车行和人行流线、首层或二层置入开放空间或与周围环境连接的通道、改造室外空间、确定停车需求,改造或扩建停车场、改造面向城市空间的立面等。例如,在北京隆福大厦改造项目中,城市空间中的街道引入了建筑的一层(图 6-2)。电梯将城市空间与商业区的二层和办公大堂的三层连接起来,以最大限度地重新生成内部空间。

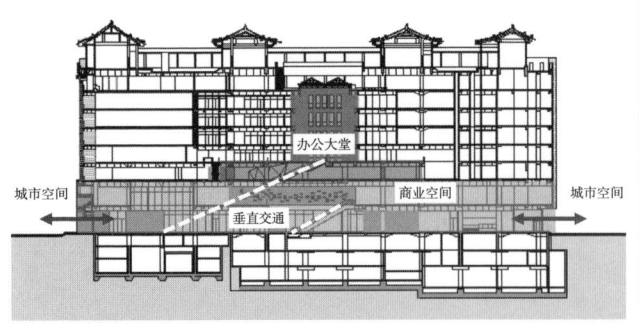

图 6-2　北京隆福大厦改造项目中重新梳理建筑与城市连通关系

图 6-3　法国巴黎莎玛丽丹（La Samaritaine）百货商店改造项目
（图片来源：引自 dezeen 官方网站）

业主或策划团队可以向政府提出场地规划设计变更，政府同样可以在既有建筑更新项目中增设土地利用条件，增加公共空间面积、保障社会利益、提高公共空间品质。例如，在法国巴黎莎玛丽丹（La Samaritaine）百货商店改造项目中，市政当局批准了投资者和物业所有者对1870年的历史建筑进行改造（图6-3）。与此同时，政府要求在项目内设有可容纳80名儿童的托儿所、96套公共住房单元，以及一个5000m²的公共广场。这一要求可以增加巴黎整体住房存量中的公共住房比例，通过改造项目为市民提供更多的公共服务设施。

2. 建筑设计

建筑策划是为了定义问题，而建筑设计则是为了解决问题，这是分析和综合之间的关系，分别需要抽象和具体的思维。在既有建筑更新项目中，建筑策划对建筑设计主要表现在三个方面：第一，更新策划可以全面评估既有建筑的价值、诊断建筑问题并对保留和拆除部分作出合理安排。第二，更新策划可以明晰满足新功能需求的功能空间列表，并基于现有的空间秩序为空间模式的转换提出策略。第三，提前检验新功能策划与既有空间的适配度，确保更新策划的可行性。此外，建筑策划还可以预测在设计阶段可能面临的潜在问题和困难，统筹协调新旧城市规划、建筑规范、设计标准等之间的差异，这一点对于更新改造项目尤为重要。功能更新项目的第一个挑战是全面了解当前的使用问题，并帮助用户探索可行的需求和未来的使用模式，这需要采用科学方法来收集信息和分析需求。第二个挑战是提高建筑技术性能，以满足当前的建筑法规，即使不必改变土地使用和建筑类型也要如此。

例如，荷兰莱因斯特拉特8号（Rijnstraat 8）是一座于1992年建成，2017年由OMA改造设计完成的政府办公建筑（图6-4）。该建筑先前的功能和空间对于今天的工作模式来说缺乏灵活性和开放性。新的功能计划在适应了新部门和政府机构的工作模式基础上，新增了餐厅、零售和向公众开放的

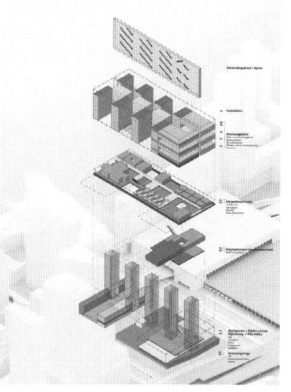

图 6-4 荷兰莱因斯特拉特 8 号改造项目
（图片来源：Delfino Sisto Legnani and Marco Cappelletti）

图 6-5 荷兰莱因斯特拉特 8 号的改造功能策划
（图片来源：引自 OMA 建筑事务所官方网站）

城市大堂等新功能（图 6-5）。对于空间模式，更新策略是创建开放式的工作区域，引入一条贯穿整个建筑、广场和室内景观的新通道。

3. 室内设计及景观设计

在新建项目中，室内设计及景观设计大部分时候都不是建筑师的主要任务。但在更新项目中，室内设计、景观设计与建筑改造设计整合在一起，可以更好地建立建筑内外空间的连接，以及与城市界面的衔接。实现高度整合的改造策略得益于在前期建筑策划阶段中清晰地定义问题并提供科学合理的解决方案。例如，在北京师范大学珠海校区未来设计学院改造项目中，既有建筑的北部与道路交会处的地面高差很大，存在负面场地空间（图 6-6）。在前期设计阶段，建筑师确定了将这些负面空间转化为活跃的公共空间的策略，对地形进行了有限的干预。最终的设计结果使用了沿道路的三角形植被露台，以容纳不同的活动，并连接道路的两侧（图 6-7）。

图 6-6 北京师范大学珠海校区未来设计学院改造项目的地块内高差
（图片来源：由清华大学建筑设计研究院，提供）

图 6-7 北京师范大学珠海校区未来设计学院改造项目的地形景观设计策略
（图片来源：由清华大学建筑设计研究院，提供）

既有建筑更新策划对改造设计有着强大的约束作用，更新策划直奔问题的要点，精准诊断建筑问题、合理分配功能空间、科学制定改造策略，因此，建筑师能够迅速抓住关键问题，设计方案与业主需求高度契合，避免业主和建筑师因早期需求不明确和不合理而反复修改策划、浪费时间及资源的现象。只有通过科学合理的方法和从实际分析、问题定义、策划概念到全面解决问题的策略的渐进性研究，才能找到设计问题的关键解法。

6.3 既有建筑后评估与更新策划的方法与实践

6.3.1 既有建筑后评估与更新策划信息收集量表

科学合理的信息收集分类是信息管理的基础。建筑策划研究学者从不同的逻辑和角度提供了几种信息收集框架和检查清单。有基于建筑功能、形式、经济和时间四个维度及目标、事实、概念、需求和问题五个步骤为框架的收集列表；也有按照人类、环境、文化、技术、时间、经济、美学和安全八个价值维度整理目标、事实、需求、概念信息；也有以建筑物为基准，收集城市规划、场地和周边环境等外部信息，以及空间模式、用户行为模式、功能需求等内部信息。信息是动态的，不断被收集的大量信息会让决策者和策划人员感到不知所措，存在收集信息过载而难以管理和分析的风险。因此，清晰而科学地分类，以及设定信息收集的优先级，是成功收集信息并作出理性决策的基础。根据既有建筑更新特征，更新策划信息收集量表可以按照四个维度进行划分，从而建立更新信息收集矩阵。

1. 空间维度：城市—建筑—空间

以建筑环境的物理空间尺度为维度，需要收集的信息可以分为三个层次：城市信息、建筑信息和空间信息。城市维度信息进一步分为三类：城市规划，不确定的立项条件，以及场地和周边环境。由于既有建筑改造项目往往在项目立项条件上存在不确定性，同时也可以在"多规合一"中重新制定城市更新单元规划，因此城市尺度信息应与场地和周边环境分开收集和分析。建筑维度信息包括三类信息：基本技术信息、建筑诊断信息和空间认知。其中，基本技术信息包括原始建筑设计图纸、现状调查图纸、现有建筑的演变历史信息等。建筑诊断信息包括建筑审计信息、地质、建筑结构、能耗、建筑构件老化、材料损耗、建筑设备、现场照片等。空间认知主要包括现有建筑的使用功能方案和空间清单、各类流线、空间尺度特征。空间维度信息还包括用户概况、使用模式和需求、运营模式三类信息，主要是用户特征、日常行为模式、使用模式、目标用户意见、可预测的未来增长，以及运营和投资信息。

2. 价值维度：环境、经济、社会、历史、文化

联合国对可持续发展目标的三个方面进行了定位：经济、社会和环境。城市更新是一个综合过程，必然涉及经济、社会、环境、生活质量、城市空间质量等方面的更新和改善。同时，城市更新涉及多方利益，各方利益不再局限于经济利益，而是更加关注社会福利、市民权益、绿色双碳、历史传承、文化弘扬等综合利益，甚至包括人文、正义、历史、治理等空间伦理价值。具有价值导向维度的信息分类包括经济、社会、环境、文化等。其中，经济价值的信息包括投资预算、改造成本、市场分析、投资运营等。社会价值信息包括就业人口、周边社区福利、周边社区参与等。环境价值信息包括节能减排政策支持、能源消耗状况、绿色建筑标准等。文化价值信息包括历史遗产、地域文化价值等。按照价值导向的维度，信息收集的特点是：以可持续发展的价值和国家城市发展战略方针为指导，保证城市更新中既有建筑改造项目的正确方向；从信息收集过程中注重多元主体的参与和多元利益的平衡，为后续信息分析和多元主体的决策准备客观全面的事实材料。当然，有些信息和事实可能符合多种价值取向，所以可能被贴上了多种价值标签，各价值类别的信息也可能重复出现。

3. 时间维度：过去—现在—未来

时间维度可以将收集到的信息分为三个层次：过去、现在和未来。由于既有建筑改造项目的最初施工阶段属于过去，因此存在大量的历史信息，包括最初施工时的设计图纸、既有建筑的历史发展脉络，以及既有建筑在当地社区历史记忆中的位置。收集的大部分信息都属于现在时段，包括对现状既有建筑进行使用后评估、诊断场地和建筑的现有问题。除了收集现在时间的信息，还需要预测未来的使用需求，为未来的使用空间留有余地。按照时间维度收集信息的特点是：有助于将历史变化、当前问题和未来需求梳理清楚，便于策划团队获得清晰的时间认知。同时，按照时间坐标对信息进行分类，有助于提取已经确定和不断变化的信息：保持不变的信息，如建筑及街区的历史信息；可能不断变化的信息，需要随着时间的推移不断收集和更新，如未来使用者组成、周边社区人口增长预测、未来运营主体、投资预算等。

4. 重要维度：必要信息、常量信息、变量信息

由于改造项目的立项条件存在不确定性，信息收集始终是一个动态过程，需要辨析"常量信息"——基本的和不可改变的事实，以及"变量信息"——不确定的和偶然条件。只有掌握关键信息并及时更新信息，我们才能作出合理的决策，提出有效的建筑策划和设计策略。判断信息属于哪种类型要视具体情况而定。

(1）必要信息：是改造策划中需要最先关注的事实和优先解决的问题，对设计方案具有决定性作用。不解决这些问题，项目就无法立项和设计。包括：城市规划土地性质、限定土地性质与建筑性质的转变、产权划分、土地租赁的条件，这些直接影响到项目的可行性和项目启动的批准；现行建筑规范，在相对较长的时期内是确定的，但在项目周期内改变的规范除外。这些因素，特别是防火规范和结构安全标准，是施工图和施工审批的必要条件，决定了改造设计的可行性。

（2）常量信息：是改造项目策划阶段确定并不会改变的信息，包括：场地的物理信息、基本确定，如地理地质、日照朝向、声学景观等；现有建筑的条件，包括：建筑诊断报告、历史信息，以及既有建筑空间特征等。

（3）变量信息：是策划阶段尚未确定的事实和需要持续关注的条件，或因其他外部因素可能发生变化的条件，需要实时更新，以便作出适当决策。包括：利益相关者和预算，改造项目，特别是多利益相关者参与的公共项目，受到任期变化和财政预算的影响，参与方和预算可能发生变化；周边环境，不断变化，因此需要实时更新区域人口、经济、社会和文化因素方面的数据信息；使用模式和要求，由于业主组织结构变化、技术升级和其他主观因素，业主的使用需求不断变化，策划需要考虑业主的最新需求。

6.3.2 既有建筑更新功能定位决策

策划构想环节需要重点关注既有建筑是否改变功能，如果功能转换需首先进行功能定位决策。既有建筑功能转换涉及土地利用性质及建筑性质的变化。在传统新建建筑项目中，建筑性质和功能已在项目立项的批准中明确。因此，建筑策划的任务是根据确定的功能来发展功能方案。然而，在更新改造项目前期策划阶段，城市更新详规或专项规划可能尚未出台，需要先调研既有建筑及其所在地块之后方可制定。建筑师或策划人员有机会参与决策过程，为更新地块中的建筑单体制定功能，甚至反过来为详规的修改和城市更新专项规划的制定提供建议。这些工作内容在传统的建筑策划中未予考虑。

房地产领域存在与这种工作内容类似的两个概念。一个概念是"最高和最佳使用"（Highest and Best Use，HBU），适用于未利用土地或更新改造的建筑用途，美国评估学会（Appraisal Institute）定义为"在物理上可能、适当支持、经济可行的，且产生最高价值的建筑功能"，需满足合法性、技术可行性、经济可行性和价值最大化四个原则。另一个概念是最可能使用（Most Probable Use），开发商根据过去的经验、实际融资和劳动条件选择合适的再利用功能，以实现预期盈利。这两个概念都从经济和利润最大化的角度寻求解决方案，不能完全解决现今存在的建筑更新项目问题。

在更新项目的建筑策划中，功能定位可能在下述三种情况中发生：①城市更新专项规划尚未确定，土地利用和交易需要进一步研究；②城市更新专项规划已获批准，确定了土地性质、建筑性质、开发强度指标等，但尚未决定每个建筑单体的确切功能；③城市更新专项规划和地块的详细规划已经明确土地性质和建筑性质不变，但功能提升策划需要进一步研究。

相应地，第一种情况涉及与城市规划和城市设计有关的复杂考虑，这取决于区域政策和城市更新体系及项目的具体实际情况。在中国，建筑群是主要类型的更新项目，自上而下的强干预的规划流程很常见，因此目前建筑师和策划人员在规划阶段的参与机会较少。目前第二种情况更为普遍，建筑师和策划人员为单个建筑物确定具体的功能。第三种情况具体到功能策划和空间布局层面，主要考虑现有问题、新使用需求及功能空间的适配度。表 6-1 总结了这三种情况，功能定位决策主要针对第二种情况进行更新策划的研究和决策。

为既有建筑确定新功能是一个涉及复杂条件和多方利益相关者的难题，具有以下决策特点。①多利益相关者参与：多利益相关者参与既有建筑更新项目的前期策划有利于协调社会群体之间的利益博弈，最大限度地在社会资源再分配过程中实现公平和正义，是更新功能决策中的一个重要特点。对于策划团队来说，如何在各方之间进行协商和平衡利益是一个重要问题；

功能转换型更新改造项目中功能定位决策的内容 表 6-1

情况	规划 / 城市设计阶段	建筑单体 / 建筑群的功能定位	建筑空间功能策划
任务	为区域或更新单元明确功能导向	为建筑单体明确主要功能	进一步发展功能策划和功能空间列表
内容	决定地块土地性质、建筑性质、开发强度等规划指标	明确建筑群的功能组成或建筑单体的功能定位 提出场地规划条件修改建议	明确功能组成和空间布局起草功能空间列表
目的	指导建筑策划与设计	修改更新场地规划条件，指导发展功能空间策划	指导建筑设计
举例			
新建项目	地块土地性质、建筑性质已确定	项目立项阶段功能定位已确定	功能策划尚未确定，需在建筑策划中发展
更新项目	地块土地性质、建筑性质在城市更新专项规划中已确定	项目前期功能定位尚未确定	功能策划尚未确定，需在建筑策划中发展

②多重价值驱动：多方利益相关者必然代表不同的利益，因此更新项目需要满足来自社会、经济、环境、历史、审美、技术等多种价值的要求，最大限度地提升项目的绩效和总收益；③基本条件限制：在选择最佳方案之前，存在一些基本条件如土地性质、产权、容积率、建筑法规、既有建筑结构与高度限制等，限制了功能可选择的范围。

综上所述，功能定位决策是一个需要平衡多利益相关者、实现多重价值目标、受到诸多条件限制的复杂决策。策划团队需要借助科学理性的方法，在多个目标、各种维度，以及不同利益中为既有建筑找到可行的功能定位。多准则决策分析（Multi-criterial Decision-making Analysis，MCDA）被广泛认为是应对这一问题的有效方法。它通过科学、透明的工作流程帮助决策者细化目标，梳理问题情境，建立评价标准，筛选备选方案，实现多目标多利益的平衡，并获取多参与方的支持。多准则决策分析的工作流程通常分为三个步骤。第一步是构建决策问题情境，第二步是构建多准则决策分析评估模型，第三步是选择适当的方法和工具来评估决策备选方案。在既有建筑更新功能定位多准则决策中，该过程细化为如图6-8所示的工作流程。

1. 构建决策问题情境

基于前期收集的更新项目策划信息，帮助决策者列出应考虑和关注的所有事项，全面理解决策问题情景，同时确保不同利益相关者的全面参与。工作内容包括：

①明确多利益相关方构成与决策者；
②明确既有建筑更新功能定位的目标和价值观；
③明确不确定条件及限制条件；
④提出功能定位备选方案。

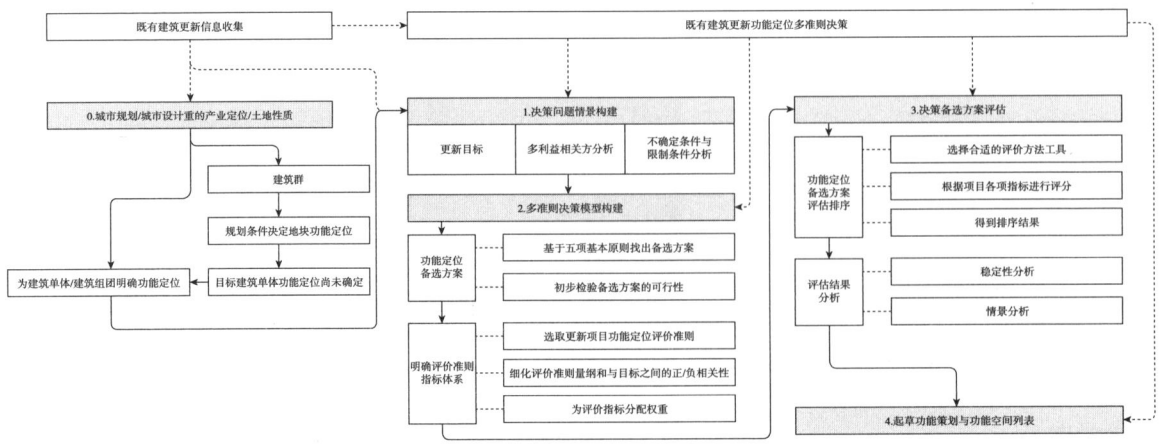

图6-8 既有建筑更新功能定位多准则决策工作流程

其中，功能定位备选方案的筛选和提出需满足五个基本原则：

（1）既有建筑特征适配性：既有建筑承载了城市的记忆，具有特定时代的建筑特征。新功能应该保护、发展这种价值，与既有建筑的结构、立面、空间甚至材料相兼容，而不破坏建筑的原始状态。

（2）经济可行性：经济可行有诸多指标可供参考，例如净现值（NPV）和内部收益率（IRR）。一般来说，更新预算应该低于新建建筑预算，此外还应考虑建筑更新后是否能够可持续运营。

（3）技术可行性：项目中使用的技术通常与经济可行性密切相关，改造策略和技术的选择也决定了改造成本，因此，新功能的空间形式应与既有空间构成相匹配。例如，闲置酒店拥有带浴室的分隔房间，与养老院设施的空间类似，而具有大跨度结构和自由平面的工厂建筑则较难添加单间空间。因此，闲置酒店更适合进行养老设施改造。

（4）社会需求度：既有建筑更新项目为当地居民提供公共服务、提高生活品质；使用者反过来充分利用其使用价值，为现有建筑注入新的生命。例如，在北京西城区什刹海历史保护街区，许多没有历史价值但结构完好的平房已经改造成社区食品店或理发店，为附近居民的生活提供便利。既有建筑更新功能定位需要考虑当地社区的社会需求度，提高空间环境品质。

（5）空间活力度：既有建筑新功能定位应为社区带来新的活力，促进社区复兴，增加社区对城市其他地区的居民和市民的吸引力。例如，为社区居民提供丰富多样的公共活动空间、更多的工作岗位，提升社区形象，甚至带动提升所在区域的土地价值。

2. 构建多准则决策评估模型

构建多准则决策评估模型主要包括两项工作内容：初步检验功能备选方案可行性及确定评价指标。

（1）初步检验功能备选方案可行性：基于提出功能备选方案的原则，项目团队应该与主要利益相关者组织讨论会议，共同筛选更新项目的潜在功能定位方案。提出的功能备选方案可以是建筑类型，或具有主题的混合功能。策划团队应对这些功能进行初步研究，考虑既有建筑特征、容量及周边需求，以验证备选方案的可行性。

（2）选择评价准则：多准则决策评价体系中，评价准则以决策树的形式展开，可以分为一级准则、二级准则等。策划团队根据业主的目标需求，确定评价准则，并进一步详细描述准则，明确每个准则的定量或定性评价方法、度量尺度与目标的正负相关性等。除了选择准则体系外，策划团队还应组织多利益相关方讨论，为每个准则设置权重分配。表6-2展示了相关研究对既有建筑更新功能定位决策的评价准则选取。

相关研究对既有建筑更新功能定位决策的评价准则选取　　表6-2

类别	一级准则	二级准则	相关研究
社会	社区参与	公众意识	Ribera et al., 2019；Bullen & Love, 2011；Wang & Zeng, 2010
	就业率	—	Ribera et al., 2019
	生活品质	公共空间 绿化空间 安全性	Giuliani et al., 2018；Radziszewska-Zielina, 2017
	文化重要性	公众感知 象征性价值 社区认同感	Elsorady, 2014；Bullen & Love, 2011
经济	资金来源/投资预算	—	Giuliani et al., 2018；Wang & Zeng, 2010
	市场需求	—	Bullen & Love, 2011；Wang & Zeng, 2010
	社区经济附加价值	—	Elsorady, 2014；Bullen & Love, 2011；Douglas, 2006
	未来维护成本	—	Giuliani et al., 2018；Wang & Zeng, 2010
环境	可持续性	可持续设计 全生命周期评估 既有材料回收利用 能源效率	Elsorady, 2014；Bullen & Love, 2011；Douglas, 2006
	社区环境品质提升	绿地占用 自然资源消耗	Radziszewska-Zielina, 2017；Elsorady, 2014；Bullen & Love, 2011；Wang & Zeng, 2010；Douglas, 2006
建筑	历史价值/艺术价值	—	Robles, 2010；Bullen & Love, 2011；Wang & Zeng, 2010；Mason, 2002
	功能实用性	—	Giuliani et al., 2018
	现有规范兼容性	—	Ribera et al., 2019；Giuliani et al., 2018；Bullen & Love, 2011；Wang & Zeng, 2010
	既有建筑特征完整性	干预程度	Elsorady, 2014；Wang & Zeng, 2010；Bronson & Jester, 1997
	灵活性	多功能适应性/ 再利用潜力	Latham, 2016；Elsorady, 2014；Bullen & Love, 2011
	技术可行性	材料可获得	Bullen & Love, 2011

3. 评估决策备选方案

（1）排名备选方案：基于构建的多准则决策模型，项目团队应该组织利益相关者通过这些准则的视角来评估每个备选方案。第一步是对每个备选方案在每个准则上的性能进行评分，绘制评价准则性能表。第二步，选择合适的评价工具，通过统计计算得到所有备选方案的排序结果。排序结果还需进行敏感度分析与情景分析，对决策结果进行全面分析。

（2）起草功能策划：经过多准则决策分析，项目团队确定了既有建筑的首选功能定位方案，接下来需考虑功能组成和布局，拓展功能空间列表，以起草改造策划。

在多准则决策评价工具方面，最常用的方法包括层次分析法（Analytic Hierarchy Process，AHP）、网络分析法（Analytic Network Process，ANP）、模糊决策德尔菲法等。由于既有建筑更新的功能定位决策本质上是一个排序决策问题，还有诸如 ELECTRE Ⅲ、MacBeth、PROMETHEE 等排序决策工具可以辅助计算功能定位最优方案。策划团队可以根据实际情况选择合适的评价工具，对既有建筑功能定位进行综合分析和决策。

6.3.3 既有建筑更新改造功能空间适配度预评价方法

确定了既有建筑更新的基本功能定位外，策划评价环节还需对新功能策划与既有空间进行适配度评价，完善既有建筑改造策划的可行性分析，以生成改造设计任务书。

建筑策划评价（Program Review）或预评价是在提交最终建筑策划报告之前，对策划结果进行评估，检验建筑策划的可行性，以修改和完善策划报告。策划评价的内容，包括策划要素内容、常见错误清单，还可以从使用者、建筑性能和技术设备的角度对功能要求、空间规模、形式组织等内容进行评估。既有建筑更新改造的技术、经济预评价与传统新建项目相似，但功能策划预评价有所不同，它必须与既有建筑空间适配，才具有可行性。与现有建筑和空间的适用性评估有助于调整功能策划，避免后续设计过程功能策划与空间布局发生冲突。

既有建筑更新改造中功能空间适配度评价的主要内容包括如图 6-9 所示的三个步骤。第一步是检验功能策划面积的合理性，包括总面积指标、各功能组成面积配比等，以确定既有建筑容量足以容纳新功能策划，或明确需要扩建的面积。第二步是评价核心功能单元需求与既有空间特征的适配性。第三步是评估核心功能单元在整体平面布局中空间关系的适配性。

1. 检验功能策划面积的合理性

在新建项目策划评估中，策划人员可以将功能方案的总楼层面积与城市建设规划许可中的面积进行比较，评估其风险。对于更新项目，如果已经获得规划建设许可，策划人员仍可以用这种方法来检查功能方案的可行性。如果尚未明确更新用地开发指标，那么评估应该参考相似建筑类型的功能面积，并指出扩建、拆除或调整功能策划的可能性。

2. 核心功能单元需求与既有空间特征的适配性

在进行适配度评估工作之前，策划人员应首先通过调整隔墙、门洞、隔断等尝试获得灵活布局，分析空间转换的潜力。隔墙、门洞等要素不仅影响

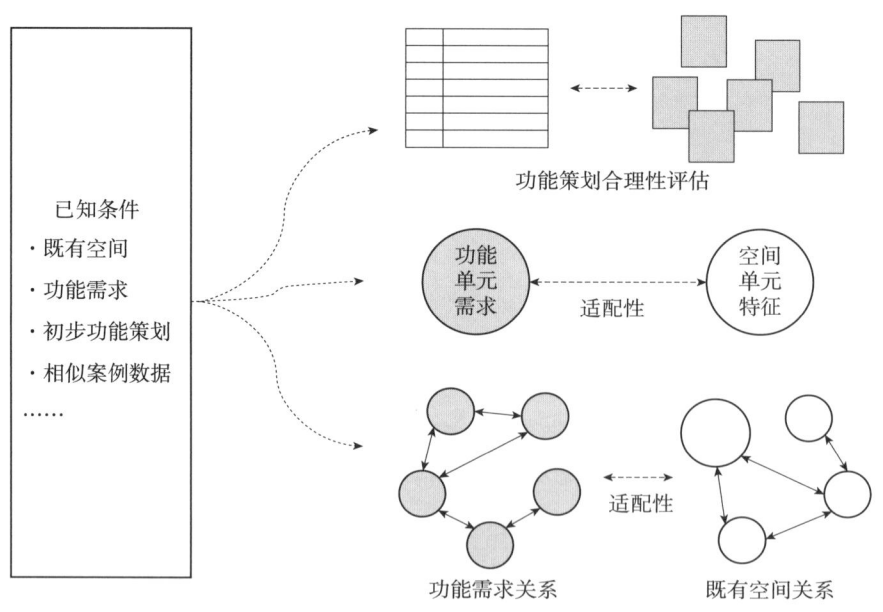

图 6-9 既有建筑更新改造中功能空间适配度评价的主要内容

空间的连通性和相邻性，还改变了每个房间本身的大小和面积，导致空间拓扑发生变化。其次，通过特征向量方法，将每个空间或功能单元抽象为一个特征向量，特征个数即为向量维度，这样可以用定量方式描述单元的特征，并对不同单元进行比较。最后，我们使用标准化欧氏距离的相似性度量来比较现有空间和目标功能单元，并获得评估分数，为核心功能需求找出更合适的空间单元。

空间单元特征包括物理尺寸、空间组织、结构、建筑规范、材料、所处楼层和干预程度等。物理尺寸特征包括空间面宽、进深、高度、建筑面积、体积等。现有空间单元通常具有具体的这些物理参数，而目标功能单元可能没有详细的数据，需要将功能需求转换为空间语言并量化。例如，建筑面积可以通过使用者数量乘人均单位面积来估算，而人均单位面积可根据业主需求、实践经验、设计指南、建筑规范或既有案例获取。另一个重要的特征是空间组织，包括布局形式、连通性、邻近性和可达性，这些因素对功能分区和使用效率至关重要。结构特性也是关键因素，特别是在某些特定建筑类型中，如仓库或图书馆，它们对结构强度的要求通常高于普通建筑，以确保使用的安全性。需要注意的是，只有当它们具有相同数量的维度时，所有向量才能够进行欧氏距离的比较和计算。表 6-3 显示了一些空间和功能单元的基本特征，以及它们可以通过欧氏距离方法进行比较的常见维度。

对于一个具有 m 个特征维度的单个功能单元 F_i 和空间单元 S_i，相似度分数是它们在 m 维空间中的两个特征向量的欧氏距离。数值越小，表示它们之间的距离越短，因此这两个单元越相似。然而，每个变量的缩放对距离

空间和功能单元的基本特征　　　表6-3

维度	空间特征	维度	功能需求	维度	重叠维度	量度
1	总建筑面积	1	使用人数/功能设备要求			
		2	m²/人 或 m²/台			
		3	面积需求	1	空间面积	定量
2	空间进深 /l					
3	空间面宽 /w					
4	空间比例（长宽比）(l/w)	4	功能需求空间比例 (l/w)	2	空间比例 (l/w)	定量
5	空间层高 /h	5	功能需求最小层高 /h	3	层高	定量
6	空间净高 /h	6	功能需求最小净高 /h			
7	空间长/高比 (l/h)	7	功能需求长/高比 (l/h)	4	长/高比	定量
8	室外连通	8	室外连通需求	5	室外连通	定性
9	高度位置	9	偏好楼层	6	楼层位置	定量
10	结构	10	所需结构承载力	7	结构承载力	定性
11	朝向	11	功能朝向要求	8	朝向偏好	定性
12	……	12	……	9	……	……

有很大影响，因为不同维度具有不同的数量级和测量单位，而某些维度可能具有极端的最大值。因此，有必要将所有维度归一化到特定的范围以进行比较。考虑到这种情况下特征的特点，其中极端值很少，我们选择在应用欧氏距离方程式——式（6-1）之前将变量归一化到 [0, 1] 的范围内，并得到了用于计算具有 m 个特征维度的功能单元 F_i 和空间单元 S_i 的欧氏距离的归一化方程，如式（6-2）所示。

$$x' = \frac{x - \min(x)}{\max(x) - \min(x)} \quad (6-1)$$

$$D_i = \sqrt{\sum_{j=1}^{m} \left(\frac{F_{ij} - S_{ij}}{s_j}\right)^2} \quad (6-2)$$

3. 核心功能单元空间关系的适配性

核心空间在平面布局中的位置关系到功能空间的连接关系，应用空间句法中的连接度和整合度来评估核心功能在整体平面布局中的相对位置。空间句法理论中，连接度（Connectivity）表示目标空间连接到的空间数量，或目标轴与其交叉的线条数量。整合度（Integration）表示从总体布局的角度来看，空间之间的关系和相对位置，可以计算目标空间与所有其他空间相邻的程度。整合度数值较高的空间单元通常具有较强的全局可达性，意味着它们更容易被到达或连接至平面内的其他空间。由于相同类型的建筑应该具有类似的功能组织和关系，因此该建筑类型中显著功能单元的连接度和整合度也应该是相似的。否则，功能单元的位置在与其他空间的连接和邻近性方面会存在风险。这种问题在新建建筑中较少发生，因为功能的邻接关系早已确定。而在更新项目中，既有空间具有既定的空间组织和邻接关系，这限制了新的功能布局。评估更新功能策划中主要功能的连接度和整合度可以进一步确保功能策划的可行性。

以下是一个演艺建筑的平面图示例。该建筑有 3 层，第一层有一个主要的表演大厅。如图 6-10 和图 6-11 所示，主要功能单元剧场空间的连接度为 3，意味着它与其他 3 个房间连接，整合度值为 0.945 874，高于现有建筑中 94.1% 的房间。对于要改为演艺功能的既有建筑，其核心功能剧场空间在整体平面布局中的位置及其与周边空间的联系也应该接近于普通剧场空间的拓扑关系，因此可以用多个剧场空间案例的连接度、整合度平均值来对既有建筑更新功能布局作出评估。

本章介绍了建筑策划与使用后评估理论在既有建筑更新改造中的拓展。传统的建筑策划理论面向普适性的建设项目。而对于既有建筑，将使用后评

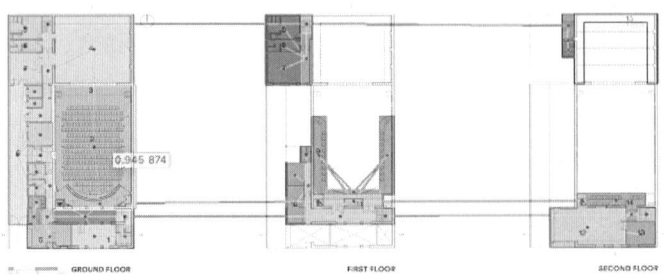

图 6-10　剧场空间核心功能空间关系分析

Ref Number	Connectivity	Choice	Choice [Norm]	Entropy	Integration [HH]	Integration [P-val]	Integration [Tekl]	Intensity	Harmonic Mean	Mean Depth
6	2	109	0.096 631 2	2.960 95	0.780 952	0.780 952	0.598 711	0.747 868	5.029 03	5.062 5
16	2	94	0.083 333 3	2.905 05	0.780 952	0.780 952	0.598 711	0.733 75	2.985 49	5.062 5
21	2	184	0.163 121	2.920 13	0.789 045	0.789 045	0.599 883	0.745 242	3.009 55	5.020 83
3	6	869	0.770 39	3.005 84	0.801 504	0.801 504	0.601 674	0.779 292	5.377 3	4.958 33
10	3	151	0.133 865	2.789 94	0.818 74	0.818 74	0.604 124	0.738 968	5.606 12	4.875
44	3	1042	0.923 759	3.086 97	0.818 74	0.818 74	0.604 124	0.817 629	3.039 57	4.875
17	4	228	0.202 128	2.912 72	0.836 734	0.836 734	0.606 648	0.788 526	4.218 48	4.791 67
8	2	624	0.553 191	2.773 46	0.846 032	0.846 032	0.607 939	0.759 214	5.514 22	4.75
9	7	499	0.442 376	2.899 27	0.875 205	0.875 205	0.611 934	0.821 18	6.794 28	4.625
15	2	300	0.265 957	2.696 72	0.890 56	0.890 56	0.614 004	0.777 29	4.132 61	4.562 5
49	2	990	0.877 66	2.839 35	0.911 89	0.911 89	0.616 843	0.838 122	2.920 89	4.479 17
18	3	487	0.431 738	2.895 57	0.934 268	0.934 268	0.619 779	0.875 822	3.948 16	4.395 83
22	3	679	0.601 95	2.564 64	0.945 874	0.945 874	0.621 285	0.785 421	6.702 13	4.354 17
50	2	624	0.553 191	2.656 84	0.945 874	0.945 874	0.621 285	0.813 658	4.036 56	4.354 17
19	5	1313	1.164 01	2.792 61	1.015 24	1.015 24	0.630 06	0.918 374	3.201 29	4.125

图 6-11　剧场空间连接度与整合度分析

估前置、诊断现状问题，是更新改造策划的基础。既有建筑更新策划还需根据新的功能需求和既有建筑评估结果进行适配度评价，以验证既有建筑更新策划的合理性和可行性。经过补充完善的既有建筑更新策划流程方法为既有建筑改造的前期策划提供了指导，以期为我国城市更新中的既有建筑改造提供有效的决策支持。

思考题与练习题

1. 请思考，在历史环境新建项目的建筑策划过程中，如何最大限度地减少对历史遗迹和文物的破坏？

2. 请通过建筑策划与后评估项目模拟，思考在历史环境新建项目中，新建建筑的运营和使用如何为历史环境的可持续发展提供动力？

3. 随着社会的发展，人们对历史环境的需求也在发生变化：居民的生活方式和需求可能与过去有所不同，同时也要考虑到未来可能的功能转变。请思考，建筑策划与后评估如何应对历史环境在社会变迁中的适应性问题？

主要参考文献

[1] DOUGLAS J. Building Adaptation[M]. London：Elsevier Ltd.，2006.

[2] JENSEN P A，MASLESA E，BERG J B，et al. 10 Questions Concerning Sustainable Building Renovation[J]. Building and Environment，2018，143：130-137.

[3] PENA W M，PARSHALL S A. Problem Seeking：An Architectural Programming Primer[M]. 5th ed. New York：John Wiley & Sons Inc.，2012.

[4] KUMLIN R R. Architectural Programming：Creative Techniques for Design Professionals[M]. New York：McGraw-Hill Inc.，1995.

[5] CHERRY E. Programming for Design：From Theory to Practice[M]. New York：John Wiley & Sons Inc.，1999.

[6] HERSHBERGER R. Architectural Programming and Predesign Manager[M]. New York：McGraw-Hill Inc.，1999.

[7] PYBURN J. Architectural Programming and the Adaptation of Historic Modern Era Buildings for New Uses[J]. Journal of Architectural Conservation，2017，23（1-2）：12-26.

[8] 柴培根，周凯. 本土设计理念在老城更新中的实践与思考：隆福大厦改造[J]. 建筑学报，2020（8）：78-85.

[9] 庄惟敏. 建筑策划与设计[M]. 北京：中国建筑工业出版社，2016.

[10] DUERK D. Architectural Programming：Information Management for Design[M]. New York：John Wiley & Sons Inc.，1993.

[11] Appaisal Insitute. The Appraisal of Real Estate[Z]//APPRAISAL INSTITUTE. Appraisal Inst，2008

[12] GRAASKAMP J A. Fundamentals of Real Estate Development[J]. Journal of Property Valuation and Investment，1992，10（3）：619-639.

[13] 涂慧君，屈张，李宛蓉. 多主体参与的建筑策划在城市更新中的应用 [J]. 住区，2019（3）：61-67.

[14] FRANCO L A, MONTIBELLER G. Problem Structuring for Multicriteria Decision Analysis Interventions[J]. Wiley Encyclopedia of Operations Research and Management science, 2010.

[15] RIBERA F, NESTICO A, CUCCO P, et al. A Multicriteria Approach to Identify the Highest and Best Use for Historical Buildings [J]. Journal of Cultural Heritage, 2019.

[16] WANG H J, ZENG Z T. A Multi-objective Decision-making Process for Reuse Selection of Historic Buildings[J]. Expert Systems with Applications, 2010, 37（2）：1241-1249.

[17] GIULIANI F, DE FALCO A, LANDI S, et al. Reusing Grain Silos from the 1930s in Italy：A Multi-criteria Decision Analysis for the Case of Arezzo [J]. Journal of Cultural Heritage, 2018, 29：145-159.

[18] RADZISZEWSKA-ZIELINA E, ŚLADOWSKI G. Supporting the Selection of a Variant of the Adaptation of a Historical Building with the Use of Fuzzy Modelling and Structural Analysis[J]. Journal of Cultural Heritage, 2017, 26：53-63.

[19] ELSORADY D A. Assessment of the Compatibility of New Uses for Heritage Buildings：The Example of Alexandria National Museum, Alexandria, Egypt[J]. Journal of Cultural Heritage, 2014, 15（5）：511-521.

[20] SAATY R W. The Analytic Hierarchy Process：What It Is and How It Is Used [J]. Mathematical Modelling, 1987, 9（3-5）：161-176.

[21] OSTANELLO A. Outranking Methods：Multiple Criteria Decision Methods and Applications[M]. London：Springer, 1985：41-60.

[22] COSTA C A B E, CORTE J M D, VANSNICK J C. Macbeth[J]. International Journal of Information Technology & Decision Making, 2012, 11（2）：359-387.

[23] LEYVA L J, GONZALEZ E. A New Method for Group Decision Support based on ELECTRE Ⅲ Methodology [J]. European Journal of Operational Research, 2003, 148：14-27.

[24] 梁思思. 建筑策划中的预评价与使用后评估的研究 [D]. 北京：清华大学，2006.

[25] 刘佳凝. 基于建筑策划理论的建设项目任务书评价及应用探究 [D]. 北京：清华大学，2017.

[26] HILLIER B, HANSON J. The Social Logic of Space[M]. Cambridge：Cambridge University Press, 1984.

第7章 历史环境新建项目策划与后评估

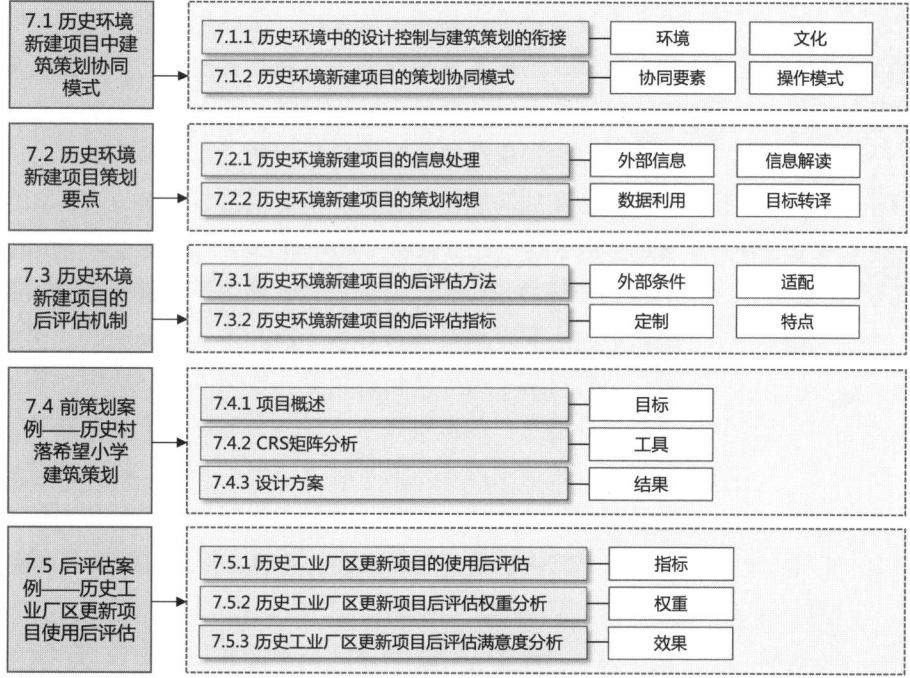

第7章 知识框架图

7.1 历史环境新建项目中建筑策划协同模式

在中国，快速的城市发展一方面推动城市边缘不断向外扩张，同时也在原有城市内部不断挖掘资源。在这一过程中，历史环境面临着被侵蚀与瓦解的巨大压力，对于其保护与更新的方法，专家和学者们已进行过多方面的阐述。其中，历史建筑作为城市的重要见证与传统社会生活的载体，需要得到完善的保护。而新建项目设计也应得到充分的重视，一些设计由于缺少对历史环境的充分研究，显得格格不入，也造成了社会公众对新建项目的排斥，以致于对于涉及历史环境中的设计项目总是伴随着质疑与批评。

我国历史悠久，历史环境是许多城市重要的组成部分，也是城市特色的重要体现，透过历史环境能够看到城市发展变迁的印记。然而，随着城市的快速发展，一些历史街区和建筑被大量拆除。有的地方只注重于保护文物建筑或单一历史建筑，而忽视了伴随其存在的整体环境，这样做的后果就是使得历史建筑淹没在高楼大厦之中，文脉也难以延续。笔者在调研和实践中看到，虽然在法规和保护规划等方面均有要求，但一些新建项目的任务书只是简单复制其他建成项目，缺少对特定历史环境设计条件的分析，也缺少足够的信息以支持设计策略的提出。因此，本章将重点关注这一具体环节，这也是较少涉及的问题：在历史环境的复杂设计条件下，如何通过科学的策划方法，形成合理的设计任务书和设计依据，以指导下一步的设计工作。

历史环境是一个广义的概念，涵盖了自然形成或人工形成的环境，本章所研究的主要是历史建成环境（Built Environment），例如历史街区、历史校园、历史村落、历史文化景观等。作为人居环境中重要的文化资源，其对于传递历史信息、创造良好生活环境、增强社会认同感和凝聚力、促进教育和经济的可持续发展等方面发挥着重要的作用。许多提升城市品质的成功项目也是围绕历史环境进行的。本章中的新建项目是指对历史环境带来介入的设计项目，其中包括新建和改建的建筑、开放空间及公共空间等。

7.1.1 历史环境中的设计控制与建筑策划的衔接

对于历史环境中的新建项目设计控制，每个国家的规定不尽相同，但基本上遵循着同样的原则：保护现有历史环境的核心价值不受损害，同时给予新建项目一定的自由度。下文以中国和美国的设计控制体系为例，对其中相关要点进行梳理与对比，旨在讨论建筑策划在我国现有控制体系中的定位和可能作用，以完善设计环节内容。

在我国，设计控制体系主要包括法律控制和规划控制两个层面。《城市紫线管理办法》和各地的文物保护管理规定中，对历史环境保护范围和目标均有表述。其中，建设控制地带是建设活动最为集中的区域，在保护历史环境的前提下承担城市发展的建设任务。具体到城市规划和城市设计层面，新建项目主要受到两方面的制约，一是历史文化名城或历史街区保护规划，属于城市规划范畴，主要内容包括制定保护原则、划定保护范围及保护规划分区，并分类说明保护对象与方式；二是历史文化街区城市设计，属于城市设计范畴，主要内容包括改善街区环境、提出建筑设计导则等。建筑设计导则一般通过文字说明和图示的方式，阐述上位规划对设计项目提出的一些专门的设计目标，特别是在建筑的空间布局和公共环境等方面。

除了对建筑实体的要求外，对于建成环境和居民生活品质的需求也逐渐受到重视。我国的保护规划规范中要求，设计应该考虑如何改善居民生活环境，维持历史地段活力。特别是在历史街区的更新中，过去自上而下的更新过程引发了诸多的社会问题，引起了媒体和公众的广泛关注，因此在当前的保护规划中更加强调小规模、渐进式的更新方式。例如，触媒式的更新理念（Urban Catalyst），即通过某个项目对周边产生积极的影响，改善建设环境，进而推动其他项目的建设。触媒元素的引入只是促使地段更新的策略和起点，"光靠触媒并不能保证一个良好的城市设计结果，因此还需要必要的设计控制"。这对新建项目提出了更高的要求，除了保证法律和规划的要求外，还需要有效的设计策略以发挥建筑的触媒效应。这些可以通过建筑策划在设计前期进行更全面的分析。

从上述对比中可以看出，历史环境新建项目中一个重要的环节是从法规条例到设计内容的过渡，而美国历史环境项目的设计程序更加合理，这一点值得借鉴。在我国的实际操作过程中，现有的控制体系从三个方面的内容可以进一步细化：

第一，在一些控制性规划中，对于历史环境新建项目的建筑风貌特征只作原则上的建议，如在保护规划中对建筑形式、高度、体量等进行限制，要求与历史环境的风貌相协调，这只是一个宏观的说明，而后续的文件中缺少具体的设计控制要求，特别是当项目所在地段没有进一步的城市设计内容时，由于更新过程不是一次完成的，后续的项目很可能因为设计者对这些原则理解得不同，造成在建筑形式、材料、空间等方面的差别，难以形成连续的历史风貌。

第二，在一些城市设计中，建设控制地带更新的成果仅以效果图形式展现，而缺少导则指引。从保护规划的更新政策到形成具体的城市形象之间，缺少必要的说明，因此需要图示性内容和类似案例的补充。

第三，我国现有的设计控制更多注重规划指标如限高、容积率等限制性导则，这些指标不能更多地反映历史风貌和与周围环境协调等要求，哈佛城市设计系原系主任克雷格（Alex Krieger）教授曾分析城市设计策略时提出这样的疑问"除了日照和场地边界，为什么城市设计不能多考虑些关乎健康、安全和公共利益的原则？"因此，设计导则中需要对空间类型、邻里交往、环境行为等进行进一步的研究，即引导性导则。

因此，在历史环境新建项目设计条件的整理中，有必要针对具体的控制提出相应的设计策略，这就需要在现有的控制条件与具体设计之间，加入分析与转译的步骤，即建筑策划的过程，把抽象的设计控制、法律规范转化为具体可操作的设计指导，并对一些重要控制条件提供可能的设计模式和图解（图 7-1）。

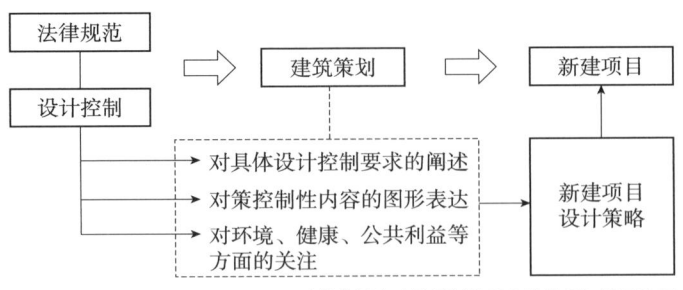

图 7-1　建筑策划在建筑控制体系中的分析与转译作用

7.1.2　历史环境新建项目的策划协同模式

协同理论（Synergy Theory）最早是一个管理学概念。美国管理学家伊戈·安索夫（Igor Ansoff）提出，在项目管理、运营、投资等环节通过合理组织，可以有效地分配生产要素和环境资源等条件，形成资源互补，达成 1+1>2 的协同效应。协同理论的一个核心理念是"在不同阶段共同利用同一资源而产生整体效益"。对于建设项目而言，虽然上文中提到的设计控制与建筑策划是其中的两个不同环节，但两者的相互协作可以充分共享信息，使设计前期的工作更加完善。其中，设计控制对法律条例与规范进行梳理，并为建筑策划提供了策划构想参考；而建筑策划在调查方法、决策方法及环境心理学研究等方面提供了科学系统的分析手段。

协同效应的关键在于不同阶段资源的充分联系。按照协同理论，当一种具有潜在价值的资源无法单独发挥作用时，则需要另一种资源来进行补充。将这种理论应用于建筑环节，可以将资源看作是策划和设计的输入条件和成果。协同操作并不只是不同环节的简单组合。例如，在一些建筑实践中，策划和设计是相对孤立的。虽然加入了策划环节，但其工作只是应对前期场地和需求信息等条件，而没有将设计构想带入分析之中，这样的策划成果不能充分地指导设计；同样，设计中如果忽视前期策划的分析成果，也容易造成方案与实际需求，特别是与使用者需求的脱离。为了发挥协同效应的积极影响，需要使资源（条件和成果）在统一的管理下进行，因此，需要建立一个综合的协同操作模式，使建筑策划和建筑设计实现一体化的资源配置。

综上所述，本章将吸取设计控制体系和建筑策划方法各自的优点，以建筑策划操作模式为基础，结合设计项目的环境特点与保护需求，尝试提出历史环境新建项目的策划协同操作框架。在引出策划协同模式框架之前，有必要简单回顾下建筑策划的操作步骤。建筑策划学从建立至今，已经形成了一套比较完善的操作体系。具体到每一步操作顺序和内容，国内外学者有着不同的分类方法，这些方法之间并没有严格的区别，主要是由于策划过程中关注的重点不同。笔者对其中几种较为主流格式进行比较，综合得出适合历史环境的策划协同模式框架。

建筑策划协同模式的框架，具体共分为四个步骤：

1. 信息收集

其中包括法规、条例、保护规划等客观信息的收集，更重要的是主观信息的收集，包括业主的设计目标、使用者的需求，以及项目可能对周边居民的影响等。这一部分的工作由业主、策划团队和使用者共同完成。

2. 需求界定

将上一阶段收集信息进行分类，将其按照设计内容分为场地、实体、空间和运营四大类，明确可能的限定条件，并通过价值分析和系统观测等策划工具界定每一类型需求。这一阶段的工作主要由策划团队完成。

3. 策划构想

根据界定的需求进行策划构想，将限定条件和需求通过建筑语言表达出来，并提出可能的设计策略。这一阶段的工作由策划团队完成，也可以由负责建筑设计的团队共同参与。

4. 评估反馈

主要包括业主及使用者的意见征询和策划自评机制，准则的建立，将结果反馈到最初的设计需求上，进行调整与总结。这一部分的工作由业主、策划团队和使用者共同完成（图7-2）。

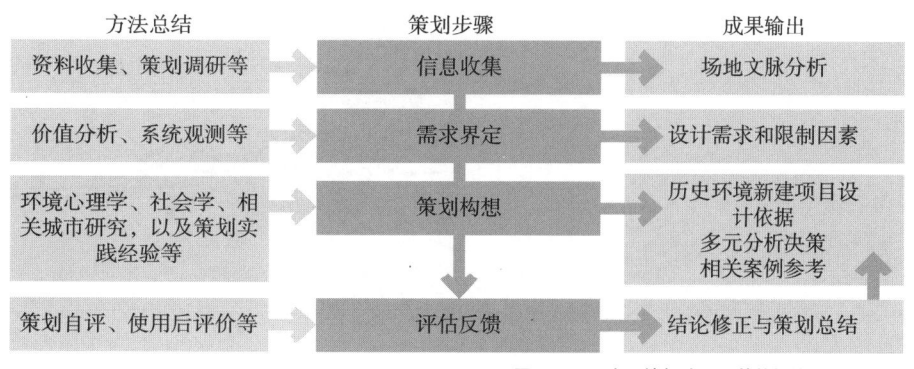

图7-2 历史环境新建项目的策划协同模式框架

7.2 历史环境新建项目策划要点

7.2.1 历史环境新建项目的信息处理

在历史环境项目设计前期引入建筑策划协同，一个重要目的是找出明确的设计方向。从上一章介绍的拉尔森楼策划案可以看出，设计方案是从策划构想一步步发展而来的，而这些策划构想是对信息处理阶段的问题作出的回应。因此，发现问题可以扩展设计思路，体现项目在历史环境中的思考。虽然各种不同的策划理论对信息处理有着不同理解，但策划协同模式的信息处理方法还是遵循了佩纳问题搜寻法的思路，即基于问题导向地收集和分析信息。佩纳认为，既然策划为了是说明一个建筑学问题并提出解决问题的相关要求，那么信息的收集就目的是定义问题。为此，策划师需要为信息建立一定的顺序，以便人们理解，并在讨论和决策中有效地使用。这一信息处理过程需要通过一个理性的框架进行梳理。在 CRS 的策划案中，经常用一个简单的图示说明这一过程：大量纷乱的箭头经过过滤后变得少而有序（图 7-3）。

在对协同操作模式的信息进行分类之前，首先需要对研究对象按照建设性质进行区分。学者罗伯特·K. 因（Robert K. Yin）在《案例研究：设计与方法》中提出，对于复杂问题的研究，可以通过实证，在不脱离现实条件的情况下研究现象，由于个案研究方法处理的变量较多，所以需要将多方获取的资料汇合，并提出理论假设，以指导信息收集和资料分析。本章也遵循这一思路。第 7.1 节中提到，本章所指的历史环境新建项目既包括新建项目，也包括对原有项目的更新与改建。相较而言，后者在信息处理方面的限定性较强。本节将对这类项目进行信息采样，探讨策划中需要研究的基本元素。信息采样是指通过案例收集，将其中涉及更新或改建的设计条件、实施因素、环境影响等进行提取，发现与后续设计相关的基本信息。具体而言有三步：

第一，发现案例样本中的共性元素，对其在设计项目中的影响进行评估。

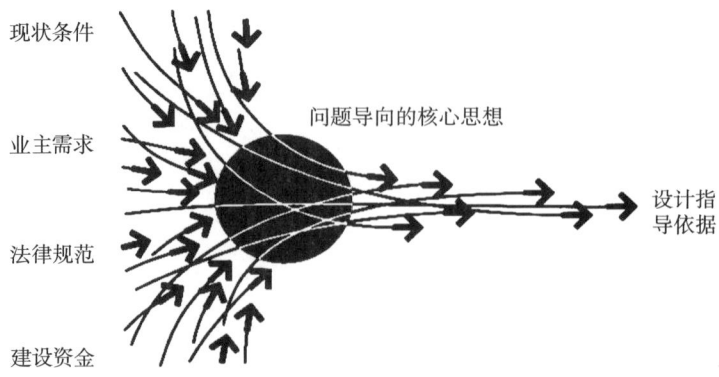

图 7-3 建筑策划信息处理核心原则是问题导向

第二，对于其他的非共性元素，需要进行进一步的比较和分析。一些案例中，由于功能或场地条件造成的细节成分差异，但是其特征和解决策略仍具有指向性，这样的元素也需要保留。

第三，对于一些过于宽泛的普遍元素，或者是普遍认知的特性，则无需进行大量的信息收集。经过上述工作选取的元素，需要进行一定的组织，而且契合历史环境新建项目的主题（表7-1）。

历史环境新建项目在信息采样中的元素分析　　　表7-1

类型	处理原则	举例
共性元素	比较、抽象	·尺度特征：大小、高低、宽窄等 ·改造方向：合并、拆分、扩建、利用结构、临时性搭建等
非共性元素	比较、定向研究	（只举例具有导向性的） ·动线特征：穿行、缓冲、停留、垂直、多流线并置等 ·空间导向：下沉、向心、空间收放、序列性等
普遍元素	列举、简化	·基本原理：空间功能需要、人体尺度、设计规范等 ·连接：功能联系、入口、疏散要求等

信息采样是进行策划信息处理环节的先行工作，找寻信息中的共性元素或具有导向性的非共性元素。虽然这些元素本身并不是项目信息，但可以从中得出一些项目的发展可能，进而初步地明确信息处理的方向。这一过程将案例中的碎片信息抽象化，形成有依据的信息处理思路。在上述案例中，提到了历史环境新建项目的若干采样元素，而这些元素所涉及的内容都没有脱离场地、空间和运营等方面。为了使协同操作的程序更加清晰，这里将信息按照作用范围定义为三类：场地信息、空间信息和运营信息。

（1）场地信息是对新建项目所处历史环境特征和文化背景的描述，以及场地组织对行为活动的影响，也包括建筑形式、景观配置等可能影响到整体环境的因素。

（2）空间信息是对使用功能和使用者活动需求描述，特别是使用者的心理感受对空间需求的影响。

（3）运营信息是指建筑运营过程中所涉及的问题，在历史环境项目中主要是指全生命周期的可持续性及对新建项目所带来的长期经济和社会影响，运营信息中还包括建筑运行中的非建筑行为，如组织社会活动等。

7.2.2　历史环境新建项目的策划构想

场地构想承接上一章中对场地信息的分析。对于建筑策划协同模式而言，场地构想不仅是对建筑布局的思考，更重要的是人在场地中的活动及历史文化意义在场地中的体现。蒂耶斯德尔指出："场地比建筑有着更丰富的弹性，因此其可能的变化将带来更多美学或文化价值的表达。"在本节中，将主要针对场地文化活动和场地容量两方面构想进行研究。

策划构想的基础是信息收集，前期收集的外部信息和内部信息为策划构想提供了依据。其中，场地构想主要由外部信息得出，空间构想主要由内部信息得出，实体构想则需要两种信息共同得出。历史环境中的建筑不仅受到周边建筑风格的影响，个人空间的需求也会对建筑物的整体带来影响。比如需要自然光的活动可能存在于某种形式的空间，而这种光线的要求对于建筑的外部设计也会产生提示。在本节中，将主要研究建筑风格和建构这两类实体构想。

空间构想与主观性的空间设计不同，建筑策划强调空间组织与形式的科学性，根据设计条件来确定空间特征，即空间生成的概念。策划中的空间构想是对抽象空间（Abstract Space）的研究，即抽象化和普遍性的内容，并通过定性与定量分析确定最佳的空间模式。空间构想与让·皮亚杰（Jean Piaget）提出的空间"演绎（Deduction）"概念相一致，[①]即将空间构想通过数理分析，抽象成为要素模型或关系图示，再由建筑师转化成为丰富多样的空间。对于建筑策划而言，传统的空间构想主要针对使用功能，而对于历史环境新建项目来说，如何营造特色空间以体现文化价值也是值得思考的问题，本节将从三个方面对此探讨。

运营构想是从城市运营的角度，思考新建项目在历史环境中如何更好地发展。在上文的研究中，场地构想、实体构想、空间构想更多的是从建筑单体的角度研究，是对使用者或参观者需求的考虑，而运营构想则包括项目所带来的经济影响和文化影响。运营环节有时是决定性的，赫什伯格认为，对设计项目进行市场评估和资金规划是设计前期非常重要的内容，如果项目不能适应市场条件，或者自身无法运营，那么无论它设计得多好，也很可能招致失败。在对历史地段的调研中发现，一些新建建筑由于没有很好地迎合城市运营的需要，在很短的时间就被迫改建或拆除。因此，有必要在策划构想中加入对城市经济因素和对文化辐射效应的考量和预估。在本节中，将从新建项目的多用途开发和文化触媒两方面，对城市运营构想进行研究（表7-2）。

---

① 皮亚杰认为空间是通过几何学演绎操作形成的。从几何学概念看，策划的空间构想也是对距离空间、放射空间等基本构成的演绎得来。

历史环境新建项目的策划构想　　　　表 7-2

策划构想	具体构想类型	构想内容
场地构想	场地文化活动构想	·延续特色的空间活动 ·多层次的外部空间
	场地容量构想	·容量控制 ·不同体量建筑的兼容
空间构想	使用功能构想	·功能置换 ·共有领域空间 ·交流空间
	特色空间营造构想	·历史空间重构 ·与环境的对话 ·光的空间
运营构想	多用途开发构想	·文化项目与其他用途的组合 ·土地整合与交通联系
	文化触媒构想	·区域人流的控制 ·设计定位的传递 ·场地认知的创新

7.3 历史环境新建项目的后评估机制

7.3.1 历史环境新建项目的后评估方法

佩纳与库姆林等人的建筑策划理论都是针对建筑策划环节，可以较为全面地体现策划者、业主、使用者的意图，但从实际使用上看，上文中所研究的内容均针对的是项目理想状态下的策划和评估，换句话说，是一个"预评价（Pre-evaluation）"的过程。而建筑策划只是建筑全生命周期的很小一部分，许多问题正需要在使用、管理和维护过程中发现问题并修正，特别是像本章研究的历史环境新建项目，必然需要一个长周期的评估过程，即"使用后评估"（Post Occupancy Evaluation，以下简称 POE）。使用后评估是建筑策划预评估的延伸，早期由普莱策为代表的环境设计研究协会（Environmental Design Research Asscciation，EDRA）组织学者积极倡导。普莱策认为 POE 可以评述设计是否真正满足内部环境及外部环境的需求，而且是在建筑物安置在环境中一段时间后，系统地评述其表现。一方面，POE 的指标不同于建筑设计的技术指标，它的重点是人在建成环境中的需求是否得到满足，包括审美品质、健康、安全性、功能和效率、心理舒适度等。另一方面，与赫什伯格关于策划评估独立性的观点相似，POE 旨在收集、归档和共享项目中成功与失败的案例，以提高未来建筑品质和全生命周期成本的目的，学习规划、策划、设计中的成功之处，避免重复犯错。相较于国外的理论研究，国内当前对 POE 的研究仍处在初期阶段。笔者对当前国内期刊中的 POE 研究进行检索，共找到 1000 余篇文章，其中在 2006 年之后的发表论文占到 85% 以上，这与建筑策划学在国内高校的普及有关，也说明 POE 逐渐成为一项重要内容。

美国联邦设施委员会曾委任普莱策等学者成立一个小组，用 POE 对美国联邦机构项目进行研究，并提出改进策略、过程和创新的方法，同时也是对 POE 方法的一次扩展与实践。从现有研究成果看，评估主要集中在功能性、建筑质量、节能性，以及用户满意度等因素，但随着建筑设计理念的发展，POE 也存在一些不完善的地方。很多情况下，对建筑的评估被局限在建筑性能方面，普莱策在《建成环境评估》一文中指出，对"价值"的评估也是一项重要的内容。他认为项目使用者在评估过程中必须明确指出"是基于何种价值的判断"，还需要指出"价值的作用范围"，有意义的评估需要关注评估客体背后的价值。

除此之外，一些特定背景的建筑实践，如本章研究的历史环境新建项目，与文化和地域性等价值因素有很强的关联。加州理工大学教授巴里·瓦瑟曼（Barry Wasserman）等学者将与此相关的因素称为"职责因素（Responsibility Issues）"，并通过矩阵图的形式指出建筑实践特定阶段中对应的职责因素，这些因素包括公共利益、职业操守、业务实践等 POE 中已有的项目，还有一些还未被体现在 POE 中，包括社会目的、社会/文化价值、社区价值、设计价值、公众健康和安全、专业性原则、个人价值等。从中可以看出，POE 在建筑性能的技术方面非常有效，但在社会、文化、感知、美学，以及环境与文脉的标准上还有待完善。因此，对于本章而言，这些缺失的标准应该被纳入 POE 中，以便能够更好地处理特殊的建筑类型，如历史环境新建或改建项目，在技术与非技术层面都能提供可靠的数据（表 7-3）。

后评估的自查内容　　　　　　　　表 7-3

	历史环境新建或改建项目后评估的自查
综合问题	·缺少利益相关者的支持 ·将需求和要求相混淆 ·不兼容的质量目标 ·忽视尚未解决的问题 ·缺少任务陈述 ·按组织而不是功能需求 ·缺乏文脉的切合
文档问题	·过分限定 ·过分模糊 ·信息过量 ·缺少组织 ·缺少信息优先级 ·不必要的复杂性 ·没有定性数据 ·不准确的数据

续表

历史环境新建或改建项目后评估的自查	
经济估算问题	·不平衡的策划 ·估算中的遗漏 ·已有建筑分析及预测

除了方法和评估标准上的完善，POE 也是对建筑策划信息环节的呼应。综上所述，建筑评估可以分为三个层面：

第一个层面是以拉普卜特为代表的环境行为学者的评估方法，与环境相关的策划，在建筑策划中主要研究建筑、环境、人的关系，是对外部策划构想（场地构想和实体构想）的评估。

第二个层面是以佩纳和杜尔克为代表的 CRS 的评估方法，以及国内建筑策划评估方法，在建筑策划中研究功能和空间组合方法，是对内部策划构想（空间构想）的评估。

POE 则补充了第三个层面的研究，在建筑策划中研究项目实施与运营效果，是对运营构想的评估。POE 的引入使本章建筑策划协同模式各项步骤的关联更加顺畅。

7.3.2 历史环境新建项目的后评估指标

上文中提到，从整体上看，POE 所评估的内容多是建筑性能、满意度、使用效率等技术层面指标，但如果要全面地评估建筑品质，需要有更多的内容加入这一系统中，例如美学、社区因素、环境、社会价值、运营费用等，并对现有的 POE 操作模型进行改进。美国学者阿诺德·弗里德曼（Arnold Friedmann）曾对"评估因素（Evaluative Factors）"进行研究，列出 POE 中的已有因素和不足，其中需要改进的部分包括以下策划评估因素：

（1）文脉性：形式与文脉的契合、文化的适宜性、室外场地和室内空间组织、肌理的真实性、立面设计与表皮处理。

（2）社会—历史背景：社会发展趋势、历史变化、时间因素、保存与保护、社会性（向心环境与离心环境）。

（3）相邻环境背景：土地使用（类型、密度、面积等）、配套设施和项目、与城市和区域背景的契合。

（4）美学考虑：文脉意象、视觉审美品质（形式、风格、传统）、视觉兼容性、对人的影响。

（5）用户和社区价值：集体特征（生活方式、年龄结构、经济状况、价值观）、对设计与评估的参与度。

（6）表现：识别性、情感特质、内涵（状态、象征性）。

（7）感知标准和态度：个体和集体行为模式、社会交往、情感因素、可读性、创新性等。

从中可以看出，弗里德曼建议的 POE 准则与本章中所强调的策划价值因素有很多相似之处，这也印证了本研究的策划构想是可行的。唯一不同之处在于用户和社区价值这一项，因为其涉及用户参与对策划结果的影响，而不是在策划过程中的预测。使用者和社区参与可以被看作是一个交流问题，建筑和环境可以给人带来意义上的感知，例如象征性和礼仪性。以此反推，为了更好地使策划和设计达到预期的效果，在使用后评估中需要了解建筑和环境是如何实现这些主旨的。同样来自 EDRA 的知名学者杰克·纳萨尔（Jack Nasar）以俄亥俄州立大学韦克斯纳中心（Wexner Center for the Arts）为例，他在这一项目的 POE 中，分析彼特·艾森曼（Peter Eisenman）团队如何将业主所期望的意义融入环境设计中，项目用解构的手法设计了兵工厂式的建筑主体与白色脚手架式的室外空间，以表达艺术中心在坚持传统公共艺术教育理念的基础上，对新锐艺术的一种未完成的探索。

当前，历史环境中的建筑项目，特别是一些改建或重建项目逐渐受到关注，这些项目需要在原有建筑用地、形式、结构等条件的基础上满足新的设计需求。因此，其 POE 中最重要的工作是对历史或建筑意义的评估，除此之外还有重要建筑物及其相关景观的保留和恢复，以及基于文化价值进行再利用。具体到 POE 的评估因素，在上述弗里德曼提出的七项内容的基础上，还应补充以下几点：

①合理性：合适的现代化功能和合理的设施布置；

②细节品质：维持原有建筑细节的品质（如雕塑、浮雕、内置灯具等）；

③可逆性干预：能否恢复设计介入前的历史状态。

上述十条策划评估因素为历史环境新建项目的策划提供了标准。通过 POE 研究中获得的经验，从美学、社会因素、可持续性等方面全面地评估建筑品质，使策划成果得到检验，以达到可行的结果。本节提出的评估因素，加上上文探讨的观点描述、关系图表等表达方法，共同形成了策划协同模式的评估方法。

后续两节将分别介绍历史环境新建项目的策划案例和后评估案例，选取了两种不同类型的历史环境：在前策划案例中，将以同济大学策划课程作业"某历史村落整体提升"作为样本；在后评估案例中，将以历史工业厂区更新项目这一类型作为研究对象。

7.4 前策划案例——历史村落希望小学建筑策划[①]

7.4.1 项目概述

该项目位于贵州省黎平县蚕洞村，处于长江水系和珠江水系分水岭地带。蚕洞村人口：4030户、16 845人，民族为侗、苗、汉族等，其中侗族人口占96%。地形以低中山为主，海拔510~1122m，年平均气温15℃，年降雨量1308mm，气候为亚热带季风气候。本项目作为同济大学暑期实践活动的一项工作，将为贫困山区建设发展作出贡献。

清朝年间，蚕洞村原始寨落基本形成。因此地竹林成荫，其形状似春蚕茧子得名。村落坐落在山坳之间，随着村寨的发展房屋向山腰延伸地域风貌以山林和梯田为主，水系为蚕洞河。村落侗寨为主，古树参天，小溪穿寨而过，形成一座天然的桃源古居村落。

蚕洞村总面积4.2km²，公共建筑用地包括村委会、蚕洞村希望小学、蚕洞村卫生室、篮球场。其中蚕洞村希望小学占地面积2 981.5m²。蚕洞村民基本上依河汊而居，背山面水，外围是植被茂盛的山林和梯田，寨中地势较为平坦，建筑整体以蚕洞河为基础呈现温柔曲线。建筑绝大部分为三间三层的木结构、小青瓦、吊脚、吊柱，含有浓厚的古建筑元素。街道布局整齐，形成整体错落有致的格局。

7.4.2 CRS矩阵分析

由于篇幅有限，本节主要展示蚕洞村希望小学策划的CRS矩阵分析部分。

1. 功能

现有小学功能包括教学楼、凉亭、厕所、水池、球场等。功能策划发现两个主要问题。一是场地问题：现有场地面积2724m²，可用面积只有184m²，能否满足所有需要的公共教学空间需要？二是人员问题：现有教师5人，支教团队30人，能否满足现在及将来预期的135名左右学生的需要？

对此策划阶段提出：①新建多功能教室（包含食堂、多媒体教室、阅览室等多种功能）、增加室外活动场地、景观绿化；②修复凉亭，加固结构，增加学生、教师、村民交流、休憩空间；③改造原有教学楼建筑立面，与传统风貌相协调，墙面可加木条或竹条装饰；④采取云支教的方式，利用互联网，开展微课堂，继续推动同济暑期支教活动。蚕洞村希望小学的功能优先满足学生的空间需求，从而达到教育目标，在非上课时段兼顾村民休憩、活动、唱戏等活动（图7-4）。

[①] 课程作业学生：白雪君、郭静、夏亦然；课程指导老师：刘敏、涂慧君、屈张。

	目标	事实	概念	需求	问题
功能 人 活动 关系	总任务：乡村振兴扶贫扶智少数民族教育 最大数量：室内同时满足两个年级100人以内 个体特征：同济特色	场地面积：约200m² 使用人群：当地教师、学生、支教团队 功能：已有校舍建筑面积425m² 组织结构：村委会为行政单位，寨老为族长 场地特色：干阑式木构建造体系、台地 用户特点：生理上儿童尺度，需要多元素质教育，留守儿童 交通：上课停留，下课互动，停车位随时停车 行为模式：教师业主管理运作，学生使用者活泼多动 人群活动时间：时间管理上按课表排课 可利用现状空间：水池景观、凉亭改造 功能相度度：教学、办公、服务功能	人群分析：当地和马云基金会的教师，同济和其他学校交流的教师、当地学生和工作人员 活动组团：音乐课、美术课、互联网课等素质课程 优先级分析：安全第一，不影响交通，不干扰原先教学，先建设公共教学设施 安全设计：设置专人定岗定位安全防控 人流与流线：人车分流、公共空间与私密空间内外 人群活动：公益组织，互帮互助 空间功能：交流、阅览、藏书、绘画、演绎、展览等 联络：互联网+网络教育的使用，均衡教育发展	区域需求：提升学校环境质量及教学水平，发展红色旅游及侗乡风情旅游，提高地方知名度和经济水平 根据组团：政府、校方、建筑及策划师、蚕洞村村民、赞助商、工人、志愿者等不同人群的功能需求 根据空间类型：上课、办公、运动、交流、休憩、服务 根据时间：上下课 根据地点：室内及室外不同地点 停车需求：室外停车 室外空间需求：室外教学、运动、休憩 功能替代：多功能室，可开会、上课、活动	资金问题：政府拨款以及爱心募捐，能否满足教学楼的建造、凉亭改造、教学设施的配置与维护，以及教职工薪资 人员问题：现有教师和支教团队能否满足现在，以及将来的学生数量 场地问题：现有场地面积，能否满足所有必要的公共教学空间需要
形式 场地 质量 环境	人群活动：室内教学和室外写生、运动等 空间功能：教学、交流、阅览、藏书、绘画、演绎、展览等 空间关系：公共性与私密性 安全：防火、防跌落、防攀爬、防磕碰 交通：人车分离 停车：建筑南侧部分室外空间停车				
经济 初期预算 运营费用 全周期费用	效率：服务全校学生，配套相关教学资源 优先关系：先进行教学教室部分建设，再进行凉亭、水池改造				
时间 过去 现在 未来					

图 7-4 功能策划矩阵
（图片来源：引自《蚕洞村希望小学建筑策划》）

2. 形式

形式策划的主要问题是如何体现村落的独特性。蚕洞村自然山体风貌保护较好，没有乱砍滥伐现象。历史文化遗产包括鼓楼、花桥、祭萨、传统民居、古井、古树群、凉亭。但建筑风貌及小景观风貌上破坏较为严重，部分新建建筑严重影响村落整体视线、天际线。

对此策划阶段提出：①形态层面，在建筑的形态和布局方面，利用强化场所特征，重塑村落的核心场所认同，使蚕洞村希望小学成为全村小朋友憧憬向往的游乐园；②布局层面，为小朋友提供健康舒适的成长环境的同时，也能发展可能的供村民活动的场所，从而达到回馈乡村的目的，最大化实现援建项目的价值；③使用者层面，幼儿的运动与游戏环境是设计的核心问题。在场所缺乏的村落中，小学与幼儿园便是放飞自由的天地。在安全性前提下，设计将不同尺度与模式的活动空间整合在建筑中，从而提升建筑中触发各类活动的可能性。建筑设计尽量贴合原有的建筑风格，沿用蚕洞村特色民居风格，充分发挥木结构的优势。此外，蚕洞村竹林资源丰富，可作为改建原材料（图 7-5）。

3. 经济

经济策划的主要问题有两点。一是资金问题：建筑设计需控制建造成本及日常维护成本，考虑学校的可持续发展。资金不足，需分期建设。对初期预算的态度及其对建筑肌理和几何的影响；二是经营问题：学校功能单一、无特色，无资源。多功能公共空间的使用活动要进行具体策划，使其为居民、游客等服务，带动蚕洞村的收入，填补学校日常运营开销。

	目标	现状	概念	需求	问题
功能 人 活动 关系	场地元素：对于蚕洞村特色的建筑文化符号（禾仓、戏台、凉亭）保留修缮，维护原有的街巷空间模式 对环境的呼应：对梯田有效地土地利用	场地分析：凉亭周边拥有良好的面向村庄景观的视野 地形分析：学校位于半山腰上，两面走陵坡地，两面较缓 采光通风：蚕洞村希	场地提升概念：整治、复合、安全 概念基础：受文化场地功能多方面综合影响	场地需求：1. 平整北向土地 2. 整理进入小学的道路及其周边 环境需求：1. 提供	村落的独特性：和地扣相比，在人口、面积上蚕洞村都是一个非常小的村子，在形式设计中应体现出"小而美、小
形式 场地 质量 环境	学校与周边的关系：保持场地的围合感 设计提升理念：利用强化场所特征，重塑村落的核心场所认同，使蚕洞村希望小学成为全村小朋友憧憬向	望小学主要朝向为南向，同时位于较高处不受遮蔽，整体采光较好，操场上需考虑夏日遮阳 历史建筑分析：清	场地（保留、改建、新建、拆除策略） 环境协调的概念：就地取材、呼应环境、重塑文化建筑、景观设计：	平坦、安全的活动场地 2. 为村民提供可共享空间同时保证学生活动不受干扰 3. 增加绿地的可达性	而精"的特点，同要充分利用蚕洞村特有的历史建筑凉亭，打造可以代表村落的公共空间以形式需求为导向
经济 初期预算 运营费用 全周期费用	往的游乐园 **空间品质** 安全（心理、生理） 标识设计：完善周边	朝末年的凉亭 空间功能分析：公共性较强的空间在立面上与教室区别	尽量贴合原有的建筑风格，沿用蚕洞村特色民居风格，充分发挥木结构的优势；景观融入原有场地	品质需求：1. 建筑牢固，可移动装置稳定 2. 室外场地标识清晰，景观丰富，色	的建筑设计
时间 过去 现在 未来	的视觉引导系统 项目意向图 空间意向图	不大 平面分析 配套设施分析	质量控制：排水设施	彩活泼 3. 室内空间光线充足，色彩温和	

图 7-5 形式策划矩阵
（图片来源：引自《蚕洞村希望小学建筑策划》）

策划阶段提出了一个初期预算目标，包括经济来源、费用有效性、回报等。其中，计划资金来源包括政府经费、村委牵头筹集、爱心团体捐赠、活动运营、侗族校服众筹项目等；将非营利项目资金全部用于支建活动，保证费用的有效性；项目性质为公益类实践，目标旨在乡村振兴及扶贫，不涉及经济回报，主要是后期多方面的公益回报。

在运营及全生命周期费用方面也提出了相应目标，希望最大地减少维护和运营成本以降低全生命周期费用，实现项目的可持续性。建造完成后由蚕洞村希望小学运营项目，志愿者定期支援教学；蚕洞村希望小学和教职员工由政府每年支出维修费和办公经费；蚕洞村希望小学主要以建造成本、设备成本为主，就地取材，学生提供设计方案及适当人力，当地工匠施工。此外，大学定期开展支教交流活动，持续运营，并且结合策划及设计，做了全年运营及维护成本估算（图 7-6、图 7-7）。

4. 时间

时间策划主要是工期建设问题。考虑到施工时间、人员与假期时间工期紧张，难以达成一致。计划根据资金到位时间进行分期建设，根据需求的重要性及紧迫度合理安排工程的实施顺序。

本次蚕洞村希望小学项目涉及方面较多，而目前的资金预算及时间限制很难将所有安排并行完成，因此将项目分期安排，按照各类子项目的紧迫性及资金需求分出优先等级，将其设置为线性的长期建筑实践项目（图 7-8）。

策划及设计成本估算	项目	成本估算	合计
	项目策划	同济大学公益实践	0
	项目设计	同济大学公益实践	0
	其他	志愿者往返交通等	25 000
	总计	—	25 000
建造成本估算	建设项目	成本估算	合计
	校园功能优化	教育、体育、展览等功能、设备完善	10 000
	公共空间建设	公共空间优化	500
		智慧桃源多功能空间	50 000
		材料费	5000
		设施费	8000
		人工费	8000
	凉亭主体修缮	凉亭主体修缮	4000
		材料费	5000
		人工费	5000
	教学楼功能优化	建筑空间优化	500
		材料费	10 000
		人工费	5000
		设施费	13 000
	其他	志愿者往返交通等	25 000
	总计	—	149 000
运营成本估算（一年）	项目	成本估算	合计
	水费	学校自给	0
	电费	0.5 元/kWh 人均月用 20kWh	8640
	教师工资	（5000 元/月）×4 位	200 000
	餐食	6 元×103 人×240 天	148 320
	其他	举办活动	10 000
	总计	—	366 960
维护成本估算（一年）	项目	成本估算	合计
	增添设施	风扇、多媒体、电脑、运动器材等	20 000
	维修设施	政府维护费用	5000
	日常维护	政府维护费用	10 000
	总计		35 000
总计			**575 960**

图 7-6 全年运营及维护成本估算
（图片来源：引自《蚕洞村希望小学建筑策划》）

	需求	目标	事实	概念	问题
功能 人 活动 关系	政府： 提供扶贫经费来改善学校基础设施，提升学校环境质量 赞助商： 扶贫支援，提供志愿者的实践住宿及餐饮费用，部分建造材料和经费 志愿者： 不提供资金，提供策划及设计方案，进行支教活动，建造活动 建筑策划师： 费用优先投入多功能室建造及凉亭改造 村民： 集合部分资金，提供适当人力 校方： 提供部分资金和建造材料及经费 小学生： 爱心午餐、义务教育	计划资金来源： 政府、村委、爱心团体捐赠、活动运营等 费用的有效性： 公益活动非营利项目 最大回报： 项目性质为公益类实践目标旨在乡村振兴及扶贫，不涉及经济回报 投资回报： 多方面公益回报 运营成本最小化： 建造完成后由蚕洞村希望小学运营项目，志愿者定期支援教学 维护和运营成本： 蚕洞村希望小学老师养护政府每年有维修费和办公经费 降低全生命周期费用： 主要以建造成本，设备成本为主 可持续性： 定期开展支教交流活动	经济来源： 公益性项目 上级规划资金表 成本参数： 当地材料费，人工费每平方米造价 150 元 大概预算： 依据不同方案和构造预算 15~25 万元 时间因素： 按课表排列不同时间的使用功能 市场分析： 不存在竞争市场，只有建材市场变化对成本有影响 维护和运营成本： 蚕洞村希望小学老师养护每年有维修费和办公经费 能源成本： 利用自然通风和采光 活动和气候因素： 潮湿气候对半室外空间有使用寿命影响 旅游扶贫	成本控制： 提前完成图纸绘制与施工方磨合沟通 多功能/通用性： 将教育空间与多功能空间相互组合 旅游推广： 公益推广，提升教育扶贫活动 能源保护： 自然通风，自然采光，保温隔热立面 成本节约： 确定使用面积后，确定最优方案节约成本 可循环： 原生材料基本可持续循环使用 蚕洞村希望小学项目经济估算表： 蚕洞村希望小学项目成本估算表全周期项目经济估算	资金问题： 建筑设计需控制建造成本及日常维护成本，考虑学校的可持续发展。资金不足，需分期建设对初期预算的态度及其对建筑肌理和几何的影响 经营问题： 学校功能单一、无特色，无资源。对多功能公共空间的使用活动进行具体策划，使其为居民、游客等服务，带动蚕洞村的收入，填补学校日常运营开销 宣传问题： 地区交通不便、设施落后、知名度低、人口流失等一系列原因造成的经济整体落后
形式 场地 质量 环境					
经济 初期预算 运营费用 全周期费用					
时间 过去 现在 未来					

图 7-7 形式策划矩阵
（图片来源：引自《蚕洞村希望小学建筑策划》）

	需求	目标	事实	概念	问题
功能 人活动关系	政府： 考虑项目长远发展运营情况，以及在周边村子的推广 志愿者： 活动开展时间为2019年7月中旬至9月初 同济大学： 实践活动不可与学校正常教学安排冲突，成果验收为2019年10月	历史保护： 分类保护策略 静态/动态活动： 静态空间美观安全，动态空间实用不影响其他学校活动 变化： 一切为了学生，积极应对 成长： 对学生成长有提高	重要性： 历史上不重要，美学上无突出，情感方面不强烈 空间参数 每人1.5m² 活动： 希望在特殊节日给不同人群使用 预测： 75%场地用于室内教学空间，未来无明显增长	适应性： 按照优先等级加建新多功能室对现有教学楼后期改造 容忍： 封闭空间偏静态互动，开放公共空间偏动态互动 可变性： 新建部分变化成新的多功能空间，可供不同人群多时间段复合式用 扩展性： 未来规划新建食堂、教工校舍及教学楼	施工时间问题： 考虑人员与假期时间工期紧张，多方协同合作，时间难达一致 前后期衔接问题： 校友未来规划建设不在实践活动中，短时间内实现质量的保证 后期经营问题： 校方负责主要运营，短时间内知名度问题
形式 场地质量环境					
经济 初期预算运营费用全周期费用	村民： 避免农忙时节 校方： 建造活动在假期进行，在开学前结束，不影响学校正常上课 小学生： 暑假期间可来校参与支教夏令营	使用日期： 2019年9月10日教师节 资金供应： 建设项目一次性完工结算，至少20万元	持续时间： 7月8日开工、8月1日上梁、9月1日完工，9月10日揭牌、10月1日献礼 物价变动因素： 调整系数应对成本变化影响	线性/并行时序安排： 支教、写生、调研、扶贫、建造并行开展 阶段性： 第一：材料资金； 第二：50%工钱； 第三：装修资金； 第四：尾款	
时间 过去现在未来					

图 7-8 时间策划矩阵
（图片来源：引自《蚕洞村希望小学建筑策划》）

7.4.3 设计方案

后续设计方案基于策划阶段的比较性和可行性分析，设计带动侗族文化传播、体现地方文化风貌、多元共享的多功能空间。可以看出，通过蚕洞村希望小学的前期策划，项目组对于历史环境中的新建项目进行了完整的建筑策划问题搜寻，这些策划问题将为设计方案提供针对性策略（图7-9、图7-10）。

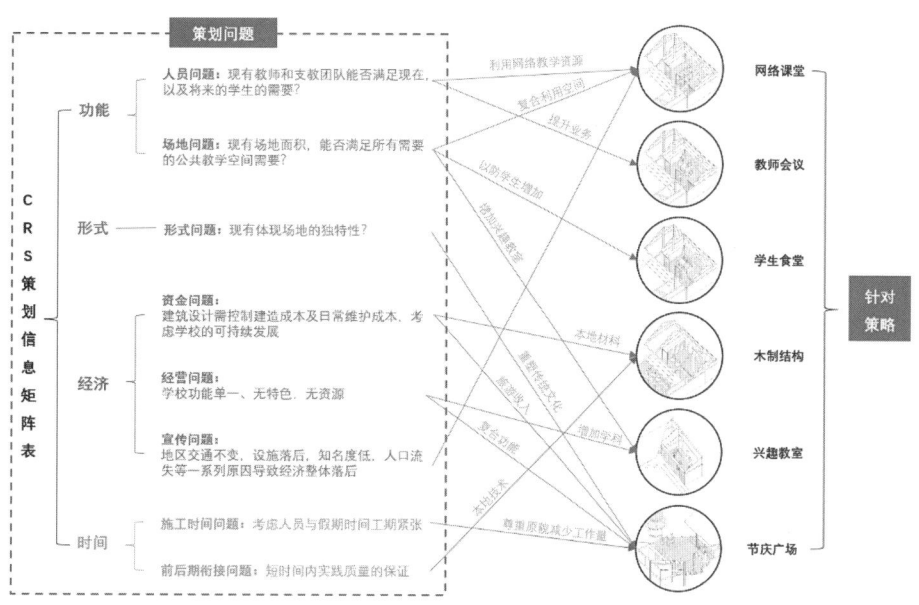

图 7-9 通过建筑策划问题搜寻，为设计方案提供针对性策略
（图片来源：引自《蚕洞村希望小学建筑策划》）

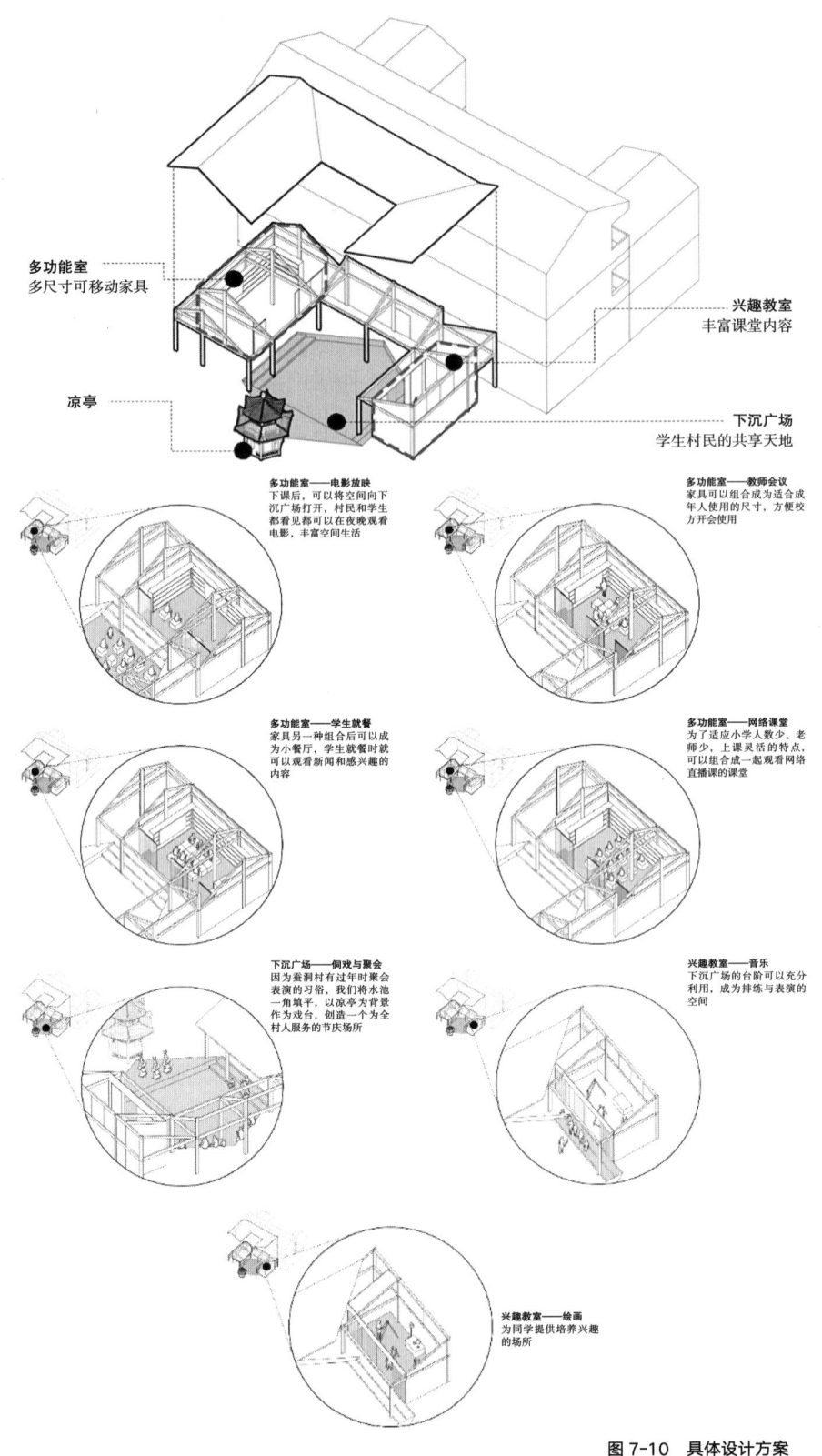

图 7-10　具体设计方案
（图片来源：引自《蚕洞村希望小学建筑策划》）

7.5 后评估案例——历史工业厂区更新项目使用后评估

7.5.1 历史工业厂区更新项目的使用后评估

一段时期以来，历史工业厂区更新项目中存在着比较明显的同质化现象，"798模式"成为各个城市工业厂区常见的更新路径，很多工业厂区都希望通过引入艺术和设计创意产业，吸引客源和投资，但往往效果不尽如人意。究其原因在于，艺术—媒介—投资有一套完整的产业体系，国内只有北京、上海、深圳等几个一线城市有足够的软实力，能够支撑这样的艺术生态。而对于更多城市的工业厂区更新而言，需要寻找项目运营成功的关键指标，创造社会价值，成为市民日常活动和消费场所。城市更新的协同为既有建筑更新提出了更高的要求——既有建筑改造不是孤立的，而是广泛地与城市及区域发生着千丝万缕的联系，点状单体的更新会被放置于城市的尺度下去考虑，以评估其对于片区的价值。为了更加系统地确定历史工业厂区更新项目评估指标，针对项目特点，本节引入城市营销理论作为参考。

美国学者菲利普·科特勒（Philip Kotler）认为，城市营销应通过自身条件和城市间的竞争制定发展策略。与以往通过单一自然或文化景点的方式不同，当前的城市营销更加注重发掘差异化特征，例如宜居的建成环境、有序的城市管理、富有历史内涵的城市文化等。对于工业建筑而言，同样需要发掘差异化特征。结合科特勒提出的城市营销三个因素，本节提出历史工业厂区更新项目评估指标的三个大类：①目标市场；②营销内容；③计划组织。其中，目标市场是指工业建筑周边环境与社会文脉背景；营销内容是指在设计中能够体现工业建筑特色和竞争力的要素；计划组织是各方达成的共识和合作目标。

目标市场：包括建筑重点区域的识别性与特色空间；步行尺度与社交空间；历史工业厂区更新项目痕迹；包括儿童友好的设计；社区级健身步道与设施。

营销内容：包括历史工业厂区更新项目（整体/单体）完整性；厂区历史介绍和原有设备；定期特色主题活动；室外艺术陈设；开放型街区/共享建筑。

计划组织：一定规模的餐饮业态；博物馆或美术馆；书店或咖啡馆等商业文化复合设施置入；室内演出场馆；室外活动场地和景观。

本节基于移动互联网的数据采集，对北京、上海、西安等国内城市的7个同类型历史工业厂区更新项目案例进行随机数据爬取。项目类型选择的原则是：①项目整体开发规模与红钢城"红房子历史文化风貌街区"类似；②改造路径以整体保护为主，部分不具备历史价值的建筑进行新建或改建；③项目在建成后经过五年以上的运营时间。

研究共整理了2490条针对历史工业厂区更新项目使用后评估的有效样本。对这些文字评价进行词频分析，提取出现频次较高的关键词，根据词义进行选择与归类,最终将描述最多的评价内容,列入三个指标大类。这里使用模糊研究中的层次分析法(AHP)为指标赋值。权重分析通过建立多种变量间的数学联系,得出单一变量在总体中所占的权重。赋值时参考筛选评价指标过程中关键词的词频,根据网络评价提及的次数调整具体数值(图 7-11,表 7-4~ 表 7-6)。

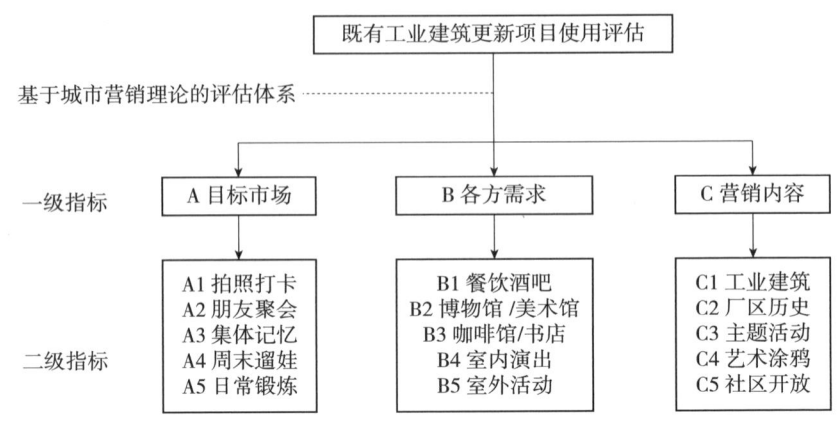

图 7-11 基于国内同类型历史工业厂区更新项目后评估前馈中的层次分析(AHP)

关键词词频及对应指标　　　　　　　　　　　　　　　　　　　表 7-4

A 目标市场 (总关注度 1225)		B 各方需求 (总关注度 2413)		C 营销内容 (总关注度 1638)	
A1 拍照打卡	730	B1 餐饮酒吧	1173	C1 工业建筑	487
A2 朋友聚会	212	B2 博物馆 / 美术馆	663	C2 厂区历史	425
A3 集体记忆	143	B3 咖啡馆 / 书店	297	C3 主题活动	387
A4 周末遛娃	71	B4 室内演出	169	C4 艺术涂鸦	237
A5 日常锻炼	69	B5 室外活动	111	C5 社区开放	102

由 AHP 层次分析法得出一级指标权重　　　　　　　　　　　　　表 7-5

	A 目标市场	B 各方需求	C 营销内容
A 目标市场	1.000	0.466	0.687
B 各方需求	2.145	1.000	1.473
C 营销内容	1.456	0.679	1.000

由 AHP 层次分析法得出二级指标权重　　　　　　　　　　　　　表 7-6

分类(一级项)	一级权重	评估内容(二级项)	二级权重
A 目标市场	21.7%	A1 建筑重点区域的识别性与特色空间	12.9%
		A2 步行尺度与社交空间	3.8%

续表

分类（一级项）	一级权重	评估内容（二级项）	二级权重
A 目标市场	21.7%	A3 历史工业厂区更新项目痕迹	2.5%
		A4 儿童友好的设计	1.3%
		A5 社区级健身步道与设施	1.2%
B 各方需求	46.6%	B1 一定规模的餐饮业态	22.6%
		B2 博物馆或美术馆	12.8%
		B3 咖啡馆或书店等商业文化复合设施置入	5.7%
		B4 室内演出场馆	3.3%
		B5 室外活动场地和景观	2.2%
C 营销内容	31.7%	C1 历史工业厂区更新项目（整体/单体）完整性	9.4%
		C2 厂区历史介绍和原有设备	8.2%
		C3 定期特色主题活动	7.5%
		C4 室外艺术陈设	4.6%
		C5 开放型街区/共享建筑	2.0%

7.5.2 历史工业厂区更新项目后评估权重分析

基于上述评估指标，可以初步看出公众对于当前历史工业厂区更新项目的使用偏好和需求。从使用偏好上看，由于当前移动互联网信息的覆盖，使既有建筑的价值能够被更多的人所知晓，历史建筑自身结构、空间、技术等的实体特征成为一种价值观传播和认同的方式，因此关注建筑重点区域的识别性与特色空间、保留历史工业厂区更新项目（整体/单体）完整性是设计中的重要因素。从需求上看，餐饮、咖啡馆（包括书店）仍是公众最高频的消费活动，也是项目留住客流的最重要手段，因此在设计中需要保证一定规模和多样性的餐饮功能，此外，工业园区因其自身丰富的历史，其博物馆/美术馆也是适合与更新项目结合的主要功能。

7.5.3 历史工业厂区更新项目后评估满意度分析

本节是对某历史工业厂区更新项目进行满意度分析。前一阶段采用的是针对基于大量网络数据样本，并采用层级分析法（AHP）确定权重，作为同类项目后评估前馈；而这一阶段将部分采用满意度加权的方式，通过专家小组意见确定评分，小组成员主要为本项目直接相关的业主、运营方、建筑师等，通过加权计算，最终将结果体现在坐标图中，结果如图 7-12 所示。

该坐标横轴为前馈环节的单项权重，纵轴为专家满意度问卷计算的加权

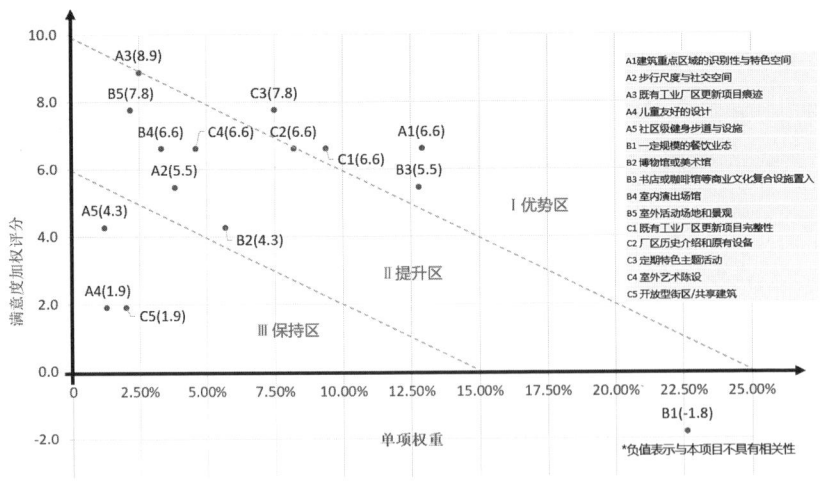

图 7-12 某历史工业厂区更新项目后评估结果分析坐标图

评分。以"单项权重—满意度"（10.0∶25.00%）的斜率线为划分。可分为三个评估区域：第一个区为优势区，表示指标权重高并且实际满意度也很高，说明这些指标是优势项可以重点突出或保持；第二个区为提升区，表示在设计和运营中可以进一步提升；第三个区为保持区，相应的指标可以作为低优先级考虑，保持现有水平即可。此外，图 7-12 纵轴负值表示与本项目不具有相关性。

本章节针对历史环境新建项目的设计问题，引入建筑策划的协同模式。通过对历史环境、公众行为、文化特征等内容的研究，对新建项目带来的影响作出充分论证，强调多种价值因素的共同影响。通过策划操作这一系统性过程，提出合理、客观的设计策略。

历史环境新建项目复杂性体现在两个方面：一方面是多层次，这里的新建项目不仅包括单个建筑设计，也包括成片区域的城市设计，甚至城市运营和管理问题；另一方面是多价值因素，在历史环境新建项目中，功能性和经济性问题只是其中的一部分，策划中更重要的考虑因素是新的项目介入历史环境所带来的影响，以及项目自身在延续历史环境特色方面的可能性，这需要分析项目中需要保护与强调的重要价值，并将价值转换为设计因素，综合提出策划构想。

从策划实践的经验来看，对于复杂设计条件的项目而言，进行前期策划是十分必要的，策划中的信息收集、数理分析、自评机制能够对项目的潜在问题进行预判，避免后续设计和施工过程中大的错误，特别是对于历史环境新建项目而言，建造过程中的更新和拆除都是不可逆的，因此，需要在策划中更谨慎地考虑每一步操作。基于以上原因，本章节引入策划协同模式，从策划视角协助研究历史环境新建项目的设计问题。

思考题与练习题

1. 历史环境中新建项目的建筑策划的难点与重点是什么？
2. 怎样建立一个高效的建筑策划协同模式？
3. 历史环境新建项目后评估的重点，以及怎样对建筑策划进行验证与反馈？

主要参考文献

［1］ ANSOFF H I. Corporate Strategy[M]. New York：McGraw-Hill Inc.，1965.
［2］ KRIKEN J L. City Building：Nine Planning Principles for the 21st Century[M]. Princeton：Princeton Architectural Press，2010.
［3］ TIESDELL S，TANER C C，TIM H. Revitalizing Historic Urban Quarters[M]. London：Butterworth-Heinemann，1996.
［4］ WASSERMANN B L，SULLIVAN B，PALERMO G S. Ethics and the Practice of Architecture[M]. New York：John Wiley and Sons Inc.，2000.
［5］ YIN K R. Case Study Research：Design and Methods[M].3rd ed.New York：SAGE Publications Inc.，2003.
［6］ 屈张，黄也桐. 建筑策划学的探索与未来《问题搜寻法：建筑策划指导手册》（原著第五版）书评[J]. 时代建筑，2023（1）：173-185.
［7］ 屈张. 建筑策划协同模式研究：以历史环境新建项目为例[M]. 北京：中国建筑工业出版社，2021.
［8］ 李宛蓉，屈张. 基于城市营销理论的建筑策划预评价研究：以历史环境新建项目为例[J]. 建筑与文化，2022（2）：23-25.
［9］ 威廉·M. 佩纳，史蒂文·A. 帕歇尔. 问题搜寻法：建筑策划指导手册（原著第五版）[M]. 屈张，黄也桐，译. 北京：中国建筑工业出版社，2022.

第 8 章 建筑外部空间使用后评估与优化设计

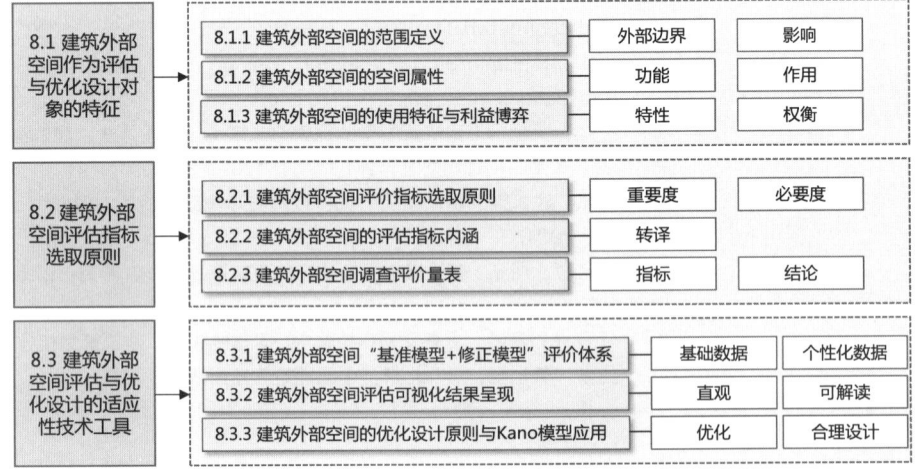

第 8 章 知识框架图

在城市用地空间愈发紧张的情况下，按照功能区块划分的城市绿地、公园、广场等传统公共空间已难以满足迅速增长的公共活动使用需求，依托建筑项目发展的建筑外部空间作为城市中潜在的公共空间，凭借其数量众多、分布广泛、可达性高的特点，已经成为完善城市公共空间体系建设的有力抓手。建筑外部空间作为建筑与城市之间的过渡空间，其空间属性和使用特点较为特殊，针对外部空间的评估与优化需要考虑其中不同使用者的利益。

8.1 建筑外部空间作为评估与优化设计对象的特征

8.1.1 建筑外部空间的范围定义

建筑外部空间指的是建筑外墙至周边道路间的非独立占地开放空间，其依附建筑存在，面向城市开放，兼具项目属性和公共属性。学界在描述该类空间时陆续提出了很多名称，如从城市公共空间角度出发命名的"非独立占地公共开放空间""附属公共空间""地块内公共空间"，以及从建筑项目角度提出的"室内外过渡空间""中介空间""灰空间"，众多研究都指向了这一片特殊的空间领域。可以肯定的是，"建筑外部空间"的研究起点应为"建筑本体"，以建筑师能够控制的建筑内部空间为原点，可以将建筑外部空间分为以下三个层级（图8-1）。

第一层级指的是建筑控制线[①]中与建筑直接相连的外部场地空间，这部分空间的形成多是建筑师的设计意图，其表现形式有建筑庭院、灰空间、架空空间等，带有一定服务内部空间使用或体现建筑整体设计意图的作用，建筑师对这一层空间的使用方式有较强的掌控力。

第二层级指的是建筑项目后退用地红线所产生的退线空间。出于保障交通安全、保护城市绿地、城市水体、城市基建和历史文化建设等原因，这部分外部空间不允许新建建筑物和构筑物，因此多布置为场地广场、绿化、停车场、消防通道。这部分空间由于无法对开发商产生经济利益，常

---

① 建筑控制线即为建筑红线，是指按照国家或当地法规退让用地红线、绿线、蓝线等后得到的建筑物基地位置和范围界限，是可建建筑物与地面接触的范围线。建筑红线的确定涉及"用地红线"和"道路红线"两个主要概念，其中"道路红线"指的是道路用地的边界线，它包括了机动车道、非机动车道、人行道、绿化隔离带，是道路两侧最外的边线。"用地红线"也称为"征地红线"，指的是用地范围的规划控制线，是各类建筑工程项目获得使用权属的用地范围。它是规划管理部门依照城市总体规划和节约用地原则，核定或审批的建设用地位置和范围线。"道路红线"与"用地红线"的位置由当地规划部门确定，两线有时可能重合，在没有重合的情况下，两线之间的用地属于城市用地，建设单位不得占用。

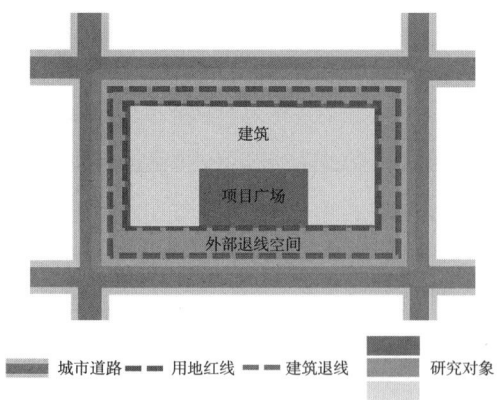

图 8-1 建筑外部空间的范围定义

被视为场地设计的"剩余空间",空间使用效率较低,难以服务建筑项目,也容易成为城市中的消极空间。

第三层级是指建筑与城市衔接的公共领域,例如与建设用地相连的城市街道空间、沿街派生的线性广场等。这一层级外部空间的建设主体与建筑建设主体可能不同,空间权属复杂,建筑师对空间使用的掌控力不够。但由于该层级空间联结了项目用地和城市公共空间,因此需要格外注意空间过渡和环境协调的问题。

8.1.2 建筑外部空间的空间属性

建筑外部空间具有稳定性、非正式、连接与过渡的属性:

其中,建筑外部空间的稳定性体现在其脱离某种特定功能,全时段出现于日常生活中。在以往的空间设计中,功能性空间被视为首要空间,用于移动的过渡性空间和提供交往所需的辅助性空间被视作二级空间,其空间品质相对薄弱。但实际上,非功能类空间是最具使用稳定度的空间,它不需要因功能转换而改变。例如,无论是办公、文娱、购物还是就医,人们会在建筑各层不同的功能空间中来回穿梭,但始终经过同一片外部广场、花园、街道,外部空间是内部使用行为的开始,也是活动情绪的收尾,只要不离开城市,建筑外部空间就会稳定地出现在城市公共生活中,构成丰富的外部活动氛围。

与以向公众开放为唯一目的城市广场与街道空间不同的是,建筑外部空间在促进公众社交层面更多体现出一种"非正式性"。非正式空间未必具有完整的规模和鲜明的功能指向,但能够为随机聚散的人流提供多样性的活动。其场所尺度、形态和规模因地制宜,并不醒目,正因为此,使用者在其中能够感到随性、安全与舒适。"非正式场所"为人们普遍的公共交往需求提供了充分的支持且没有强制性的约束,成为人们日常生活交往中自然的一部分。

建筑外部空间是一种被建筑空间概念和城市空间概念双重覆盖的空间,具有连接与过渡的属性,这对于建筑本体和对城市空间都十分重要。建筑外部空间不仅需要满足其肩负的城市公共空间职责,还要关注到外部空间与其附属建筑间的连带关系,如场地流线、景观绿化、室内外空间设计等与场地相关的设计需求。它既是城市公共生活在建筑项目内的渗透,也是城市意识在建筑项目中的体现,因此,在针对建筑及建筑群外部空间进行研究时,不仅要将其视为建筑空间的一部分，达到对建筑项目进行综合设计与评价的目的，还要将其视为城市公共开放空间的类型补充，以评估空间的公共性特点。

8.1.3 建筑外部空间的使用特征与利益博弈

在传统城镇建设中，建筑外部空间是人们扩展生存空间、发展社交机会的重要场所。在人们的日常生活中，由于为遮蔽风雨而设计的室内空间难以满足日渐兴起的小作坊和手工业发展，这迫使人们将目光转向空间外部，外部空间因此成为室内生活的延伸和补充，临近建筑的空间领域承担了制作、售卖、娱乐表演等功用，并在这个过程中逐渐形成了城市公共生活的规律和模式，因此建筑外部空间的一大使用目的就是作为室内空间的外延、服务内部使用。

随着城市建设规模的扩大，原本小范围的外部空间公共生活变成了固定的公共生活模式，临近建筑的外部空间具备了更强的公共性特征，吸引了更大范围内的人群使用。例如北宋时期，新兴的茶坊、酒肆等商业空间临街设立的"勾栏瓦舍"，它提供了公共社交的一个原点，围绕在其周围的休闲娱乐活动构成了丰富多彩的城市生活，使得建筑外部空间的使用特征兼备了建筑性和公共性。而相对于内部功能空间，外部空间在使用过程中表现出的稳定性、非正式性的特点，使其给使用者带来了更多安全、舒适体验。

因此，建筑外部空间作为建筑物内部秩序的延伸，也是城市公共空间系统中的一环，具有"建筑"和"城市"双重属性，同时服务建筑内部空间使用者和市民两类使用群体。外部空间向市民开放意味着业主要花费更多的精力和财力以维护、支持民众日常使用，在经济社会运行发展过程中，出于控制成本的需求，业主方会通过各种手段提升空间准入门槛，以筛选使用人群、控制项目运维成本。但从社会公平角度来讲，如果建筑周边独立于城市公共空间，发生在空间中的社交是有"会员身份"限制的、人们必须成为相关社区的成员才可以使用这部分空间的话，这必将导致支付不起消费门槛的市民避开类似空间，导致社会阶级矛盾和文化隔阂加重。因此，建筑外部空间使用必须考虑其承担的公共价值，需要在满足内部使用群体社交需求的同时，为外部市民使用者提供平等友善的活动场所。因此，城市中常见的建筑外部空间提供的是有条件的开放，这种人为设施的封闭或半封闭的管理模式能够减少空间中可能出现的潜在威胁、降低运营压力，但部分开放条件是伴随着某种特权身份认同、与公共利益相斥的，需要在评估中仔细甄别。

我国现行设计规范中，公共建筑外部空间的设计主要以消防疏散、竖向设计、绿地率等场地设计硬性指标为依据，有关空间品质方面的设计要求较为弹性。设计者较多关注空间形式，对使用者的心理和活动需求研究不足。最为典型的是在处理建筑外部空间与城市关系时，场地退让红线的区域被粗暴处理为广场或绿化，但其又无法与外围市政绿化融合统一，导致空间环境杂乱，场地中的剩余空间也难以使用；一些公共建筑外部空间试图通过绿化、布置休闲设施等手段引入城市生活，但因缺乏对不同使用者需求的掌握，造成了设计意图与使用需求的错位。针对建筑外部空间的评估需要综合考虑其空间特性，从使用者需求角度出发，以空间满足多元使用群体需求的情况作为评价依据。

8.2 建筑外部空间评估指标选取原则

建筑外部空间作为黏合建筑内部秩序和城市公共生活的空间媒介，具有"建筑"和"城市"双重属性，不能以场地设计的标准要求，也不能将其完全对标于广场、公园等传统的城市公共空间。对建筑外部空间的评估和优化需要综合内部空间使用者和市民双方意见，厘清其在服务项目使用和服务城市公共空间体系建设两方面所发挥的作用。

8.2.1 建筑外部空间评价指标选取原则

根据建筑外部空间的双重属性，使用群体可分为两大类。一类是建筑内部空间的集群使用者，他们因为符合一定的社会身份要求（如工作、生活等）或满足了一定的消费门槛（如购买门票、餐饮消费等）而聚集在此。[①]与市民群体不同，占据了内部空间的人们，被默认为对相应的外部空间带有天然的主导和控制权，建筑运维者是维护此类群体利益的典型代表。对于一般集群使用者使用行为所带来的运维成本，运维者只需将空间的维护成本作为租金转嫁给租户即可；而对于零售商租户来说，他们愿意支付租金是因为建筑形象背后暗示的准入门槛吸引了有支付能力的消费者，针对有限服务对象的细致服务也能为店铺带来稳定而长久的利润。因此，内部使用者集群意识越强的地方，其外部空间管控越严格、公共可达性越差，但对于其中的使用者来说，这是其自我选择并乐意享之的结果，似乎这样的空间才能够达到集群使用者对安全和舒适的需求。

---

① 在科恩（Margaret Kohn）《勇敢的新邻居：公共空间的私有化》（*Brave New Neighborhoods：The Privatization of Public Space*）一书中，她用集群（Gemeinschaft）的概念指代了这一类"理所当然"对空间享有使用权的人群。该词发源于中世纪的作坊，在那里，每个人都要发挥自己的聪明才智，达到紧密合作、共同创作的状态。在这里，人们所能提供的资源和价值共享，因此形成了一种介于"公共"和"私人"之间的抱团概念，同时，由于人们付出了一定资源和成本来交换使用权利，因此他们也代表了意识、财力、身份地位的相似性和依存、共享，没有冲突的同质化。

外部空间的另一类使用者指那些不需要付出任何成本便可使用的市民使用者。事实上，市民使用者对于外部空间的认可也十分重要，因为公共空间的目的之一就是对所有市民实现同等的开放与可达，为其提供交流机会、区域归属感，并给予其平等的使用权利。除了维护社会学和政治学维度的公共领域外，调研发现，开发商对于建筑外部空间作为城市公共空间使用的潜力也充满兴趣，他们认为公众活动带来的空间生机与活力不仅是人才招聘时的加分项，同时可以借此体现其对于城市环境及地区服务的关注，树立更为积极的品牌理念。而且，关键节点处的建筑外部空间可以激发区域活力，提升区域经济文化价值，产生更大的利益循环。

总体来说，建筑外部空间评估中涉及的使用者需求不同，利益不统一，使用者需求难以在单一维度上确定，因此针对外部空间的评估研究需要从这两方使用者的需求入手，从而建立更综合、完整的评估体系。

8.2.2 建筑外部空间的评估指标内涵

1. 面向集群使用者需求的评估指标内涵

外部空间作为建筑与城市间的过渡区域，集群使用者对其的需求主要体现在三个方面：第一，外部空间需要满足基本的场地功能需求，表现为基本的场地属性（例如组织交通、提供停车等）、协调场地与周边环境性格的空间过渡能力，以及一定程度地适应不断变化发展的使用者需求的能力。第二，为更好地服务建筑内部空间使用者，外部空间应当将建筑内部空间特性适度向外延伸，以充分表现其建筑个性，为即将进入的空间做好铺垫。第三，尽管建筑外部空间形象对于城市与建筑两个层面上的使用者都有影响，但相对于市民使用者行为的随机自由和可选择性，集群使用者对项目外部空间接触的时间更长、程度更深，他们也更为关注外部空间的审美价值和其与周边环境的和谐程度。因此，站在集群使用者角度，公共建筑外部空间的场地功能价值、服务内部价值、景观生态价值三个维度应纳入被评估研究的范围（图8-2）。

2. 面向市民使用者需求的评估指标内涵

市民使用者对于公共建筑外部空间公共属性的需求可以概括为以下三个维度。第一，活动交往价值：建筑外部空间由于其灵活、自由的特点，对于促进公众交往活动和城市公共空间体系建设至关重要，也是城市公共性的直观体现。第二，文化经济价值：良好的建筑外部空间设计能够提高区域生活文化水平、建立积极的意识形态、改善人们的行为特征，并有可能解决城市社会问题，这主要体现在外部空间协助区域交通组织、营造社区安全感和区域亮点建设三方面。第三，社会政治价值：在西方，市政厅、神庙等城市重要建筑的外

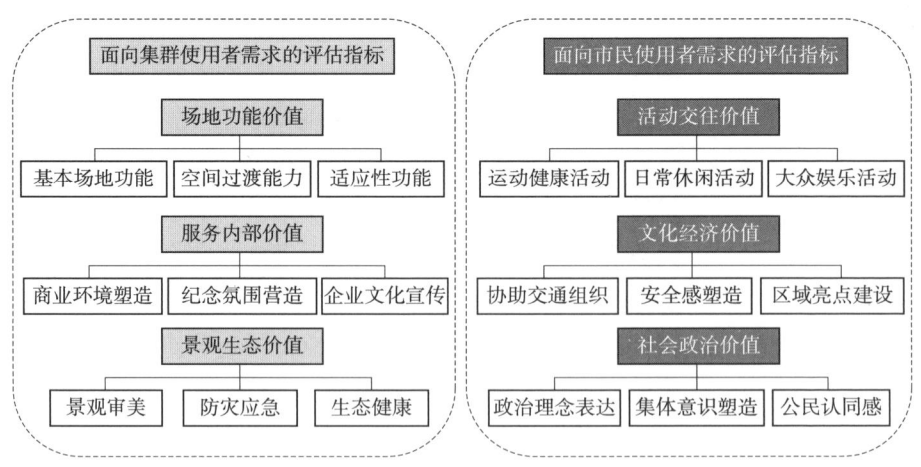

图 8-2 建筑外部空间使用后评估六大维度

部广场自古以来具有政治宣讲、民意表达、游行组织等功能，是形成市民意识形态的重要场所；由于我国传统和社会主义意识形态下的社会关系与西方大不相同，外部空间的社会政治价值更多表现为对集体活动条件的塑造（图 8-2）。

8.2.3 建筑外部空间调查评价量表

综上，从建筑性和公共性两个方面形成公共建筑外部空间使用后评估的六大维度指标体系，其中对于空间建筑性的调研应包括空间在场地功能价值、服务内部价值、景观生态价值三大维度下的九个一级指标，对于空间公共性的调研应包括活动交往价值、文化经济价值和社会政治价值三大维度下的九个一级指标（表 8-1）。

建筑外部空间估评大类与一级指标汇总　　　表 8-1

指标大类	一级指标	评价要点
场地功能价值	基本场地功能	交通组织表现
		服务与设施布置
	空间过渡能力	空间完整性评价
	空间适应能力	空间适应性评价
服务内部价值	商业环境表现	底层业态空间
		商业活动行为
	仪式感塑造	纪念氛围与仪式感塑造
		场所精神表现
		地域文化表现
	企业文化宣传	企业文化宣传
		与企业办公需求契合

续表

指标大类	一级指标	评价要点
景观生态价值	景观审美	局部景观亮点
		过渡城市景观
	生态健康	空间物理舒适性
		改善城市微气候
	场地防灾备灾表现	—
活动交往价值	日常休闲活动	普遍可达性
		空间吸引力
	运动健康活动	运动健身场地设置
		对心理健康的考虑
	大众娱乐活动	空间活动平等性
文化经济价值	交通效率	通行时间管制
		交通与建筑结合方式
	安全感	沿街注视有效性
		对于不同种族人群的接纳度
	空间活力	行为与空间的互动性
社会政治价值	公民认同感	—
	集体行为	—
	政治行为	—

8.3 建筑外部空间评估与优化设计的适应性技术工具

建筑外部空间评估与优化设计的适应性技术工具包括"基准模型+修正模型"评价体系、可视化结果呈现和确定空间提质优先级的 Kano 模型。

8.3.1 建筑外部空间"基准模型+修正模型"评价体系

1. 外部空间的"公共性"困境与评估流程分类讨论的必要性

如前所述，建筑外部空间的评估与优化需要考虑其公共性特征。但"公共性"是一个语义广泛、定义不明、观点不断增殖翻新的概念。一方面，"公共"表示开放和进入性，但许多公共建筑并不向所有人开放，例如办公类建筑；另一方面，自由市场原则下的一些酒店餐馆虽然归属个体经营者，但可以被公众广泛使用。进一步思考，被公众广泛使用也不能代表"公共性"，餐厅并不是对任何人都开放的，通常情况下，人们消费后才可以使用桌椅等休息设施。即使是公园、广场这类传统城市公共空间，也会在必要的时候驱逐不合时宜的行为和人群。因此，以产权、使用人群、准入性或其他任何单一指标作定义空间"公共性"都是较为困难的。

空间"公共性"是一个多维度复合概念，彼得·马库塞（Peter Marcuse）将城市空间从"公共"到"私密"划分为六种情况（表 8-2），他认为，空间的公共性受其所有权、空间所承担的职能和使用权影响，当空间的所有人、空间所承担职能和受益人表现出越多的"公共成分"时，空间的公共性程度越高；而当空间表现出较多的私人性时，它更多地服务于私人目的。例如市政广场、城市公园等空间的公共性程度是十分明确的，住宅的非公共性也很明确，其他空间的公共性则按照其在这三方面公共成分的表达，介于这两者之间。

彼得·马库塞将城市空间从"公共"到"私密"划分为六种情况　　表 8-2

所有权	职能	使用权	举例
公有	公共职能	公共用途	街道、广场
公有	公共职能	行政用途	市政建筑
公有	公共职能	私人使用	出租给商业机构的空间
私有	公共职能	公共用途	私营地铁、公交站
私有	私人功能	公共用途	商店、咖啡馆、酒吧、餐馆
私有	私人功能	私人用途	住宅房屋

当社会中的公私问题已经从单纯的二元对立转为更加综合、深化、复杂的混合体时，一些有消费门槛的空间最终切实地促成了人们之间的交往活动，当今我们与陌生人共享的绝大多数地方其实既不是真正的公共场所也不是私人场所，而是位于两者之间的灰色区域。公共建筑外部空间作为一种空间产权方和受益人不一致的空间，其"公共成分"和"私密成分"构成不清晰，导致公共性程度不明确。根据马修·卡莫纳（Matthew Carmona）对城市中各类公共空间使用情况的分类，公众对于外部空间的使用态度也处于较模糊的状态（表 8-3）。

卡莫纳在西方语境下划分的公共性模糊的城市空间类型　　表 8-3

模糊空间（Ambiguous Spaces）	中转枢纽	室内或室外的公共交通站点	地铁、公交站、火车站
	公共私有空间	实际上为私人所拥有的开放公共空间，受一定程度的管控	私人拥有的公共空间、商业公园、宗教场地
	被注视的场所	通常有意阻碍公众进入，进入后倍感显眼和排斥的公共空间	尽端路、封闭社区
	内化公共空间	表现为公共空间使用，其本质为私人空间	购物中心、巨型综合体
	零售空间	私人拥有但公众可达的空间	商店、非露天市场、加油站

续表

模糊空间（Ambiguous Spaces）	第三场所	半公共的社交场所，公共或私人所有都有可能	咖啡馆、餐馆、图书馆、市政厅、宗教建筑
	私有公共空间	归公共所有，但由其承载功能和使用者决定开放程度的空间	机构场地、住宅区、大学校园
	可见私人空间	归私人私有，但公众可见的空间	门前花园、社区农场、封闭的广场
	界面空间	介于公共和私人空间之间的、公众可访问的空间	街头咖啡馆、人行道
	特定用户的空间	为特定人群（通常是年龄和活动）使用的空间，有时会受管控	滑板公园、游戏场地、运动健身场地

与西方语境下追求"自由""平等""个人主义"的城市公共社交行为不同，我国城市公共空间体系的建设和市民公共生活更加强调"集体生活"下的"熟人社交"，在公共性模糊的建筑外部空间中未必表现为明确、多样的活动和热闹的社交场景。同时，由于空间所有者与使用者相互缺乏信任，影响了建筑外部空间的维护与使用情况，造成设计与使用不一致的问题，仅从空间活动角度评价空间公共性程度失之偏颇。基于以上原因，评估站在客观事实角度，以鼓励、督促、激发公共建筑外部空间的公共性为目的，建立"基准模型+修正模型"外部空间评价体系。

2. 建筑外部空间的基准模型和修正模型

基准模型和修正模型两个评估模型的不同体现在对评估要点的选择和计分标准的判定上。基准模型中的评价要点为必选项，按加权平均分计算，以对所有使用者进行满意度评价，进而获取评价依据；修正模型中的要点为优选项，以累积加分进行计算，辅以调研观察和对管理方的访谈来获取评价依据。举例来讲，在评价外部空间满足集群使用者的场地功能价值时，该大类下的三个一级指标均需评价，并采用加权平均值的方式计算得分。又如，在对外部空间活动交往价值的评价中，"满足市民的日常休闲活动"为必选项，它为"运动健康活动"和"大众娱乐活动"提供的支持可以看作是市民日常休闲活动在某一方面的集中表现，因此，将这两项设为优选项，评估者可以根据实际情况进行选择。

确定评估要点后，还需对各评估要点分别确定评估标准，以便量化评估结果，为随后的可视化模型评估打下基础。估值结果的获得可以使用步入式观察、深度访谈和使用者满意度问卷调查等传统的数据收集办法，也可借助Wi-Fi定位等新型数据收集系统（表8-4、表8-5）。

计分规则示意：以活动交往价值为例　　　　　　　　　　　表 8–4

指标大类	一级指标	评价要点	选择	指标得分	大类得分
无优选项	日常休闲活动	普遍可达性	●	$X_1=\dfrac{a+b}{2}$	$X_d=X_1$
		空间吸引力	●		
	运动健康活动	运动健身场地设施	○		
		对心理健康的考虑	○		
	大众娱乐活动	外部空间活动的平等性与空间正义	○		
有优选项	日常休闲活动	普遍可达性	●	$X_1=\dfrac{a+b}{2}$	$X_d=X_1+X_2$ （$X_{dmax}=2$）
		空间吸引力	●		
	运动健康活动	运动健身场地设施	●	$X_2=c$	
		对心理健康的考虑	○		
	大众娱乐活动	外部空间活动的平等性与空间正义	○		

注：表中普遍可达性平均得分为 a，空间吸引力平均得分为 b，对心理健康的考虑平均得分为 c。

评价要点与评分标准示意：以活动交往价值为例　　　　　　表 8–5

指标大类	一级指标	评价要点	打分要点解释
活动交往价值	日常休闲活动（必选项）	普遍可达性（明确的标识，较为宽松的管控手段）	0= 外部空间封闭不允许进入或安保管控严格； 1= 外部空间无明确准入性信号也无明确阻拦标志； 2= 外部空间准入性标志明确，管控宽松
		空间吸引力（鲜亮的色彩利用或大众艺术，免费而充足的休闲设施布置）	0= 外部空间形象消极、无休闲设施，不具备吸引力； 1= 外部空间形象一般，布置一组及以上休闲座椅； 2= 外部空间形象积极，布置有休闲设施
	运动健康活动（优选项）	运动健身场地设施（外部空间改建运动场，老人康养及运动设施布置，允许分时段运动活动的出现）	0= 没有提供任何运动设施器材，场地无法进行活动； 1= 提供有简单的、少量的运动设施器材，可以活动； 2= 局部空间改造为运动场地或提供有三件及以上活动设施与器材
		对心理健康的考虑（景观意向，冥想空间设置）	0= 外部空间状态使得使用者心理抑郁或难过； 1= 外部空间状态帮助使用者心情稳定； 2= 外部空间状态稳定，有帮助平静心神的冥想空间，能对使用者心理产生积极影响
	大众娱乐活动（优选项）	外部空间活动的平等性与空间正义（如开展文化社交活动或娱乐休闲活动等）	0= 过去一年没有承办任何大众娱乐活动； 1= 过去一年有承办一次大众娱乐活动，或自媒体平台上民众对该场地有 10 次及以上线上点评或宣传； 2= 过去一年有承办两次及以上大众娱乐活动，或民众对场地进行有 20 人次以上线上点评或宣传

8.3.2 建筑外部空间评估可视化结果呈现

在获得外部空间各大类得分的基础上,对评估结果进行可视化呈现,具体方法是:将有关评价的各维度估值对应到一个多轴坐标上,坐标轴的轴线分别代表外部空间评价的大类维度,而每一条坐标轴上的坐标位置则说明了空间在该维度中所表现出的特征高低,远离原点的高位意味着更加明显的优势;连接各轴上的坐标位置,可以得到反映空间各项情况的几何图形,连接图形面积越大,外部空间的建筑或城市属性相应就越高(图8-3)。通过对比各公共建筑外部空间在各维度表现的情况,可比较直观地辨析某外部空间在哪些维度可能出现的问题。

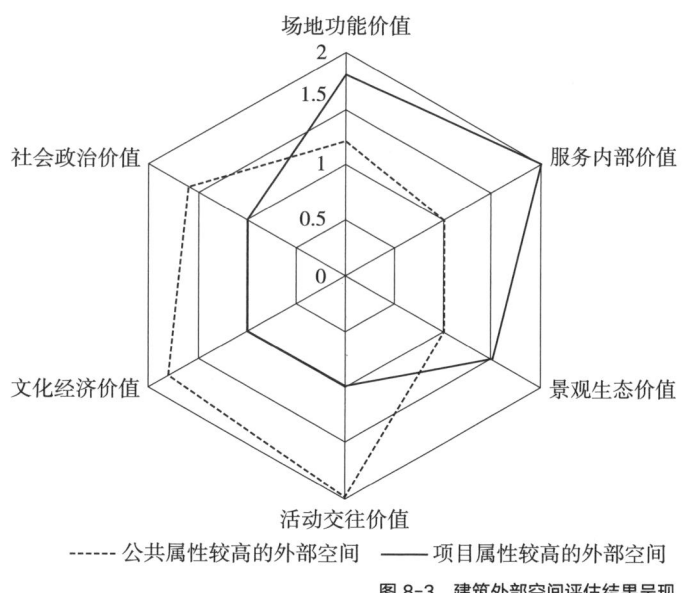

图 8-3 建筑外部空间评估结果呈现

8.3.3 建筑外部空间的优化设计原则与 Kano 模型应用

使用群体角色的多元带来对建筑外部空间的使用需求的复杂要求,因此,在优化设计的过程中,需要提取不同使用主体的意向空间环境要素,辨析其异同,判断其需求的急迫程度,进而制定优化策略。评估在其中起到的是辨析不同角色使用者需要的空间环境要素的作用,在此基础上,需要确立最大化外部空间提质优化的优先级顺序。如果我们把使用后评估视为一种将建筑与城市视为使用者价值导向的产品研究,以满足使用者需求为核心,那么在产品优化的过程中,不管是设计还是维护环节,令各方都满意的空间需要大量的资源投入。因此,人们需要在产品特性和满意度间找到一个平衡,知道哪些优化是必须提供、哪些可以晚一些提供、哪些可以不需要去考虑，我们运用 Kano 模型可以帮助实现这一过程。

Kano 模型是由 Noriaki Kano 教授于 20 世纪 80 年代提出的产品开发和客户满意度理论，它将客户偏好分为五类。这五类偏好对应五种需求类型，从提供的优先级上来讲，最急迫的需求被称为"基本需求"，它是指那些如果没有被提供，就会大大增加用户的不满的功能，但如果空间中只提供了这类需求，使用者并不会对空间感到满意，例如基本的停车位、后勤路线、消防车道等。次一级需要被提供的需求被称为"期望需求"，它指的是那些每多提供一些，都会提升用户的满意度的功能，例如在高密度城区中的停车位数量、老旧社区中的休闲运动设施等。这类需求也被称为"线性需求"，因为使用者的满意度会持续与功能的优化呈线性增长。优先级上，排在"期望需求"后面的是"魅力需求"，这类需求指的是那些本身非常有吸引力的功能设施，当这类设施表现不错时，会大大提升使用者的满意度，进一步提升不会增加使用者的满意度，但是会帮助提升用户忠诚度，一般来讲，某个方面的"期望需求"被满足到一定程度后会转化为"魅力需求"。"无差异需求"指的是那些不管提不提供都不影响使用者满意度的功能。这类优化提质策略不能给使用者带来更高的满意度，说明与使用者的需求出现了错位，应尽量避免实施改造。最后一类需求是"反向需求"，这类策略被实施后会降低使用者的满意度，导致客户不满，应避免实施。

利用 Kano 模型将评价结果可视化呈现，计算出 Better-Worse 系数，将不同角色使用者的必备型、期望型和兴奋型三个需求层级对应为坐标象限，落入同一个象限中的不同角色使用者需求即为共性需求，象限间又以必备属性 > 期望属性 > 兴奋属性 > 无差异属性为顺序即可确立最大化外部空间使用满意度的优先级顺序，对应为空间体制优化设计策略。

思考题与练习题

1. 请观察并思考，城市中最常见的建筑外部空间形式是什么？

参考思路：从外部空间的范围定义出发，最常见的外部空间表现为：①建筑庭院、廊道、灰空间；②外广场、停车场、场地绿化、车道；③与建设用地相连的城市街道空间、沿街派生的线性广场等，这三层空间有时会重叠出现，共同形成建筑与城市之间的过渡空间。

2. 请思考，建筑外部空间在使用过程中服务对象包括了哪几类人群？这几类人群的需求是否一致？

参考思路：按照建筑外部空间的建筑属性与公共空间属性可以确定使用对象包括内部空间使用者和市民群体两大类（其中建筑属性下的使用者分类

还可进一步细分）。这两大类使用者对于空间的使用需求不完全一致，相对来讲，内部空间使用者在意外部空间服务和维护内部使用的表现，而市民群体更在意空间作为城市公共空间的使用表现。

3. 请思考，建筑外部空间与城市传统公共空间（广场、公园）评估存在哪些区别？

参考思路：从两类空间的使用群体身份角度出发，可以判断两类空间的服务网目标的不同。与城市传统公共空间服务市民群体不同，建筑外部空间同时服务两类使用者群体——集群使用者和市民群体，这两类群体对于空间使用有各自不同的期待与需求，所以针对外部空间的评估也是从这两类使用者需求的角度出发。

4. 请思考，建筑外部空间评价六个大类的评估主体是谁？

参考思路：集群使用者与市民使用者两个群体的身份会发生转化，集群使用者作为市民对空间公共性表达同样有需求，所以有关空间公共属性的指标评估主体是两类使用群体，而有关空间项目属性的指标评估主体一般是集群使用者。

5. 请思考，如何判断建筑外部空间的公共性区间？应以何种指标反映其公共性？

参考思路：建筑外部空间的公共性较为模糊，没有强制规定，在评估时需要综合考虑项目周边环境条件，不能以单一的可达性、活动多样性等评价公共空间的指标进行评价。

6. 请思考，评价指标中必选项和优选项的确定依据是什么？

参考思路：必选项是指该指标指向空间使用最低需求，即满足集群使用者需求的指标，优选项指标指向空间优化层面，多为服务市民使用者需求和多样化满足需求的情况。

7. 请思考将评价的各维度估值对应到一个多轴坐标上的目的是什么？

参考思路：将评估的结果估值对应到一个多轴坐标后，连接各轴上的坐标位置，可以得到反映空间各项情况的几何图形，连接图形面积区域越大，外部空间的建筑或城市属性相应就越高。通过对比各项目外部空间在各维度表现的情况，可比较直观地辨析某外部空间在哪些维度可能出现的问题。

主要参考文献

[1] 高亦兰. 建筑外部空间形态研究提纲 [J]. 世界建筑, 1998 (4): 72-76.

[2] 克莱尔·库珀·马库斯, 卡罗琳·弗朗西斯. 人性场所：城市开放空间设计导则 [M]. 俞孔坚, 王志芳, 孙鹏, 等, 译. 北京：北京科学技术出版社, 2017.

[3] 马修·卡莫纳, 史蒂文·蒂斯迪尔, 蒂姆·希斯, 等. 公共空间与城市空间：城市设计维度（原著第二版）[M]. 马航, 张昌娟, 刘堃, 等, 译. 北京：中国建筑工业出版社, 2015.

[4] KOHN M. Brave New Neighborhoods: The Privatization of Public Space[M]. New York: Routledge, 2004.

[5] 许凯,SEMSROTH K. "公共性"的没落到复兴:与欧洲城市公共空间对照下的中国城市公共空间[J]. 城市规划学刊,2013(3):61-69.

[6] MARCUSE P. The "Threat of Terrorism" and the Right to the City[J]. Fordham Urban Law Journal, 2005, 32(4): 767-785.

[7] 王一名,陈洁. 西方研究中城市空间公共性的组成维度及"公共"与"私有"的界定特征[J]. 国际城市规划,2017,32(3):59-67.

[8] CARMONN M. Contemporary Public Space, Part Two: Classification[J]. Journal of Urban Design, 2010, 15(2): 157-173.

[9] 卢衍衡,钱俊希. 从"熟人社会"到"生人社会":广场舞与中国城市公共性[J]. 地理研究,2019,38(7):1609-1624.

[10] 徐磊青,言语. 公共空间的公共性评估模型评述[J]. 新建筑,2016(1):4-9.

[11] 王一名,陈洁. 国外城市空间公共性评价研究及其对中国的借鉴和启示[J]. 城市规划学刊,2016(6):72-82.

第 9 章 乡村建筑策划与后评估

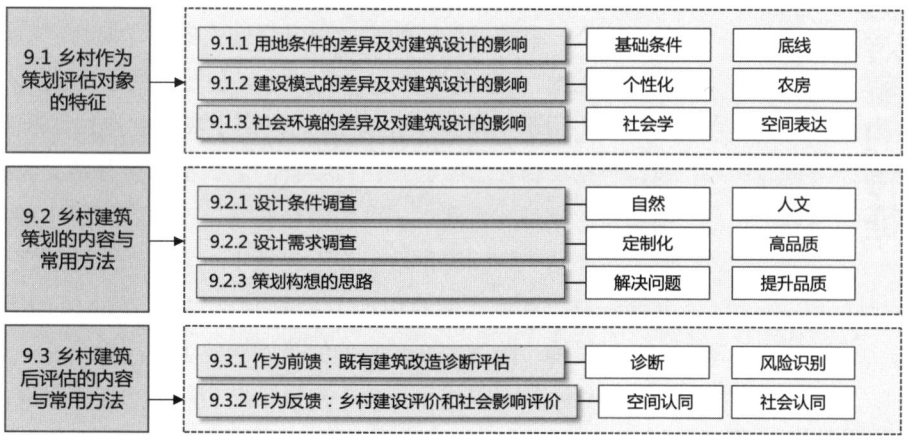

第 9 章 知识框架图

乡村建设在环境、设计条件和体制机制上与城市有很大差异，建筑策划与后评估的原理和方法需作出适应性调整。

9.1 乡村作为策划评估对象的特征

9.1.1 用地条件的差异及对建筑设计的影响

我国实行土地的社会主义公有制，根据土地所有权性质，土地分为国有土地和集体土地：城市市区的土地属于国有土地；农村和城市郊区的土地，包括宅基地、自留地和自留山，属于农民集体土地。[①] 土地的城乡二元所有制度从根本上决定了城乡建设在建设流程和管理体制上的差异。

在土地用途的分类上，根据 2023 年自然资源部颁布的《国土空间调查、规划、用途管制用地用海分类指南》（自然资发〔2023〕234 号），国土空间用地用海分类采用三级分类体系，其中，用地共分为 16 个一级类、76 个二级类和 103 个三级类。专门的农村建设用地主要是"农村宅基地"和"农村社区服务设施用地"，前者又分为一类农村宅基地（用于建造独户住房）和二类农村宅基地（用于建造集中住房），后者用于农村生产生活配套的社区服务设施建设，包括农村社区服务站、村委会、供销社、兽医站、农机站、托儿所、文化活动室、小型体育活动场地、综合礼堂、农村商店及小型超市、农村卫生服务站、村邮站、宗祠等用地，但不包括中小学和幼儿园用地（与城市中小学和幼儿园一样，都属于教育用地）。[②] 相比于城市，乡村的土地用途仅区分了住宅和公共设施，除了教育建筑外的公共建筑项目用地具有一定的通用性，为乡村建筑功能的复合提供了可能，建筑策划功能构想在乡村设计中尤为重要。

规划文件为乡村建筑功能类型和设计参数的界定提供了依据。实用性村庄规划是具有法定性质的乡村地区详细规划，其中与建筑设计项目相关的内容主要包括：不同用途用地的范围、宅基地的规模、住宅设计要求（布局、户型、层数、限高、风貌等）、基础设施（停车、厕所等）、公共服务设施、建筑防灾（建筑间距、通道、防灾避险场所等）、风貌和历史文化保护等。有时实用性村庄规划还规定了用地的容积率、绿地率、建筑密度、高度、退线距离等管控指标。实用性村庄规划的近期建设项目清单或重要建设项目清单，提供了所列项目的任务目标、规模、建设顺序（急迫性）、建设性质（新建还是改建）等。这些内容都是建筑设计需要满足的约束条件。

[①]《中华人民共和国土地管理法》已经于 1986 年 6 月 25 日第六届全国人民代表大会常务委员会第十六次会议通过，历经 1998 年一次修订，1988 年、2004 年、2019 年三次修正。

[②] 自然资源部. 自然资源部关于印发《国土空间调查、规划、用途管制用地用海分类指南》的通知：自然资发〔2023〕234 号 [EB]. 中国政府网，2023-11-22.

乡村建筑项目建设需获取乡村建设规划许可证。根据《中华人民共和国城乡规划法》第四十一条："在乡、村庄规划区内进行乡镇企业、乡村公共设施和公益事业建设的，建设单位或者个人应当向乡、镇人民政府提出申请，由乡、镇人民政府报城市、县人民政府城乡规划主管部门核发乡村建设规划许可证。在乡、村庄规划区内使用原有宅基地进行农村村民住宅建设的规划管理办法，由省、自治区、直辖市制定。"[1] 乡村规划建设许可证划定了建设用地范围，即建筑设计项目的用地条件。

由于城乡建设的建筑设计管理体制的差异，目前除了实用性村庄规划和乡村建设规划许可证制度的约束外，在乡村开展建筑设计几乎没有全国通用的强制性设计标准规范，亦无明确的建筑工程验收法定要求。一些省市和社会团体制定了相应的地方标准、政策和团体标准，涉及乡村建筑设计的方方面面，内容较为庞杂，但大多为推荐性标准。此外，各地各级政府编制的乡村地区建筑设计图集、导则、技术规程等，亦可作为乡村建筑设计的参照依据。在开展建筑设计前的策划阶段，需对该项目涉及的设计标准体系进行资料收集和分析，决定设计要达到或参照的设计标准。

9.1.2 建设模式的差异及对建筑设计的影响

乡村建筑的施工条件、建设模式、建设程序与城市建设差异较大。传统的乡村建筑施工由工匠主持，并通过师徒相授、手口相传的方式传承营建技艺；村民以"帮工""换工"的方式参与建设。现代乡村建筑的建设逐渐向现代化施工方式转型，但与城市仍有区别，在建筑策划阶段需掌握项目所在地的建设条件、设计和施工资质要求等。乡村建筑工程管理体制根据类型、层数、面积进行分类监管，限额以上建筑应按照国家有关法律、法规和工程建设强制性标准实施监督管理，委托有资质的设计单位进行设计，并由有资质的施工单位承建，这类项目通常为规模较大的乡镇公共建筑；对限额以下工程和农民自建低层住宅未作出强制性要求。由此可见，乡村建设具有多种施工模式并存的特征：由有资质的施工单位施工；由有资格的建造师、监理工程师组织的施工队伍或具有劳务资质的施工队伍施工；由建设方（村集体或村民个体）自行组织施工等。[2] 不同的建设方式导致施工工艺与技术水平的差异，进一步影响建筑设计方案的结构体系、材料、构造、设备的选用。因此，在建筑设计前的策划阶段，需充分获取项目建设模式和施工条件信息，并分析其对设计带来的约束。

---

[1] 《中华人民共和国城乡规划法》已经于 2007 年 10 月 28 日第十届全国人民代表大会常务委员会第三十次会议通过，历经 2015 年、2019 年两次修正。

[2] 建设部. 关于加强村镇建设工程质量安全管理的若干意见：建质〔2004〕216 号 [EB]. 北京市住房和城乡建设委员会，2004-12-06[2006-10-09].

随着乡村社会的发展，乡村建筑业的市场化程度也在逐渐提高，现代化施工技术在一些发达地区乡村建设中广泛应用。自2019年住房和城乡建设部推动农村住房建设试点工作以来，钢结构装配式建筑成为乡村建筑发展的新趋势。2021年由多部门联合印发的《关于加快农房和村庄建设现代化的指导意见》（建村〔2021〕47号）鼓励乡村选用装配式钢结构等安全可靠的新型建造方式，[①] 对设计选址（便于现场装配和车辆运输）、空间组织、节点构造等产生较大影响，需遵循模块化、标准化，以及少类型、多组合的设计理念，并使用适宜的绿色建筑策略。

在农村危房改造、灾后重建、农村住房建设试点等工作的开展中产生了"统规统建""统规联建"的乡村建设新模式。通过设计方案和施工图图集的选用、政府或乡村集体统一组织建设、村民置换土地、闲置集体建设用地盘活利用等方式，与村集体和村民协商建设规划细则后，经统一招标优选建筑施工单位或施工团队，以现代化的工程建设管理方式控制施工质量和工期，对乡村建筑进行统一建设。在这种建设模式下，乡村建筑的施工技术条件和设计标准得以提升，对乡村基层政府和村集体的动员能力、组织能力提出了较高的要求。

9.1.3 社会环境的差异及对建筑设计的影响

建筑是社会关系的产物，是有目的的社会实践，也是社会文化的承载。[②] 自古延续的中国乡村农业生产和生活方式强化了乡村社会区别于城市的"乡土性"特征。[③] 相对落后的物质经济条件、熟人社会的社交模式、趋于保守的文化观念、集体主义的价值认同……这些乡土性的社会特征影响了传统乡村聚落和建筑形式，形成适应地缘（气候、地理、风土）和血缘（家族、长幼、伦理）关系的空间模式与建筑风格。

传统乡村以"建造—体验—修正"的自发式、渐进式的试错方式实现空间环境与社会环境的协同演变。当下乡村社会正在发生着深刻的变革，对乡村建筑的现代化提出了迫切的需求。一方面，亟需探索以绿色宜居为目标、适应新时代乡村社会生活生产方式的建筑新模式，这是建筑师进入乡村开展设计实践的基本任务；另一方面，推动乡村建造现代化必须充分认识和尊重乡村社会传统文化和制度特点。

建筑师应用新的理念、方法和技术开展乡村建筑设计时，不仅经历着社会变迁，也在塑造着社会变迁，设计对乡村社会发展的推动作用日益凸显，

---

① 住房和城乡建设部，农业农村部，国家乡村振兴局. 住房和城乡建设部　农业农村部　国家乡村振兴局　关于加快农房和村庄建设现代化的指导意见：建村〔2021〕47号[EB]. 住房和城乡建设部官方网站，2021-06-08.
② LEFEBVRE H. The Production of Space[M]. Hoboken，New Jersey：Wiley Blackwell，1991.
③ 费孝通. 乡土中国[M]. 北京：人民出版社，2008.

对乡村社会发展有着极为重要的意义——设计的实践过程不仅是空间生产，也是文化生产和产品生产，并应被置于整个社会系统中思考。[①] 建筑师必须认识到乡村建筑环境的发展与社会因素存在的双向作用机制，观测和分析"乡村建筑的表征是由哪些社会要素引发的"，在此基础上构想"如何以恰当的建筑设计策略对乡村社会的发展和问题实施干预"，这是乡村建筑策划阶段要回应的两个"社会性"问题。

中国乡村社会特征对于设计目标、条件、体制及建筑师权责的影响，体现在乡村建筑策划的集体性、示范性、公平性、公益性、过程性五个普适性原则。

1. 从众效应：集体性原则

来自乡村社会内部的观点比外部介入的干预更容易得到集体认同，个体通过与群体保持一致而获得集体的归属感。在设计决策阶段，乡村社会成员对空间环境的主观心理感受、行为活动和决策意见具有更显著的从众性和集体性，个体在表达需求和利益诉求时，面对群体的道德、舆论压力，以及频繁发生的行为参照，其行为结果可能会作出改变，最终趋向为主动模仿或被动接受。建筑师需要在建筑策划阶段甄别个体与集体、主观诉求与真实需求之间的差别，发掘在地要素和集体记忆，积极引导从众行为和心理，提出符合乡村社会集体认同的设计目标。

2. 乡村触媒：示范性原则

乡村熟人社会下，村民在建造时相互"模仿"，形成了具有地域性的传统形制、建筑材料、建造技术和审美观念。新的建筑形式和技术一旦得到应用和认可，通过从众效应和村民模仿得以传播和推广。当前中国乡村设计体制下，乡村建筑品质和性能的提升既不能长期依赖援助式的低价甚至免费设计，亦无法承担大量精英建筑师精雕细琢带来的经济和时间成本。"示范—模仿"的技术路线是符合乡村社会条件的建设模式，以应对量大面广的乡村建筑现代化问题。在建筑策划阶段，建筑师就要考虑到项目建成后"如何向村民示范、示范什么、村民如何模仿"等问题，充分利用设计项目的触媒特性和示范性作用。一个优秀的乡村设计，不仅在建筑学本体上是绿色宜居的，而且要在推广和示范意义上取得成功。

3. 权利正义：公平性原则

公平与效率的关系是社会学长期关注的母题。"不患寡而患不均"是传统乡村社会处理公共事务的习惯。建筑空间作为一种社会资源，也具有公平

---

① 何崴. 乡村振兴战略下的乡建思考与实践 [M]. 沈阳：辽宁科学技术出版社，2021.

与效率的潜在矛盾，通常表现为均好性（个体的建筑空间权利）与总效益（总体的空间效益）的冲突。建筑空间的公平性备受乡村社会关注，例如，在一个新的村庄居住区进行设计时，采用组团式的空间布局以围合出丰富的外部公共空间，其代价是一些建筑不得不放弃最优朝向、不同住户的均好性被破坏。在乡村设计中盲目追求总效益、忽视空间的公平性，可能遭到乡村集体的抵制甚至引发社会矛盾。

建筑师亚历杭德罗·阿拉维纳提出的渐进式住宅和参与式设计为乡村设计中均好性与总效应的平衡提供了借鉴思路。昆塔蒙罗伊住宅（Quinta Monroy）探索了财政资金统一建造与村民自建结合的模式，采用标准化通用设计保障公平、定制化设计提高效益。通用设计方案的平面、形式、结构、材料、造价完全相同以保证每个家庭在利益分配上的公平性，同时设计预留空间以实现村民自费加建的需求。[1]

4. 弱势群体关照：公益性原则

相比于城市，乡村的社会分化是一种有限的阶级分化，呈现出不彻底性、自发性等特征，[2] 弱势群体更多由年龄、性别和身体健康等因素导致；经济上的相对落后和人口向城市的迁移进一步扩大了乡村中的弱势群体比例，主要由老人、儿童、女性构成。当代乡村振兴目标下的建设项目普遍具有公共事业属性，无论何种建筑功能类型，无论决策主体是政府还是企业，在建筑设计时都应遵循公益性原则将乡村弱势群体的使用需求纳入到设计目标中，并以现代技术解决乡村中的民生问题。相应的设计策略包括对无障碍设计、适老化设计的考虑，建筑形式和空间对传统文化习俗的尊重，提供具有安全感的儿童庇护场所等。

5. 附加社会价值：过程性原则

传统的乡村营建往往需要乡村社会的集体参与，不同年龄和身份的个体分工协作，乡村社会自组织性和凝聚力在建造活动中得以巩固，并演化出一系列与建筑相关的仪式性活动，例如破土、竖房、上梁、封顶时的祭祀、宴请等。建筑的建造对于乡村社会来说是大事件，不仅是设计目标实现的过程，也是建筑设计目标本身。在建筑策划阶段对乡村地域建造过程的调查和构想有利于扩大建筑项目的社会价值，相应的策略包括：在建构过程中采用传统营建技艺以实现文化传承和认同、选择恰当的建造技术以促进当地乡村建筑业发展、村民参与建造过程以提高乡村社会自组织能力和社区凝聚力等。

---

[1] ARAVENA A. Elemental：Incremental Housing and Participatory Design Manual[M]. Ostfildern：Hatje Cantz Verlag，2012.
[2] 王思斌. 社会转型中的弱势群体 [J]. 中国党政干部论坛，2002（3）：18-21.

9.2 乡村建筑策划的内容与常用方法

狭义的建筑策划成果通常是以建筑设计任务书为核心的策划报告，包括对设计条件与需求的调查、对同类型建筑案例的分析、对设计任务目标和指标的确定，并提出相应的策划构想和设计建议，作为建筑方案设计阶段的输入。在乡村建设中，单个建筑项目的规模较小，往往不再单独将乡村建筑策划和方案设计阶段区分为两个环节，设计条件、需求、任务目标、设计方案的逻辑推演关系更加紧密。当乡村建筑的策划构想完成后，设计概念方案常常也就已经被确定下来。

为了实现乡村建筑设计的社会性目标、保障建筑项目与规划的密切衔接，并能够在建造和运营中能够顺利实施，乡村建筑策划的成果除了目标构想、空间构想、技术构想以外，还需要向前端包含规划条件的调查和获取，向后端包含社会目标构想和建造运维构想。简言之，乡村建筑策划内容的延展，与乡村作为建筑策划对象的特征有关，与乡村建筑设计工作范畴的扩展有关。

9.2.1 设计条件调查

乡村建筑策划阶段需对项目设计条件作出详尽调查，包括上位规划和建设条件、政策和设计规范依据、场地的客观物理条件、场地意义与场所精神、地域文化、人的行为活动、产业条件七个方面（表9-1）。

上位规划和建设条件是规划及建造对项目的要求和约束。上位规划的获取主要通过乡镇政府和上级区县政府，其核心是实用性村庄规划，主要内容包括行政区位、交通区位、地理地质环境、产业发展情况、县域规划定位、人口信息、用地情况、基础设施、历史文化和传统风貌，以及对本项目的建设要求等；建设条件包括乡村规划建设许可证、项目用地范围、现场施工条件、拟建设模式、参与策划设计过程的人员情况等。

政策和设计标准规范是指导乡村建筑设计的依据。相关的政策包括建设立项文件、资金来源及验收标准、土地利用的相关地方性政策和约束指标等；设计标准规范包括项目所属各级行政区划的设计规范、各类设计指标、面积定额、技术规程等，并需注意标准规范的时效性和是否具有强制性法律效力。当缺乏适应性的地方标准规范时，可参考城市的相关标准规范，结合乡村地域传统做法和案例研究结论开展设计。

场地的客观物理条件是建筑所处的乡村外部环境条件，这些信息在上位规划中可能已包含，但为保证信息的准确性和时效性，仍需进行细致的调研核实。具体内容包括地质气象条件，地形条件，场地大小、朝向、竖向，场地植被，水源与河流、与边建筑的关系、能源条件等。通过搜集、测绘、记录、整理场地的客观物理条件并获取（1:1000）~（1:500）建设范围地形图，

乡村建筑策划的设计条件调查对照表（部分）　　表 9-1

设计条件调查的信息分类			设计条件调查的具体内容
上位规划和建设条件	以实用性村庄规划为核心的各级各类规划文件	行政区位	行政隶属关系
		交通区位	道路断面 路面材质 道路情况综合评估 停车场位置、数量及停车状况评估 用地范围的可达性综合评估 用地周边人流情况 交通节点和公共交通设施
		地理地质环境	用地所在区域的山脉/水系/沟壑/平原等地形地貌特征 地理环境的景观特征和山水文化格局 各类地质灾害、气象灾害情况
		产业发展情况	三级产业基本情况 经济发展水平综合评估及预测 主要职业和收入来源 生产方式
		县域规划定位	在县域规划中的目标定位和发展规划 多村联动关系评估 城乡关系综合评估
		人口信息	常住人口、户籍人口基本情况 人口增长情况及预测 人口年龄结构、产业人口结构特征 建筑潜在使用者的人口构成及特征
		用地情况	用地功能分类现状 土地权属 用地功能分类规划
		基础设施	给水排水方式及承载力评估 垃圾处理方式及设施评估 供暖方式及综合评估 能源条件及能耗评估 照明设施及综合评估 电力设施及承载力评估 电信网络设施及覆盖率评估 绿化环卫设施及覆盖率评估 公共厕所数量、分布及综合评估
		传统风貌	文物保护建筑等级及保护范围 传统风貌控制范围 建筑材料 建筑色彩 建筑高度/檐口高度限制情况
	施工条件		乡村规划建设许可证 可选的施工方式与施工人员 具备的施工工艺与施工材料
	建设模式		建设模式的类型与特征
	建设人员		参与项目决策的人员情况

续表

设计条件调查的信息分类		设计条件调查的具体内容
政策和设计标准规范	建设立项文件	建设立项目标、要求、项目周期等
	资金来源及项目验收标准	要获得建设财政资金支持而必须达到的设计标准
	土地利用的地方性政策及约束指标	人均用地指标 用地的可建设内容
	各类设计指标	建筑面积、建筑工程等级、设计使用年限、建筑层数、建筑高度、耐火等级、消防要求、屋面防水等级、抗震设防烈度等
	面积定额	各功能建筑的面积指标 建筑内不同功能区域的面积指标
	技术规程	节能、绿建、装配式等相关技术规范
场地的客观物理条件	地质气象条件	地质条件及地质勘查报告：场地土壤和各岩层类别、结构、厚度及土工特性 气象条件：场地内的日照、风环境、降水等 场地的建设适宜性评定和建议 场地内的暗沟、池、井，以及特殊地质构造等 历史气象灾害情况及气象灾害评估报告（对于有历史气象灾害的村庄）
	地形条件	高程、坡度、等高线、最大高差等
	场地大小、朝向、竖向	（1：1000）~（1：500）建设范围地形图 场地尺寸、面积、高程 不同方向的视野和景观
	场地植被	植被覆盖情况 重要植被 当地乡土景观植物清单
	水源与河流	场地周边河流位置、走向、水量大小及随时间的变化 供水、排水管道，沟渠位置和走向，管径大小，荷载和负荷情况 场地内及周边道路的地表径流及防洪综合评估
	与周边建筑的关系	交通流线关系 功能关系 视线关系 周边建筑形式、风格、高度等
	能源条件	场地现有能源设施，管道位置、走向和荷载 当地常用供暖、制冷、能源方式及综合评估
场地意义与场所精神	场地的历史记忆	场地各时期的使用功能 历史事件
	场地的记忆载体	相关人员对场地历史事件的记忆 唤起记忆的物质元素（建筑、树木、砖石、空间格局等）
	村民对场地的认知和情感	村民对场地的态度及情感倾向 村民理解场地意义的方式

续表

设计条件调查的信息分类		设计条件调查的具体内容
地域文化	村社历史	村庄发展史、家族史、建造史
	礼俗文化	宗族关系 婚丧嫁娶等礼俗活动 社会人际关系网络
	传统节日	传统节日 节日活动和行为
	建筑文化	风水与选址 建筑形式和审美特征 传统营建技艺 与建筑相关的习俗和仪式性活动
	物质遗迹	物质文化遗产 非物质文化遗产
人的行为活动	人的行为特征与活动内容	活动类型、发生位置、时段与频率、流线、社会交往特征
	活动人群特征	参与活动人群的结构特征 参与活动人群的心理特征 弱势群体特征与需求
	空间功能需求	同一人群对不同空间的需求 不同人群对同一空间的不同需求
产业条件	区域发展情况	区域发展历史及现状 区域经济发展趋势预测
	产业结构	三级产业结构宏观情况 所在村庄的具体产业内容
	产业人口情况	产业人口数量、结构特征

策划团队得以对建筑的朝向、总图布局、形态、交通组织、场地设计、技术策略作出初步构想。

场地意义与场所精神是场地的精神文化特性。通过对场地的历史记忆、记忆载体（历史沿革、重要事件），村民对场地的认知和情感等进行调查，对场地的意义与场所精神进行提取、解读和重构，为新的建筑设计提供设计目标和创作灵感。

地域文化是场地所处地域的社会文化及遗产，包括物质的和非物质的。通过调研判断乡村所处的地域文化区划，收集村社历史、礼俗文化、传统节日、建筑文化、物质遗迹等相关资料，从文化要素与现象、文化资源与价值、文化的建筑表达三个层次对场地的地域文化信息进行整理，并以城乡统筹的视角发掘乡村地域文化资源的价值。

人的行为活动是功能构想和空间组织的主要依据，通过观察记录、追踪、问卷和访谈等方式获取，亦可采用摄像头记录、Wi-Fi探针获取行为轨迹等现代技术手段。调查的内容包括场地相关的人的行为特征与活动内容、人群构成、人员的环境心理特征、空间功能需求、弱势群体特征与需求等。

产业条件为建筑项目推动乡村振兴的目标构想提供条件和依据，其内容包括区域发展情况、产业结构、产业人口情况等。乡村振兴的关键是产业振兴，当建筑项目所能承载的产业目标尚不明确时，在策划阶段可依照产业条件对乡村产业发展作出预测，并作为建筑设计后续运营的依据。

9.2.2　设计需求调查

乡村建筑策划的需求调查主要依靠深度访谈、问卷调查等社会学方法。乡村社会实际上是一个由地缘和血缘关系紧密联结的小型社区，一些村庄的人口规模比城市的小型社区还少，为设计需求的普查提供了条件。在调查中，策划研究者应尽量避免主观预设，而是通过预调查的实际观察、访谈获取原始资料后再制定调查计划。

根据扎根理论构建需求分析模型，是乡村建筑策划中常用的设计需求调查与分析方法。扎根理论（Grounded Theory）是由格拉泽（Barney G. Glaser）和施特劳斯（Anselm Strauss）共同提出的一种质性研究方法，用于对访谈获得的原始资料进行分析归纳。其工作步骤包括访谈内容的收集和标签化、对访谈内容的三级编码过程（开放式编码—主轴式编码—选择式编码）、形成设计需求的核心概念与范畴。以扎根理论研究方法的结果为依据，制定相应的设计需求调查问卷，并通过卡诺模型（以下简称Kano）对设计需求进行分类和优先排序。

现以西安市近郊某村统一建设住宅项目为例，对设计需求调查过程进行说明。

1. 数据收集

抽样该村的40户家庭（约占总户数的10%）进行一对一的半结构访谈（表9-2），通过对乡村居住生活的漫谈式交流获取村民对住房的真实需求，话题包括受访者的人员基本信息、行为活动、房屋使用情况、理想住宅等，访谈时间为户均1~1.5小时，记录方式为录音转文字资料。删除无效语句后，共形成4万余字的受访者有效语句作为扎根理论研究的原始资料。

2. 数据编码

（1）开放式编码：基于对原始语句的分析，以标签短语的方式将受访者要表达的现象或需求进行概念化，例如将原始语句"孙女放学一回家就在卧室桌子上写作业，没有书房"精简为"无独立书房"。对近似标签进行归纳合并，例如将"吃饭、待客、起居混合在一起"与"客厅的几种活动互相

访谈提纲　　　　　　　　　　　　　　　　　　　　表 9-2

主题	提问相关信息	提问目的
人员基本信息	家庭结构、人员基本信息、就业情况、交通工具、兴趣爱好、收入、健康状况	收集受访者基本信息及家庭概况
行为活动	平时在家有哪些日常活动？ 特殊礼俗活动，如过年、红白事举行什么活动？ 村内有什么特定习俗或者节日？	了解受访者日常行为活动及乡村习俗
房屋使用情况	住宅基础设施情况，如供水、排污、排雨、垃圾处理、供能等 对家中哪些地方感到满意？哪些不满意？ 曾进行的加改建情况如何？还想对房屋进行哪些改建？ 不同空间的使用频率和使用时间 设施使用情况，如火炕、灶台、空调等 对住宅空间的态度倾向，如对淋浴间、卫生间、独立书房的态度 对其他设施的态度倾向，如太阳能光伏发电、新能源充电桩的态度	了解受访者住宅使用情况、满意度
理想住宅模式	村里谁家的房子好，为什么？ 想住什么样的房子？	了解受访者对理想住宅的期望

干扰"归纳为同一范畴"客厅功能的分离设置"。通过对原始资料梳理，最终得到 49 个范畴（图 9-1）。

图 9-1　西安市近郊某村居住需求开放式编码

（2）主轴式编码：采用"因果条件—现象—脉络—中介条件—行动或互动—结果"的编码范式，对49个范畴进行进一步解析归纳，形成安全需求、实用需求、舒适需求、精神文化需求、可持续发展需求5个主范畴（表9-3）。

西安市近郊某村居住需求的主轴式编码（局部） 表9-3

主范畴	范畴	因果条件	现象	脉络	中介条件	行动或互动	结果
安全需求	防盗门窗设置	1.门窗没有安装防盗装置 2.各家屋顶相连接，盗窃容易	村内发生入户盗窃事件	1.住户财产受损 2.住户有潜在安全隐患问题	1.住户长期不在家 2.周边治安条件不佳	将室内外门窗更换为防盗门窗	住宅使用更为安全
	防滑措施设置	住户室内铺地材质防滑效果差	发生过村民摔倒引发身体受伤事件	住户有安全隐患问题	1.村内老龄化程度高 2.住户没有房屋防滑设计意识	使用防滑系数高的材料重新铺装地面，卫生间设置扶手	住宅使用更为安全
	屋顶平台栏杆设置	1.屋顶栏杆、女儿墙高度低 2.有楼梯通向屋顶	村内发生过儿童从屋顶坠落事件	住户有安全隐患问题	1.儿童安全意识弱 2.儿童缺乏监护	为屋顶安装不低于1.05m高度的护栏	住宅使用更为安全
实用需求	排污管道设置	村内缺乏排污管道	厕所为设置在室外的旱厕	1.厕所热舒适性差 2.厕所气味不佳	1.宅基地面积大，可设置室外厕所 2.化粪池不易安装在室内地下	靠北墙加建厕所及排污管道	厕所使用便捷、性能提升
	无障碍设施设置	1.淋浴间缺乏扶手、座椅 2.厕所缺乏坐便器	老人洗澡、上厕所不便	老人无法舒适使用厕所	1.住户经济条件一般 2.住户没有房屋无障碍设计意识	淋浴间增加扶手、座椅；厕所增设坐便器	保证老年人正常使用淋浴间、厕所
	中庭排水口设置	室内排水不便，造成反味	住宅中庭内设置1、2个排水口	村民习惯在中庭进行洗衣活动	室内排水体系设计不合理	完善住宅排水体系	排水设施完善，符合村民用水习惯
舒适需求	书房设置	住宅内缺乏独立书房	儿童在客厅、卧室学习	1.不重视读书空间和氛围 2.客厅卧室学习效率低	1.村民没有独立设置书房的习惯 2.没有足够空间设置书房	增设独立书房	提升村民及儿童读书学习效率
	卧室采光	1.卧室开间小，房间窗地比过低 2.一些卧室间接采光	卧室采光差	1.卧室热舒适性差 2.住户使用卧室时间少	1.过去村民对室内自然采光要求低 2.建筑平面设计差	改善卧室采光环境	提升卧室居住环境质量
	老年人住房	1.接待熟人要在自己的卧室 2.老年人身体习惯睡火炕	老年人房间设置火炕，在卧室接待熟人	1.老年人住房使用频率高 2.老年人对卧室满意度高	1.传统生活方式的保留 2.农村有烧炕的条件	老年人住房面积和平面符合老人生活方式	提升老人房居住舒适度

续表

主范畴	范畴	因果条件	现象	脉络	中介条件	行动或互动	结果
精神文化需求	卧室代际分离	住户有居住私密性需求	子女卧室与老人卧室分开	住户对卧室满意度提升	1. 住宅面积大,有卧室代际分离条件 2. 年轻人与老年人生活习惯不同	平面布局不同代际卧室分离	卧室私密性得到提升
	室内美化	住户有美观需求	住户重新装修室内、中庭,绿化种植	房间看起来单调陈旧,羡慕别人的室内装修更好	1. 室内装修翻新花费少,效果好 2. 住宅装修好能够得到其他村民夸赞	住户将室内翻新	住宅美观性得到完善
	前院围合	住户与村民有社交、沟通需求	村民不愿意将前院用篱笆或围墙围合	乡村社会交往方式,熟人较多	1. 住户是否喜欢社交 2. 住户是否愿意共享自己的前院空间	开敞的门前小院,仅以铺地限定空间	住户社交空间得到保留
可持续发展需求	太阳能光伏板安装	住户想省电省钱,投资光伏板有收入	住户想要在屋顶安装太阳能光伏板	1. 利用太阳能发电获利 2. 太阳能光伏板成本降低,由国家补贴	1. 屋顶面积充足、结构稳定、朝向适宜 2. 所在地域有充足的太阳辐射	住宅加装太阳能光伏板	住户碳排放量减少,用能成本降低
	新能源充电桩安装	1. 住户使用电动自行车频率高 2. 住户购买新能源电动汽车意愿强	住户想要在住宅外墙安装新能源充电桩	车辆充电和使用更加方便	1. 前院面积大,场地充足 2. 住宅电力负荷足够承载	住户安装充电桩,进行电力线路改造	住宅用电安全性提高,碳排放量降低
	屋顶加建	1. 夏季太阳辐射强,室内温度高 2. 雨季平屋顶漏水 3. 需要通风、遮阳、防水空间储存杂物	住户想要加建轻钢结构双层屋顶	屋顶防水、隔热,同时兼作为储物	1. 压型钢板材料便宜,性能满足要求 2. 其他村民都使用压型钢板加建屋顶	住户加建屋顶	提高住宅内热舒适,增加使用空间,防止漏水,屋顶风貌不佳

（3）选择式编码：进一步探索分析各范畴相互间、主范畴和范畴之间的关系，提炼核心范畴。本项目是乡村住区和住宅设计，故以"居住需求"为核心范畴，以"安全需求""实用需求""舒适需求""精神文化需求""可持续需求"为5个主范畴，以49个范畴作为具体影响因素，构建西安市近郊某村村民居住需求指标（图9-2）。

3. 构建Kano模型对居住需求重要性排序

将需求模型中49个范畴作为村民居住需求的具体指标，按照"正反向意愿选择题"制作Kano问卷（表9-4）。对该村拟建设的162户家庭进行问卷普查，回收有效问卷141份，并对有效问卷进行可信度检验。

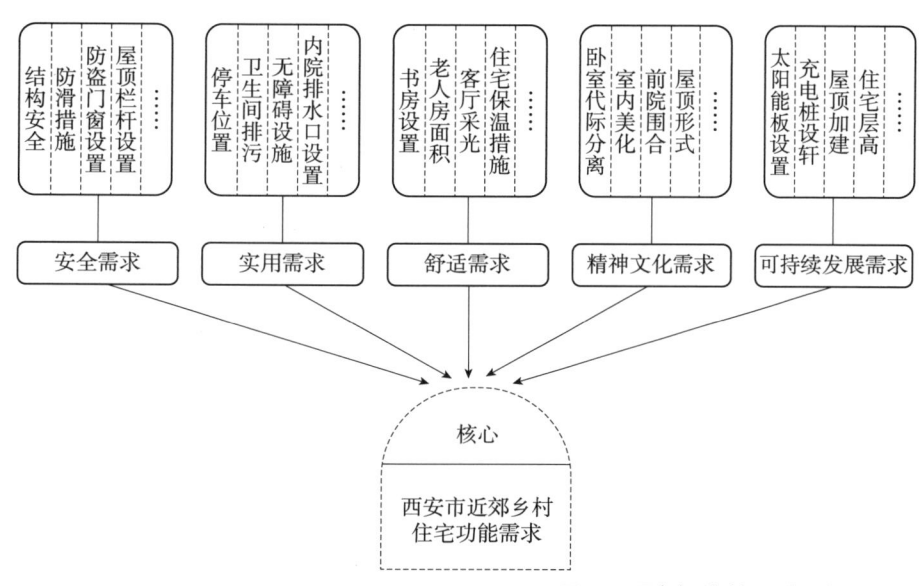

图 9-2 西安市近郊村民居住需求指标结构

Kano 问卷示例 表 9-4

具体咨询项		满意	理应如此	无所谓	可以接受	不满意
宅基地朝向	您的宅基地是南北向，您是否愿意？					
	您的宅基地不是南北向，您是否愿意？					
停车位置	您户内停车的意愿？					
	您户外停车的意愿？					
户内前院	您的住宅拥有户内前院，您是否愿意？					
	您的住宅没有户内前院，您是否愿意？					
住宅层数	您的住宅层数是1层或1层半，您是否愿意？					
	您的住宅层数为2层及其以上，您是否愿意？					
集中式平面	您住宅房间是集中在一起的，您是否愿意？					
	维持现状					
独立客厅	您拥有独立客厅，您是否愿意？					
	您没有独立客厅，您是否愿意？					
独立餐厅	您拥有独立餐厅，您是否愿意？					
	您没有独立餐厅，您是否愿意？					

	具体咨询项	满意	理应如此	无所谓	可以接受	不满意
独立淋浴间	您拥有独立淋浴间，您是否愿意？					
	您没有独立淋浴间，您是否愿意？					
卫生间位置	您拥有室内厕所，您是否愿意？					
	您拥有室外厕所，您是否愿意？					

按照 Kano 评估表（表 9-5）对设计需求进行分类，其中 A 表示魅力需求，即村民没有明确意识到的、令人惊喜的功能或特征；O 表示期望需求，即村民明确关注的住宅功能或特征；M 表示必备需求，即村民对住宅的必不可少的功能或特征的期望；I 表示无差别需求，即村民不关心住宅中某个特征的有无或变化；R 表示反向需求，即村民对住宅中某个功能或特征的存在感到不满意；Q 表示问题型需求，反映调查结果的准确性。例如，某户村民对"宅基地是南北向"的看法是"理应如此"，对"宅基地不是南北向"的看法是"不满意"，则得出该户村民认为"宅基地朝向"是必备需求。

Kano 评估表 表 9-5

某要素质量		反向问题（不提供该要素/该要素表现不足）				
		满意	理应如此	无所谓	可以接受	不满意
正向问题（提供该要素/该要素表现充足）	满意	Q	A	A	A	O
	理应如此	R	I	I	I	M
	无所谓	R	I	I	I	M
	可以接受	R	I	I	I	M
	不满意	R	R	R	R	Q

当每个用户的每种需求都按照评估表进行需求分类后，汇总所有村民受访者的同类需求。以"宅基地朝向"为例，141 份数据中，共 87 份用户认为其属于"必备需求"，按照"最大值"原则，该需求的最终分类为必备属性。所有需求的重要性排序依据为：必备需求＞期望需求＞魅力需求＞无差异需求。

为了得到同一类需求下的具体设计内容的重要性排序，引入满意度系数与不满意度系数。满意度系数计算公式为：Better（满意影响力）=（A+O）/（A+O+M+I）；不满意度系数计算公式为 Worse（不满意影响力）=-1×（O+M）/（A+O+M+I）。以满意度系数计算值作为 Y 轴坐标，不满意度系数计算数值为 X 轴坐标，并以所有需求内容的满意度系数平均值和不满意度系数平均值分别作为中心点坐标，建立居住需求重要性的四象限图。同类需求下的不同需求内容到中心点的距离越大,则其重要性越大。例如同为必备需求的"宅基地朝向需求"的坐标为(0.56,0.17),"屋顶加建空间利用需求"的坐标为(0.58,0.31),中心点坐标为(0.22,0.39),两者分别到中心点的距离为0.405与0.369,因此,"宅基地朝向需求"重要性(0.405)大于"屋顶加建需求"的重要性(0.369)(表9-6)。

Kano分析结果汇总表(局部) 表9-6

范畴	A	O	M	I	R	Q	分类结果	Better	Worse
厕所排污管道设置	21%	30%	25%	24%	0	0	期望属性	51%	−55%
沿街房屋窗高	22%	30%	21%	27%	0	0	期望属性	52%	−51%
独立餐厅设置	19%	31%	27%	23%	0	0	期望属性	50%	−58%
淋浴间面积	25%	31%	20%	24%	0	0	期望属性	56%	−51%
内庭院排水	16%	33%	29%	22%	0	0	期望属性	49%	−62%
室内停车	29%	4%	0	54%	12%	1%	无差异属性	38%	−5%
屋面挑檐	18%	13%	45%	24%	0	0	必备属性	31%	−58%
独立淋浴间设置	30%	41%	6%	23%	0	0	期望属性	71%	−47%
户内前院设置	31%	11%	7%	49%	2%	0	无差异属性	43%	−18%
室内储物间设置	35%	3%	0	44%	1%	17%	无差异属性	46%	−4%
屋顶加建空间利用	19%	4%	47%	30%	0	0	必备属性	23%	−51%
客厅面积	19%	32%	25%	24%	0	0	期望属性	51%	−57%
庭院设置	12%	5%	51%	32%	0	0	必备属性	17%	−56%
住宅层数	15%	4%	52%	29%	0	0	必备属性	19%	−56%
集中式平面	31%	5%	0	60%	2%	2%	无差异属性	38%	−5%
住宅面积	14%	11%	47%	28%	0	0	必备属性	25%	−58%
宅基地朝向	8%	6%	62%	24%	0	0	必备属性	14%	−68%
娱乐房设置	14%	6%	1%	74%	3%	2%	无差异属性	21%	−7%
卧室比例	1%	1%	1%	82%	15%	0	无差异属性	2%	−2%

根据以上数据分析,得出该村村民居住需求的重要性排序(图9-3)。排序结果显示,宅基地朝向、住宅面积、住宅层数、庭院设置、屋顶加建空间利用、屋面挑檐为关键设计要点,在设计中需优先满足;独立淋浴间设置、内庭院排水、独立餐厅设置、客厅面积、淋浴间面积、厕所排污管道设置、沿街高窗为重要设计要点;住宅保温、淋浴间通风、卧室采光、客厅采光、房间防滑、无障碍设施、门窗防盗、设置独立客厅、老人房朝南、卧室代际分离、设置独立书房为次要需求;有遮蔽的停车空间、设置前院、设置独立的娱乐房、新能源充电桩设置、入户门头形式、屋顶形式、住宅风貌、入户位置则不被村民关注。

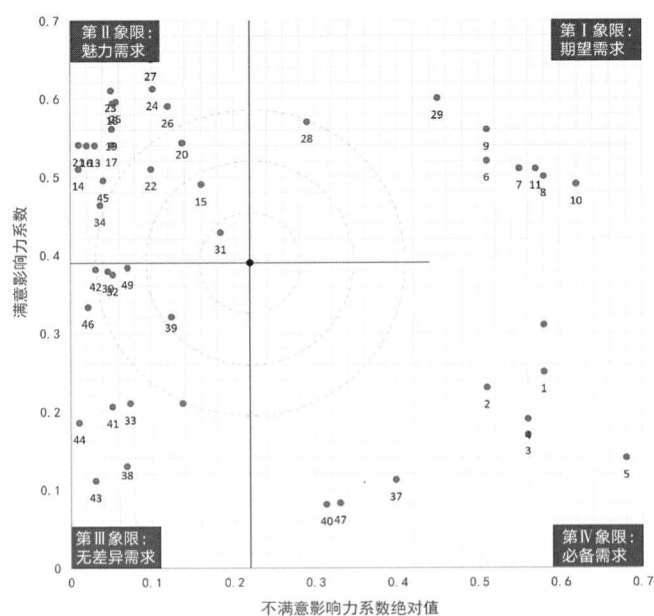

图 9-3　西安市近郊村民居住需求重要性模型

9.2.3　策划构想的思路

基于设计条件和需求结论进行建筑策划构想，经典的建筑策划方法和技术工具在乡村建筑策划中同样适用。这里总结了在乡村进行建筑策划设计构想的三个思路。

1. 从地域环境适应性出发

从地域环境适应性出发进行策划构想，并不是盲目照抄地域建筑的特点和做法，而是在采取现代建筑技术措施以提升乡村建筑宜居品质的同时，注重地域环境的价值观和地理信息在建筑中的呈现。[①] 地域环境既包括建筑所处环境的地理地形、气候等自然要素，也包括经济、风俗、行为心理等社会文化要素。由于中国乡村地域环境差异巨大，各地形成了与自然环境和社会文化环境密切匹配的传统建筑形式。历史上的乡村营建模式可以视为一种地域内的自发性建造，建筑师主持的乡村设计改变了这一模式。建筑师的职业学习和训练是建立在城市建设背景下的，在乡村建筑策划时充分考虑地域环境的适应性尤为重要，其策略包括：分析场地的地形地貌特征和地域气候、批判地利用地方材料和当地建造技术做法、采用符合当地人们看法的建筑形式语言、从地域生活和文化需求出发进行空间设计。

---

① FRAMPTON K. Towards a Critical Regionalism：Six Points for an Architecture of Resistance[M]. Seattle：Bay Press，1983.

2. 从传统营建经验出发

从传统营建经验出发是建筑适应地域环境的有效方法。中国乡村聚落和建筑环境经历了长期不断更新和试错，形成了符合地域环境特征的较为稳定的空间格局和建筑模式。随着社会进步和需求变化，传统营建经验在今天的乡村建筑设计应用时需要进行转译和优化。将新的建筑设计项目置于乡村发展历史中考虑，从传统营建经验出发进行策划构想，其步骤是：调查乡村建筑的现状和历史，总结乡村传统建筑的表征和做法；基于建筑原型理论和类型学理论，提取乡村传统建筑的空间原型和技术原型；分析空间原型与技术原型的应用条件和协同模式，溯源原型的本质特征；根据当下乡村需求和建设条件，对乡村传统建筑原型进行转译和应用，这是设计的创造性体现，以解决传统乡村建筑形态与当下乡村社会需求的现代建筑之间的矛盾（图9-4）。

3. 实施保障构想

建筑师提出的策划构想在实施时可能面临着来自乡村社会内部的阻力。不同于城市，无论何种建筑类型，乡村集体自始至终都是土地的所有者，村民公众对建设的态度都可能导致建设计划无法实施。在建筑策划时需要对设

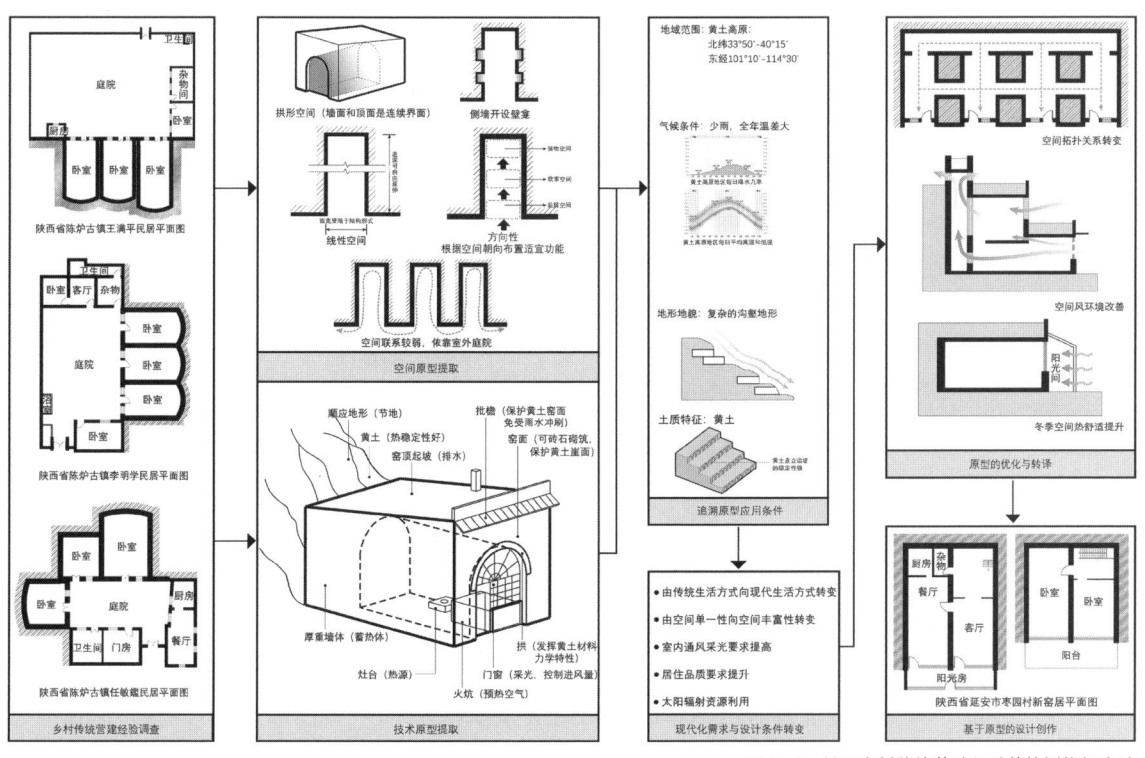

图9-4 基于乡村传统营建经验的策划构想方法

计的实施保障进行策划构想，具体措施包括：明确政府哪些职能部门参与决策及其职责和工作内容；制定政策性和规范性的设计要求；根据建设项目的类型和规模，形成由3~8位乡村社会成员代表组成的村民委员会，代表乡村集体参与项目的策划过程；通过公众参与，建筑师引导乡村集体自发地提出合理的诉求、目标和策略，并及时对决策意见进行记录和公示；对建筑建成后的运营使用方案进行构想，提出"空间—时间—使用行为"的模式。

9.3 乡村建筑后评估的内容与常用方法

与城市类似，乡村建筑后评估有前馈和反馈两方面作用。前者是在开展一项建筑设计项目前的调查分析，为设计提供输入；后者是对建筑设计项目建成后的使用情况调查，总结设计经验。

9.3.1 作为前馈：既有建筑改造诊断评估

乡村既有建筑改造和性能提升，是常见的乡村建筑设计类型。在改造设计前需对建筑的现状进行评估，得到使用情况、综合性能和存在问题。虽然从流程上这类评估是前置于设计的，但是其评估对象也是已经投入使用的建成环境，具有使用后评估的特征和操作范式。

乡村既有建筑改造评估属于诊断式后评估，其目的是发现既有建筑的问题，作为改造的目标和内容，包括两个方面：一方面是乡村既有建筑普遍缺乏建造过程的基础信息资料，因此在制定既有建筑改造方案前需要详细调查建筑基本信息、使用现状和改造条件，并提出改造的目标和策略；另一方面是乡村既有建筑量大面广，改造需求大，通过后评估研究为乡村既有建筑改造政策或标准的制定提供依据。

乡村既有建筑改造诊断评估的总体原则是"安全、适用、美观、绿色"，在评估内容上从建筑的结构安全性、功能适用性、风貌协调性和绿色节能性四个方面展开。结构安全性评估主要针对乡村建筑质量良莠不齐、缺乏规范约束的现状，对既有建筑结构几何尺寸、结构强度、关键节点现状、抗震性能等进行评估，此外还包括消防安全和日常使用安全等；功能适用性评估主要对既有建筑的空间功能、规模、空间组织、流线、适老化等方面展开调查；对既有建筑风貌的评估包括建筑与乡村自然环境协调性、建筑与周边建筑环境协调性、造型及体量的适宜性和美观性、建筑材料色彩及质感体验等；绿色节能评估包括空间热舒适、风环境、噪声、能源利用和能耗等（表9-7）。

既有建筑改造诊断评估的操作步骤分为评估计划、评估实施和信息前馈三个环节。在评估计划阶段需获取拟改造建筑的基础信息、安排评估时间进

乡村建筑诊断式后评估指标表（以Ⅱ类气候区为例） 表9-7

一级指标	二级指标	三级指标
A 结构安全	A1 结构性能	A11 地基基础及主体结构承载力状况良好，无结构变形、开裂、沉降等问题 A12 楼梯、阳台、雨棚、女儿墙、屋面挂瓦、面砖、空调室外机隔板等附属物状况好，与主体结构连接可靠 A13 结构经济性好
	A2 结构与建筑外观的关系	A21 结构形式和乡村建筑外观体量关系相契合 A22 结构体系和乡村建筑立面形式相契合
	A3 结构与空间的关系	A31 结构体系和主要使用空间契合 A32 结构体系和辅助使用空间契合
B 功能适用	B1 空间构成与布局	B11 空间构成满足使用需求 B12 功能分区合理，有公私、动静、洁污分区 B13 室外庭院满足农户的生活生产需要
	B2 空间尺度	B21 起居空间平面及层高、净高尺度适宜 B22 辅助空间平面及层高、净高尺度适宜 B23 庭院空间平面尺度适宜
	B3 功能流线	B31 平面流线长度适宜、流线不影响其他空间使用 B32 出入口位置、数量和尺度合理 B33 交通空间的连接关系和尺度适宜
	B4 环境行为适用性	B41 空间和形式符合当地传统风俗习惯 B42 满足住户现代生产生活方式的需求 B43 社交休闲空间能够满足村民的文化活动需求
	B5 适老化	B51 室内外空间及设施无障碍 B52 建筑材料符合适老化要求 B53 老年人卧室满足所在气候区的城镇住宅日照标准
C 风貌协调	C1 与周围环境协调	C11 与乡村自然和地理环境协调 C12 与周边乡村肌理相融合 C13 形式风格体现乡村低密度居住特征
	C2 造型及体量的适宜性和美观性	C21 造型与当地乡村民居形式相协调 C22 建筑整体与局部的关系统一协调
	C3 建筑材料色彩及质感体验	C31 建筑材料使用乡土材料或当地常见材料 C32 建筑材料色彩与周边环境相协调
D 绿色性能	D1 场地生态环境与自然资源利用	D11 外部空间无积水内涝现象 D12 建筑主要功能空间均可自然采光、起居和至少一个卧室空间能够获得一定日照 D13 场地环境有适当绿化
	D2 空间热舒适	D21 室内环境的物理参数实测 D22 室内空气质量良好 D23 使用者的热舒适投票
	D3 围护结构保温隔热性能	D31 围护结构有防水、防潮措施，无湿迹、水迹、发霉现象 D32 围护结构基本满足所在地区城镇住宅建筑热工设计规范
	D4 供暖、空调能耗	D41 有空调系统，运行良好 D42 既有民居供暖、空调的耗电、耗气或耗煤情况适宜
	D5 室内外设施	D51 给水排水系统运行良好 D52 使用太阳能热水系统，满足建筑的部分生活热水需求 D53 有屋面太阳能光伏发电设施，运行良好

度和工作计划、明确调查方式等。在评估实施阶段对拟改造建筑现状信息和数据进行收集分析，包括既有建筑的图纸测绘、住户家庭基本信息、使用者或相关人员的满意度调查、需求调查、建筑使用状况、改造条件等，获取信息的方法包括问卷调查、访谈、民意投票、观察记录、性能测试等。评估人员根据评估结果总结现状问题，提出相应的建议或措施，作为前馈信息指导改造设计方案的制定。

9.3.2 作为反馈：乡村建设评价和社会影响评价

作为反馈的乡村建筑后评估是在建筑设计项目完成并投入使用后，对该项目的使用情况进行调查评价，可用于建筑设计项目的验收、设计经验的总结、示范项目的推广、政策或标准的制定等。作为反馈的乡村建筑后评估在程序和方法上与城市无本质差别，乡村建设评价和乡村建筑设计的社会影响评价是乡村建筑后评估的两个特殊的应用场景。

1. 乡村建设评价

乡村建设并不仅是建筑项目的建设，但常以建筑项目的建设、空间资源的优化配置为重要实施举措。在新时代乡村振兴战略目标下，"乡村建设评价"已成为一个专有名词，是指住房和城乡建设部推动的专门对乡村建设成效进行评价的工作。自2020年起，住房和城乡建设部开展乡村建设评价试点工作，在尊重乡村建设发展规律和内在逻辑的基础上，构建了一套基于目标导向、问题导向和结果导向的评价体系。[①] 不同于一般意义的对单个建筑的使用后评估，乡村建设评价侧重于乡村人居环境及相关体制机制的全面评估，主要选用量化指标以便不同乡村之间的比较，对建筑项目的使用情况仅占其中少部分，尽管如此，乡村建设评价的实施主体仍然是建筑类专业的研究者和实践者。

乡村建设评价的核心是评价指标的构建。在《关于开展2023年乡村建设评价工作的通知》（建村〔2023〕26号）中，住房和城乡建设部发布了《2023年乡村建设评价指标体系》，将乡村建设的评价内容分为农房建设、村庄建设、县镇建设和发展水平4个方面，并分解为11项二级指标（表9-8）。[②] 在具体的评价实施中，需根据评价对象乡村的特征和建设内容，对该评价指标体系进行进一步的细化和扩充，评价内容还应涵盖绿色节能、生

---

① 李郇，黄耀福，陈伟，等. 乡村建设评价体系的探讨与实证：基于4省12县的调研分析[J]. 城市规划，2021，45（10）：9-18.
② 住房和城乡建设部. 住房和城乡建设部关于开展2023年乡村建设评价工作的通知：建村〔2023〕26号[EB]. 住房和城乡建设部官方网站，2023-05-18[2023-05-23].

乡村建设评价指标表[①] 表9-8

一级指标	二级指标	三级指标
A 农房建设	A1 质量安全	A11 排查出的 C 级和 D 级农村危房采取工程措施完成整治的占比 /% A12 达到抗震设防标准的农房占比 /% A13 农村低收入群体危房改造率 /% A14 采用现浇施工方式的新建农房占比 /%
	A2 功能品质	A21 有卫生厕所的农房占比 /%；其中，有水冲式卫生厕所的农房占比 /% A22 有独立厨房的农房占比 /% A23 日常可热水淋浴的农房占比 /% A24 采取建筑节能措施的农房占比 /% A25 采用清洁能源的农房占比 /%
	A3 建设管理	A31 新建农房有设计方案或采用标准图集的占比 /% A32 履行宅基地手续和规划建设审批手续的新建农房占比 /% A33 有工程质量竣工验收的新建农房占比 /% A34 培训合格的乡村建设工匠占比 /% A35 乡镇农房建设管理人员数 /（人 / 千人）
B 村庄建设	B1 人居环境	B11 村庄风貌协调度、整洁度 B12 农村生活垃圾收运至县、镇处理的村民小组占比 /% B13 实施垃圾分类的村民小组占比 /% B14 对污水进行处理的农户占比 /% B15 公厕有专人管护的行政村占比 /% B16 农村黑臭水体治理率 /%
	B2 基础设施	B21 农村集中供水入房率 /% B22 农村饮用水水质合格率 /% B23 村内通户道路硬化占比 /% B24 使用燃气的农户占比 /% B25 村庄主要道路照明设施覆盖率 /% B26 行政村 5G 通达率 /% B27 村级寄递物流服务站覆盖率 /%
	B3 公共服务	B31 15 分钟内可到达幼儿园的行政村占比 /% B32 15 分钟内可到达小学的行政村占比 /% B33 行政村标准化卫生室覆盖率 /% B34 村级养老服务设施覆盖率 /%
	B4 治理水平	B41 参与乡村建设活动的村民占比 /% B42 县级及以上文明村占比 /% B43 村民缴纳污水或垃圾治理费用的行政村占比 /%
C 县镇建设	C1 乡镇基础设施	C11 乡镇供水普及率 /% C12 对生活污水进行处理的乡镇占比 /% C13 乡镇生活垃圾处理率 /% C14 镇容镇貌整洁度 C15 乡镇燃气普及率 /% C16 乡镇道路照明设施覆盖率 /% C17 有消防队的乡镇占比 /%

---

① 住房和城乡建设部 . 2023 年乡村建设评价指标体系 [EB]. 住房和城乡建设部官方网站，2023-05-18[2023-05-23].

续表

一级指标	二级指标	三级指标
C 县镇建设	C2 乡镇公共服务	C21 乡镇寄宿制学校达到建设标准的占比 /% C22 有急救服务功能的乡镇卫生院占比 /% C23 具备综合功能的养老服务机构的乡镇占比 /% C24 乡镇商贸中心覆盖率 /%
	C3 县城服务	C31 在县城就业的农村人口占比 /% C32 县城购房者中农村居民占比 /% C33 纳入县域城乡教育共同体的学校占比 /% C34 县域义务教育阶段农村学生在县城学校就读的占比 /% C35 开展远程医疗的医院和乡镇卫生院占比 /% C36 县域千人医疗卫生机构床位数 /（张/千人） C37 县域养老机构护理型床位占比 /% C38 县城公交线路覆盖的行政村占比 /%
D 发展水平	D1 发展水平	D11 县域农村居民人均可支配收入增长率 /% D12 城乡居民人均可支配收入比 D13 县域常住人口与户籍人口比 D14 县域返乡人口占比 /%

态宜居、可持续发展等发展要求，从乡村总体发展水平、公共服务设施、绿色宜居住房、生态环境和绿色能源、建设管理体制机制等方面进行评估，并掌握影响建设项目使用满意度的综合因素。

2. 社会影响评价

由于城乡社会差异和乡村建筑突出的社会干预作用，社会影响评价成为乡村建筑后评估的一类特殊工作。

社会影响评价（Social Impact Assessment，SIA）是 20 世纪 70 年代美国学者提出的对工程项目产生的人口、就业、教育、社区等方面影响的评价过程。美国社会影响评价原则和指南跨组织委员会（Inter-Organizational Committee on Guidelines and Principles for SIA，IOCGP）对"社会影响评价"作出陈述：任何公共的或私人的活动对人类社会造成的后果，包括人们日常的生活、工作、娱乐、与他人互动的方式、满足需求的方式，以及通常作为社会成员的适应方式发生的变化，同时也涵盖了道德、价值观、信仰改变等文化影响。[①]

评价包含两个核心阶段：一是数据收集过程，调查记录乡村社会变化的现象和数据；二是相关性和因果性建立的过程，分析建筑设计项目与乡村社会变化之间的因果关系。因此，社会影响评价是一个历时性、地域性研究过程，需在设计实施前和实施后分别收集信息，通过前后信息的比较揭示社会影响的产生，调查范围根据项目类型从周边扩至数十千米。

---

① 拉贝尔·J. 伯基. 社会影响评价的概念、过程和方法 [M]. 杨云枫，译. 北京：中国环境科学出版社，2011.

乡村建筑设计的社会影响指标设定是开放的，包括对环境、经济、健康、基础建设和社区造成的影响，不但要考虑项目直接相关者的利益，还要兼顾偶尔使用者、特殊群体的需求和感受。以国际影响评价协会（International Association of Impact Assessment，IAIA）和美国社会影响评价原则及指南跨组织委员会提出的评价指标为基础，结合乡村社会特征，提出乡村建筑设计的社会影响评价指标体系的建议（表9-9）。

乡村建筑设计的社会影响评价指标体系　　　　　表9-9

一级指标	二级指标	主要内容	评价内容、视角与工具			评价主体		
			受影响者反馈（主观/客观，访谈/调查）	社会表征（客观，文献研究/调查）	性能实测（客观，测量/调查）	建筑直接使用者	乡村社区居民	相关管理者
A 个人与家庭	A1 健康与幸福	项目对身心健康和幸福感的影响	○			○	○	
	A2 生活方式	项目造成的日常生活、工作、娱乐、社交方式的变化	○				○	
	A3 社会网络	项目对人际交往和社会互动模式（如朋友和亲属关系）的增强或干扰	○			○	○	
	A4 对未来的期望	项目导致人们对他们自己、乡村社区集体的未来期望的改变	○			○	○	
B 乡村社区	B1 对建筑项目的态度	受影响地区居民对项目的积极或消极的态度、信念、感受和是否认同的立场	○			○	○	
	B2 社区活动	受影响社区内活动数量、内容、形式、参与度的变化	○	○			○	
	B3 社区稳定与乡村集体凝聚力	社区的稳定与凝聚力因项目而增强或减弱	○				○	
C 基础设施	C1 基础设施改善	由建筑项目引发的乡村道路、供电、供水、排水、供能、绿化等基础设施的变化		○	○		○	
	C2 土地利用	项目造成的土地使用类型、权属、利用效率发生的变化		○	○		○	○
	C3 遗产保护	项目对已知的文化、历史、宗教、考古遗址的保护或损害		○				○
D 社会资源	D1 人群的变化	由项目建设带来的新的人群（例如游客）及其对当地村民生活带来的积极或消极的影响	○	○		○	○	
	D2 利益相关者	项目使用者、设计者、投资者、管理者、运营者、维护者等所有利益相关者的利益影响	○			○	○	○
	D3 受益和受损群体	因项目而获益/受损的群体的获益/受损的形式、内容与数量	○	○			○	○

续表

一级指标	二级指标	主要内容	评价内容、视角与工具			评价主体		
			受影响者反馈（主观/客观，访谈/调查）	社会表征（客观，文献研究/调查）	性能实测（客观，测量/调查）	建筑直接使用者	乡村社区居民	相关管理者
E 环境	E1 噪声	因项目产生的人流、交通及项目本身产生的噪声		○	○	○	○	
	E2 环境污染	项目导致的空气、水、光污染和产生的垃圾数量		○	○	○	○	
	E3 对生态的破坏	项目对动植物生存情况和土壤、空气、温湿度等环境的破坏程度		○	○			○
F 经济	F1 就业机会	项目提供的乡村就业数量或空间	○					○
	F2 产业变化	项目导致的乡村产业变化，既包括实际发生的变化，也包括产业观念的变化	○				○	○
	F3 乡村经济发展	项目给乡村经济带来的收益或损失	○					○
G 文化	G1 集体认同	项目造成的村民对集体价值观认同的增强或减弱	○			○	○	
	G2 文脉认同	村民对项目在乡村历史记忆与文化传承中的表现的认同或反对	○			○	○	
	G3 身份认同	项目造成的村民对个人身份认同的增强或减弱	○			○	○	

思考题与练习题

1. 乡村设计与城市建设下的建筑设计有哪些差异？这些差异给建筑策划和后评估带来了哪些新的挑战？

2. 乡村居民是乡村设计的使用主体。如何利用建筑策划的新方法、新技术，精准识别乡村设计中的实际需求？如何协调与乡村设计相关的多种人群、多种需求的矛盾？

3. 在乡村建筑策划中，如何平衡新的需求、新的技术与传统乡村营建的关系？

4. 乡村建筑单体面积规模小、使用者人数少、功能相对单一，但建筑数量多、各地域差异极大，对乡村建筑开展使用后评估时，要注意什么？

参考文献

[1] 党雨田. 乡村建筑策划理论与方法 [M]. 北京：清华大学出版社，2020.

[2] THORBECK D. Rural Design: A New Design Discipline[M]. New York: Routledge, 2012.

[3] OLIVER P. Built to Meet Needs: Cultural Issues in Vernacular Architecture[M]. Oxford: Architectural Press，2006.

[4] 党雨田，庄惟敏. 为乡村而设计：建筑策划方法体系的对策 [J]. 建筑学报，2019（2）：64-67.

[5] ROGERS E，BURDGE R. Social Change in Rural Societies[M]. New Jersey: Prentice Hall College Div, 1988.

[6] 党雨田. 面向乡村设计的建筑策划与评估方法论 [J]. 世界建筑，2024（11）：8-9.

第10章 大型公共建筑的策划与后评估案例

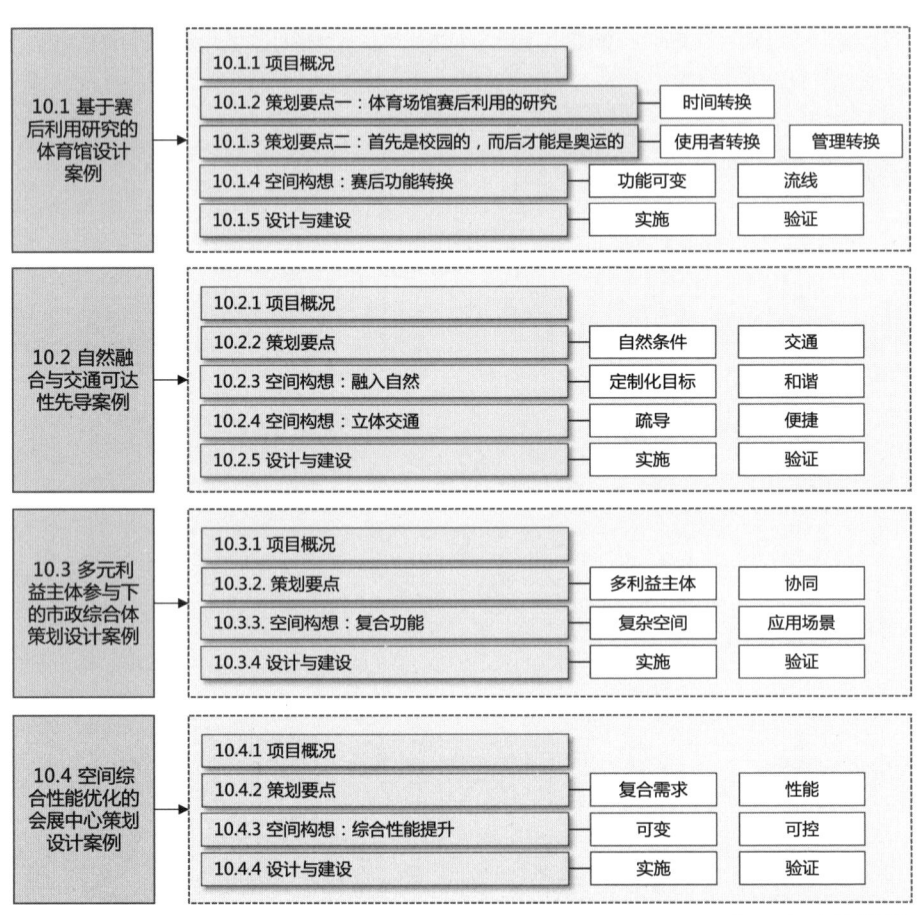

第 10 章 知识框架图

10.1 基于赛后利用研究的体育馆设计案例

10.1.1 项目概况

北京科技大学体育馆作为北京2008年奥运会的主要比赛场馆之一，在奥运期间作为柔道、跆拳道比赛场馆，在残奥会期间作为轮椅篮球、轮椅橄榄球比赛场地。工程由主体育馆和一个50m×25m标准游泳池构成，总建筑面积24 662.32m^2。主体育馆在赛时设置60m×40m的比赛区和8012个观众看台座席（固定看台座席4080个、临时看台座席3932个）。奥运会后临时看台拆除，仅保留5050个固定看台座席和1230个活动看台座席，可承办重大体育赛事，也可承担校内体育比赛、教学、训练、健身、会议及演出活动等功能。

10.1.2 策划要点一：体育场馆赛后利用的研究

体育场馆是城市公共空间的重要组成部分。近年来，为了提升城市活力和形象，许多城市都在大量兴建体育场馆建筑。这些场馆在承担举办当地体育赛事的功能之外，更是当地执政者的政绩体现。因此，赛后体育场馆的运营维护费用远低于经营收益，导致有些场馆的使用寿命不超过30年就提前关停，这种大范围的普遍现象为我国带来巨大经济损失，成为我国城市建设的一种通病。

体育场馆的使用分为大型赛事比赛空间功能和赛后日常体育空间功能。前者对场馆的容纳人数、空间布局等提出较高要求，后者则注重体育场馆的公共性、开放性和多功能性。合理平衡赛时和赛后的空间功能需求、挖掘提升赛后空间利用价值是体育馆建筑策划的一项任务，也对节约城市土地和资源具有很大意义。

1. 体育场馆赛后利用的研究现状

体育场馆的赛后利用主要需关注两方面：①体育建筑的多功能和可持续发展的设计，即如何在多种体育项目和演出、集会活动之间进行转换，提高空间使用效率；②消除无效空间的研究，重点在满足观众正常视线范围的同时使看台下方空间具有足够高度可以有效利用。之前关于这两方面的研究均有其不足之处，前者的研究内容比较偏理论，对具体设计手法的指导性不强；后者因过度提高首排高度可能导致后排座席的高度过陡，造成观众视线不佳的后果。

2. 固定看台的下方空间利用与临时看台的功能转换是赛后利用的关键点

（1）固定看台的下方空间利用

固定看台的下方空间需满足各种赛时辅助功能及赛后多种业态经营的需求，各类多种经营项目的空间需求不同，如何进行灵活合理的空间分隔并能适应经营需求的变化，是空间改造的关键。

（2）临时看台的功能转换

2008年北京奥运会柔道跆拳道馆建在北京科技大学校内，根据国际奥委会或单项联合会的要求，满足奥运会等国际比赛的各类大型场馆场地尺寸和座席数均有固定标准，如奥运会柔道跆拳道比赛的标准座席数为8000个，我国大学校园体育馆建筑的标准座席数为5000个。因此，赛后座席减少3000个而产生临时看台面临空间功能转换的问题，如何巧妙合理地转化该空间功能对减少改造费用、缩短改造周期、补充完善空间功能都至关重要。

3. 体育场馆看台设计的整体发展趋势

（1）对固定看台下方空间使用效率的重视

一方面，大型体育场馆的主空间无法实现自身收支平衡，需要辅助空间的多种业态经营以提高收益，如在固定看台下方空间引入餐厅、零售、休闲娱乐、酒店、展览、办公等功能。

另一方面，国外体育场馆尽量避免看台下方空间的浪费，倾斜的看台与各层楼板相交形成的三角形空间面积约占场馆总面积的5%~10%，国外体育场馆设计，底层看台大多设有挑台，上面各层则设挑台或抬高做成楼座，或在底层设一定数量的活动看台，以避免无效的三角形空间。此外，充分利用地形，采用下沉式布局将休息厅集中在一二层，不仅能实现效率最高的中行式疏散，避免内外场人流交叉干扰，还可以显著减少辅助面积和节约能源。7.8万人的慕尼黑体育场巧用地形，将多达60排的东看台布置在山坡上；日本东京明治公园体育场和神户六甲山体育场，也根据地形将东看台大部分座席结合坡地进行设计。

（2）临时及活动看台的应用成为大型体育建筑赛后多功能利用的必然

现代体育场馆为扩大功能范围，提高使用效率，都不同程度地在场地和看台的可变性方面做文章。场地规模和形状的灵活变化，除了地板面层外，看台也应随不同情况而做适当的变动，这就需要通过活动看台的设置来解决。

有人把活动座席看作是现代体育场的重要特征之一。20世纪70年代美国对于棒球场地和橄榄球场地的互换做过研究，并形成了比较成熟的做法。法兰西体育场的做法是田径比赛时把下层25 000座后部的5000座下沉到地坑内，剩下的看台向后移 15m，把田径跑道让出来。在 2008 年北京奥运会主会场的设计将中部的临时看台在赛后转换为餐厅包厢。

10.1.3 策划要点二：首先是校园的，而后才能是奥运的

2008 年北京奥运会柔道跆拳道馆是一个特殊的建筑项目，不仅因为它是为奥运会柔道跆拳道比赛而设计的，更是因为它建于大学校园里，具有特殊的地理人文环境、校园的场所特点、管理和运营的校园化特征。

（1）首先是校园的

2008 年北京奥运会 12 个新建场馆中有 4 个落户在大学里，对高校而言，奥运比赛的要求远远高于学校日常教学、训练和一般比赛的需要。如何在高投入之后既满足奥运要求，又使学校在长远的使用中不背负高运营成本的经济压力，合理定位和前期策划是极其重要的。合理设置空间内容，确定标准，选择适当的技术策略，精细地考虑赛中赛后的转换及临时用房和临时座席的技术设计都将对大学未来的使用带来深远的影响。

（2）而后才能是奥运的

通常，奥运场馆设计是严格按照奥运大纲和单项联合会的设计要求一步步去实现，进行空间的组合。这是一个奥运设计惯常的理性思维的过程。面对这样一个特殊的场馆，我们尝试着从相反的方向进行思考。试想如果我们设计的仅仅是一个大学的综合性体育馆，那么抛开所有上述问题，我们首先要解决哪些问题？为大学设计综合体育馆要解决的最重要的问题是什么？它应首先是校园的，而后才能是奥运的，否则其存在的基础就动摇了，也就本末倒置了。如此的逆向思维，"立足学校长远使用，满足奥运比赛近需"的理念逐渐清晰地浮现出来。设计的首要原点是契合学校的场所精神，符合学校特有的使用特征。体育馆功能的组成、空间的设置、赛后空间功能的转换及技术策略的选择都以此为原点，而后在此基础上按照奥运大纲和竞赛规则梳理奥运会比赛的工艺要求。策划思路明确，定位清晰，设计方案顺利出台。

10.1.4 空间构想：赛后功能转换

北京科技大学体育馆（2008 年北京奥运会柔道跆拳道比赛馆）作为北京 2008 年奥运会的主要比赛场馆之一，在奥运期间，承担奥运会柔道、跆拳道比赛，在残奥会期间作为轮椅篮球、轮椅橄榄球比赛场地。工程由主体育馆和一个 50m×25m 标准游泳池构成，总建筑面积 24 662.32m^2（图 10-1~图 10-9）。

1. 比赛区场地

主体育馆比赛区场地为 60m×40m。该尺寸大小系奥运大纲中对柔道跆拳道比赛要求的场地尺寸。这一尺寸也恰好满足布置三块篮球场的基本要求。出于学校长远使用的考虑，场地须最大限度地满足教学、比赛、训练、集会和演出等高校使用的基本功能，这一点就是平面功能组合的最基本原则和前提。在一般高校的综合体育馆里，这样大尺寸的内场场地是不多见的。其原因就是大场地会造成环绕场地座席排布的分散，观众厅空间加大，而且会造成进行小场地比赛项目时，视距过远。满足奥运比赛要求和追求尽量大的内场以满足赛后多块篮球（甚至手球）场地的布置与赛后小场地比赛的观演形成了矛盾。解决这一矛盾的方法就是在内场设置活动看台。

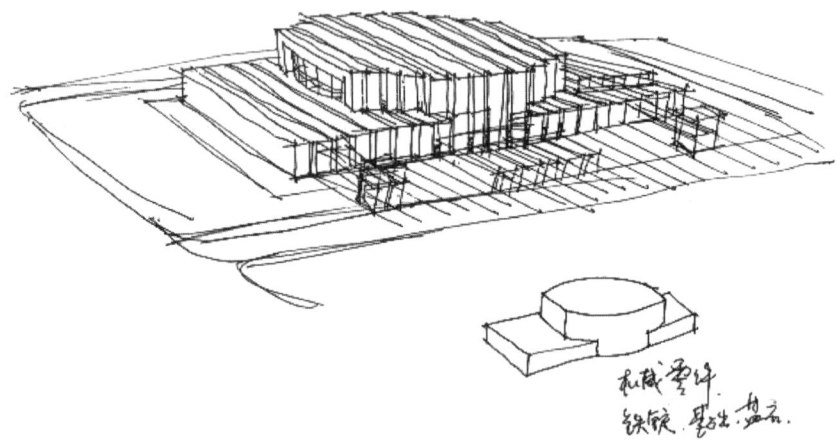

图 10-1　2008 年北京奥运会柔道跆拳道馆构思草图
（图片来源：庄惟敏手绘）

2. 固定看台、临时看台、活动看台

根据奥运大纲的要求，柔道、跆拳道比赛场馆的座席数量必须达到 8000 座。但根据我们的设计理念，通过考察我国高校普通场馆的规模和使用特征，座席数量一般设为 5000 席。因此，立足学校长远的使用要求，永久席位应以 5000 席为宜，另设 3000 席为临时座席，赛后拆除。

由于本馆内场比赛区尺寸较大，如果 5000 固定席围绕场地布置，3000 临时席又无法布置在比赛区内，赛后势必造成内场空旷、视距过远和空间浪费。所以，我们从学校实际使用情况出发，将 3000 个左右的临时席以脚手架搭建方式集中设在南北固定席之后的两块方整的平台上，赛后拆除座椅，可留下完整的两块场地。在比赛内场沿四边设置了 1000 个左右活动座席，赛中及赛后教学训练时可以靠墙收入不影响内场的使用。

最终设计观众座席 8012 个，其中观众固定座席 4080 个，租用 3932 席

图 10-2　2008 年北京奥运会柔道跆拳道馆立面实景图

图 10-3　2008 年北京奥运会柔道跆拳道馆室内实景图

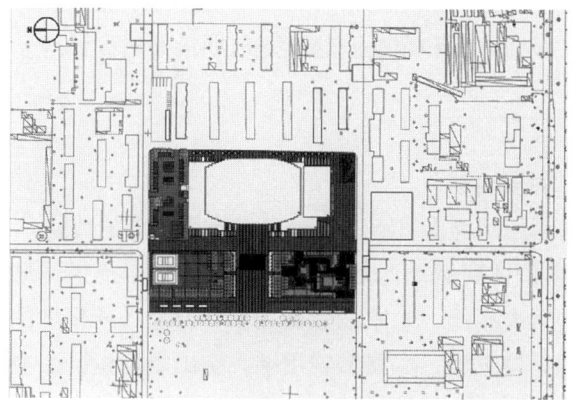

图 10-4　2008 年北京奥运会柔道跆拳道馆总平面图

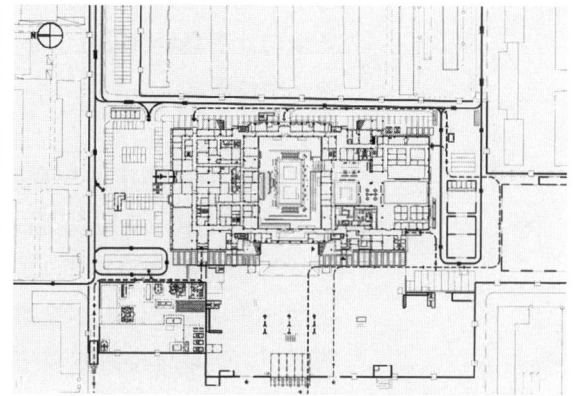

图 10-5　2008 年北京奥运会柔道跆拳道馆首层平面图

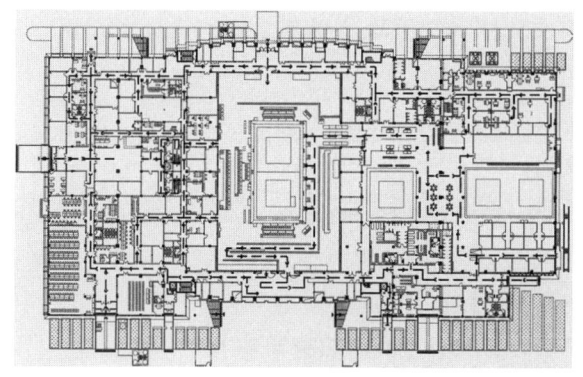

图 10-6　2008 年北京奥运会柔道跆拳道馆二层平面图

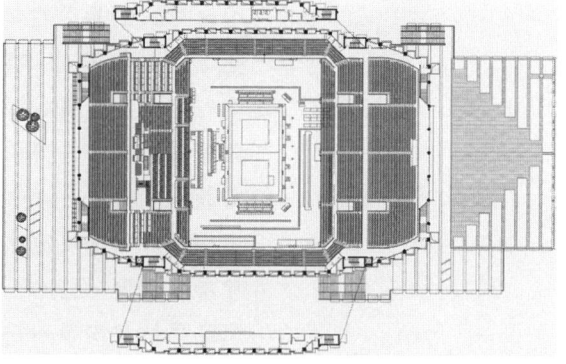

图 10-7　2008 年北京奥运会柔道跆拳道馆观众厅平面图

临时看台，满足奥运会柔道、跆拳道比赛及残奥会轮椅橄榄球、轮椅篮球比赛的要求。奥运会后，临时看台拆除，内场设有 1230 席活动看台，可以自由收放，总体可达 5050 标准席，可承办重大比赛赛事（如残奥会盲人柔道、盲人门球比赛，柔道、跆拳道世界锦标赛），承办国内柔道、跆拳道赛事，举办学校室内体育比赛、教学、训练、健身、会议及文艺演出等，作为校内游泳教学、训练中心及水上运动、娱乐活动的场所。

3. 赛中热身馆与赛后游泳馆

自项目立项开始该馆就策划有包含 10 条 50m×25m 标准泳道的游泳馆。同样，我们立足于学校的长远使用，游泳馆的设计与主馆紧密结合，运动员区与淋浴更衣紧凑布局，考虑学生、教师的上课和对外开放，设有足够的更衣与淋浴空间。配合教学上课，设有宽敞的陆上训练和活动场地，并且在泳池边陆上场地设置了地板辐射供暖，为赛后学生和教师的使用提供了人性化的设计。

作为奥运会柔道、跆拳道比赛场馆，其功能组成中并不需要游泳池，而热身馆则是奥运场地必备空间，赛中，游泳池被加上临时盖板，作为柔道、跆拳道比赛场热身场地。由于游泳馆与主馆的紧凑布局，使泳池改造的热身场地与比赛场距离很近，联系极为方便和顺畅。这又是前期策划对设计理念的一个体现。

4. 赛中功能定位与赛后功能转换

在设计中，我们以赛后长远使用为出发点，充分考虑赛后功能的转换。

考虑赛后体育馆所处的学校体育运动区能更大限度地为师生提供运动场地，总平面设计中尽量集中紧凑布局，力求在立面创新、符合场所精神的前提下，选取体形系数较小的单体造型，尽量节约用地，空出场地供师生赛后教学、锻炼健身使用。将体育馆南北两侧的健身绿化场地在赛时设为运动员、媒体及贵宾停车场，东侧沿主轴线设计成五环广场，赛后结合校园道路形成有纪念意义的永久性体育文化广场，五环广场南北侧的投掷场和篮球、网球场赛时作为 BOB 媒体专用场地。

馆内各空间赛时赛后转换如下：
①新闻发布厅——舞蹈教室；
②分新闻中心——学生活动中心；
③贵宾餐厅——展览休憩；
④单项联合会办公——体育教研组；
⑤运动员休息检录——学生健身中心（赛时热身场地）；
⑥赛时热身及竞委会——标准游泳池；
⑦兴奋剂检查站——按摩理疗房；
⑧裁判员更衣室——健身中心更衣室；

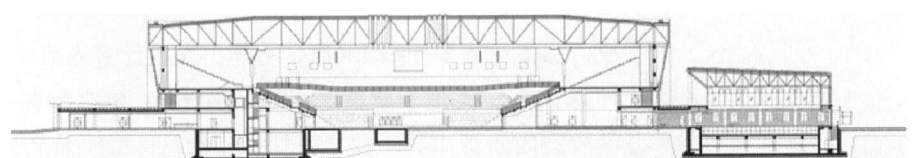

图 10-8　2008 年北京奥运会柔道跆拳道馆剖面图

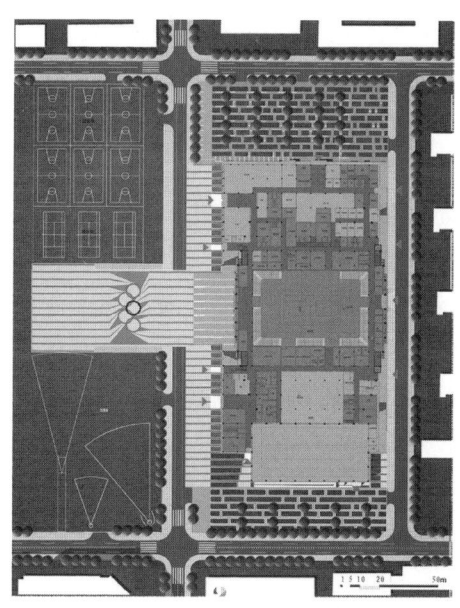

图10-9 2008年北京奥运会柔道跆拳道馆赛时赛后场地转换平面图

⑨贵宾休息室——咖啡厅；

⑩临时观众席——篮球练习馆（或其他球类练习馆）。

此外，考虑场馆的所在地域和位置、朝向，在设计中贯彻的东西立面以实墙为主、南北主入口结合二层休息平台、方便拆卸的脚手架式的临时座席系统、光导管自然采光系统、多功能集会演出系统、太阳能热水补水系统、游泳池地热供暖系统等设计策略的实施都实现了当初"立足学校长远使用，满足奥运会比赛近需"的设计理念。

10.1.5 设计与建设

2005年4月我们开始初步设计和施工图设计，2005年9月完成施工图，10月项目正式开工，2007年11月竣工验收。设计及配合施工历时3年。在北京奥运会成功举办5周年时，我们对奥运场馆的赛后运营状况进行了全面的调查，这对于评价赛前制定的场馆赛后空间功能预测是否合理、赛后运营方案是否有效，具有重要的意义。

1."大事件"影响下的城市建筑——奥运场馆赛后利用的国际经验与北京战略

对于奥运场馆的赛后运营来说，最核心的问题是处理"形象"与"效益"之间的矛盾。简单地说，就是要搞清"花多少钱值得"和"能不能自负盈亏可持续发展"两个问题。对于每个奥运举办城市来说，对上述问题的解答因情况而异。例如希腊政府为展示国家形象，不惜斥巨资修建宏伟的场馆来举办雅典奥运会；而1984年洛杉矶奥运会则是一届充满十足"商业味"的奥运会，主办方并没有新建过多的豪华场馆，而是着重考虑如何利用最低的成本让奥运会产生最大的经济效益和社会效益。

但这并不意味着修建新场馆就是错误的。例如1988年汉城[①]奥运会的主体育场是1976年修建的旧场馆，而2002年世界杯使用的则是新建的6.5万人体育场，根据赛后评估，2002年世界杯体育场的运营状况远远好于奥运会的首尔体育场。从上述事例可以看出，奥运会场馆的赛后运营具有很大的不确定性，并没有所谓的"范式"可以套用，也正因如此，奥运场馆的赛后运营计划必须要根植于举办国和举办城市的实际情况进行认真的分析评估，只有这样才能最

---

① 现称为首尔。

大限度地确保场馆赛后的空间预测和运营的准确性、可行性及可持续发展性。

在参考了历届奥运会场馆赛后运营案例的基础之上，北京奥运会主办方根据北京市的实际情况，综合了历届奥运会的成功经验，为37座奥运场馆制定了相应的投资、招标建设及赛后运营方案，无论是投资形式、融资渠道，还是场馆的赛后运营策略，都呈现出多元化和综合化倾向。以12座新建奥运场馆为例，在场馆融资方式的规划上，体现为国家财政投资、项目法人自筹、社会捐赠、高校自筹等多种方式。在赛后运营策略的规划上，设置将2座场馆作为国家队训练场馆，5座场馆转型为娱乐休闲演艺综合设施，1座场馆成为专业体育赛事主场，还有4座场馆成为所在高校的综合体育馆。虽然各场馆的赛后运营模式不同，但基本秉持了服务奥运、立足社会的基本理念。

2. 2008年北京奥运会柔道跆拳道馆（北京科技大学综合体育馆）赛后运营的实态调查

2008年北京奥运会柔道跆拳道馆（北京科技大学综合体育馆，以下简称北科大体育馆）在奥运会和残奥会期间作为柔道、跆拳道、轮椅篮球和轮椅橄榄球的比赛场馆，在奥运会结束后立刻开始进行赛后改造。由于北科大体育馆在方案设计阶段就已经考虑到了赛后利用问题，并在场馆施工前就专门绘制了一套详细具体的赛后设计图纸（图10-10），因此，在场馆的赛后改造过程中严格按照赛后图纸进行施工。主要改造内容包括拆除热身区的临时房间和泳池架空的临时地面，将其恢复为游泳馆，拆除3层的临时座椅，在原有地面上铺设球场地板和地胶使之成为运动区。整个改造工程于2009年7月结束，2009年9月正式对校内师生及校外人员开放（图10-11、图10-12）。

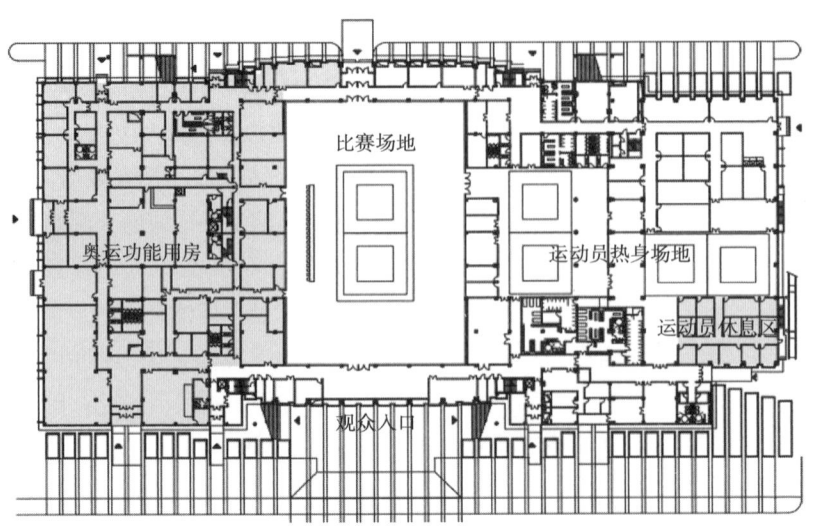

图10-10　北科大体育馆奥运会赛时首层平面、赛后设计首层平面和现状首层平面比较

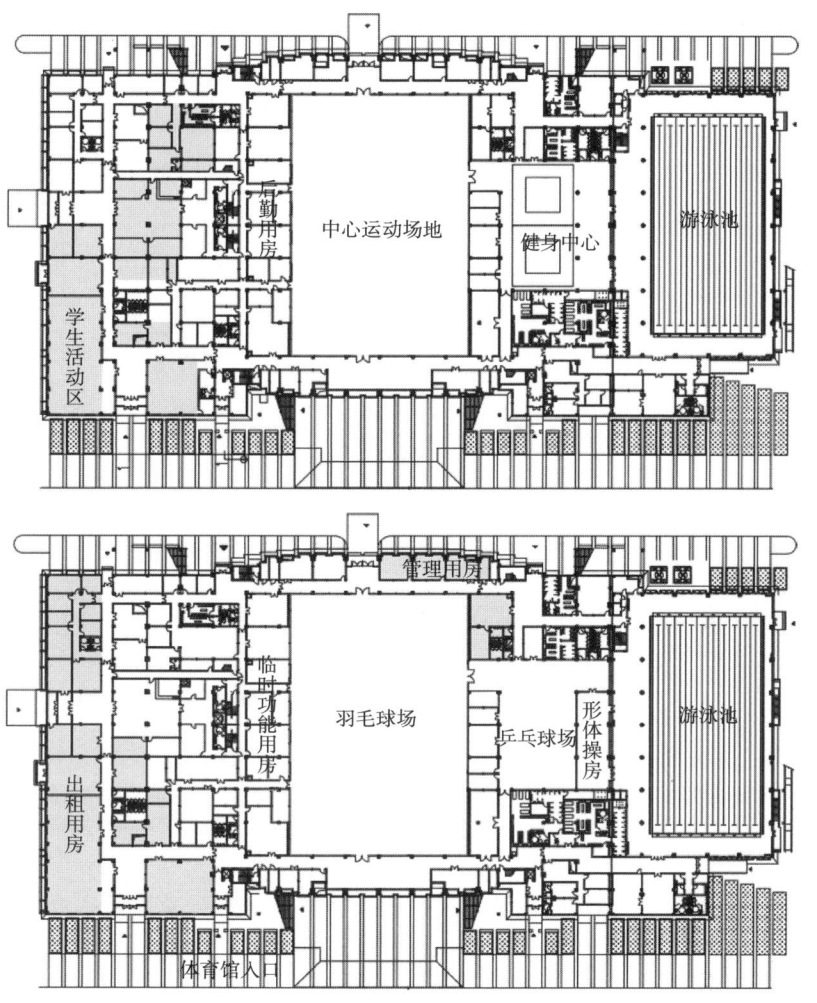

图 10-10 北科大体育馆奥运会赛时首层平面、赛后设计首层平面和现状首层平面比较（续图）

从奥运会结束直至现在，除赛后场地改造和控制系统改造外，北科大体育馆没有对场馆进行任何大的结构改造。现状平面几乎与当初的赛后设计图纸平面完全相同，只是在房间的功能安排上有所差异。在赛后功能的策划中

图 10-11 北科大体育馆游泳馆现状

图 10-12 北科大体育馆篮球馆现状

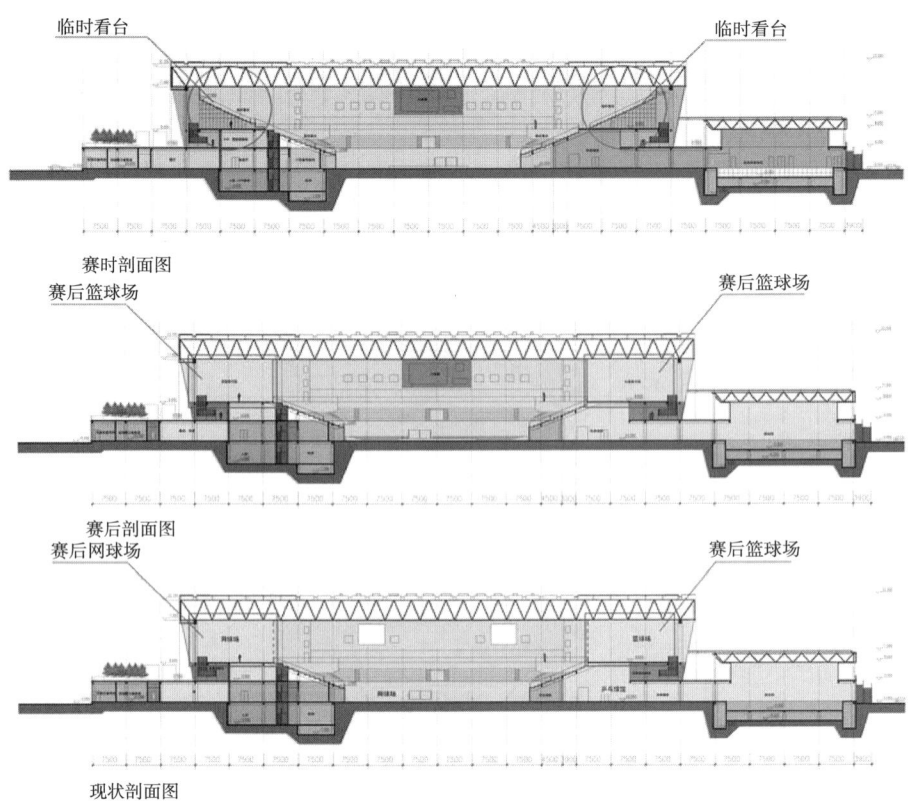

图 10-13 北科大体育馆奥运会赛时剖面、赛后设计剖面和现状剖面比较

包含了羽毛球、篮球、游泳、舞蹈、学生活动中心和咖啡厅等功能,在实际情况中,运营方将更多的功能放入了场馆中,使得整个场馆的空间效率比预期更高(图10-13)。目前该场馆各空间的功能分布如表10-1所示。

北科大体育馆奥运会赛时平面、赛后设计图纸平面和现状平面的功能区布置对比　　　　表 10-1

赛时空间	赛后图纸设定的功能	目前状况下的功能
中心比赛场	学生运动场	20块羽毛球场地(可灵活转换为舞台、招聘会场及各种运动比赛场地)
赛时热身场地和检录处	健身中心	15块乒乓球场地、形体操房
南侧热身场地、运动员休息区、比赛运行中心	游泳馆	游泳馆
地下人防	地下人防	健身中心
成绩复印室	转播区	动感单车健身房
贵宾室	展览、休息	贵宾室
新闻发布、媒体区	学生活动中心、舞蹈室	出租用房
兴奋剂检查	接待和医疗	体育部办公
安保区	接待、会议	出租用房

续表

赛时空间	赛后图纸设定的功能	目前状况下的功能
竞赛办公室	后勤、设备、办公	体育馆运营中心办公
奥运其他功能用房	后勤、设备、办公	预留功能用房
二层永久座席	永久座席	永久座席（学校活动时使用）
二层南北入口大厅	未安排功能	跆拳道、柔道训练场地（临时）
三层北侧临时座席	一个篮球场	一个网球场、一个羽毛球场和两个乒乓球场
三层南侧临时座席	一个篮球场	两个标准篮球场

图 10-14　北科大体育馆乒乓球馆现状

在上述空间里，羽毛球场、乒乓球场、柔道及跆拳道场地的所有设施都是可移动的（图 10-14），特殊情况下可以迅速转换，保证了空间的灵活性。目前，馆内各空间使用情况良好，能够满足校方的各项要求，学生及其他使用者的反映普遍良好。

北科大体育馆赛后改造工程启动以后，校方便开始着手组建管理运营体育馆的团队。2009 年 5 月正式组建了"北京科技大学体育馆运营管理中心"（图 10-15），中心下属 4 个部门，主要负责场馆的日常管理、维护、安全保障及对外项目合作等工作。管理中心成立以来，一直致力于探索高校场馆"公益性与经济性兼顾"的运营模式。目前，运营方根据体育馆和学校的实际情况，制定了一套完整的场馆使用时间安排：工作日上午 8:00 至下午 2:30，主要场馆供学生上体育课使用；下午 3:00 至 5:40，体育馆对外开放，主要接待教工及家属；下午 6:00 至晚上 10:00 及周末和法定假日全天，体育馆对社会开放，供社会人士进行体育锻炼。每年寒暑假，北科大体育馆都会承担若干公司和社会团体的大型活动，包括 2010 年北京首届世界武搏运动会和公司年会等。体育馆内的预留功能用房则可以作为大型活动的功能用房使用。目前各项活动开展良好，特别是对外开放的时间段，场馆使用率很高，其中羽毛球场的使用率高达 90%，篮球场和网球场也几乎是天天有人使用。

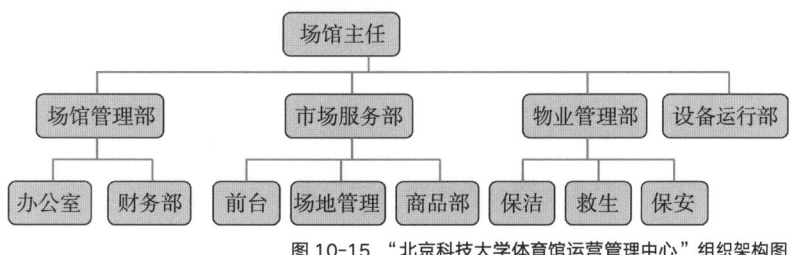

图 10-15　"北京科技大学体育馆运营管理中心"组织架构图

由于北科大体育馆的空间布置紧凑合理，运营计划详尽周全，因此，在其对外开放的第一年就实现了盈利。2012年体育馆毛收入超过750万元，收益率超过30%。2013年体育馆毛收入超过800万元，收益率还会进一步提升。目前，北科大体育馆已经成为高校体育馆中"经济与公益"结合的典范。

3. 2008年北京奥运会柔道跆拳道馆（北京科技大学综合体育馆）赛后运营的成功经验分析

北科大体育馆在赛后的5年之内能够取得比较好的经济效益，其原因是多方面的。具体可以总结为以下五点：

（1）"立足学校长远使用，满足奥运比赛近需"的设计原则为赛后运营提供了诸多优势

无论从规模要求、场地环境质量还是转播要求上来看，一座奥运场馆比一座普通的高校体育馆在硬件要求上严格得多。因此，将一座场馆定位为"学校使用第一、奥运比赛第二"的决定是很有风险的。在方案的前期，奥组委也曾经对这一原则提出了质疑，担心新建场馆不能满足奥运会的要求。不过，从目前的状况来看，这一策划原则无疑是正确的。奥运会只有短短的18天，然而场馆建设的投入及供高校师生使用却是永久的。仅仅为了十几天的奥运会而投入大量的资金成本，造成赛后空间功能的"冗余"，不但会增大投入的规模，还会给后续运营带来很多不确定因素。

在北科大体育馆的案例中，馆方为满足奥运会需要，在奥运会举办期间，借助赞助商的供应及租用大量高质量的比赛辅助设备，如计分系统、灯光设备及临时座椅等，奥运会后随之拆除或转换。由于前期设计和投入得当，其硬件水平目前在我国高校体育馆中仍名列前茅。场馆只需经过简单的改造，将来就可以再承担高等级的体育赛事。

（2）空间预测的成功

空间预测是所有建筑在前期策划过程中必须经历的环节。空间预测的成功与否直接关系到建筑的运营效率。在北科大体育馆的案例中，设计方对场馆的赛后空间预测十分成功，这一点单从运营方赛后没有对建筑进行任何大的结构改动上就可以看出。北科大体育馆空间预测的成功有赖于前期策划中对于地段的详细调研和正确认识，具体表现为三点。

其一，馆内设置了大量相互分离的大空间，包括主运动场及其南北两侧固定座席后部上方的大平台、游泳馆、乒乓球馆，以及两个入口大厅等。在体育馆建设之前，北京科技大学的体育设施极度缺乏，校内的体育建筑只有位于操场西侧的一个跑廊，学校内没有游泳馆，也没有室内球场。新建体育馆的这些大空间正好可以解决学校缺少室内运动设施这一问题，两者一拍即合，体育馆内的大空间很快得到了充分合理的利用。

其二，馆内许多场地的尺寸和规模都预先进行了测算，确保了最大的灵活性。空间预测再精确也不可能做到100%的准确，因此空间一定要留有灵活度。例如南北两侧固定座席后部上方三层的两个平台，原本计划各设置一个篮球场，但校方要求再设置一块网球场地。经过对场地的计算，发现南侧平台刚好能够放下两个标准篮球场，因此北侧的平台得以空出，布置一个网球场的计划圆满实现。此外，体育馆的固定座席正好可以容纳一个年级的师生，为校方在此组织年级性的活动提供了便利。

其三，场馆设计有多个出入口，保证了内部的各种流线不会交织，同时为馆内房间的对外出租提供了可能。

（3）低廉的改建成本为场馆的赛后运营提供了资金保障

事实上，北京奥运会的每个场馆都具有良好的赛后运营的潜力，然而目前许多场馆的赛后运营计划并未完全实现，其中一个重要原因就是改造费用太高，运营方在不确定后续运营状况的情况下不愿出资改造。北科大体育馆在设计之初就考虑到了赛后改造问题，所以在设计中就尽量避免赛后结构的二次改造。例如游泳池的结构是事先做好的，在赛时铺设临时地面作为运动员热身场地，赛后改造时只拆除了临时地面，从而避免了二次结构施工（图10-16）。北科大体育馆的改造工程，从进场到重新开门迎客，仅仅花费了10个月时间，总投资不超过200万元，可谓是一个"又快又便宜"的改造案例。

图10-16 北科大体育馆游泳池在赛前施工时铺设的临时地面

图10-17 北科大体育馆内的光导管工作现状

（4）降低场馆运行成本

北科大体育馆运用了光导管和太阳能热水等节能技术，极大地减少了建筑能源消耗，从而降低了运营成本。例如在晴天甚至是雾霾天的情况下，体育馆内只需要少量照明便可达到训练、教学、会议和健身等功能的照度要求（图10-17）。对于由国家或事业单位运营的场馆来说，减少运行能耗是场馆赛后运营的最重要的考虑因素。

北科大体育馆的游泳馆充分利用太阳能，在游泳馆屋顶安装太阳能热水器，采用成熟的太阳能热水技术，进一步降低了游泳馆的运营能耗（图10-18）。

（5）良好的运营和宣传增加了体育馆的人气

北科大体育馆的一大特色就是社会人员的高强度使用。事实上，北科大体育馆坐落于校园中，且周边多是

图10-18 北科大体育馆太阳能热水系统

大院，缺少大的办公区，在吸引社会人士这一点上存在先天不足。不过，体育馆运营管理中心采用提升硬件质量、扩大宣传、联合第三方举办活动等多种手段扩大影响力，收到了很好的效果。每天晚上，在体育馆内锻炼的社会人士占到了80%以上，有些人甚至专门驱车40分钟到此锻炼健身。另外，北科大体育馆的建设还带动了校内运动队的发展。在赢得了2008年北京奥运会柔道和跆拳道比赛的承办权后，校方借奥运之机特意组建了柔道和跆拳道两个校级运动代表队，从而极大地提升了学校的专业运动水平。

4. 总结与反思——中国城市对于"大事件"的态度转型

2008年北京奥运会柔道跆拳道馆（北京科技大学综合体育馆）在"立足学校长远使用，满足奥运比赛近需"这一建筑策划设计原则的指导下，顺利地完成了奥运会前后的功能转换，效果良好。然而，北京奥运会的一部分新建场馆在赛后运营的环节上却或多或少地出现了一些问题，并没有取得预期的效果。其中一个根本原因就是有关部门出于对建筑形象的考虑，提升了建设造价，加大了建筑规模，从而导致了空间预测的失误和改造运营成本的飙升。关于奥运场馆"经济性"和"标志性"孰重孰轻的问题，一直是各个奥运主办城市的管理者需要直面的难题。既然很多着重考虑形象的场馆赛后运营的结果都不甚理想，那么我们该如何看待奥运建筑的标志性呢？事实上，对于很多国家而言，举办奥运会等大型国际盛会是提升主办国或主办城市形象的最佳机会。历史上很多国家和城市都是在举办奥运会、世博会等大型国际活动之后被国际社会认可，并步入其历史发展的黄金阶段的。奥运场馆良好的形象对于提升本国国民和场馆所在社区居民的信心也具有很大的意义。例如北科大体育馆，它的建成使得它所坐落的地区成为校园的新中心，许多学生活动或是大型的校园盛事都发生在体育馆的周边。可以认为，新建的奥运体育馆对于提升北京科技大学的综合形象和师生的认同感功不可没。

但同时也应该意识到，一个国家或城市通过大事件向世界宣传自身形象或许只需要一段很短的时间。自2008年以来，中国的四大一线城市已连续举办了四场国际级盛会——2008年北京奥运会、2010年上海世博会、2010年广州亚运会和2011年深圳大运会，可以认为，中国的国家和城市形象已经在这四场盛会中得到了充分的彰显，如果在这种情况下，主办城市依然将"形象彰显"作为第一目的的话，则会或多或少地显露出主办城市在处理"大事件"问题上的不自信与不成熟。随着四大盛会的圆满结束，中国已进入了新的发展阶段，中国城市对于"大事件"的态度应该逐渐从"企盼""彰显"转变为"运用"和"平和"。城市要学会利用"大事件"为完善自身功能、改善居民生活服务，而不应该将"大事件"作为过度张扬的城市名片。事实上，2012年的伦敦奥运会就给了世人一个极好的例子，这个"史上最临时的奥运会"，无疑告诉了世人这次伦敦的"草根"奥运会是一次绿色低碳节俭的奥运会，是真正意义上的"时尚"的奥运会。在有声音贬低"伦敦碗"的造型时，伦敦用自己的一种态度和方式向世界说明，它才是今天人类社会最具标志性的。由此反观北科大体育馆，它的兴建在完善了学校设施的同时兼顾了奥运会的比赛要求，同时又为学校的师生留下了宝贵的奥运精神遗产。从这一点来看，北科大体育馆倡导的"立足学校长远使用，满足奥运比赛近需"的设计理念，无疑为城市如何利用"大事件"进行长远发展这一问题提供了一个良好的解决策略的参考。这也是当下我国城市面对"大事件"的态度的一次思考。

10.2 自然融合与交通可达性先导案例

10.2.1 项目概况

九寨沟景区沟口立体式游客服务设施（以下简称九寨沟游客中心）建设项目位于九寨沟风景名胜区沟口。项目总建筑面积约3万 m^2，总用地面积8.996 hm^2。建设内容包含游客服务中心、国际交流中心、荷叶宾馆改造、林卡景观、白水河和翡翠河驳岸加固、立交桥及引道建设等。作为景区标志性建筑及门户，项目建成后，将为每天最多4.1万人次游客提供交通接驳及保障性服务。

10.2.2 策划要点

九寨沟自然保护区依据《"8.8"九寨沟地震灾区资源环境承载力评价（征求意见稿）》，确定震后九寨沟景区最佳旅游日最大容量为4.1万人，年接待游客容量600万~800万人。根据上述实际情况和接待游客数量，结合对震前沟口旅游大数据的评估结果，九寨沟游客服务设施的重建工作从以下九个方面进行策划。

（1）融入自然：九寨沟游客中心尽可能匍匐在沟口，不与沟内美景争锋，建筑造型呼应沟口山水，同时打造游客可以亲水戏水的"林卡"景观。

（2）立体交通：基于旅游大数据分析，建设立体式交通体系，避免301省道上左转的接驳大巴和社会车辆冲突；集散中心接驳区域采用双层环形交通模式，精准计算接驳区域面积。

（3）地域文化：建筑造型体现九寨沟人文内涵，细部做法采用木构、夯土、毛石，向沟内藏寨致敬。

（4）功能完备：以游客为本，检票通道的数量提高到30个以上，根据游客数量分散布置多个厕所,并设置联动的导视系统,提升检票前的旅游体验,同时设置快餐区、母婴室、开水间、无障碍卫生间等服务功能。

(5)数智建造:全过程采用数字化手段指导智能建造,运用物联网技术控制施工工序。

(6)智慧绿色:按照绿色建筑三星和LEED金质认证为节能目标,充分发挥互联网技术在旅游服务设施中的作用。

(7)组合结构:采用先进的力学计算方法,实现大跨度和充分净高,使施工过程对环境影响最小化。

(8)应急避险:集散中心在地质灾害发生时,可转换为人防应急避难场所。

(9)综合设计:通过沟口区域规划、建筑设计、路桥设计、景观设计、室内装修设计、导视设计、夜景照明设计、展陈设计、建筑智能化设计,辅以全过程BIM技术,力图打造以游客为本、以保护自然为核心的绿色建筑。

根据课程安排,这里着重从融入和交通可达性两处进行展开。

10.2.3 空间构想:融入自然

1. 地景式建筑

建设场地现状西侧的山体比东侧的翡翠河畔高约6m,集散中心充分利用地形高差,设计了平台层与西侧场地标高持平,作为游客的主要出发层;平台下层比翡翠河水位略高,作为游客的主要到达层;在游客高峰时段,平台层和平台下同时作为出发层,游客可快速进沟游览。在出发层可以饱览沟口的三山两河,成为进入景区的前奏。集散中心充分利用原场地高差,既避免了地下水位过高给施工带来的诸多困难,又造就了平台形象的亲近感。

2. 建筑形态自然

沟口区域的山水皆自然天成,位于沟口的九寨沟游客中心其建筑也应该是自然的形态——以曲面为主的建筑造型(图10-19)。

(1)集散中心主要入口

与自然呼应的集散中心有两个主要入口,一个面向城市,一个步入景区,分别设计了两座造型流畅的木结构罩棚(图10-20)。主入口的罩棚(大罩棚)承载了九寨沟本身的文化传承和积淀。九寨沟慧眼状的Logo已经享誉世界,作为一种自然和人文交融的符号,具有很强的标识性和认同性。以建筑语言对Logo进行空间诠释,通过树状柱悬挑的结构造型和连续的地势引导,在空间上呼应山体形态,在功能上最大限度地把空间留给游客。以木构为主的藏寨形式给了九寨沟游客中心设计非常大的启发,大罩棚采用木构

图10-19 九寨沟游客中心整体鸟瞰　　图10-20 九寨沟游客中心主入口

这种生态又富有逻辑的结构形式，与九寨沟传统建筑在结构体系和使用材料上遥相呼应。由于天然木料的局限性，罩棚采用互承式胶合梁体系，受力更合理，耐久性更好。两个罩棚胶合木梁分格尺度源于自然的花序——费马螺旋线，分格的渐变给人以赏心悦目的韵律感。结构即是美，无需额外装饰。

大罩棚采用三棵木构开花柱托起跨度38m的互承式胶合梁罩棚，开花柱提示了即将进入森林茂盛的自然保护区，之后沿内侧坡道（坡度7%）缓步走上平台层，环顾四周，三山叠翠，自然景致与木构罩棚形成共鸣。拱形起伏如山形的屋面采用九寨沟当地的石板瓦，结合罩棚前象征九寨的水、形似藏文元音符号的雕塑，形成了最具地域特色的标志性入口。检票罩棚采用中间无柱的跨度达41m的胶合梁结构，由集散中心平台上缓缓涌起，以自然、舒展的框景将连绵起伏的群山揽入画境，提示由此进入保护区。

（2）体现自然与人文相结合的建筑形态

主入口的罩棚东侧为展示中心及智慧中心，盘旋的造型如同大地震后植物即将舒展的幼苗，和自然环境高度融合，又象征藏地"法螺"，将九寨沟自然美景传达世界。展示中心采用了3%坡度上升的连续展陈模式，自集散中心螺旋向内盘旋上升，主体结构采用细钢柱密排，首层以透光率高且没有镀膜的超白玻璃作为围护体系，游客在沿坡道观展过程中，也可以看到清澈的翡翠河奔流汇入白水河，将自然景色引入展陈之中，是对自然的内在尊重。

（3）空间自然

作为风景名胜区的九寨沟游客中心，最重要的功能是为瞬时大量游客提供舒适的集散广场。本设计主要的游客出发广场超1万m²，经过反复比对，最终采用了花岗石小料石以星轨图案进行铺装，小料石采用三种规格、两种颜色，基本尺寸10cm×10cm。小尺度石材的曲线组合，进一步回应了自然保护区尊重自然的设计理念，也成为游客印象最深刻的集散场地。

入口的集散广场上原来就生长着杨树，虽然算不上名贵树种，但是作为沟口的记忆，在设计和施工过程中还是千方百计地保留了下来。当小料石广场铺装接近尾声的时候，大家惊讶地发现正好保留下9棵大杨树，可谓与九寨沟的名称相得益彰。平台下的集散空间约4000m²，净高只有4.5m。如何让这个空间既自然又不压抑,设计从这两个疑问出发,拉大原本单调的立柱跨距,以拱形钢梁解决跨度增大后的受力问题,形成六个方向的连续拱。当六个方向的拱汇合在一起,就形成了开花柱——一种力学和美学相结合的、富于自然特色的结构形式,这种钢结构柱不需要额外装饰,结构即是建筑,受力即是装修,既表达了力学之美,又节省了装修投资(图10-21)。钢梁与楼板采用组合结构的计算方法,即钢梁完全受拉,混凝土楼板完全受压,两种建筑材料各自发挥特长,以0.7m的梁高解决18m的跨度,保证了梁下净高。36根开花柱托举起平台下的集散空间,象征着一年四季九寨沟的美景,又一次用建筑语言向自然致敬。开花柱丰富的柱头形态为集散平台下空间平添了富于韵律的美感,在实际运营当中,即使数千游客在此接驳也不感觉压抑、低矮,反而成为沟口最具特色的半室内空间。

(4)自然的建筑材料

智慧中心、展示中心、两个罩棚的屋面面层均选用了一种自然的建筑材料——石板瓦(图10-22)。首先,石板和周边山体在自然层面有高度共鸣,是九寨沟内原始藏寨屋面椴片的另一种自然表现形式;再者石板瓦的鱼鳞状排列方式和自然的曲线贴合度高,更加呼应了自然保护区的主题。石板瓦采用300mm×300mm和400mm×400mm两种规格,其中一个角自然倒圆角,并注重色差搭配,最终形成了略带色差的鱼鳞状屋面效果。夯土墙是藏寨重要的建筑元素,在复建的水上厅,聘请当地的工匠采用当地黏土,掺以青稞秸、小石块和牦牛毛,以莲香木枝条为木筋,夯出了最具九寨沟特色的体现传统工艺的墙体。藏寨的围墙大多采用毛石墙,以大块自然石材、不露浆的砌筑方法组成随机的墙体花纹为特点。在九寨沟游客中心和林卡区域,也大量采用了这种传统的方法砌筑石材作为建筑面层。九寨沟历史上木材资源丰富,每到秋季藏民收集圆木堆成"木垒"状的传统藏寨。在高架桥的引道旁,为了地质安全设计了钢筋混凝土抗滑桩板墙,在桩板墙的表面以震后滚落的木材按照传统的木垒做法进行装饰,辅以胡豆和青稞晒架,将原本冰冷的混凝土桩板墙装扮出了非常有地域特色的九寨藏式风情。

图10-21 九寨沟游客中心开花柱

图10-22 九寨沟游客中心石瓦屋面

10.2.4 空间构想：立体交通

1. 城市立体交通

基于前期交通策划，在沟口301省道上设置立交桥，早晨接驳的大巴车在桥上左转进沟，避免与桥下直行车辆在空间上交叉，使过境车辆通过直线隧道更加便捷，因此立交桥从根本上解决了城市层面的拥堵问题。立交桥的位置经过了反复比选，首先是满足省道和进沟道路的交接半径，其次是满足大巴车爬坡和转弯需求，兼顾从大罩棚向沟外回看时立交桥在视线之外。同时，在省道靠近沟口一侧拓宽设置3min落客区，方便乘坐公共交通工具和无障碍游客到达，通过与交管部门合作保障即停即走。

2. 建筑立体交通

在检票罩棚下设置双层环形接驳车道，通过对震前大数据的分析计算接驳等待区的面积。在黄金周最大游客时段，上、下两层可同时停靠9辆大巴车和4辆中巴车，大大缩短了游客检票后的等待时间。游客自两个方向到达沟口集散广场，在超过2万人流量时，采用上、下两层同时接驳进沟模式，平常时段根据管理需求可只开放单层，雨雪天气、无障碍游客和老人婴幼儿以下进下出为主。上层平台可通过大罩棚两侧的台阶、坡道到达，也可以通过林卡内蜿蜒的坡道到达，实现了多种途径的游客分流。上层平台可欣赏到沟口的自然美景，下层的开花柱宛如步入森林之中，使游客提前与九寨沟自然景观互动。

10.2.5 设计与建设

地景式的九寨沟游客中心和曲面的建筑造型恰当、谦逊地融入沟口的山水环境中，游客进入九寨沟游客中心感受自然、和谐（图10-23）。入口和二层平台检票处的木构罩棚，让游客知道了九寨沟的九个寨子以木构作为主要建筑材料的地域特色。集散中心下层平台的开花柱，使得4.5m净高的空间丰富而充满步入森林的仪式感。毛石、夯土和木垒的质感强调了自然保护区的地域特色。游客在沟口拍照留念，以建筑为近景，以群山为远景，为九寨之旅开启精彩的一天。

交通评估方面，对2020年、2021年"十一"黄金周和2021年"五一"假期游客的通行状态进行评估显示（图10-24、图10-25），建设之初策划的立体式交通模式有效解决了城市道路拥堵问题，黄金周期间沟口过境车辆通行顺畅，大大降低了交通拥堵导致局部地区碳排放较高的情况；双层接驳进入景区模式在单日最大4.1万游客量的情况下，游客通行顺畅，接驳有序，未出现排长队、长时间等待状况，达到交通设计预期。

图 10-24 九寨沟游客中心投入使用后人流情况

图 10-23 九寨沟游客中心地景融合　　图 10-25 九寨沟游客中心投入使用后车流情况

10.3 多元利益主体参与下的市政综合体策划设计案例

10.3.1 项目概况

国家电网公司电力科技馆综合体（菜市口 220kV 输变电站及附属设施）为北京市新建地下市政基础设施和地上公共建筑工程综合体，建设地点位于北京市西城区。用地西侧临菜市口大街，北侧为文物保护建筑中山会馆，西侧为历史风貌街区（图 10-26）。总建筑面积 47 767.75m²，含地上 24 880.80m²，地下 22 886.95m²，建筑高度 60m。可建设用地面积 7 478.57m²。项目包括 220kV 变电站主厂房及电力科技馆两部分内容。其中地下三层至地下五层为变电站主厂房，地下二层以上为电力科技馆及电力客服中心办公

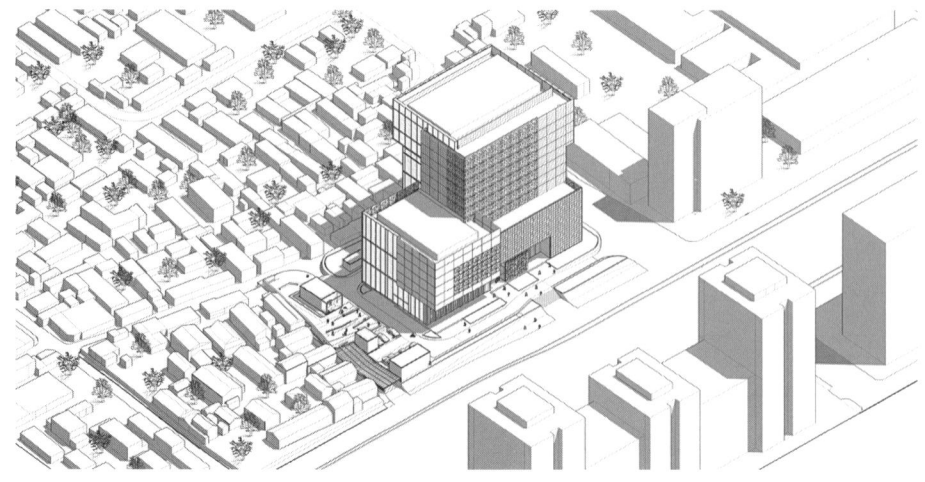

图 10-26 国家电网公司电力科技馆综合体（菜市口 220kV 输变电站及附属设施）轴测图

用房。工程总投资 21.6 亿元，不含变电站设备建筑工程投资约 4.3 亿元。2014 年 5 月建成投入运行发电。

该项目是我国市政商业地块混合利用的典型案例，为我国新型城镇化背景下城市用地存量优化开发提供了新思路。该项目也是工业建筑和民用建筑规范双重应用的典型案例，是世界第一个运行可参观地下 220kV 运行变电站上整体建设的高层建筑（图 10-27~图 10-29），为后续城市用地存量优化积累了宝贵的技术经验。该项目地下变电站是世界上首座全地下开放式可参观智能化变电站（图 10-30），也是 2009 年市政府重点工程煤改电工程的主要站点，在节能减排和减轻雾霾方面具有示范作用。该项目紧邻北京历史保护街区和文物保护建筑，在造型和风貌方面与环境协调。同时在极其有限的用地中打通与历史街区的视觉通廊，美化环境，延续城市文脉（图 10-31）。

图 10-27　沿菜市口大街西南向

图 10-28　沿菜市口大街西北向

图 10-29　沿菜市口大街西南向

图 10-30　地下变电站参观走廊

图 10-31　从中山会馆望电力科技馆

10.3.2 策划要点

1. 我国当下城区变电站建设的三个问题

随着国民经济发展，我国用电需求增长迅速，城市为满足输电、变电和配电需求建设了大量的变电站。据统计，仅北京市区就拥有35kV及以上变电站477座（2014年）。从城市可持续发展角度，这些变电站建设在一定程度上都面临如下几个问题：①土地缺乏混合利用开发强度低。土地性质一般是市政用地，变电站在寸土寸金的城区占据了大量的土地资源但开发强度普遍偏低。通常情况下一个地上220kV户内型变电站地面积为0.5~0.8hm²（考虑到周边民用建筑还需要退让建筑25~30m实际影响更大），即使是采用户内GIS布置形式，建筑面积最大也不超过6000m²，容积率一般在0.75~1.2范围内。如何在建设满足市政需求的变电站的同时，盘活市域内尤其是中心城区极其珍贵的土地资源是城市发展的急需破解的一道难题。②变电站建设邻避效应（Not In My Back Yard，NIMBY）明显。城市发展迫切需要但周边邻居都不欢迎，传闻中的各种影响让周边居民也望而生畏。③自我封闭与城市环境不协调的问题。为安全生产考量，在绝大多数情况下变电站是通过围墙与周边城市环境隔绝的。比如根据《220kV变电站通用设计标准》Q/GDW 204—2008要求变电站需要设置高度宜为2.3m的围墙（图10-32）。这样一种自我封闭的姿态对城市街区界面的影响非常消极，也与2015年中央城市工作会议"开放、共享"理念相违背。[①] 为应付环境整治的各种穿衣戴帽和涂脂抹粉不仅抹杀了工业建筑性格，还带来了安全隐患。

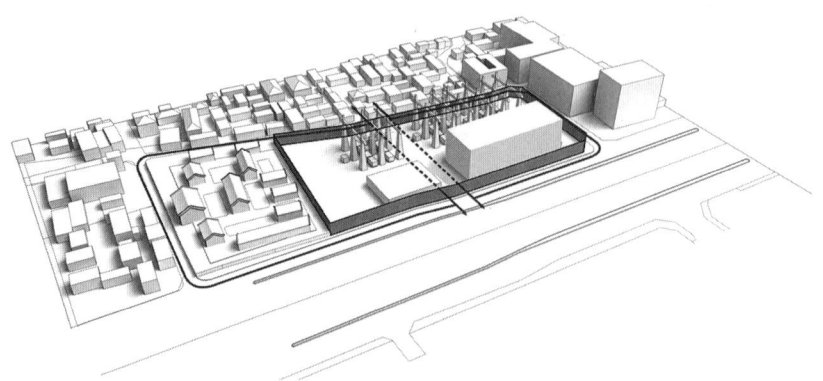

图10-32 根据规范变电站需要设置高度宜为2.3m的围墙

2. 本工程项目背景

21世纪第一个10年期间，北京雾霾频发，旧城燃煤小锅炉排放不达标是一个重要因素。北京市政府为改善首都空气质量，在北京中心城区推行

---

① 新华社. 中央城市工作会议在北京举行 习近平李克强作重要讲话[M]. 中国政府网，2015-12-22.

"煤改电"计划。2009年在菜市口计划兴建一座220kV输变电站来满足周边片区的供电需求,并被列为市"煤改电"重点工程(图10-33)。项目用地西侧临菜市口大街,南侧临珠朝街,东侧为代征城市规划路,北侧为区级文物保护建筑中山会馆。该变电站建设也面临上述三个问题。鉴于该地块拆迁后环境品质较差,周边居民迫切希望通过"煤改电"及其他基础设施更新改善环境品质提升居住水平,不希望建设有围墙的地上变电站。政府有关部门要求尽快建设地下220kV输变电站并和城市风貌相协调。建设单位对于兴建地下220kV输变电站并不积极。一方面兴建地下220kV输变电站投资将数倍于地上变电站,经济效益不彰。另一方面其要求占满基地的地上建筑诉求迟迟得不到政府有关部门和民众的认可。在民众诉求、政府意志和企业利益之间,该项目反复推进几次后一度陷入僵局。

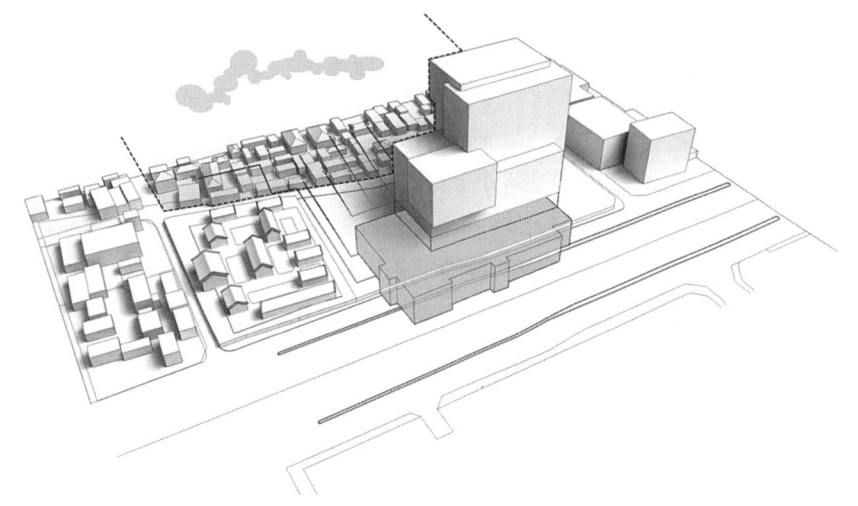

图10-33 变电站为城市提供清洁能源

3. 建筑策划和任务书编制

我们团队介入时本项目已经搁置一段时间,我们在建筑策划中提出了破解僵局的几点思路:①土地属性调整为市政商业混合用地,国土空间规划部门对建设地下220kV输变电站宜给予规划指标鼓励;②地上地下一体化建设,建设单位通过兴建地上具有商业价值的附属设施投资增值来平衡地下变电站的巨额投资,内容上宜为社会服务(95598热线、24小时购电抢修服务、调度中心等)和公益服务(电力科技馆等);③针对原来占满中山会馆建设控制区里的总图设计,要求地上建筑对历史文物进行必要的退让。在地下变电站上方留出珠市口胡同和菜市口大街的视觉通廊,建成对普通市民开放可达的街心小游园。

在有关部门主导下,各方就项目进行多次协调会,达成共识后基本按这个思路进行操作,又通过反复测算比较和周边建筑现状分析确认了容积率和建筑高度等规划指标。随后经过国际国内案例的使用后情况调研和比较,结合本项目实际情况编制设计任务书。该项目为新建市政基础设施及公共建筑工程，可建设用地面积 7478.57m²。规划控制建筑高度 60m（图 10-34）。北侧距用地边线 30m 范围内为文保建控区，建构筑物控高 5m。项目包括 220kV 变电站主厂房及电力科技馆两部分内容。其中地下三层至地下五层为变电站主厂房，是世界首座可参观的地下 220kV 智能变电站。地下二层以上为电力科技馆及电力客服中心办公用房。

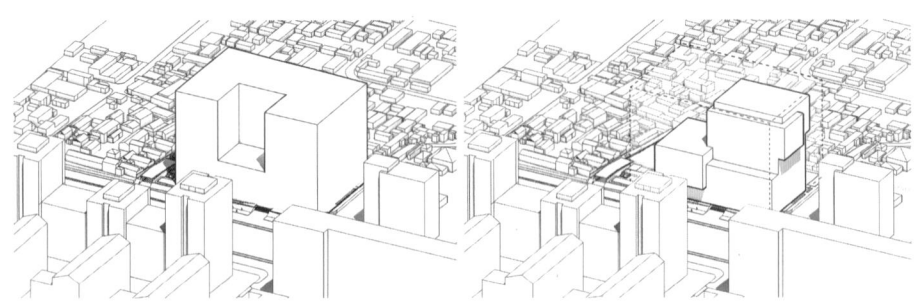

图 10-34　原方案 80m 高，新方案 60m 高

4. 解决问题的工程设计应对策略

（1）土地混合利用建筑整体设计，提升土地利用效率

传统意义的地下变电站投资巨大，建设用地往往受制于土地性质并不能建设商业用途的高层建筑，很难产生相应的经济回报。该项目用地属性为商业市政混合用地，既能进行市政建设也具有较高的商业价值。地下变电站和地上电力科技馆等内容进行整体设计，能最大限度地提升土地利用效率。地下变电站是工业建筑，地上高层建筑是民用建筑，两者之间设计规范不一样，地上地下整体统一建设需要应同时满足多种专业设计规范要求，设计具有较大的挑战性（图 10-35）。本项目对各种流线、设备进行精心布置，对消防进行了专项论证，满足了工业和民用建筑消防双重规范的要求。

（2）变电站地下建设，破解邻避效应

地下变电站对城市周边影响小，无疑是破解邻避效应的一种办法。一方面，根据规范民用建筑多层退让地上变电站距离最小 25m，高层建筑最小 30m，但距离地下变电站最小只需要 5m。另一方面，即使是地下变电站，地上建筑也需要在某种程度上具备为城市提供公共服务的属性，才能最大限度地争取周边邻居的支持。恰逢当时国家电网公司想建设一个国家级专业电力科技馆，设计将两者结合起

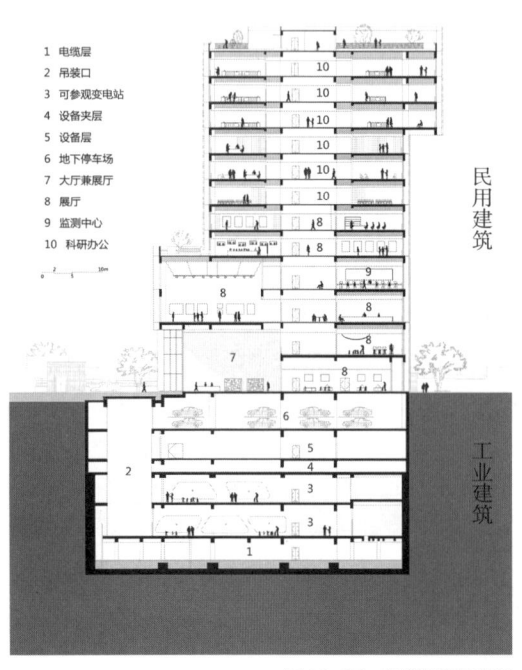

图 10-35　建筑剖面示意图

1 电缆层
2 吊装口
3 可参观变电站
4 设备夹层
5 设备层
6 地下停车场
7 大厅兼展厅
8 展厅
9 监测中心
10 科研办公

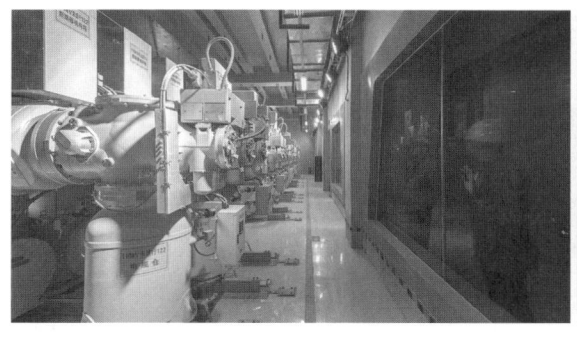

图 10-36 地下可参观变电站

图 10-37 地上可参观电力调度大厅

来。该项目是世界上第一个对外开放可供参观式 220kV 运行变电站,也是电力科技馆最重要的展示厅之一(图 10-36、图 10-37)。该项目为北京旧城内居民集中供暖的燃煤锅炉更换为蓄热式电锅炉提供了支持,通过清洁能源集中供暖可在供暖季压减燃煤,减少二氧化碳、二氧化硫、氮氧化物排放,有效改善了北京旧城冬季的空气质量,这也是得到居民支持的重要原因。

5. 空间形式与周边城市环境协调

建设单位曾出于利益最大化考虑,计划建设 5m 高裙房占满 30m 建控区(文物部门要求设置 30m 建设控制区对文物进行保护,建控区内建筑高度不超过 5m),在用地内整体兴建 80m 高的大楼。这样固然能出面积,但很难得到国土空间规划部门和周边居民的认同。我们在总平面布局充分考虑用地北侧文物建筑的空间尺度,在策划设计过程中通过反复做工作降低高度和容积率,将宝贵的城市开放空间让给城市和市民。整个建筑由若干小体块组合而成,此举消解了对城市历史街区的视觉压迫,同时形成了丰富的建筑表情。

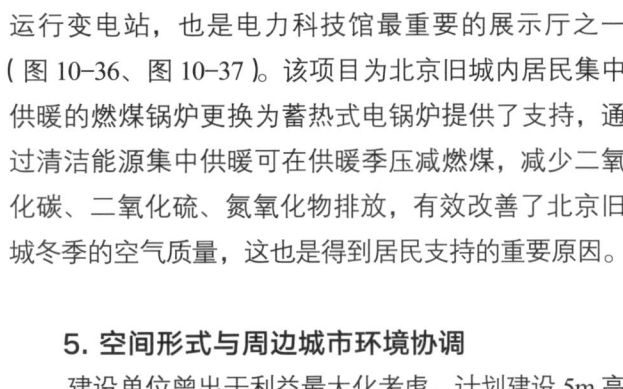

图 10-38 南横街南望

空间布局将 12 层主体建筑布置在用地南侧,和现状沿菜市口大街周边 60m 高的建筑群基本保持一致(图 10-38)。基地北侧布置多层裙房,形成空间梯度高度递减至建控区。将冷却塔等包在建筑女儿墙内,尽量降低实际建筑高度。建控区内以绿化为主,结合部分室外出入口及通风井等低矮构筑物保持舒展、低矮的老城尺度空间,成为南北区域的缓冲过渡空间(图 10-39)。

图 10-39 沿菜市口大街西南向

10.3.3 空间构想：复合功能

建筑由若干小体块组合而成，消解了对城市历史街区的视觉压迫；降低北侧建筑高度和容积率，与场地北侧的文物建筑尺度相协调，将宝贵的城市开放空间让给城市与市民（图10-40、图10-41）。

从场地的西侧主入口进入建筑后，可乘坐扶梯依次浏览各层展厅。围绕动线，组织各展览模块（图10-42）。

根据市政变电站工艺要求，一些重要大型设备房间如变压器室、GIS室等柱网尺寸在12m左右，小型设备和通道尺寸较小。如果单纯只考虑地下变电站自身的布置合理性，这些按工艺要求布置的柱网对地上部分的高层建筑而言很不规整且核心筒偏心（图10-43）。上海某案例采取的措施是在变电站和地上电力科技馆之间设置整体结构转换层。这种处理能够避免两种不同柱网体系上下交接的矛盾，但结构转换尺寸过大，整体板厚1m，不够经济且浪费空间。在对变电站的工艺流程和柱网体系进行充分调研基础上，逐个分析哪些柱网尺寸有调整余地进而优化。再综合考虑竖向交通及疏散楼梯相对居中和便于通向室外、结构抗剪力的需要、错开地下变电站主要功能用房三者需求，确定建筑核心筒的位置（图10-44）。

北京市民防局对本工程的人防规划要求为："按照地下空间兼顾人民防空工程需要，地下三层至地下五层变电站主体结构满足6级抗力荷载要求。"为了将电力科技馆

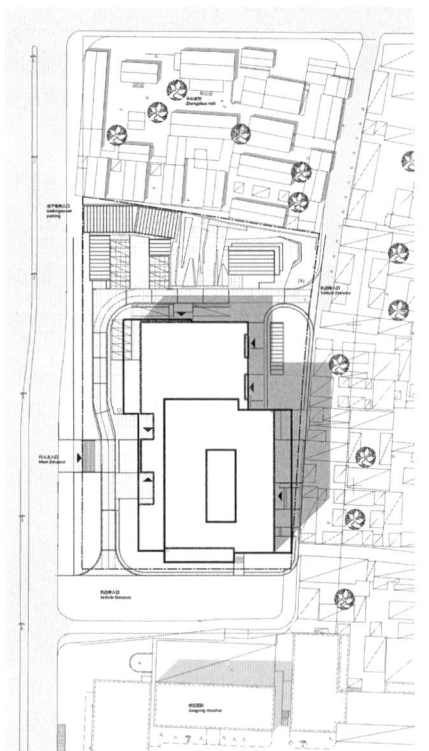

图10-40 总平面图

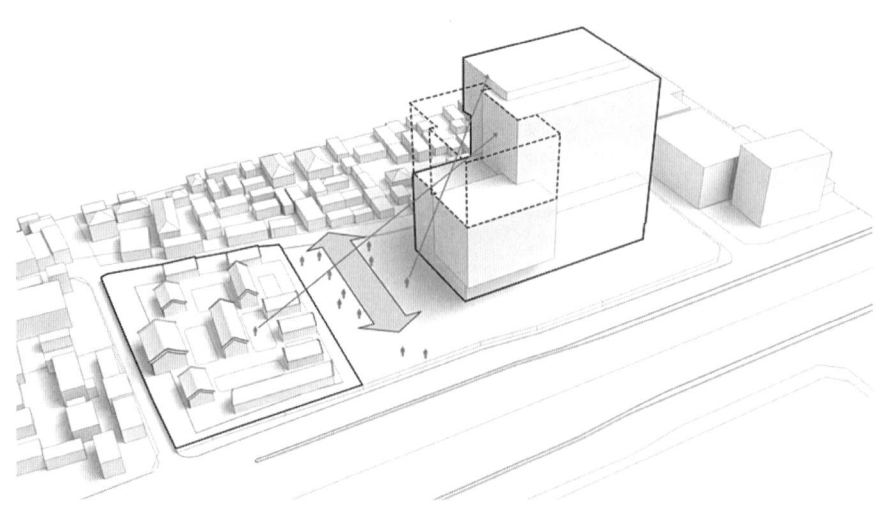

图10-41 建筑让出视线通廊并退让体量

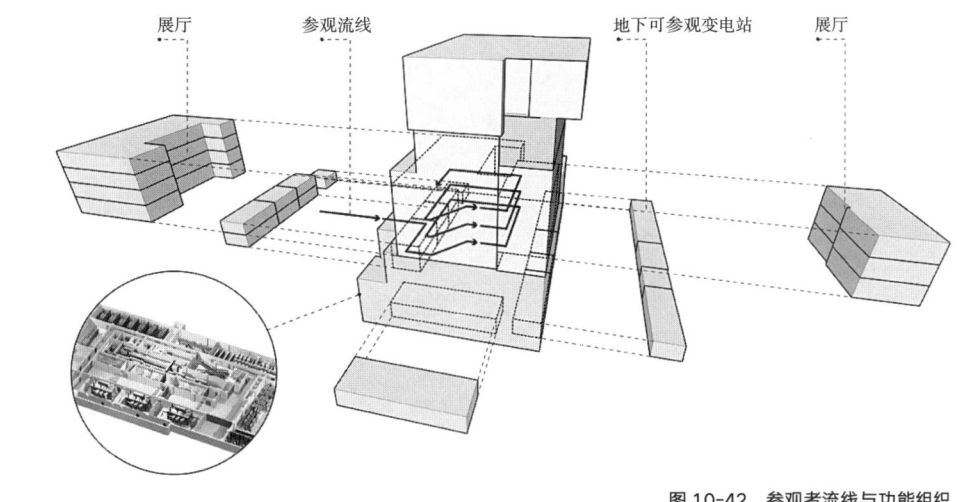

图 10-42　参观者流线与功能组织

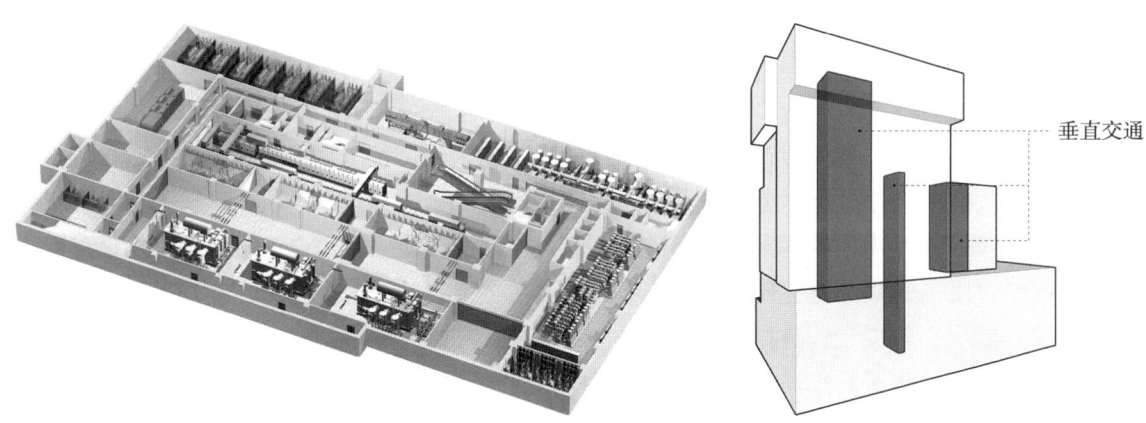

图 10-43　地下参观流线与功能组织　　　　图 10-44　垂直交通示意

部分与变电站部分设备管线完全隔开，同时防止非人防区的管线穿入人防区域，设计人员在变电站与电力科技馆的竖向交接部位（地下二层和地下三层之间）设置了一个设备管道夹层。同时夹层局部区域还起到了土建静压箱作用，作为地下变电站巨大排风管道的水平转换场地。

建筑造型构想充分体现了节能环保理念，以不同材质的几何体块为母题，穿插结合，形态独特，同时具有较低的体形系数（本工程体形系数0.11）。利用天井、通高空间、天光大厅等建筑手法实现空间的自然采光和通风，以适宜技术达到生态、节能可持续发展。设计采用双层呼吸式幕墙实现节能和绿色生态。采用多项与电力相关的生态节能技术，如光导管及光纤采光技术，太阳能发电技术、主变压器余热回用技术、冰蓄冷技术等（图 10-45）。

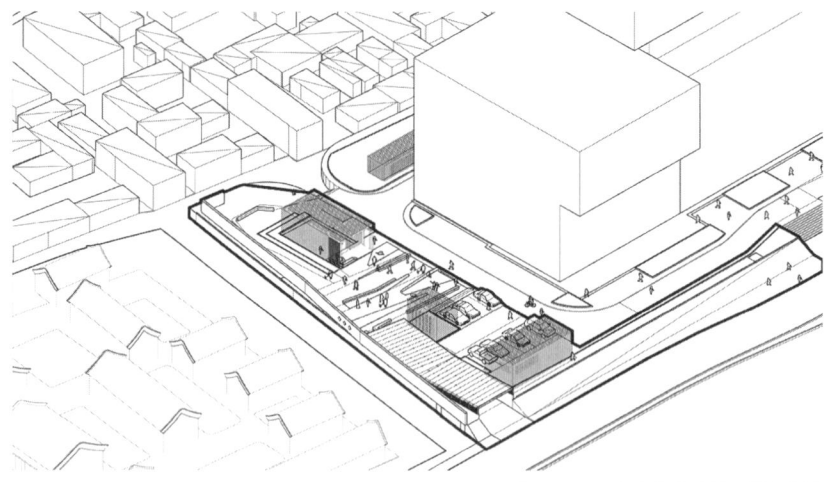

图 10-45 设备与车库结合景观设计

10.3.4 设计与建设

建筑设计过程也是对地域文脉思考的过程。菜市口地区是北京传统宣南会馆文化的重镇，以湖广会馆为代表的会馆文化源远流长。作为当年县级会馆中的翘楚，本项目用地北侧的中山会馆（原香山会馆）由后来担任过民国总理的唐绍仪创办，孙中山也曾在会馆花厅会客。在确定空间形体后，建筑表皮设计着力于体现建筑与城市历史和文脉发展的关系，用玻璃和石材交融砌筑方式，应对周边城市环境肌理弱化对周边的压迫感（图10-46）。石材幕墙表皮开洞设计暗合中国传统纹样神韵，由16块不同小板块组成标准单位。按装配式建筑思路，双层玻璃幕墙以工业化生产模式设计，统一标准、统一模数布置，全部是4.2m×4.2m的标准单元，在工厂实现预拼装后再运抵施工现场进行整体挂装。Low-E玻璃和晶莹剔透的双钢化夹胶双超白玻璃，主要是和历史街区相呼应，让建筑反射天光云影和胡同院落，给人以平面胡同院落延伸生长到立面的视觉感受。淡雅的洞石主要用在菜市口大街界面，外石材内玻璃的双层幕墙系统可以大大提升节能性能，不同材料的体块组合在菜市口沿街国际式风格建筑群中显得得体而优雅（图10-47）。

在中山会馆和电力科技馆之间，靠近中山会馆园林部分采用了瓦铺地和原来院落相呼应。结合地形砌筑少许座椅，供往来市民小憩。地下变电站的出风口也用表皮开洞的石材装饰，满足通风功能同时也与建筑主体协调。稍有不同在于石材经过烧毛处理并有凹槽，远看又和中山会馆

图 10-46 菜市口大街空间界面

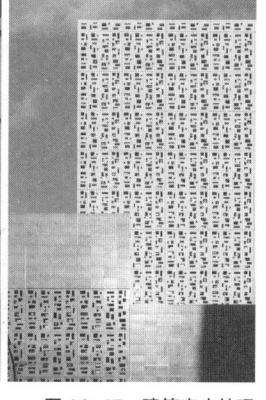

图10-47 建筑表皮处理　　　　　　　　　　　　　图10-48 建筑小品

的砖房围墙相似。靠近主体建筑铺装采用小料石和金属饰面组合构成活泼的表情（图10-48）。

本建筑工程设计消防也是一个难点。市政变电站采用的主要消防设计规范是《火力发电厂与变电站设计防火标准》GB 50229—2019，民用建筑部分是执行《建筑设计防火规范》GB 50016—2014（2018年版），面对交接部位规范如何认定的问题本工程召开了消防专家论证会。会议形成以下几点意见：①地下220kV变电站与其他部分应采取有效防火分隔措施，减少相互之间的影响，满足各自独立的防火安全要求；②地下220kV变电站应严格控制参观人员；③地下220kV变电站及其他连通部分的建筑构件耐火极限应相应提高；④地下220kV变电站应增设电缆夹层的自动灭火系统；⑤核实地下220kV变电站的消防排水能力；⑥地下220kV变电站的主变室外侧通道应增设直通地面的应急口，以改善消防扑救作业条件。设计根据以上意见进行了优化。

国家电网公司电力科技馆综合体是在新型城镇化背景下将电力设施、教育功能、公共服务、商业办公等融为高层变电站综合体的一次探索。通过创新式的混合利用提升土地价值、改善空气质量、营造城市开放空间、让市民更多参与进来支持城市建设，具有良好的社会效益。项目建成后，作为建设单位在北京中心城区的优质固定资产近年增值迅速，建设单位取得了良好的经济效益。通过该工程可为该地区1.8万居民在供暖季提供"煤改电"支持，按每户2.45人（2010年人口普查数据），每户每年冬季供暖5500kWh（2016年北京电力公

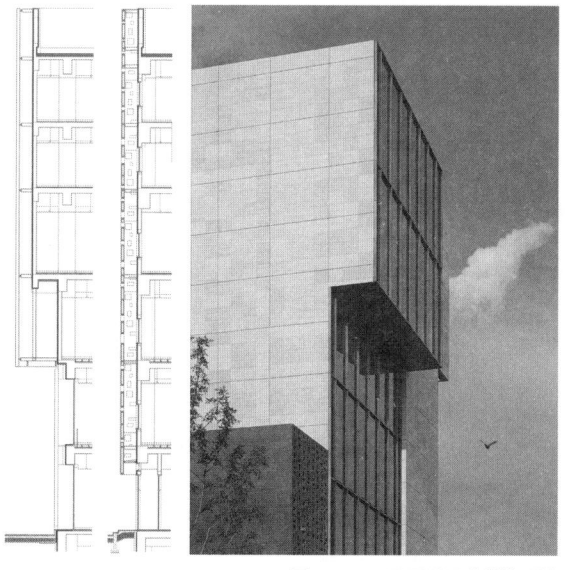

图10-49 双层呼吸式幕墙系统

司调研数据），一年可以减少 496 万 t 标准煤。通过清洁能源集中供暖，积极有效地改善北京旧城冬季的空气质量。建筑后退 30m，减少对中山会馆的影响。建筑采用双层呼吸式幕墙（图 10-49），光导管、冰蓄冷技术、雨水收集、变电站余热利用及变频技术实现绿色节能，环境效益显著。

10.4 空间综合性能优化的会展中心策划设计案例

10.4.1 项目概况

进入新世纪以来，随着我国会展经济的发展，不仅我国重要城市都纷纷改建和新建会展中心，还有一大批地级市和县级市的会展中心也已经在立项过程中。截至 2015 年我国会展中心已建成 286 个，总面积达 892.89 万 m^2；在建 22 个，面积达 239.1 万 m^2；待建 6 个，面积达 78.2 万 m^2。2011—2015 年，中国可使用的展览面积增加了 29%。在会展中心建设取得巨大成就的同时，也暴露出不少问题。造成这些问题的重要原因之一就是在设计之初缺乏建筑策划，设计任务书的制定与使用运营实际情况脱节。作为会展中心核心的展厅空间，也是问题较为集中的地方。

本节论述到的两个案例，一个是国家会展中心（上海），总建筑面积超 150 万 m^2。集展览、会议、活动、商业、办公、酒店等多种业态于一体，是目前世界上最大的会展综合体之一。主体建筑以伸展柔美的四叶幸运草为造型，成为上海的地标之一。一个是石家庄国际会展中心，总建筑面积 35.9 万 m^2，其中地上 22.9 万 m^2。由中央枢纽区串联会议和展览各个部分，呈鱼骨式展开。展览部分包含七个面积 1.1 万 m^2 标准展厅和一个面积 2.6 万 m^2 的大型多功能展厅。该项目是目前建成的世界最大悬索结构展厅。

10.4.2 策划要点

策划围绕展厅面临的重要问题展开。

1. 空间效能较低

我国部分展厅利用效能较低，除政策和经营层面原因外，规划设计不合理也是一个重要原因。概括来说就是一些展会"想办办不了，想用用不好"。如有些展厅规模大小和当地承办会展的经济规模不匹配，空间太大用不起。有些展厅高度不足导致有些类型展办不了，有些展厅没有配备空气动力间不能办工业展，有些展厅追求造型牺牲了内部展位的数量，有些展厅内部有结构柱影响布展，有些展厅内部吊杆的布置和荷载不能满足展览要求，有些展厅卸货区和出入口设置不合理影响布展撤展等。部分展厅入口和卸货区之间铺地基础未作处理，拐弯处未设置防护桩，经常被大货车破坏影响设施运营。

2. 经济收益较低

我国会展中心相当一部分国有投资项目的前期可行性研究和设计任务书是按《展览建筑设计规范》JGJ 218—2010进行编制的，缺乏会展中心设计专家和运营专家的前期介入。展厅只是一个单一展览空间，在后期运营时缺乏灵活性。如部分展厅缺乏对分隔的考虑导致出租困难。如部分展厅缺乏一些就近配套设施承办收益较高的商务活动。如部分多功能展厅没有考虑声学设计，举办不了企业年会、歌友会、路演、新品发布会等大型活动。部分展厅对防灾减灾未做预案，导致办某些特定展会时候经营成本高。还有建设单位在规划策划阶段缺少广告位和LED屏幕的设置，等到建成运营方的要求往往在结构荷载、观赏距离和电气点位方面有矛盾。部分会展中心脱离功能本质，为造型而造型其用钢量远超出一般标准，部分会展中心围护结构装饰构件较多，不仅增加初始投入而且日后维护成本也大大增加。部分夜景照明缺乏节电模式，运营成本高。部分展厅总体冷源要求较高，装机容量大初始投资高（图10-50）。

3. 用户体验较差

部分会展中心导视标识设计较弱，使用者找方向困难。部分展厅流线过长，体验不佳。部分卫生间配置机械套用《民用建筑设计统一标准》GB 50352—2019，女性如厕问题突出。部分建筑在布展和撤展之间设备不开放缺乏空气对流，产生粉尘和颗粒对人健康有影响。展厅没有做专项声学设计，混响时间长听不清广播和对话。会展就餐高峰排队困难，部分场馆吃个便餐要排1.2小时。部分建筑手机和Wi-Fi信号弱，人与人之间联系不畅。

4. 建筑能耗较高

会展中心规模较大，总体能耗十分可观。展厅部分围护结构蓄热差，建筑内部发热量峰谷差别大，简单地增强保温室内会有大量热干扰。屋顶的玻璃幕墙没有可调节遮阳措施，太阳直射辐射过多。运行间歇期较长，间歇期开空调能耗过大。场内人员往往是按满员计算空调新风量，总体数值较大能耗过高。部分场馆余热废热没有利用，白白浪费。部分展厅室内气流组织不理想，达不到效果。

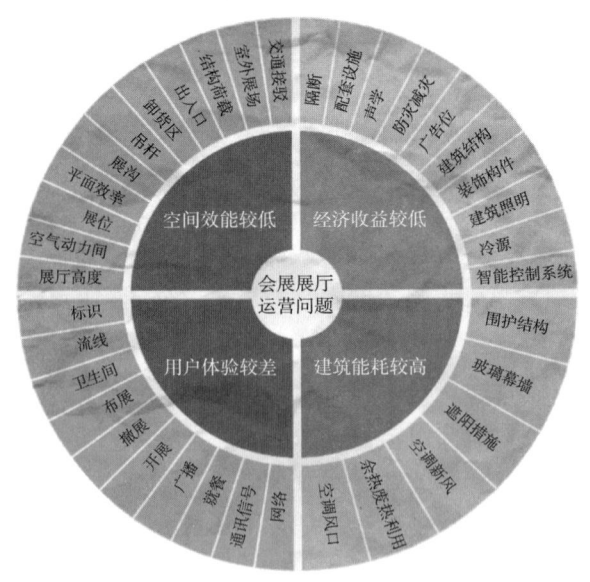

图 10-50　会展中心展厅运营问题涉及的部分关键词

10.4.3　空间构想：综合性能提升

首先，要系统分析提升会展展厅综合性能涉及的建筑要素。针对提升会展中心展厅综合建筑性能这一目标，通过对上述四类问题进行梳理，可以提炼出若干个主要因素。四类问题分别涉及若干不同的建筑因素，其共同作用影响展厅综合性能提升（图10-51）。在策划设计阶段，不仅要针对单一建筑因素提出问题解决思路，还要考虑一部分因素是相互影响的，需要根据项目的约束条件统筹考虑综合判断，哪一些是决定这个项目的关键因素，哪些是非关键因素，抓住主要矛盾解决问题。

其次，需要梳理出策划设计阶段的问题解决思路。

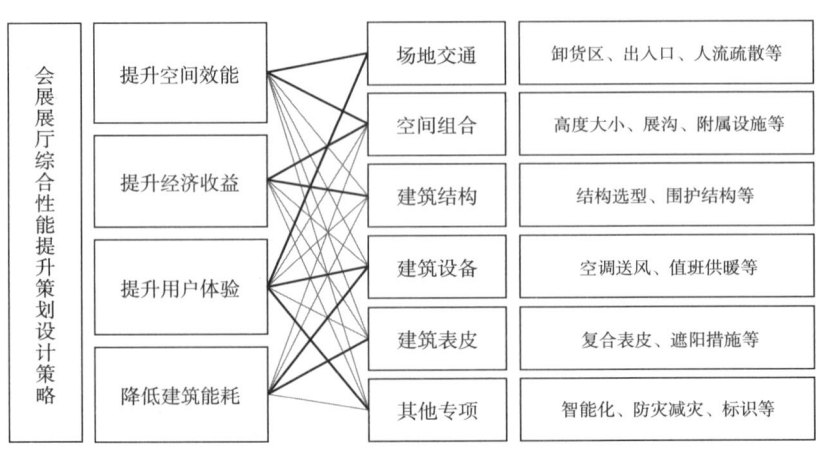

图 10-51　提升会展展厅综合性能涉及的建筑因素

1. 提升空间效能

根据运营要求确定具备办特定展会的基本条件。空间上考虑结构荷载、空间高度、设备要求等。如可根据展览类型划分，不同展厅结构荷载不尽相同。除标准展厅外，可以考虑设置若干大型多功能展厅，满足特殊展览的需要。有些特殊展览，需要空气动力间，可根据运营要求考虑布置并需满足相关规范要求。建筑造型宜简洁规整，让内部展位的布置效率最高，并兼顾外部展场的内外联系。卸货区应该尽可能满足大车使用要求，在场外设置轮候区。部分展厅疏散门高度应高一些满足大车直接驶入要求，其余疏散门满足消防要求即可。

减少因策划和设计不合理造成的损失。空间上考虑平面效率、展沟设置、出入口布置、立体交通接驳等。如果地下有车库设备、人防等，还需要细化做法提前沟通，确保能满足相关部门审查要求，避免施工图过程中修改造成被动。展厅的尺寸应结合模数布置，在保证消防的前提下尽可能经济。展沟宜集成水、电等设备根据项目实际情况选择合理的布置形式。展厅出入口要考虑独立运行和联合运行的多种可能性、同时考虑室外临时安检场地的布置。有二层的展厅还要考虑人、货的交通接驳，尽可能把通道和消防要求结合起来。冷源可以结合消防水池做水蓄冷系统减少装机容量，多处冷站互相连通互为备用，提高可靠性并减少总容量，节省初期投资。

2. 提升经济收益

展厅要具备灵活性，同时配套完善。近年市场反馈证明配备在展厅附近的会议室、洽谈室和 VIP 休息室出租回报率较高，运营方会反复提醒设计团队要在展厅配套这些附属服务空间。多功能展厅的分隔设置也很重要，通过活动隔断将一个大空间隔离成若干小空间以满足会议和展示的需求，可以满足多元化的社会服务需求。多功能展厅需要考虑声学设计和舞台搭建，甚至考虑预留部分舞台吊杆等，满足企业年会和歌友会等多种活动。部分展厅如有供餐需求，还需要考虑和中央厨房的通道连接，并宜考虑设置小厨房、洗碗间和家具库房。

空间规模应恰当。由于规范规定，展厅每一个分区不超过 1 万 m^2。如果是刚刚超过 1 万 m^2 就做消防论证往往得不偿失。如果展厅扩大到 2 万~3 万 m^2，虽然做消防论证周期长且不可预见因素多，但优势也明显，可以在同一展厅举行更大规模展览，管线更加集约，可减少对维护墙体投资等，这样的展厅不仅能举办大型活动，还能因共用卸货区而大大提升额定用地内的展位数量。

广告位、餐饮区等设置要统筹。展会期间的广告收入较为可观，需要在设计前提要求，设计中对广告位的大小高度、观赏距离、电气点位等做复核。由于越来越多的项目采用 LED 屏幕播出的方式进行推广，还需要考虑设备散热等条件。可以考虑展厅附近甚至展厅内设置供应区，为观众提供包括餐饮在内的基本服务。

依靠大数据分析工具和智能系统提升预测准确性并制定预案。某展会预测当日 4 万~6 万人参会，结果单日来了 20 余万人，不仅所有展厅人满为患，还惊动政府、武警启动应急预案造成临时安保费用飙升。有经验的运营方会依托大数据分析工具和智能系统提升预测准确性并制定预案，有序引导人流不仅能有效地控制人力成本，还能根据人数变化调节照明、通风等设备节省运行费用。

3. 提升用户体验

优化会展中心导视标识，有序引导人流到达目的地。人在展厅熙熙攘攘人流中，很容易迷失方向，导视标识设计要醒目，还要便于理解和记忆。展厅在条件允许的情况下，可以考虑独立设置对外出口，既满足独立运行需要又能大大减少人的交通流线。

卫生间配置按《城市公共厕所设计标准》CJJ 14—2016 执行，女厕位数量大大提升。落实在入口、楼梯等部位的无障碍设计，考虑老人和儿童的使用需求。特别是一些医疗器械展时，宜增设部分临时座椅供老人休息。

提升主办方、承办方、供应商、运营方和参展参会观众的空间体验。根据气候条件，一部分展厅在过渡季节宜打开高窗和所有疏散门，增加空气流通，减少在布展和撤展之间空气中粉尘和颗粒对人的健康影响。会展中心展厅附近宜增设临时食品供应区，避免观众往返跑。展厅室内装修需要采取吸声措施，确保声学效果。要考虑临时食品供应区的新风、排风，避免串味。展厅附近应增加设备增强手机和 Wi-Fi 信号，确保人与人之间联系畅通。

4. 降低建筑能耗

原则上应针对建筑热环境、光环境、风环境出现的问题，采取针对性的措施。在建筑热环境方面，展厅围护结构应减少玻璃幕墙面积，保障采光要求即可，可以有效降低空调能耗。应合理利用余热废热解决展厅的供暖或洗手热水需求。在光环境方面，采取可调节遮阳措施，在玻璃屋顶或玻璃幕墙防止夏季太阳辐射直接进入室内。有采光需求的主要功能房间宜有合理的控制眩光、改善天然采光均匀性的措施。

在风环境方面，间歇期可以采用自然通风，适当增加玻璃幕墙透明部分可开启面积，实现过渡季自然通风。由于展厅的疏散门往往较大，会有很大的自然通风换气量，送风系统可以减少新风量。同时可以智能控制系统复核人员密度，减少新风量，节约大量空调能耗。在过渡季可以考虑开启屋顶排风机排风,大门进风。展厅宜提高喷口出口的风速、降低出风口高度,符合室内温度纵向分布,从而提高室内的平均温度并降低空调能耗。

10.4.4 设计与建设

1. 国家会展中心(上海)

国家会展中心(上海)1 & 2 号馆(图 10-52、图 10-53),该展厅室内高度 32m,1 号馆 2.64 万 m²,2 号馆 2.70 万 m²。该展厅一个比较突出的进步是通过设置准安全区和防火隔离带等策略解决了规模远超消防分区的问题。和上海世博会类似规模的某展厅对比就会发现,该展厅取消了位于展厅内的疏散楼梯大大增加了办展的灵活度。在设计过程中运营顾问介入进行指导,对空间组织和划分提出具体需求,围绕展厅有一圈附属用房,整个展厅内部无柱。展厅门高 6.5m,可以满足各种交通工具运输的需求,也可以大量补充新风。展厅设有 2.0m×1.8m 的展沟,不仅可以为布展提供电源,还能在冲洗场地时作为排水。展厅结构形式不同于其他展厅,采用了大跨度空间钢管桁架,能较大地节约投资(图 10-54)。展厅空调方式采用全部上送风方式,避免展位隔断影响送风气流,采用自动调节气流流型风口,解决冬季热风送风难题并提升舒适感。该项目整体已获得绿色建筑三星设计认证。

图 10-52 国家会展中心(上海)鸟瞰

2. 石家庄国际会展中心

该展厅室内净高 18.5m,总建筑面积 2.63 万 m²。在策划过程中与运营顾问密切合作,就规模大小、高

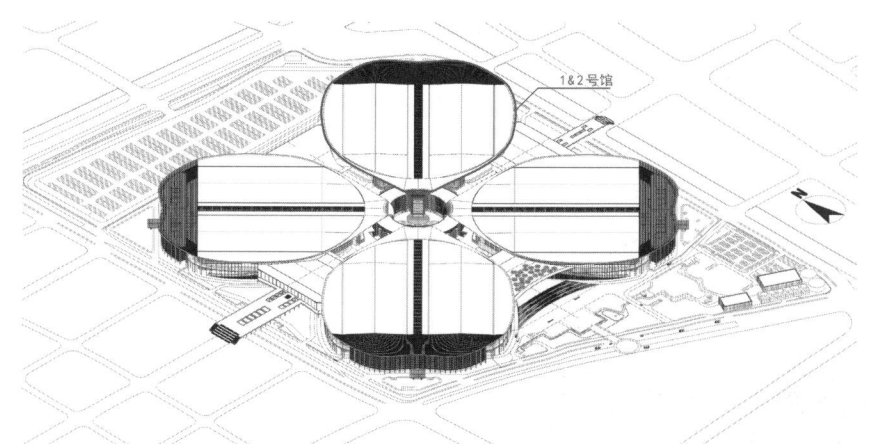

图 10-53 国家会展中心(上海)1 & 2 号馆位置

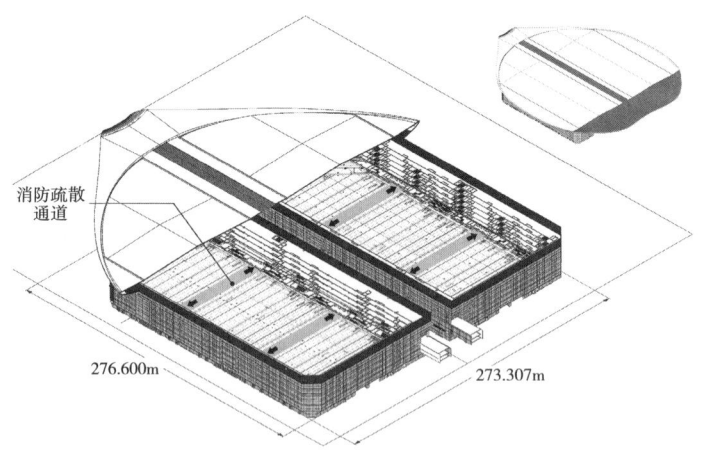

图 10-54 国家会展中心（上海）1 & 2 号馆轴测图

度、展沟、展位、运输方式、广告位置等进行多次讨论并指导设计。多功能展厅采用悬索结构，通过索的轴向拉伸来抵抗外荷载最充分地利用高强度钢材的承载能力，大大减轻了结构的自重，较经济地跨越 54m 的跨度。该展厅有独立的出入口并靠近地铁站出口，配置有临时安检口能独立承揽业务。卸货区紧邻 4 个 5.5m 高与 4 个 4m 高大门，能实现快速布展撤展。围绕该厅配置了一系列商务设施增加经济收益。该展厅整体进行声学设计具备举办企业年会和歌友会等活动的能力。注重人性化设施，在主要入口、卫生间、电梯间都有无障碍设施，女性厕位数量大大提升。展厅开有高侧窗过渡季能实现自然通风，屋面有采光顶可自然采光，并配有遮阳措施。电力采用基于 IP 的智能配电系统，可根据人员数量实现智能调节。外区设置供暖系统在非工作时间实现值班供暖；公共空间在过渡季节应设置可变新风量通风系统，或机械通风系统；公共空间在冬夏季设计工况下能够按照实际使用人数调整最小新风量；排风热回收系统设计合理（图 10-55）。

图 10-55 石家庄国际会展中心鸟瞰

从全生命周期来看，项目不同阶段有着不同的空间形态：策划阶段是构想空间，设计阶段是图纸空间，建设阶段是物化空间，使用阶段是建成空间。这些阶段中空间内在的本质要素是延续和继承的关系。会展中心综合性强，更需要精心策划梳理要素之间的关系，发现和抓住主要问题，避免一开始就出错设计题目。也需要对设计完成并已经投入运营的项目进行使用后评价，将实际运营的经验教训总结并对策划设计进行反馈，修正下一个会展中心的策划。展厅是会展中心的核心，是会展中心效益最高的"资产"

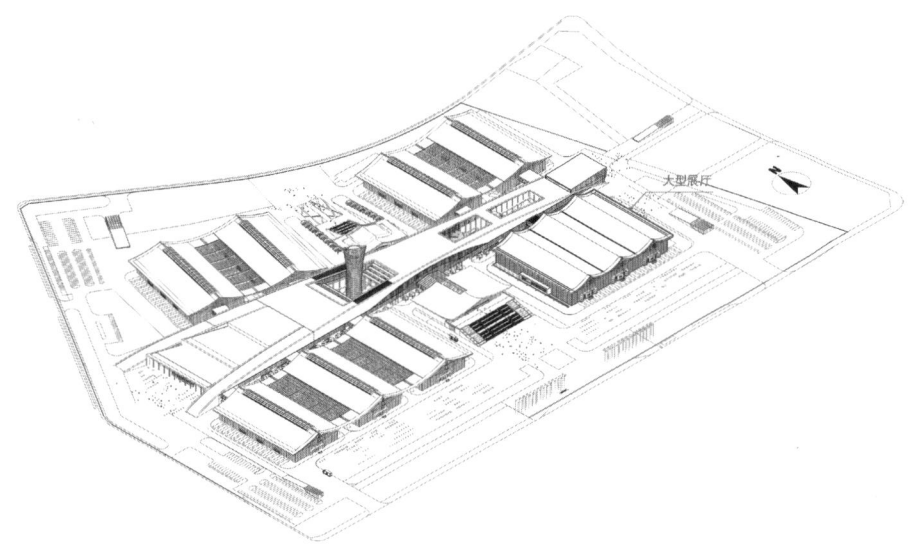

图 10-56 石家庄国际会展中心大型展厅位置

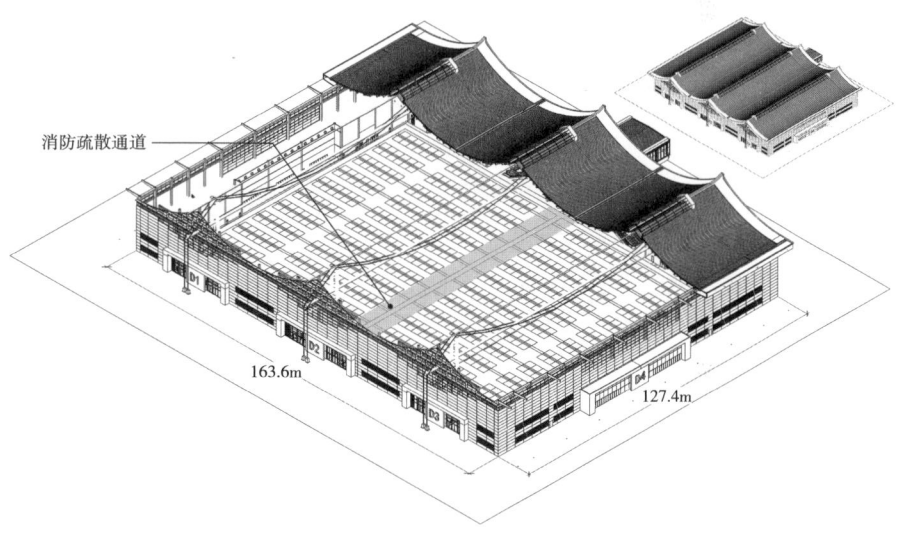

图 10-57 石家庄国际会展中心大型展厅轴测图

(图 10-56、图 10-57)。抓住这个关键的牛鼻子,在调研分析总结的基础上,通过适宜的策划设计策略提升会展中心展厅的综合性能,不仅有利于会展中心展厅本身,也有利于整个会展中心的社会效益、经济效益和环境效益的提升。

主要参考文献

[1] 庄惟敏,栗铁.2008年奥运会柔道跆拳道馆(北京科技大学体育馆)设计[J].建筑学报,2008(1):88-93.
[2] 庄惟敏,栗铁,马佳.体育场馆赛后利用研究:以 2008 奥运会柔道、跆拳道馆设计为例[J].城市建筑,2006(3):19-22.

［3］ 庄惟敏，李明扬.后奥运时代中国城市建设"大事件"应对态度转型的思考：以2008北京奥运柔道跆拳道馆赛后利用为例[J].世界建筑，2013（8）：66-73+129.

［4］ 庄惟敏，栗铁，燕雨生，等.是奥运的，更是校园的：2008年奥运会柔道跆拳道比赛馆（北京科技大学体育馆）[J].建筑创作，2007（7）：110-118.

［5］ 庄惟敏，霍春龙.自然保护区人工环境建设融入策略：九寨沟景区沟口立体式游客服务设施设计研究[J].建筑技艺，2022，28（8）：13-28.

［6］ 张维.会展建筑展厅综合性能提升策划设计策略探讨[J].南方建筑，2017（5）：20-23.

［7］ 张维，于航.超大展厅防火设计研究：以石家庄国际展览中心[1]为例[J].住区，2019（3）：124-134.

［8］ 庄惟敏，张维.市政设施综合体更新探讨：北京菜市口输变电站综合体（电力科技馆）设计[J].建筑学报，2017（5）：70-71.

［9］ 庄惟敏，张维，杜爽，等.国家电网公司电力科技馆，北京，中国[J].世界建筑，2015（10）：50-56.

---

① 即石家庄国际会展中心。

致谢

正如序中所述,本书所论述的内容是笔者及清华大学的团队对中国建筑策划与后评估近几十年来研究的汇总,是关于建筑策划和后评估理论、方法和实践的迭代升级。在《建筑策划导论》《建筑策划与设计》《建筑策划与后评估》(2018年版)的基础之上新补充的内容汇聚了十几年来笔者在清华大学建筑学院指导研究生和博士生的部分论文成果,以及清华大学建筑设计院有限公司和中国建筑学会建筑策划与后评估专委会各位同仁的研究成果与实践项目,他们的努力是本书得以完成的关键所在。

本书在编写和出版过程中得到了各方人士的大力帮助。清华大学的梁思思,清华大学建筑设计研究院有限公司的张维、苗志坚,中国建筑设计研究院有限公司的刘佳凝,同济大学的屈张,北京理工大学的韩默,清华大学的耿阳、黄蔚欣,北京交通大学的黄也桐,北京建筑大学的贾园,西安建筑科技大学的党雨田等分别为本书的第1至10章部分内容的撰写、图片的绘制作出极大的努力。特别感谢中国建筑工业出版社教育教材分社的陈桦社长和柏铭泽编辑在出版策划过程中给予的建议,以及编辑过程中所做的大量工作。

本书的出版得到了清华大学建筑学院学科建设专项经费的部分资助,在此表示衷心的感谢。本书获国家"十四五"国家重点研发计划项目(2022YFC3801300)和国家自然科学基金重大项目(52394225)的资助支持。